职业教育院校重点专业系列教材

金属材料及加工工艺

主　编　张炳岭
副主编　张士杰　段红霞
参　编　孙冬菊　赵玲亚
主　审　赵东方

机 械 工 业 出 版 社

本书是根据教育部《关于全面提高高等职业教育教学质量的若干意见》等文件的要求，结合新时期高等职业技术学校“金属工艺学”课程教学大纲编写而成的。本书共分18章，内容包括金属的性能、金属的晶体结构与结晶、铁碳合金、钢的热处理、钢铁材料生产过程概述、非合金钢、低合金钢及合金钢、铸铁、非铁金属及其合金、硬质合金、其他工程材料、铸造、锻压、焊接、切削加工基础知识、常用切削加工设备及功用、特种加工简介、机械制造工艺过程概述等。

本书配有电子教案，使用本书的老师可登录机械工业出版社教材网 http：//www.cmpedu.com下载。

本书适合作为高职高专院校、重点中职学校机械及其相关专业的教学用书，也可作为相关工程技术人员的参考或培训用书。

图书在版编目（CIP）数据

金属材料及加工工艺/张炳岭主编．—北京：机械工业出版社，2009.7（2025.1重印）

职业教育院校重点专业规划教材．

ISBN 978-7-111-27363-9

Ⅰ．金…　Ⅱ．张…　Ⅲ．①金属材料-高等学校：技术学校-教材②金属加工-工艺-高等学校：技术学校-教材　Ⅳ．TG

中国版本图书馆CIP数据核字（2009）第089907号

机械工业出版社（北京市百万庄大街22号　邮政编码100037）

策划编辑：汪光灿　责任编辑：王佳玮

版式设计：张世琴　责任校对：吴美英

封面设计：陈　沛　责任印制：常天培

北京中科印刷有限公司印刷

2025年1月第1版·第11次印刷

184mm×260mm·15.5印张·384千字

标准书号：ISBN 978-7-111-27363-9

定价：38.00元

电话服务　　　　　　　　　　网络服务

客服电话：010-88361066　　机　工　官　网：www.cmpbook.com

010-88379833　　机　工　官　博：weibo.com/cmp1952

010-68326294　　金　书　网：www.golden-book.com

封底无防伪标均为盗版　　机工教育服务网：www.cmpedu.com

前　言

本书是根据教育部《关于全面提高高等职业教育教学质量的若干意见》等文件的要求，结合相关教学大纲及高职高专学生实际情况而编写的，是机械及其相关专业学生的通用教材。本书的基本内容为金属学及热处理基础知识、机械工程材料及近代机械制造中广泛采用的热加工、冷加工方法。通过本书的学习可使读者了解金属的微观组织结构、使用性能及用途，了解钢的常规热处理方法及金属材料热加工、冷加工的工艺过程。

知识经济的迅猛发展对人的素质和能力提出了更高的要求。企业中，完善的管理、先进的设计是获得高质量产品的前提，但如果没有高素质、高水平的一线操作者和管理者作保证，也无法实现预期的产量及质量目标，因此，本书的出发点是：①理论联系实际，培养学生的综合应用能力，引导学生运用所学理论知识指导实践。②结合实验课和实习课，使学生比较系统地了解金属性能及机械制造过程的每一个环节，培养学生的观察能力和实际动手能力，造就既有一定专业特长、又有广泛知识面的“T”型人才。

本书在编写过程中，力求文字精炼、准确、通俗易懂；尽量做到理论联系实际，使内容丰富、新颖、由浅入深；突出理论知识的同时，注重实践性和实用性；在时效性方面，尽量反映机械制造领域的新技术、新材料、新工艺及新设备，使学生的认识跟上现代科技发展的步伐，符合职业技术教育的新要求。

本书由廊坊职业技术学院张炳岭任主编，张士杰、段红霞任副主编。其中，绪论、第五章至第十二章由张炳岭编写；第一章至第四章由张士杰编写；第十三章至第十五章由段红霞编写，第十六章由赵玲亚编写；第十七章、第十八章由孙冬菊编写。本书由北华航天工业学院赵东方教授主审。

本书的编写过程中，廊坊职业技术学院、北华航天工业学院及廊坊市管道技术学院等单位的教师给予了指导和帮助，书中所用金相图由廊坊职业技术学院金工实验室提供，在此一并表示感谢！

由于时间仓促，加之编者水平有限，书中难免存在缺点与错误，恳请读者予以批评指正。

编　者

目　录

第三篇　机械加工工艺基础

绪 论

一、本课程的性质和任务

机械工程材料主要包括金属材料和非金属材料两大类，它是人们生产和生活的物质基础，是经济和社会发展的先决条件，其产量和质量标志着一个国家的经济发展水平，历史学家也以此来划分历史发展的不同阶段。

通过学习本课程，可以系统地了解生产、生活中一些常用金属材料的结构、性能及应用范围，帮助我们在进行机械设计、加工、应用等方面更合理、更准确地进行选择，避免不必要的浪费。金属材料在现代化工业、农业、国防和科学技术等领域，都起着极其重要的、不可替代的作用，是使用量最多的机械工程材料。无论是最简单的日用品，还是复杂的航空、航天高科技产品，再如汽车、拖拉机、轮船、飞机及武器等，都大量地使用着不同种类的金属材料，在很多机械产品中，金属材料所占的比例达80%～90%甚至更高。近年来，随着世界工业的迅猛发展，特别是大规模生产钢铁工艺的出现，金属材料的消耗量急剧上升，在促进科技及社会快速发展的同时，也造成地球蕴藏的金属资源急速减少。为了维护人类持续发展的大局，世界各国都在积极采取措施，研究和开发新材料、新工艺，最大限度地减少金属材料的消耗，努力寻找金属材料的替代品。

20世纪中期，随着社会的不断进步及环保意识的不断增强，涌现出品种众多的非金属材料，如塑料、橡胶、陶瓷及复合材料等。如今，这些非金属材料正在得到进一步改进和运用，在一定程度上替代了金属材料，甚至有些非金属材料在使用性能方面超过了金属材料，从而减缓了金属材料的消耗。

金属材料的广泛应用，一方面是因为金属材料具有良好的使用性能，如较高的强度、硬度，适当的塑性、韧性等；另一方面还因为它具有较好的工艺性能，如铸造性能、锻造性能、热处理性能、焊接性能及切削加工性能等，并且来源丰富。目前，随着科技的不断进步，在机械零件的加工工艺方面也出现了日新月异的变化，无屑加工、特种加工等新的工艺方法不断涌现，如粉末冶金、电火花加工、电解加工、超声波加工、快速成型等。此外，激光技术与计算机技术在机械加工过程中的应用，使得加工设备不断更新，工艺方法不断改进，特别是以计算机为控制中心的FMC（柔性制造单元）和FMs（柔性制造系统）等系统的广泛运用，使得机械制造业的加工能力及适应性进一步增强，零件的加工质量和加工效率也大幅度提高，从而进一步提高了金属材料的利用率，减少了工艺损耗，节省了金属资源。

概括地讲，机械产品的制造工艺过程可分四大步：第一步是原材料的生产，如钢铁材料、非铁金属（有色金属）材料及非金属材料等。金属材料一般采用冶金方法获得，而非金属材料一般采用人工合成方法获得。第二步是毛坯的制造，大型的、结构复杂的毛坯通常采用铸造、锻造或焊接等方法获得，形状比较简单的毛坯可直接从型材上截取。第三步是将毛坯按设计要求加工成零件，通常采取切削加工方法，如车削、铣削、镗削等；也可采用特种加工方法，如电火花加工、超声波加工、激光加工等。第四步是装配，将加工好的零件按结构要求装配成具有一定形状和功能的机器或机构。在这四个步骤中，原材料及毛坯加工方法的选择是关键的一环，选择不当将会造成材料及工时的浪费，并对零件的质量和性能产生直接的影响。另外，适当的热处理可大大提高金属材料的使用性能，如强度、硬度、塑性、韧性等。因此，为了更合理地使用金属材料和提高产品质量，作为工程技术及相关人员，必须了解金属材料的成分、组织、性能及它们之间的关系，了解它们的用途及成形方法，合理组织生产，最大限度地发挥金属材料的潜能，降低成本，提高效率。

二、金属工艺发展史

以铸造技术为例，我国是世界冶铸术的发源地，早在公元前513年，晋国就已铸成了有刑书的大铁鼎，称为铸型鼎；公元前119年，汉武帝刘彻宣布了“盐铁官营”政策，促进了我国历史上铸铁技术又一次大发展；隋唐以后，钢铁产量有了大幅度上升，锻、拔、大型铸件的铸造等各种加工工艺都有了进一步的提高和发展。五代周广顺三年（公元953年），铸造了重十万斤以上，高5.3m，长6.8m，宽3m的沧州大铁狮。宋代在太原晋祠铸有四个大铁人，元代铸造了重达一万六千斤的大铁龟。明朝宋应星在广泛实践的基础上，对我国古代的科学技术（其中包括冶铸技术）进行了系统的总结，写出了著名的《天工开物》，其中对冶铁、炼钢、锻铁、淬火等金属加工工艺的描述与现在有关加工方法非常接近，对我国金属加工工艺的发展起了很好的促进作用。

由此可见，我国劳动人民在历史的金属加工工艺史上曾经写下了光辉的一页，作出了卓越的贡献。但到了近代，特别是新中国成立以前，由于封建制度的腐败加上国外列强的侵略，严重阻碍了金属加工工艺的发展。

近年来，我国的在冶金及机械制造方面有了突飞猛进的发展，远程导弹、载人飞船、航天飞机、人造卫星、超导材料、纳米材料等重大项目的成功，带动了其他工业技术的飞速发展，标志着我国在工程材料及加工工艺方面都有了较高的水平，跟上了时代的步伐。

三、本书特点

本书共分三大部分，即金属学及热处理基础、机械工程材料和机械加工工艺基础。“金属学及热处理基础”部分主要介绍了金属的微观组织结构及其与金属性能之间的关系，其中以铁碳合金为主线，重点介绍铁碳合金相图及其在生产实际中的运用，同时还介绍了金属热处理工艺及钢铁冶炼技术。“机械工程材料”部分主要介绍了生产和生活中常用的金属和非金属材料，其中以金属材料为主线，重点介绍钢铁材料的种类、牌号、组织、性能、应用范围以及常用的热处理方法等。“机械加工工艺基础”部分主要介绍的是加工金属（或非金属）零件时经常采用的工艺方法及所用的设备、工具等，其中包括热加工工艺方法（铸造、锻造、焊接）和冷加工工艺方法（切削加工）两部分内容。因此，本书是融多种基础知识于一体的专业基础教材，其特点是：内容广、实践性强、综合性突出，考虑到读者的承受能力及实用性，对一些高深的基础理论部分进行了删改，力争做到深入浅出、通俗易懂。但名词多、概念多、材料种类多、内容抽象，理解起来较困难，因此要求读者在学习基本理论及基本概念的同时，注重理论联系实际，结合实验、实训，加深对基础知识的掌握。

通过学习本书，可帮助读者了解、理解和掌握以下知识：

1）常用材料的性能、用途及选用原则。

2）金属的冶炼过程及零件的冷加工、热加工工艺方法。

3）常用加工设备的构造、工作原理及用途。

4）与本课程有关的新技术、新工艺、新材料和新设备的发展概况。

第一篇

金属学及热处理基础

金属可分为纯金属和合金两大类，它们都是由各类金属原子“堆积”而成的，而这种堆积是有规律的。换句话说，固态下的金属内部原子都是按照一定方式有规律地排列着，正是由于原子排列方式的不同，导致金属宏观性质上的千差万别，如铜的熔点为1083℃，密度8.9g/cm^3，化学性质稳定；铝的熔点为660℃，密度为2.7g/cm^3，化学性质较活泼；铁的熔点为1538℃，密度7.8g/cm^3，力学性能较高等。即使同一种金属材料，在不同的环境及加工工艺条件下表现出来的性质也不相同，这种差异完全是由金属内部的化学成分和组织结构所决定的。因此，研究金属与合金的内部结构及其变化规律，有助于正确了解和选用金属材料，合理确定金属加工工艺。

第一章　金属的性能

为了正确、经济、合理地使用金属材料，应充分了解和掌握金属的性能，尤其在机械制造业中，金属材料由于具有许多良好的性能，被广泛地用于制造生产和生活用品。

金属材料的性能分为使用性能和工艺性能。使用性能是指金属材料在使用条件下所表现出来的性能，包括力学性能、物理性能、化学性能等。工艺性能是指金属材料在制造加工过程中反映出来的性能，包括铸造性能、锻造性能、焊接性能、热处理性能和切削加工性能等。

第一节　金属的力学性能

金属力学性能是指金属在力的作用下所显示出的，与弹性和非弹性反应相关或涉及应力-应变关系的性能。

金属的力学性能是使用性能的必要条件，是设计和制造机械零件或工具的重要依据。根据金属受力特点的不同，将表现出各种不同的特性，显示出各种不同的力学性能。金属的力学性能主要有强度、塑性、韧性、硬度和疲劳强度等。

一、强度

金属材料在加工及使用过程中所受的外力称为载荷。根据载荷作用性质的不同，可以分为静载荷、冲击载荷及循环载荷三种。静载荷是指大小不变或变化过程缓慢的载荷。金属在静载荷作用下，抵抗塑性变形或断裂的能力称为强度。由于载荷的作用方式有拉伸、压缩、弯曲、剪切、扭转等形式，相应的强度也就有抗拉强度、抗压强度、抗弯强度、抗剪强度和抗扭强度等名称或判据。一般情况下多以抗拉强度作为判别金属强度高低的依据。

金属材料的抗拉强度和塑性是通过拉伸试验测定的。

1. 拉伸试样

在国家标准中，对拉伸试样的形状、尺寸及加工要求均有明确的规定。通常采用圆柱形拉伸试样，如图1-1所示。

图中 d_0 为试样的原始直径，l_0 为试样的原始标距长度。

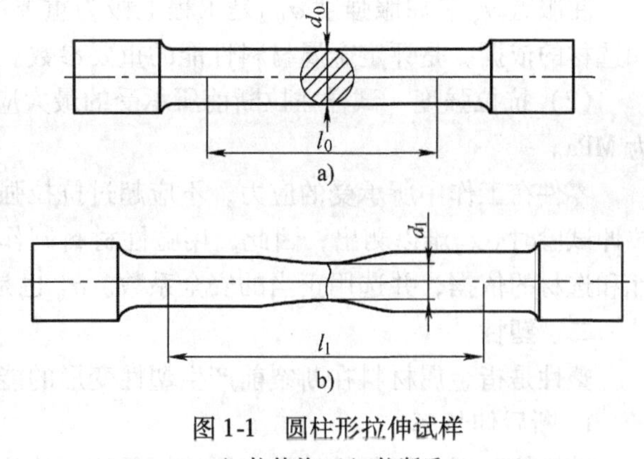

图1-1　圆柱形拉伸试样

a）拉伸前　b）拉断后

2. 力-伸长曲线

力-伸长曲线是指拉伸试验中记录的拉伸力 F 与试样伸长量 Δl 之间的关系曲线，在拉伸过程中，由拉伸试验机自动绘出。图1-2所示为低碳钢试样的力-伸长曲线。图中纵坐标表示力 F，单位为N；横坐标表示试样伸长量 Δl，单位为mm。

由图可知，低碳钢试样在拉伸过程中，明显地表现出下面几个变形阶段：

（1）Oe——弹性变形阶段　在力-伸长曲线图中，Oe 段为一斜直线，说明在该阶段试样的伸长量 Δl 与拉伸力 F 之间成正比例关系，当拉伸力 F 增加时试样的伸长量 Δl 随之增加，去除拉伸力后试样完全恢复到原始的形状及尺寸，表现为弹性变形。

（2）es——屈服阶段　当拉伸力不断增加超过 F_e 时，试样继续伸长，但此时卸掉拉伸力，试样不能恢复原来的形状及尺寸，这种不能随拉伸力的去除而消失的变形称为塑性变形。当拉伸力继续增加到 F_s 时，力-伸长曲线出现平台或锯齿状，说明在拉伸力基本不变的情况下，试样的塑性变形量仍增加，这种现象称为屈服。F_s 称为屈服拉伸力。

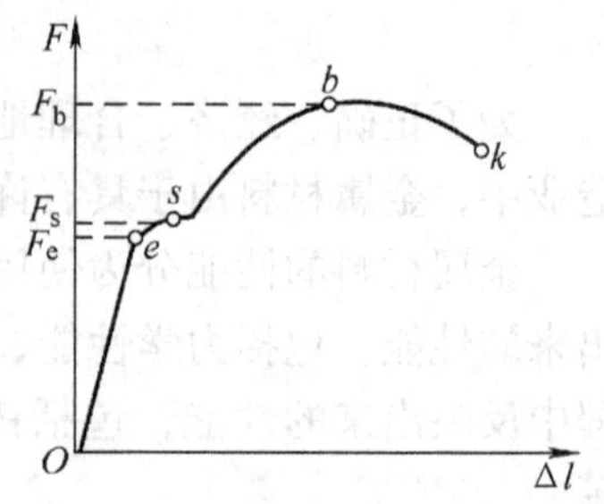

图 1-2　低碳钢的力-伸长曲线

（3）sb——冷变形强化阶段　屈服后，试样开始出现明显的塑性变形。随着塑性变形量的增加，试样抵抗变形的能力逐渐增加，这种现象称为冷变形强化。在力-伸长曲线上表现为一段上升曲线，该阶段试样的变形是均匀发生的。F_b 为试样拉断前能承受的最大拉伸力。

（4）bk——缩颈与断裂阶段　当拉伸力达到 F_b 时，试样的直径发生局部收缩，产生“缩颈”现象。由于缩颈使试样局部截面减小，试样变形所需的拉伸力也随之降低，这时变形主要集中在缩颈部位，最终试样被拉断。缩颈现象在力-伸长曲线上表现为一段下降的曲线。

此外，工程上使用的某些金属材料，受载荷作用时没有明显的屈服现象，如高碳钢、铸铁等。图 1-3 所示为铸铁的力-伸长曲线。

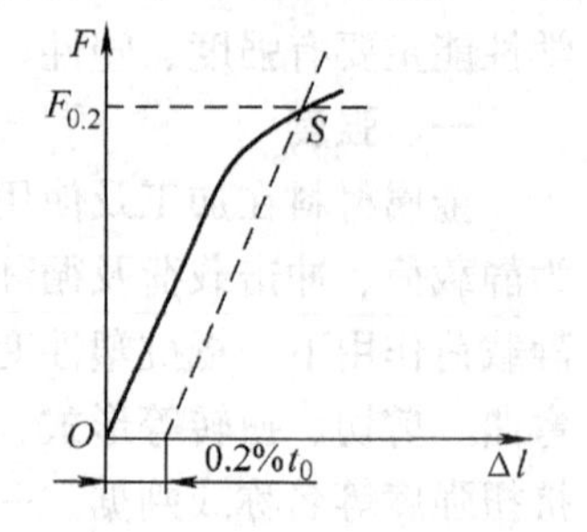

图 1-3　铸铁的力-伸长曲线

3. 强度指标

（1）屈服点与屈服强度　在拉伸试验过程中，拉伸力不增加（保持恒定），试样仍然能继续伸长（变形）时的应力称为屈服点，用符号 σ_s 表示，单位为 MPa。

对于无明显屈服现象的金属材料（如高碳钢、铸铁等），可用屈服强度 $\sigma_{0.2}$ 表示。$\sigma_{0.2}$ 是指试样卸除拉伸力后，其标距部分的残余伸长率达到 0.2% 时的应力。

屈服点 σ_s 和屈服强度 $\sigma_{0.2}$ 是工程上极为重要的力学性能指标，是大多数机械零件设计和选材的依据，是评定金属材料性能的重要参数。

（2）抗拉强度　试样在拉断前所承受的最大应力称为抗拉强度，用符号 σ_b 表示，单位为 MPa。

零件在工作中所承受的应力，不应超过抗拉强度，否则会导致断裂。有些脆性材料，在拉伸试验时 $\sigma_{0.2}$ 难以测出，因此，用脆性材料制作机器零件或工程构件时，常以 σ_b 作为设计和选材的依据，并选用正当的安全系数。σ_b 也是评定金属材料性能的重要参数。

二、塑性

塑性是指金属材料在断裂前产生塑性变形的能力，通常用伸长率和断面收缩率来表示。

1. 断后伸长率

试样拉断后，标距的伸长与原始标距的百分比称为断后伸长率，用符号 δ 表示。δ 值可

用下式计算

$$\delta = \frac{l_1 - l_0}{l_0} \times 100\%$$

式中　l_1——拉断试样对接后测出的标距长度（mm）；

l_0——试样原始标距长度（mm）。

应当指出，同一材料的试样长短不同，测得的伸长率数值是不相等的，因此，在比较不同材料伸长率时，应采用同样尺寸规格的试样。而断面收缩率与试样的尺寸因素无关。

2. 断面收缩率

试样拉断后，缩颈处横截面积的最大缩减量与原始横截面积的百分比称为断面收缩率。用符号 ψ 表示。ψ 值可用下式计算

$$\psi = \frac{S_0 - S_1}{S_0} \times 100\%$$

式中　S_0——试样原始横截面积（mm^2）；

S_1——试样拉断后缩颈处最小横截面积（mm^2）。

金属材料的断后伸长率和断面收缩率数值越大，说明其塑性越好。塑性直接影响到零件的成型加工及使用，塑性好的材料不仅能顺利地进行锻压、轧制等工艺，而且在使用时一旦超载，由于塑性变形能避免突然断裂，所以大多数机械零件除要求具有较高的强度外，还必须具有一定的塑性。一般说来，断后伸长率达5%或断面收缩率达10%的材料，即可满足绝大多数零件的要求。

三、硬度

硬度是衡量金属软硬程度的一种性能指标，是指金属抵抗局部变形，特别是塑性变形、压痕或划痕的能力。

硬度是金属材料重要的力学性能之一，通常，材料的硬度越高，则耐磨性越好，故常将硬度值作为衡量材料耐磨性的重要指标。

测试硬度的方法很多，常用压入法测量，有布氏硬度试验法、洛氏硬度试验法和维氏硬度试验法三种。

1. 布氏硬度

（1）测试原理　使用一定直径的球体（硬质合金球），以规定的试验力压入试样表面，经规定的保持时间后，去除试验力，测量试样表面的压痕直径，然后计算其硬度值，如图1-4所示。

布氏硬度值是指球面压痕单位表面积上所承受的平均压力，用符号 HBW 表示。布氏硬度值可用下式计算

$$\mathrm{HBW} = \frac{F}{S} = 0.102 \times \frac{2F}{\pi D(D - \sqrt{D^2 - d^2})}$$

式中　F——试验力（N）；

S——球面压痕表面积（mm^2）；

D——球体直径（mm）；

d——压痕平均直径（mm）。

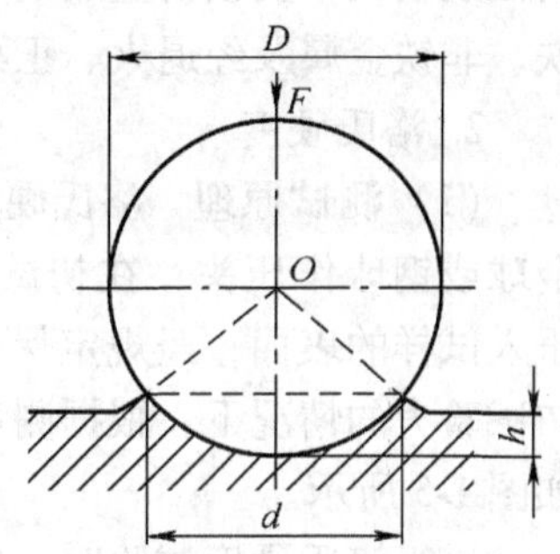

图1-4　布氏硬度试验原理图

从计算公式中可以看出，当试验力 F 和压头球体直径 D 一定时，布氏硬度值仅与压痕直径 d 的大小有关，d 越大，HBW 值越小，表明材料越软；反之，d 越小，HBW 值越大，表明材料越硬。实际测试时，不必用上述公式计算，试验时一般用刻度放大镜测量出压痕直径 d，然后根据 d 的大小查布氏硬度表得出所测的硬度值。

（2）布氏硬度试验技术条件　布氏硬度试验时，压头球体直径 D、试验力 F 和试验力保持时间 t，应根据被测金属的种类、硬度值范围及试样的厚度进行选择，见表 1-1。

表 1-1　布氏硬度试验的技术条件

材　料	布氏硬度/HBW	球直径/mm	$0.102F/D^2$	试验力/N	试验力保持时间/s	注意事项
钢铁材料	≥140	10	30	29420	10	试样厚度应不小于压痕深度的 10 倍。试验后，试样边缘及背面应无可见变形痕迹 压痕中心距试样边缘距离应不小于压痕直径的 2.5 倍 相邻两压痕中心距离应不小于压痕直径的 4 倍
		5		7355		
		2.5		1839		
	<140	10	10	9807	10～15	
		5		2452		
		2.5		613		
非铁金属	≥130	10	30	29420	30	
		5		7355		
		2.5		1839		
	36～130	10	10	9807	30	
		5		2452		
		2.5		613		
	8～35	10	2.5	2452	60	
		5		613		
		2.5		153		

布氏硬度的表示方法是，测定的硬度数值标注在符号 HBW 的前面，符号后面按球体直径、试验力、试验力保持时间（10～15s 不标注）的顺序，用相应的数字表示试验条件。

例如：175HBW10/1000/30，表示用直径 10mm 的硬质合金球，在 9807N 试验力的作用下，保持 30s 时测得的布氏硬度值为 175。550HBW5/750，表示用直径 5mm 的硬质合金球，在 7355N 试验力的作用下，保持 10s～15s 时测得的布氏硬度值为 550。

（3）优缺点及适用范围　布氏硬度试验时的试验力大，球体直径大，因而获得的压痕直径也大，能在较大范围内反映被测金属的平均硬度，试验结果比较准确。

由于不同金属需要不同压头直径和试验力，压痕直径的测量比较费时，所以布氏硬度试验操作比较缓慢。在进行高硬度金属测试时，球体本身变形会影响试验结果的准确性。又因其压痕较大，要损伤金属的表面，不宜测量成品件或薄件。布氏硬度主要适用于测定灰铸铁、非铁金属及经退火、正火或调质处理的钢材等硬度不是很高的材料。

2. 洛氏硬度

（1）测试原理　洛氏硬度试验是用金刚石圆锥、硬质合金球或钢球作压头，在初试验力和主试验力的先后作用下，压入试样的表面，经规定保持时间后卸除主试验力，在保留初试验力的情况下，根据测量的压痕深度来计算洛氏硬度值，如图 1-5 所示。

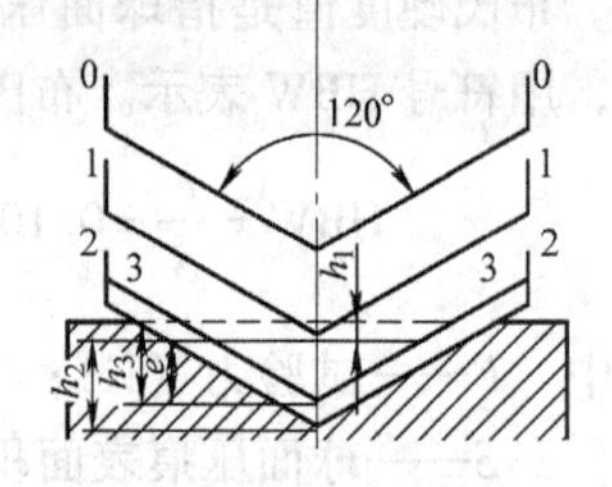

图 1-5　洛氏硬度试验原理图

进行洛氏硬度试验时，先加初试验力 F_0，压头压入试样表面，深度为 h_1，目的是为了消除因试样表面不平整而造成的误差。然后再加主试验力 F_1，在总试验力（F_0+F_1）的作用下，压头压入深度为 h_2。卸除主试验力，保持初试验力，由于金属弹性变形的恢复，使压头回升到压痕深度为 h_3 的位置，那么由主试验力所引起的塑性变形而使压头压入试样表面的深度 $e=h_3-h_1$，称为残余压入深度。显然，e 值越大，被测金属的硬度越低，为了符合数值越大，硬度越高的习惯，以每标尺单位压痕深度作为一个硬度单位，并用一个常数 K 减去该比值，由此获得的硬度值称为洛氏硬度，用符号 HR 表示。计算公式如下

$$\mathrm{HR}=K-\frac{e}{S}$$

式中　K——常数，根据压头的不同取 100 或 130；

e——压痕深度（mm）；

S——给定标尺的单位，常为 0.001mm 或 0.002mm。

洛氏硬度没有单位，试验时硬度值可直接从洛氏硬度计的刻度盘上读出。

（2）常用洛氏硬度标尺及其适用范围　由于试验时选用的压头和总试验力的不同，洛氏硬度的测量尺度也就不同，常用的洛氏硬度标尺有 HRA、HRB、HRC 等，其中 HRC 标尺应用较为广泛，一般经淬火处理的钢或工具都采用 HRC 测量。三种洛氏硬度标尺的试验条件和应用范围见表 1-2。

表 1-2　常用洛氏硬度的试验条件和应用范围

标尺	硬度符号	压头	初试验力/N	主试验力/N	总试验力/N	测量范围	应用举例
A	HRA	金刚石圆锥	98.07	490.3	588.4	20～88HRA	硬质合金、表面淬火层、渗碳层等
B	HRB	直径 1.5875mm 球	98.07	882.6	980.7	20～100HRB	退火或正火钢、非铁金属等
C	HRC	金刚石圆锥	98.07	1373	1471.1	20～70HRC	调质钢、淬火钢等

（3）优缺点　洛氏硬度试验压痕较小，对试样表面损伤小，可用来测定成品、半成品或较薄工件的硬度；试验操作简便，可直接从刻度盘上读出硬度值；由于采用不同的硬度标尺，洛氏硬度的测试范围大，能测量从极软到极硬各种金属的硬度。但是，由于压痕小，当材料的内部组织不均匀时，硬度数值波动较大，不能反映被测金属的平均硬度，因此，在进行洛氏硬度试验时，需要在不同部位测试 4 次以上，取其平均值来表示被测金属的硬度值。

3. 维氏硬度

布氏硬度试验不适用于测定硬度较高的材料。洛氏硬度试验虽然可用于测定软材料和硬材料，但其硬度值不能比较，为了测定从软到硬的各种材料及金属零件的表面硬度，并有连续一定的硬度标尺，特制定维氏硬度试验法。

（1）测试原理　维氏硬度的测试原理与布氏硬度基本相同，如图 1-6 所示。将相对面夹角为 136° 的金刚石正四棱锥体压头，以选定的试验力压入试样表面，经保持规定时间后卸除试验力，在试样表面形成一个正四棱锥形压痕，测量压痕两对角线的平均长度，计算压痕单位表面积上承受的平均压力，以此作为被测金属的硬度值，称为维氏

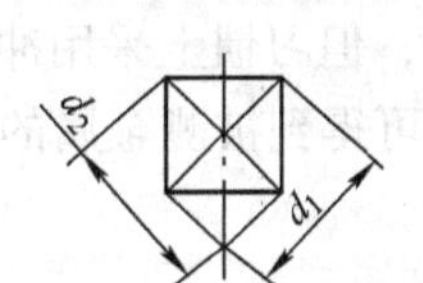

图 1-6　维氏硬度试验原理图

硬度，用符号 HV 来表示。维氏硬度可用下式计算

$$HV = 0.1891 \times \frac{F}{d^2}$$

式中 F——试验力（N）；

d——压痕两条对角线长度算数平均值（mm）。

试验时，维氏硬度值同布氏硬度一样，不用计算，根据测得的压痕对角线平均长度，从表中直接查出。

（2）常用试验力、适用范围及其优缺点 维氏硬度试验所用的试验力可根据试样的大小、厚薄等条件进行选择，常用试验力的大小在 49.03～980.7N 范围内。

维氏硬度值的表示方法与布氏硬度相同，硬度数值写在符号的前面，试验条件写在符号的后面。对于钢及铸铁，当试验力保持时间为 10～15s 时，可以不标出，例如：

642HV30 表示用 294.2N 试验力保持 10～15s 测定的维氏硬度值为 642。

642HV30/20 表示用 294.2N 试验力保持 20s 测定的维氏硬度值为 642。

由于维氏硬度试验时所加试验力较小，压痕深度较浅，故可测量较薄工件的硬度，尤其适用于零件表面层硬度的测量，如化学热处理的渗层硬度测量，其结果精确可靠。因维氏硬度值具有连续性，范围在 5～1000HV 内，所以适用范围广，可测定从极软到极硬各种金属的硬度。但维氏硬度试验操作比较缓慢，而且对试样的表面质量要求较高。

四、冲击韧度

强度、塑性、硬度等力学性能指标是在静载荷作用下测定的，而许多零件和工具在工作过程中，往往受到冲击载荷的作用，如冲床的冲头、锻锤的锤杆、风动工具等。冲击载荷是指在短时间内以很大速度作用于零件或工具上的载荷。对于承受冲击载荷作用的零件，除具有足够的静载荷作用下的力学性能指标外，还必须具有足够的抵抗冲击载荷的能力。

金属材料在冲击载荷作用下抵抗破坏的能力称为冲击韧度。为了测定金属的冲击韧度，通常要进行夏比冲击试验。

1. 测试原理

夏比冲击试验是在摆锤式冲击试验机上进行的，利用的是能量守恒原理。试验时，将被测金属的冲击试样放在冲击试验机的支座上，缺口应背对摆锤的冲击方向，如图 1-7 所示。将重量为 G 的摆锤升高到 H 高度，使其具有一定的势能 GH，然后让摆锤自由落下，将试样冲断，并继续向另一方向升高到 h 高度，此时摆锤具有的剩余势能为 Gh。摆锤冲断试样所消耗的势能即是摆锤冲击试样所作的功，称为冲击吸收能量，用符号 K（KU、KV）表示（对应试样缺口为 U 型或 V 型），其计算公式如下

$$K = G(H - h)$$

试验时，K 值可直接从试验机的刻度盘上读出。K 值的大小代表了被测金属韧性的高低，但习惯上采用冲击韧度来表示金属的韧性。冲击吸收功除以试样缺口处的横截面积 S_0，即可得到被测金属的冲击韧度，用符号 α_K 表示，其计算公式如下

$$\alpha_K = \frac{K}{S_0}$$

式中 α_K——冲击韧度（J/cm^2）；

K——冲击吸收功（J）；

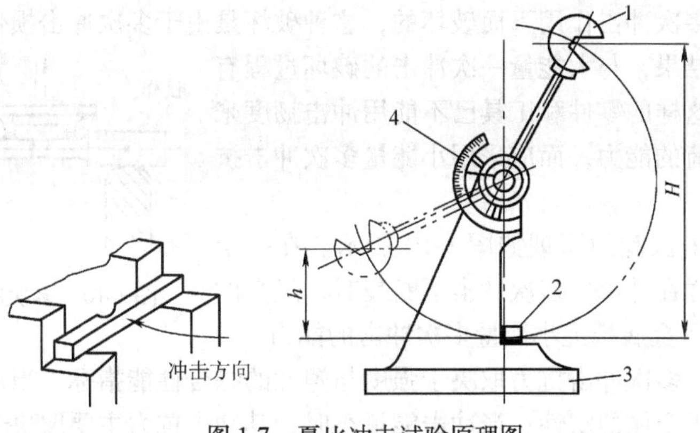

图 1-7　夏比冲击试验原理图

S_0——试样缺口处横截面积（cm^2）。

脆性材料在断裂前无明显的塑性变形，断口比较平整，有金属光泽；韧性材料在断裂前有明显的塑性变形，断口呈纤维状，没有金属光泽。

2. 冲击试样

为了使夏比冲击试验的结果可以互相比较，冲击试样必须按照国家标准制作，如图 1-8 所示。常用的冲击试样有 U 型缺口试样和 V 型缺口试样两种，其相应的冲击吸收功分别标为 *KU* 和 *KV*，冲击韧度则标为 α_{KU} 和 α_{KV}。

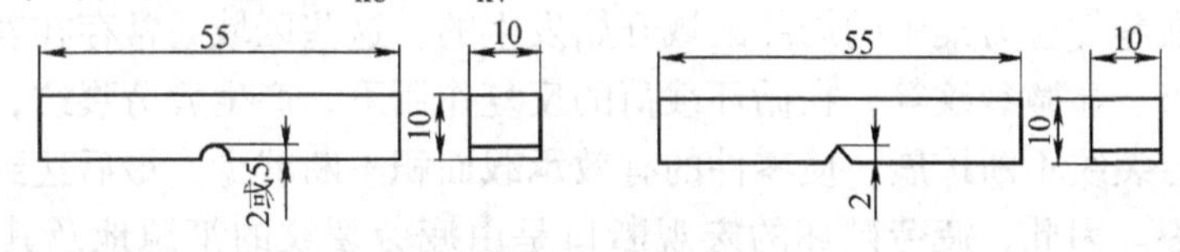

图 1-8　冲击试样

3. 韧脆转变温度

金属的冲击吸收功的大小与冲击试验时的温度有关。同一种金属材料在一系列不同温度下的冲击试验中，测绘的冲击吸收能量与试验温度之间的关系曲线，称为冲击吸收能量-温度曲线，如图 1-9 所示。

由图可知，冲击吸收功能量的变化趋势是随温度降低而降低的。当温度降至某一范围时，冲击吸收能量急剧下降，金属由韧性断裂变为脆性断裂，这种现象称为冷脆转变。金属由韧性状态向脆性状态转变的温度称为韧脆转变温度。在韧脆转变温度以下，材料由韧性状态转变为脆性状态。

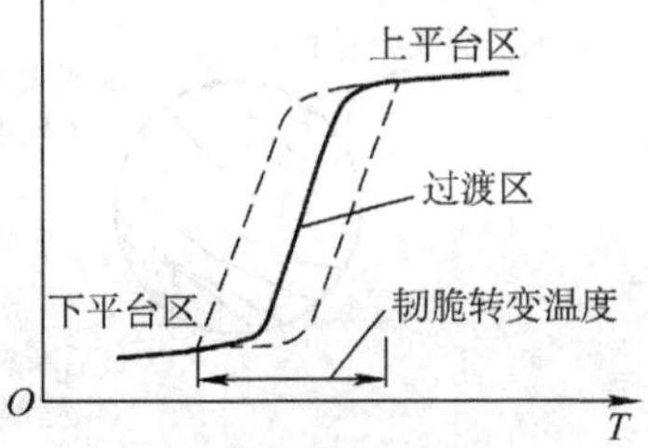

图 1-9　冲击吸收能量-温度曲线

金属材料的韧脆转变温度越低，说明其低温抗冲击性能越好。普通碳素钢的韧脆转变温度大约在 −20℃，这对于在高寒地区或低温条件下工作的机械和工程结构来说非常重要，在选择金属材料时，应考虑其工作条件的最低温度必须高于金属的韧脆转变温度。

4. 多次冲击试验

在实际工作中，承受冲击载荷作用的零件或工具，经过一次冲击断裂的情况很少，大多数情况是在小能量多次冲击作用下而破坏的，这种破坏是由于多次冲击损伤的积累，导致裂纹的产生与扩展的结果，与大能量一次冲击的破坏过程有本质的区别。对于这样的零件和工具已不能用冲击韧度来衡量其抵抗冲击载荷的能力，而应采用小能量多次冲击抗力指标。

小能量多次冲击试验的原理如图 1-10 所示。在一定的冲击能量下，试样在冲锤的多次冲击下断裂时，经受的冲击次数 N 就代表了金属抵抗小能量多次冲击的能力。

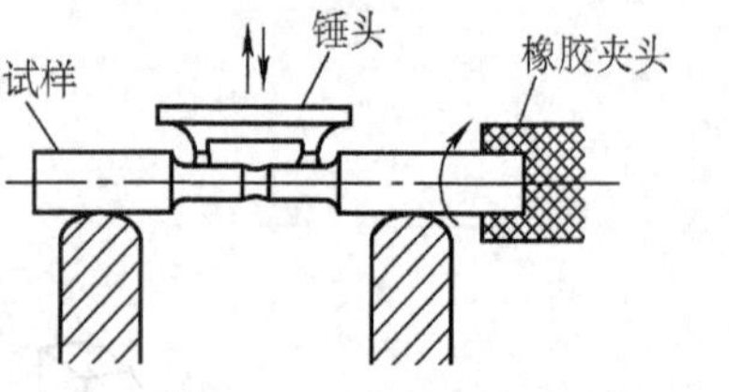

图 1-10　多次冲击试验示意图

研究结果表明，多次冲击抗力取决于强度与塑性的综合性能指标。当冲击能量大时，其冲击抗力主要取决于金属的塑性；当冲击能量小时，其冲击抗力主要取决于金属的强度。

五、疲劳强度

1. 疲劳的概念

许多机械零件都是在循环载荷的作用下工作的，如曲轴、齿轮、弹簧、各种滚动轴承等。循环载荷是指大小、方向都随时间发生周期性变化的载荷。承受循环载荷作用的零件，在工作过程中，常常在工作应力还低于制作材料的屈服点或规定残余伸长应力的情况下，仍然会发生断裂，这种现象称为疲劳。疲劳断裂与静载荷作用下的断裂不同，不管是韧性材料还是脆性材料，疲劳断裂都是突然发生的，事先无明显的塑性变形作为预兆，故具有很大的危险性。

疲劳断裂是在零件应力集中的局部区域开始发生的，这些区域通常存在着各种缺陷，如划痕、夹杂、软点、显微裂纹等，在循环载荷的反复作用下，产生疲劳裂纹，并随应力循环周次的增加，疲劳裂纹不断扩展，使零件的有效承载面积不断减少，最后达到某一临界尺寸时，发生突然断裂。因此，疲劳破坏的宏观断口是由疲劳裂纹的策源地及其扩展区（光滑部分）和最后断裂区（粗糙部分）组成的，如图 1-11 所示。

2. 疲劳强度

疲劳断裂是在循环应力作用下，经一定循环次数后发生的。在循环载荷作用下，金属所承受的循环应力 σ 和断裂时相应的应力循环周次数 N 之间的关系，可以用曲线来描述，这种曲线称为 σ—N 疲劳曲线，如图 1-12 所示。

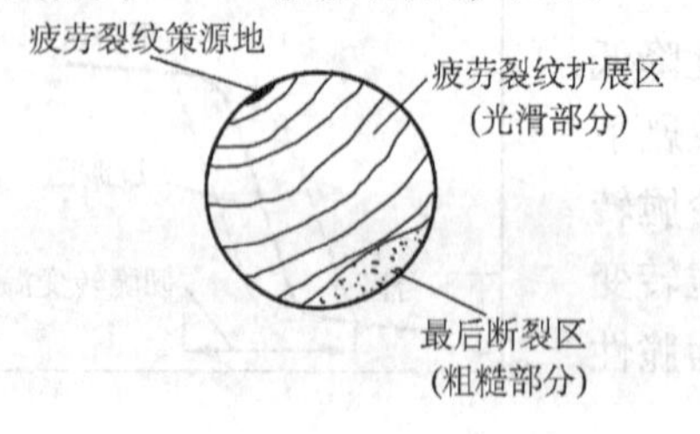

图 1-11　疲劳断口示意图

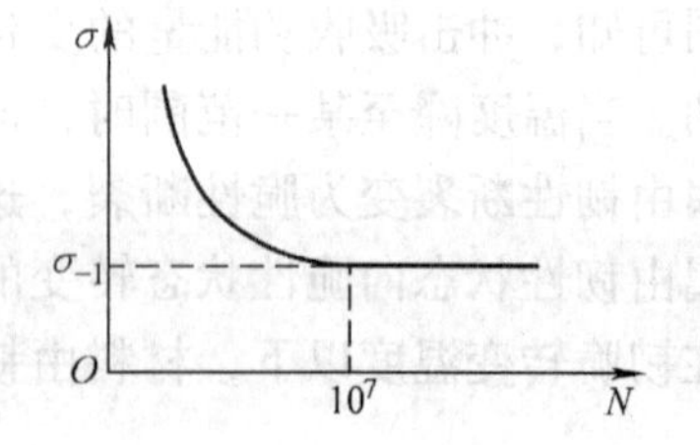

图 1-12　σ—N 疲劳曲线

金属在循环应力作用下能经受无限次循环而不断裂的最大应力值，称为金属的疲劳强度，对称循环应力的疲劳强度用符号 σ_{-1} 表示。显然 σ_{-1} 的数值越大，金属材料抵抗疲劳破坏的能力越强。

工程上用疲劳极限来描述，即对应于规定的循环基数，试样不发生断裂的最大应力值。

对于钢铁材料，一般规定应力循环基数为 10^7 周次；对于非铁金属，则应力循环基数规定为 10^8 周次。

3. 提高材料疲劳极限的途径

金属的疲劳极限受很多因素的影响，如工作条件、材料成分及组织、零件表面状态等。改善某些因素，可以不同程度地提高材料疲劳极限，主要途径有以下几方面。

1）设计方面，尽量使零件避免尖角、缺口、截面突变，以避免应力集中及所引起的疲劳裂纹。

2）材料方面，通常应使晶粒细化，减少材料内部存在的夹杂物和由于热加工不当引起的缺陷，如疏松、气孔和表面氧化等。晶粒细化使晶界增多，从而对疲劳裂纹的扩展起更大的阻碍作用。

3）机械加工方面，降低零件表面粗糙度，因为表面刀痕、碰伤和划痕等都是疲劳裂纹的策源地。

4）零件表面强化方面，采取化学热处理、表面淬火、喷丸处理和表面涂层等，使零件表面造成压应力，以抵消或降低表面拉应力引起疲劳裂纹的可能性。

第二节 金属的物理性能和化学性能

一、金属的物理性能

材料的物理性能是指在重力、电磁场、热力（温度）等物理因素作用下，材料所表现出来的性能或固有属性。机械零件或工程构件在制造中所涉及的金属材料的物理性能主要包括密度、熔点、导电性、导热性、热膨胀性、磁性等。

1. 密度

同一温度下单位体积物质的质量称为密度（g/cm^3 或 kg/m^3），与水密度之比称为相对密度。根据相对密度大小可将金属分为轻金属（相对密度小于4.5）和重金属（相对密度大于4.5）。铝、镁等及其合金属于轻金属，铜、铁、铅、锌、锡等及其合金属于重金属。

在机械制造业中，通常用密度来计算零件毛坯的质量。密度直接关系到由该材料所制成的零件或构件的质量与紧凑程度。某些高速运转的零件、车辆、飞机、导弹及航天器等，常要求在满足力学性能的前提下，尽量减轻材料质量，因而常采用铝合金、钛合金等轻金属。

常用的金属材料相对密度差别很大，如铜为8.9，铁为7.8，钛为4.5，铝为2.7等。

2. 熔点

材料在缓慢加热时，由固态转变为液态并有一定潜热吸收或放出时的转变温度，称为熔点。纯金属都有固定的熔点，合金的熔点取决于成分，例如，钢是铁、碳合金，含碳量不同，熔点也不同。

熔点低的金属（如铅、锡等）可以用来制造钎焊的材料、熔体（保险丝）和铅字等；熔点高的金属（如铁、镍、铬、钼等）可以用来制造耐高温零件，如加热炉构件、电热元件、喷气机叶片以及火箭、导弹中的高温零件。对于热加工材料，熔点是制定热加工工艺的重要依据之一，例如，铸铁和铸铝的熔点不同，它们的熔炼工艺有较大差别。

3. 导电性

材料传导电流的能力称为导电性，以电导率 γ 表示。纯金属中银的导电性最好，其次是铜、铝。合金的导电性比纯金属差，工程中为了减少电能损耗，常采用导电性好的纯铜或纯铝作为输电导体；采用导电性差的材料（如镍-铬、铁-铬-铝等合金）制作电热元件。

4. 导热性

材料传导热量的能力称为导热性，以热导率 λ 表示。热导率越大，导热性越好。纯金属的导热性比合金好，银、铜的导热性最好，铝次之。

合金钢的导热性比碳钢差，因此合金钢在进行加热时的加热速度应缓慢，以保证工件或材料内外温差小，减少变形和开裂倾向。另外，导热性差的金属材料切削加工也较困难。

5. 热膨胀性

材料因温度改变而引起的体积变化现象称为热膨胀性。一般来说，金属受热时膨胀，冷却时收缩。热膨胀性的大小用线膨胀系数 α_l 和体膨胀系数 α_V 来表示。

常温下工作的普通机械零件（或构件）可不考虑热膨胀性，但在一些特殊场合就必须考虑其影响，例如，工作在温差较大场合的长零件（或构件，如火车导轨等）、精密仪器仪表的关键零件等热膨胀系数均要小。工程中也常利用材料的热膨胀性来装配或拆卸配合过盈量较大的机械零件。

6. 磁性

材料在磁场中能被磁化或导磁的能力称为导磁性或磁性，通常用磁导率 μ 来表示。具有显著导磁性的材料称为磁性材料。金属磁性材料也称为铁磁材料，常用的有铁、铬、镍等金属及其合金。工程中常利用材料的磁性制造机械及电气零件。

二、金属的化学性能

材料的化学性能指材料在室温或高温时抵抗其周围各种介质的化学侵蚀能力，主要包括耐蚀性、抗氧化性和化学稳定性等。

1. 耐蚀性

材料在常温下抵抗氧、水蒸气等化学介质腐蚀破坏作用的能力称为耐蚀性，包括抗化学腐蚀和电化学腐蚀两种类型。化学腐蚀一般是在干燥气体及非电解液中进行的，腐蚀时没有电流产生；电化学腐蚀是在电解液中进行的，腐蚀时有微电流产生。

根据介质侵蚀能力的强弱，对于不同介质中工作的金属材料的耐蚀性要求也不相同，如海洋设备及船舶用钢，须耐海水和海洋大气腐蚀；而储存和运输酸类的容器、管道等，则应具有较高的耐酸性能。一种金属材料在某种介质、某种条件下是耐腐蚀的，而在另一种介质或条件下就可能不耐腐蚀，如镍铬不锈钢在稀酸中耐腐蚀，而在盐酸中不耐腐蚀；铜及其合金一般在大气中耐腐蚀，但在氨水中却不耐腐蚀（磷青铜除外）。

腐蚀对金属的危害很大，每年因腐蚀损耗掉大量金属材料，这种现象在制药、化肥、制酸、制碱等部门更为严重。因此，提高金属材料的耐蚀性，对于节约金属、延长零件使用寿命具有积极的现实意义。

2. 抗氧化性

材料在高温场合抵抗氧化作用的能力称为抗氧化性。钢铁材料在高温下（570℃以上）表面易氧化，主要原因是生成了疏松多孔的 FeO，氧原子易通过 FeO 进行扩散，使钢内部不断氧化，温度越高，氧化速度越快。氧化使得在铸、锻、焊等热加工时，钢铁材料损耗严重，也易出现加工缺陷。提高金属材料的抗氧化性，可通过合金化在材料表面形成保护膜，或在工件周围形成一种保护气氛，均能避免氧化。

3. 化学稳定性

化学稳定性是材料耐蚀性和抗氧化性的总称。在高温下工作的热能设备（锅炉、汽轮机、喷气发动机等）的零件应选择热稳定性好的材料制造；在海水、酸、碱等腐蚀环境中工作的零件，必须采用化学稳定性良好的材料，例如，化工设备通常采用不锈钢来制造。

第三节 金属的工艺性能

工艺性能是指金属在制造各种机械零件或工具的过程中，对各种不同加工方法的适应能力，即金属采用某种加工方法制成成品的难易程度。它包括铸造性能、锻造性能、焊接性能、切削加工性能等，例如，某种金属材料用铸造成型的方法，容易得到合格的铸件，则该种材料的铸造性能好。工艺性能直接影响零件的制造工艺和质量，是选择金属材料时必须考虑的因素之一。

一、铸造性能

金属在铸造成型过程中获得外形准确、内部健全铸件的能力称为铸造性能。铸造性能包括流动性、收缩性和偏析等。流动性是指熔融金属的流动能力，它主要受金属的化学成分和浇注温度的影响，流动性好的金属容易充满铸型，从而获得外形完整、尺寸精确、轮廓清晰的铸件；收缩性是指铸件在凝固和冷却过程中，其体积和尺寸减小的现象，收缩不仅影响铸件的尺寸精度，还会使铸件产生缩孔、疏松、内应力、变形及开裂等缺陷，所以用于铸造的金属其收缩率越小越好；偏析是指铸件凝固后其内部化学成分不均匀的现象，偏析严重时能造成铸件各部分的组织和力学性能相差很大，降低铸件的质量。

二、锻造性能

金属利用锻压加工方法成型的难易程度称为锻造性能。锻造性能的好坏主要取决于金属的塑性和变形抗力。塑性越好，变形抗力越小，金属的锻造性能就越好，例如，碳钢在加热的状态下有较好的锻造性能；铸铁则不能进行锻造。

三、焊接性能

焊接性能是指金属对焊接加工的适应能力，即在限定的施工条件下被焊接成符合规定设计要求的构件，并满足预定使用要求的能力。焊接性能好的金属可以获得没有裂缝、气孔等缺陷的焊缝，焊接质量好，并且焊接接头具有一定的力学性能，如低碳钢具有良好的焊接性能，而高碳钢、铸铁的焊接性能很差。

四、切削加工性能

切削加工性能是指金属在切削加工时的难易程度。切削加工性能好的金属对使用的刀具磨损小，零件表面粗糙度低。影响切削加工性能的因素主要有金属的化学成分、组织状态、硬度、导热性、冷变形强化等。一般认为金属的硬度在 170～260HBW 范围内时，最易切削加工，如铸铁、铜合金、铝合金具有良好的切削加工性能，而高合金钢的切削加工性能较差。通常对金属进行适当的热处理，是改善其切削加工性能的重要途径。

【小结】 本章主要介绍了金属性能指标的分类、含义、使用范围等内容，重点是金属的力学性能。通过学习本章内容，要做到了解和掌握金属材料的各种性能，为正确、经济、合理地选用金属材料提供充分的理论依据。

练　习　题（1）

一、名词解释

1. 金属的力学性能　2. 强度　3. 屈服点　4. 断后伸长率　5. 塑性　6. 冲击韧度　7. 硬度　8. 疲劳

二、填空题

1. 金属的性能分为________性能和________性能。

2. 洛氏硬度常用的标尺有________、________和________三种。

3. 500HBW5/750 表示用直径为________mm，在________N压力下，保持________s，测得的________硬度值为________。

4. 冲击吸收能量的符号是________，单位为________。

5. 使用性能包括：________、________和________。

三、选择题

1. 拉伸试验时，试样拉断前能承受的最大应力称为材料的________。

A. 屈服点　　B. 抗拉强度　　C. 弹性极限

2. 测定淬火钢件的硬度，一般常选用________来测试。

A. 布氏硬度　　B. 洛氏硬度　　C. 维氏硬度

3. 金属抵抗永久变形和断裂的能力，称为________。

A. 硬度　　B. 塑性　　C. 强度

四、判断题

1. 金属的熔点及凝固点是同一温度。（　）

2. 导热性差的金属，加热和冷却时会导致内外不同的膨胀或收缩，从而使金属变形甚至产生开裂。（　）

3. 塑性变形能随载荷的去除而消失。（　）

4. 所有金属在拉伸试验时都会出现显著的屈服现象。（　）

5. 当布氏硬度试验的试验条件相同时，压痕直径越小，则金属的硬度越低。（　）

6. 洛氏硬度值是根据压头压入被测金属的残余深度来确定的。（　）

五、简答题

1. 画出低碳钢的力-伸长曲线，并简述拉伸变形的几个阶段。

2. 图1-13所示为三种不同材料的拉伸曲线（试样尺寸相同），试比较这三种材料的抗拉强度、屈服强度和塑性的大小，并指出屈服强度的确定方法。

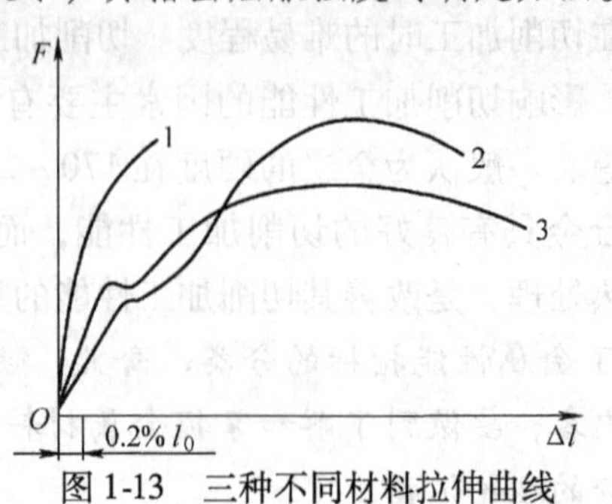

图1-13　三种不同材料拉伸曲线

第二章 金属的晶体结构与结晶

不同的金属材料在载荷作用下会表现出不同的力学性能，如低碳钢比高碳钢有较好的塑性、韧性，但硬度却低的多。即使是化学成分相同的金属材料，在不同的条件下其力学性能也是不同的。金属性能的这些差异，完全是由金属内部的组织结构所决定的，因此，只有从研究金属的内部组织着手，才能掌握金属材料性能变化的规律，为正确选用金属材料，确定合理加工方法提供依据。

第一节 金属的晶体结构

一、晶体与非晶体

固态物质按其原子（离子或分子）的聚集状态可分为晶体和非晶体两大类。凡原子（离子或分子）按一定的几何规律作规则的周期性重复排列的物质，称为晶体；而原子（离子或分子）无规则聚集在一起的物质则称为非晶体。

自然界中，除少数物质（如松香、普通玻璃、石蜡等）属于非晶体外，大多数固态物质都是晶体。由于晶体内部原子（离子或分子）的排列具有规则，所以自然界中许多晶体都具有规则的外形，如结晶盐、水晶、天然金刚石等。但晶体的外形不一定都是有规则的，如金属和合金等，这与晶体的形成条件有关。因此，晶体与非晶体的根本区别还在于其内部原子（离子或分子）的排列是否有规则。

晶体与非晶体的区别还表现在性能方面，如晶体具有固定的熔点（或凝固点）、具有各向异性的特征，而非晶体则没有固定的熔点（或凝固点），具有各向同性的特征。

显然，气体和液体都是非晶体，特别是在液体中，虽然其原子（离子或分子）也是处于紧密聚集的状态，但不存在周期性排列，所以固态的非晶体可以看成是一种过冷状态的液体，只是其物理性质不同于通常的液体而已，玻璃就是一个典型的例子，故往往将非晶体也称为玻璃体。非晶体在一定条件下可以转化为晶体，如玻璃经高温长时间加热后能形成晶态玻璃；而通常呈晶态的物质，如果将它从液态快速冷却下来，也可能成为非晶体，如金属液的冷却速度超过 10^7℃/s 时，可得到非晶态金属。

晶体又分为金属晶体和非金属晶体两类。金属晶体除具有晶体所共有的特征外，还具有独特的性能，如具有金属光泽、良好的导电性和导热性、良好的塑性及正的电阻温度系数等，这主要与金属的原子结构及原子间的结合方式有关。

二、晶体结构的基本知识

在研究金属晶体结构时，为分析问题方便，通常将金属中的原子近似地看成是刚性小球，这样，金属晶体就可以近似看成是由刚性小球按一定几何规则紧密堆砌而成的，如图 2-1a 所示。

1. 晶格

为了便于理解和描述金属晶体中原子的排列情况，可将刚性小球再抽象成为一个几何点，几何点位于刚性小球的中心。这种几何点的空间排列称为空间点阵，简称点阵。点阵中的几何点称为结点或阵点。

在表达点阵的几何图形时，为了观察方便，可作许多平行直线将结点连接起来，构成三维的几何格架，如图2-1b所示。这种抽象的、用于描述原子在晶体中排列形式的几何空间格架称为晶格。

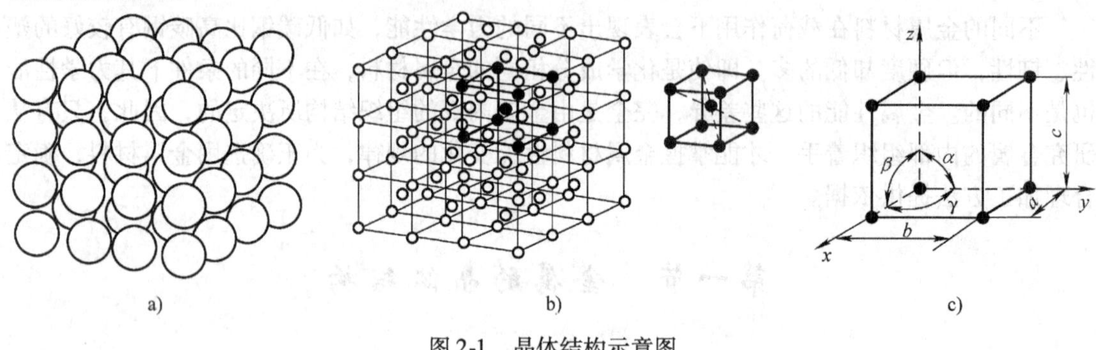

图2-1　晶体结构示意图

a）晶体　b）晶格　c）晶胞

2. 晶胞

从晶格中可以看出，位于同一直线上的结点每隔一个相等的距离就重复出现一次；位于同一平面上的结点构成了二维点阵平面，将点阵平面沿一定方向平移一定距离，其结点也具有重复性。因此，为了说明点阵排列的规律和特点，可在点阵中取出一个具有代表性的基本几何单元来进行分析，这个点阵的组成单元称为晶胞，如图2-1b所示的粗黑线标出的平行六面体所示。

3. 晶格常数

在晶体学中，通常取晶胞角上某一结点作为原点，沿其三条棱边作为坐标轴 x、y、z，称为晶轴。规定在坐标轴的前、右、上方为坐标轴的正方向，并以棱边长度 a、b、c 分别作为坐标轴的长度单位如图2-1c所示。这样，晶胞的大小和形状完全可以由三个棱边长度和三个晶轴之间的夹角 α、β、γ 来表示，其中棱边长度称为晶格常数。

三、常见金属的晶格类型

不同金属具有不同的晶格类型。除一些具有复杂晶格类型的金属外，大多数金属的晶体结构都是比较简单的。其中常见的有以下三种：

1. 体心立方晶格

体心立方晶格的晶胞如图2-2所示，在晶胞的中心和八个角上各有一个原子，是一个立方体（$a=b=c$，$\alpha=\beta=\gamma=90°$），所以只用一个晶格常数 a 即可表示晶胞的大小和形状。由于晶胞角上的原子同时属于相邻的八个晶胞所共有，每个晶胞实际上只占有该原子的1/8，而中心的原子为该晶胞所独有，故体心立方晶格晶胞中的原子数 $n=8\times1/8+1=2$（个）。

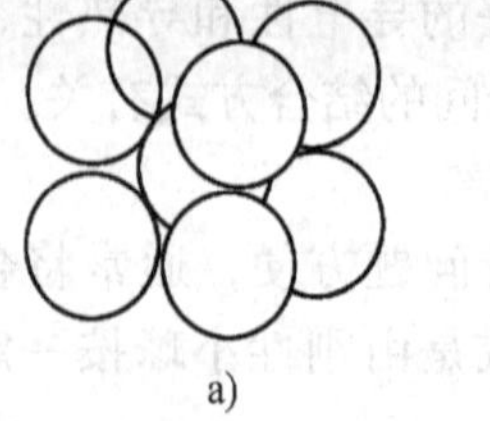

a)

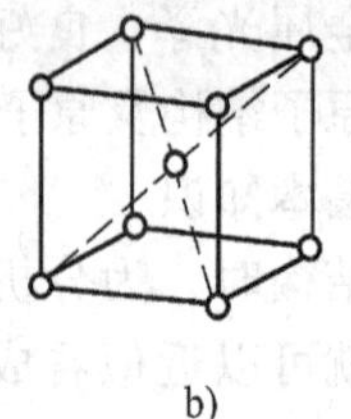

b)

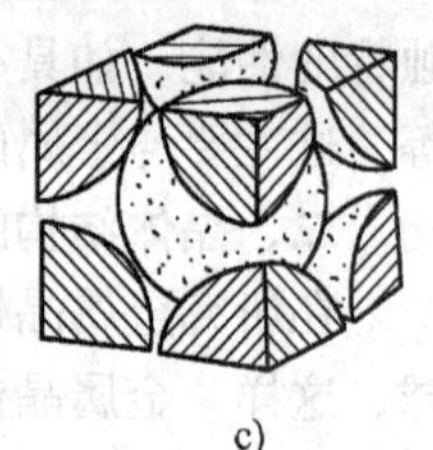

c)

图2-2　体心立方晶格

属于体心立方晶格类型的金属有 α-Fe、Cr、W、Mo、V 等。

2. 面心立方晶格

面心立方晶格的晶胞如图 2-3 所示，在晶胞的六个面的中心及八个角上各有一个原子，它也是一个立方体，所以只用一个晶格常数 a 即可表示晶胞的大小和形状。由于晶胞角上的原子同时属于相邻的八个晶胞所共有，而每个面中心的原子为两个晶胞共有，故面心立方晶格晶胞中的原子数 $n=8\times1/8+6\times1/2=4$(个)。

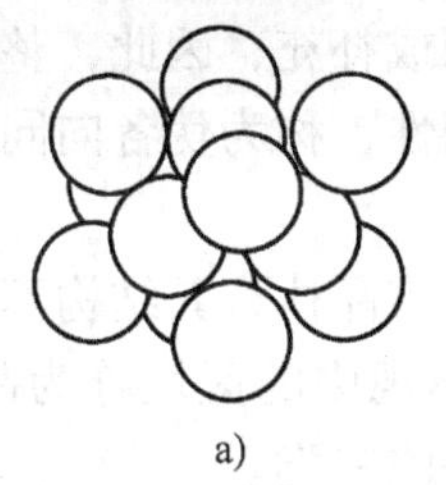
a)

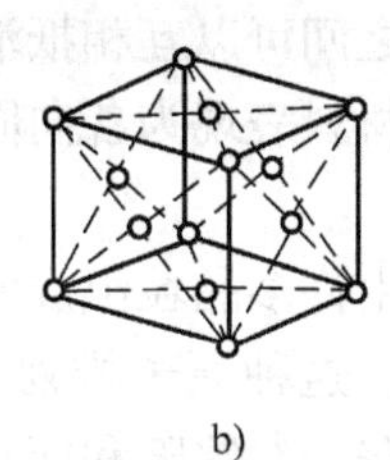
b)

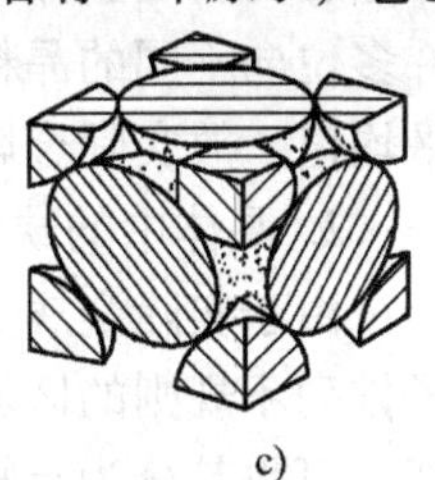
c)

图 2-3　面心立方晶格

属于面心立方晶格类型的金属有 γ-Fe，Al、Cu、Ni、Au、Ag、Pb 等。

3. 密排六方晶格

密排六方晶格的晶胞如图 2-4 所示，在晶胞的每个角和上、下底面的中心上各有一个原子，晶胞的体内还有三个原子，它是一个六方柱体，由六个呈长方形的侧面和两个呈正六边形的底面组成，所以要用两个晶格常数来表示晶胞的大小和形状，一个是六边形的边长 a，另一个是六方柱体的高度 c。由于晶胞角上的原子同时属于相邻的六个晶胞所共有，上、下底面中心的原子为两个晶胞共有，而体内的三个原子为该晶胞所独有，故密排六方晶格晶胞中的原子数 $n=12\times1/6+2\times1/2+3=6$(个)。

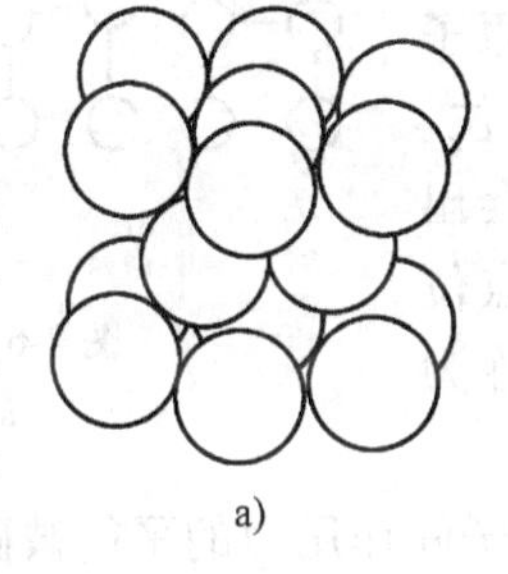
a)

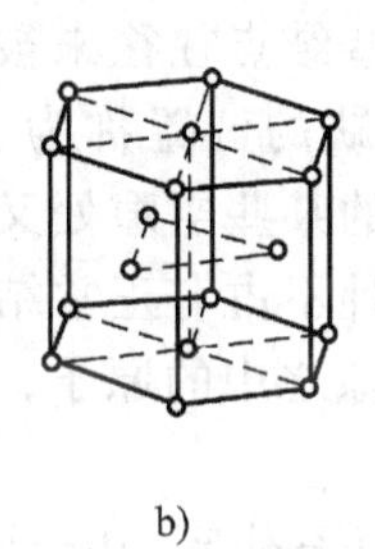
b)

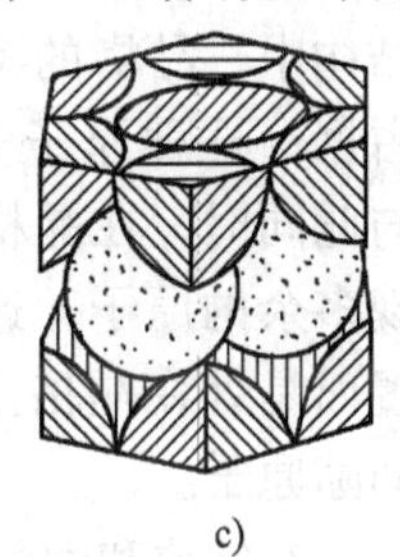
c)

图 2-4　密排六方晶格

属于密排六方晶格类型的金属有 Mg、Zn、Be、Cd 等。

四、金属的实际晶体结构

1. 单晶体与多晶体

如果一个晶体内部其晶格位向（即原子排列的方向）是完全一致的，则这种晶体称为单晶体，如图 2-5a 所示。在工业生产中，只有采用特殊方法才能获得单晶体，如单晶硅、单晶锗等。实际使用的金属材料即使体积很小，其内部仍包含了许许多多颗粒状的小晶体，每个小晶体的内部晶格位向是一致的，而各个小晶体彼此之间晶格位向不同，如图 2-5b 所示。小晶体的外形呈不规则的颗粒状，通常称为晶粒。晶粒与晶粒之间的界面称为晶界。

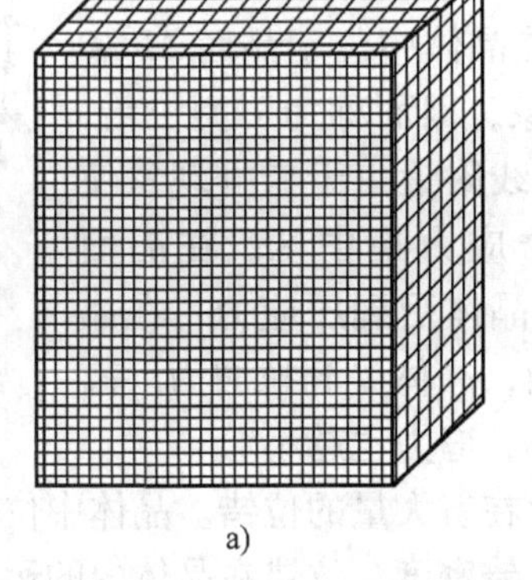
a)

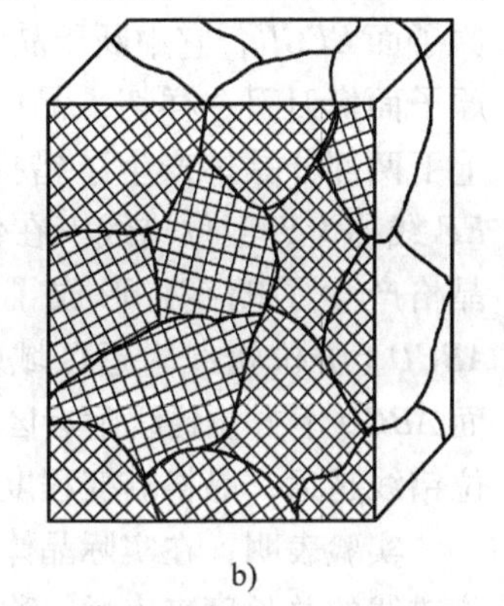
b)

图 2-5　单晶体和多晶体结构示意图

a）单晶体　b）多晶体

这种实际上由许多晶粒组成的晶体称为多晶体。一般金属材料都是多晶体结构。

单晶体在不同方向上的物理、化学和力学性能不相同，即具有各向异性。但是，由于实际金属材料是多晶体结构，其内部包含了大量彼此位向不同的晶粒，一个晶粒的各向异性在许多位向不同的晶粒之间可以互相抵消或补充，因此，整个金属的性能则是这些晶粒性能的平均值，故实际金属材料表现为各向同性，称为伪各向同性。

2. 晶体中的缺陷

由于实际金属是由许多晶粒组成的多晶体，其结构不是完美的单晶体，结构中存在着原子排列不规则的区域，这种原子排列不规则的区域称为晶体缺陷。根据晶体缺陷的几何特征，可将其分为点缺陷、线缺陷和面缺陷三类。

（1）点缺陷　点缺陷是晶体中呈点状的缺陷，即在三维方向上的尺寸都很小的晶体缺陷。常见的点缺陷是空位和间隙原子，如图 2-6 所示。在实际晶体结构中，晶格的某些结点往往未被原子占据，这种原子空缺的位置称为空位。与此同时，在晶格的某些空隙处又会出现多余的原子，这种不占有正常结点位置而是处在晶格空隙之中的原子，称为间隙原子。

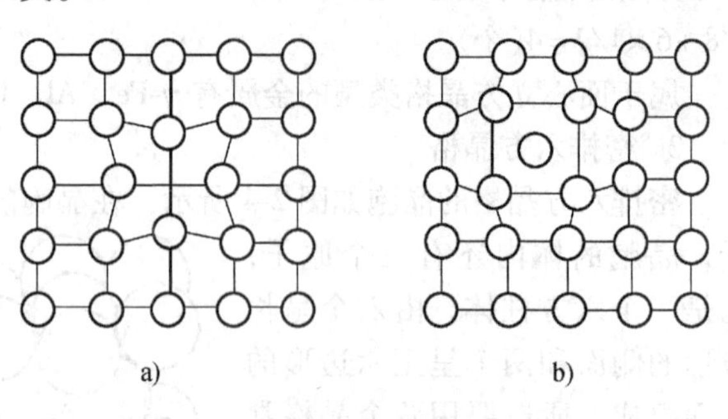

图 2-6　空位和间隙原子示意图
a）空位　b）间隙原子

在空位和间隙原子附近，由于原子间作用力的平衡被破坏，使其周围的原子都离开了原来的平衡位置，这种现象称为晶格畸变。点缺陷的存在对金属的性能有影响，如使金属的屈服点升高，塑性下降等。

（2）线缺陷　线缺陷是指在三维空间的一个方向上尺寸很大，其余两个方向上尺寸很小的一种晶体缺陷。晶体中的线缺陷通常是指各种类型的位错。所谓位错就是指在晶体中某处有一列或若干列原子发生了某种有规律的错排现象。这种错排现象有许多种类型，其中比较简单的是刃型位错，如图 2-7 所示。刃象位错存在时，在晶体的某一晶面 *ABCD* 以上多出一个垂直方向的原子面 *EFGH*，它中断于晶面 *ABCD* 上 *EF* 处。由于这个原子面像刀刃一样切入晶体，使晶体中位于晶面 *ABCD* 上下两部分晶体产生了错排现象，因而称为刃型位错，*EF* 线称为刃型位错线。在位错线附近由于错排现象使晶格产生了畸变，形成了一个应力集中区。在晶面 *ABCD* 上方位错线附近区域内，晶体受到压应力；在晶面 *ABCD* 下方位错线附近区域内，晶体受到拉应力。离位错线越远，晶格畸变程度越小，应力也越小。

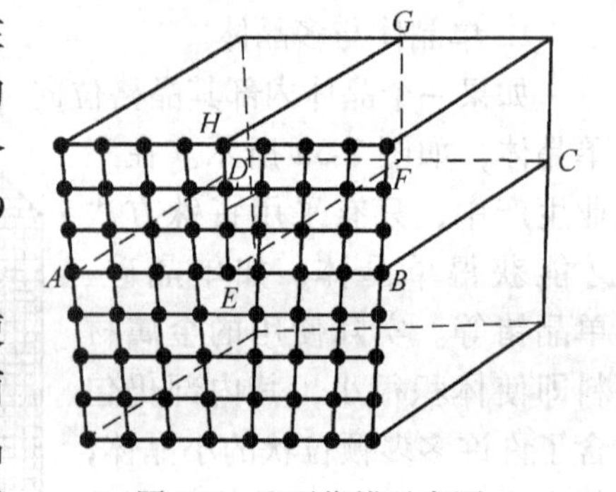

图 2-7　刃型位错示意图

实验表明，在实际晶体中存在着大量的位错。晶体中位错数量的多少，可用单位体积内位错线的总长度来表示，称为位错密度。位错在晶体内的运动及位错密度的变化对金属的性能、塑性变形及相变有着极为重要的影响。

（3）面缺陷　面缺陷是指在两个方向上的尺寸很长，第三个方向上的尺寸很小，呈面状分布的一种晶体缺陷，通常是指晶界和亚晶界。

实际金属大多是多晶体，多晶体中两个相邻晶粒的晶格位向不同，故晶界处原子排列的规律性就不可能一致，必然是从一种晶格位向逐步过渡到另一种晶格位向，因此，晶界实际上是不同位向晶粒间原子排列无规则的过渡层，如图 2-8 所示。晶界处原子排列的不规则，使晶格处于畸变状态，因而晶界与晶粒内部有着一系列不同的特性，如晶界在常温下的强度、硬度较高，而在高温下强度、硬度较低；晶界容易被腐蚀；晶界熔点低等。

实验证明，晶粒内部的晶格位向也不是完全一致的。实际上每个晶粒都是由尺寸更小、位向差也更小的小晶块组成的，这些小晶块称为亚晶粒或亚结构。亚晶粒与亚晶粒之间的界面称为亚晶界。亚晶界实际上是由一系列刃型位错组成的小角度晶界，如图 2-9 所示。亚晶界处同样产生晶格畸变，对金属的性能有重要影响。

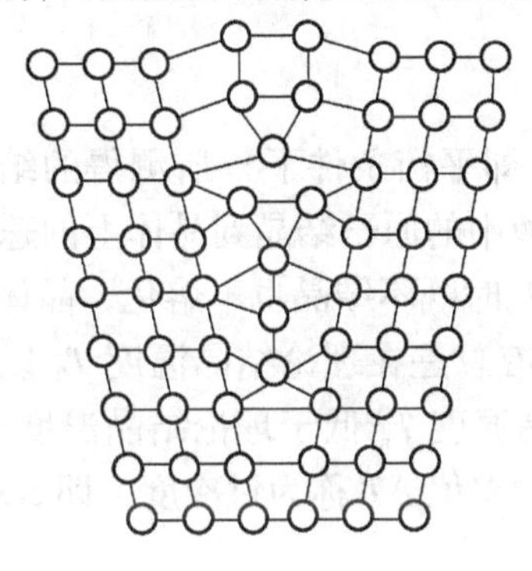

图 2-8　晶界示意图

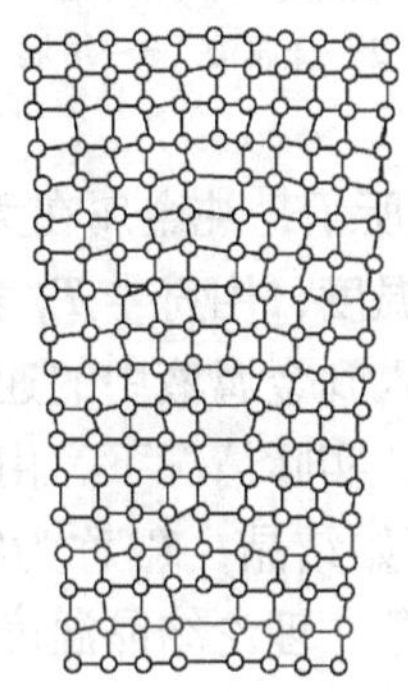

图 2-9　亚晶界结构示意图

第二节　纯金属的结晶

金属从液态经冷却转变为固态的过程，也就是原子由不规则排列的液体状态逐步过渡到原子作规则排列的晶体状态的过程，称为结晶过程。

金属的性能与金属结晶后所形成的组织有密切关系，因此，研究金属结晶过程的基本规律，对改善金属材料的组织和性能有重要意义。

一、纯金属的冷却曲线和过冷现象

纯金属都有一个固定的结晶温度（或称凝固点），所以纯金属的结晶过程总是在一个恒定的温度下进行的。金属的结晶温度可用热分析实验法来测定。

热分析实验的装置如图 2-10 所示。将纯金属加热到熔化状态，然后将其缓慢冷却。在冷却过程中，每隔一定时间测量一次温度，直至结晶完毕为止，这样可得到一系列时间与温度相对应的数据，将记录的数据绘制在温度—时间坐标系中，并画出一条温度与时间的关系曲线，这条曲线称为纯金属的冷却曲线，如图 2-11 所示。

从冷却曲线上可以看出，随着冷却时间的增长，由于金属液热量向外界散失，温度不断下降。当冷却到某一温度时，冷却时间增长但温度并不降低，在冷却曲线上出现了一个平台，这个平台所对应的温度就是纯金属进行结晶的温度。由于金属在结晶过程中会释放结晶潜热，它补偿了向外界散失的热量，使温度并不随时间增长而下降，因而在冷却曲线上出现一个平台。直到金属结晶终了，由于继续向外界散失热量，故温度又重新下降。

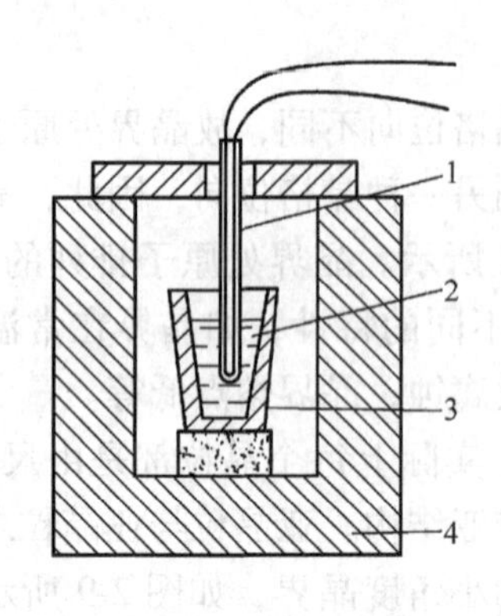

图 2-10 热分析实验装置示意图

1—热电偶 2—金属液 3—坩埚 4—电炉

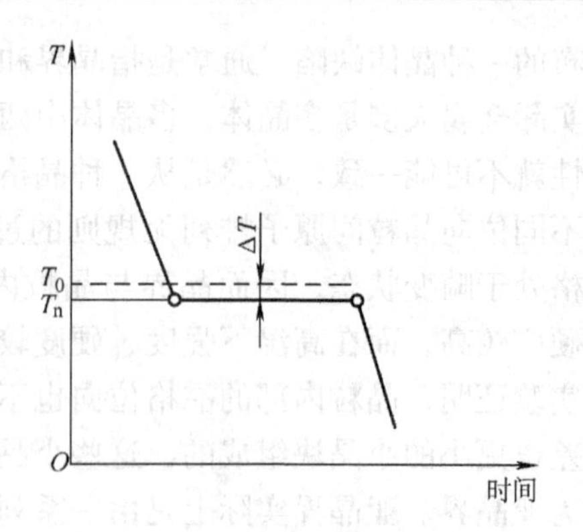

图 2-11 纯金属的冷却曲线

如图 2-11 所示，纯金属在无限缓慢的冷却条件下（即平衡条件下）所测得的结晶温度称为理论结晶温度，用符号 T_0 表示。在 T_0 温度，金属液中的原子结晶到晶体上的速度与晶体上的原子熔入到金属液中的速度相等，从宏观上看，此时既不结晶也不熔化，晶体与液体处于平衡状态。实际情况下，由于冷却速度较快，金属液总是在理论结晶温度 T_0 以下的某一温度 T_n 才开始结晶，T_n 称为实际结晶温度。实际结晶温度 T_n 低于理论结晶温度 T_0 的现象称为过冷现象。理论结晶温度 T_0 与实际结晶温度 T_n 的差值 ΔT 称为过冷度，即 $\Delta T = T_0 - T_n$。

过冷度并不是一个恒定值，液体金属结晶时的冷却速度越大，实际结晶温度 T_n 就越低，过冷度 ΔT 也就越大。实际金属总是在过冷情况下进行结晶的，所以过冷是金属结晶的必要条件。

二、金属的结晶过程

纯金属的结晶过程是在冷却曲线上平台所经历的这段时间内发生的，它是不断形成晶核和晶核不断长大的过程，如图 2-12 所示。

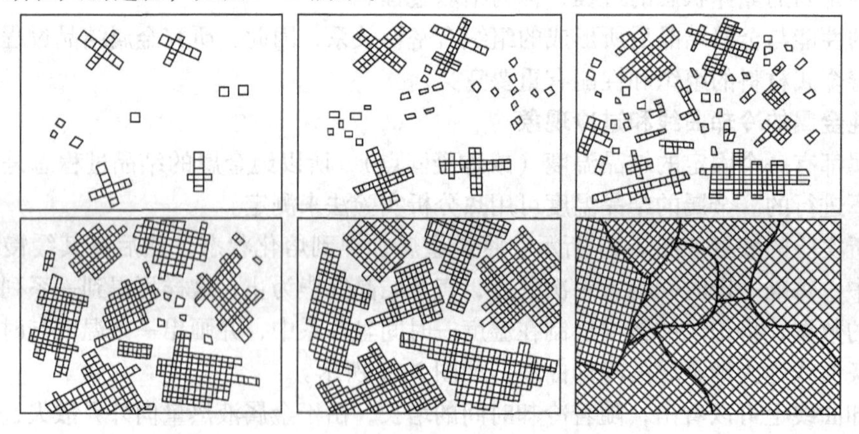

图 2-12 金属结晶过程示意图

实验证明，在金属液中总是存在着许多类似于晶体中原子有规则排列的小集团。在 T_0

温度以上，这些小集团是不稳定的，时聚时散、此起彼伏的。当低于 T_0 温度时，这些小集团中的一部分就成为稳定的结晶核心，称为晶核。在一定过冷条件下，仅依靠自身原子有规则排列而形成晶核，称为自发形核。实际情况下，在金属液中常存在各种固态杂质微粒，依附于其上形核很容易，这种形核方式称为非自发形核。随时间增长，已形成的晶核不断长大，同时，金属液中又不断产生新的晶核并长大，直至金属液全部消失，晶体彼此接触为止。所以，结晶过程就是不断形成晶核和晶核不断长大的过程。

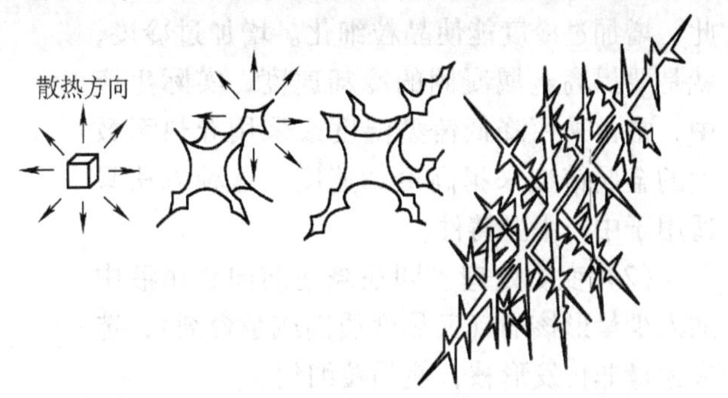

图 2-13　晶体长大示意图

实验证明，在晶核长大初期，因内部原子规则排列的特点，其外形是比较规则的。随着晶核的长大和晶体棱角的形成，由于棱边和尖角处的散热条件优越，晶粒在棱边和尖角处就优先长大，如图 2-13 所示。晶体的这种生长方式就象树枝一样，先长出干枝，然后再长出分枝，因此，所得到的晶体称为树枝状晶体，简称为枝晶。

三、晶粒大小的影响

1. 晶粒大小对金属力学性能的影响

金属结晶后的晶粒大小可用单位体积内的晶粒数目来表示。单位体积内的晶粒数目越多，说明晶粒越细小。实验证明，在常温下细晶粒金属的力学性能比粗晶粒金属高。这主要是由于晶粒越细小，晶界的数量越多，位错移动时的阻力增大，使金属的塑性变形抗力增加，同时，晶粒数量越多，金属的塑性变形可以分散到更多的晶粒内进行，晶界也会阻止裂纹的扩展，使金属的力学性能提高。表 2-1 说明了晶粒大小对纯铁力学性能的影响。

表 2-1　晶粒大小对纯铁力学性能的影响

晶粒平均直径/μm	抗拉强度/MPa	伸长率（%）	晶粒平均直径/μm	抗拉强度/MPa	伸长率（%）
97	168	28.8	2	268	48.8
70	184	30.6	1.6	270	50.7
25	215	39.5	1	284	50

由表可知，细化晶粒对提高常温下金属的力学性能有很大作用，是强化金属材料的一种有效方法。

2. 细化晶粒的方法

金属结晶后单位体积内晶粒的数目 Z 取决于结晶时的形核率 N 和晶核的长大速度 G。形核率是指单位时间、单位体积金属液内形成的晶核数目。Z 可用下式判断

$$Z \propto \sqrt{\frac{N}{G}}$$

由上式可知，结晶时形核率越大，晶核长大速度越小，结晶后单位体积内晶粒数目越多，晶粒越细小。因此，要控制金属结晶后的晶粒大小，必须控制形核率和晶核长大速度这两个因素，主要方法有以下三种：

（1）增加过冷度　即加快金属液的冷却速度。金属结晶时的形核率与晶核长大速度均随过冷度的增大而增加，在很大范围内形核率随过冷度增加较快，如图 2-14 所示。因此，增加过冷度能使晶粒细化。增加过冷度，就是要提高金属凝固的冷却速度，实际生产中，常常采用降低铸型温度或采用导热系数大的金属铸型来提高冷却速度。这种方法只适用于中、小型铸件。

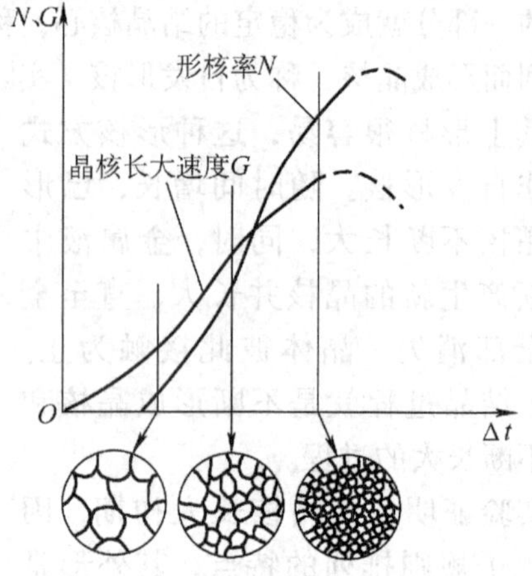

图 2-14　形核率和晶核长大速度与过冷度关系示意图

（2）变质处理　即在浇注前向金属液中加入少量形核剂（又称变质剂或孕育剂），造成大量非自发形核，使晶粒细化。

（3）振动处理　金属结晶时，对金属液进行机械振动、超声波振动或电磁振动等，使生长中的枝晶破碎，提高形核率，达到细化晶粒的目的。

第三节　金属的同素异构转变

大多数金属结晶终了后，在继续冷却的过程中，其晶体结构不再发生变化。但也有某些金属在固态下因所处温度不同而具有不同的晶格形式。例如，铁有体心立方晶格的 α-Fe 和面心立方晶格的 γ-Fe；钴有密排六方晶格的 α-Co 和面心立方晶格的 β-Co 等。金属在固态下随温度的改变由一种晶格变为另一种晶格的变化，称为同素异构转变或同素异晶转变。由同素异构转变得到的不同晶格的晶体称为同素异构体或同素异晶体。常温下的同素异构体一般用符号 α 表示，温度较高时的同素异构体依次用符号 β、γ、δ 表示。

图 2-15 所示为纯铁的冷却曲线。可见，纯铁液在 1538℃时结晶为具有体心立方晶格的 δ-Fe；继续冷却，在 1394℃时发生同素异构转变，δ-Fe 转变为面心立方晶格的 γ-Fe；当冷却到 912℃时，再次发生同素异构转变，γ-Fe 转变为体心立方晶格的 α-Fe，直至室温，晶格类型不再发生变化。

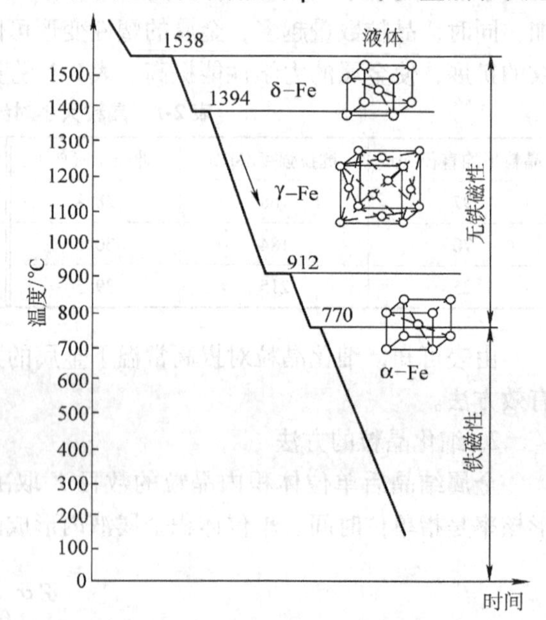

图 2-15　纯铁的冷却曲线

同素异构转变是纯铁的一个重要特性，是钢铁能够进行热处理的理论依据。金属的同素异构转变过程与金属液的结晶过程很相似，实质上它是一个重结晶过程，因此，同素异构转变同样遵循结晶的一般规律：有一定的转变温度；转变时需要过冷；有潜热产生；转变过程也是通过晶核的形成和长大来完成的。

但由于同素异构转变是在固态下发生的，其原子扩散要比液态下困难得多，致使同素异构转变需要较大的过冷度。另外，由于同素异构转变前后晶格类型不同，原子排列的疏密程度发生改变，将引起晶体体积的变化，故同素异构转变往往会产生较大的内应力。

从纯铁的冷却曲线上可以看到，在770℃时又出现了一个平台，但在该温度下纯铁的晶格没有发生改变，因此它不属于同素异构转变。实验证明，纯铁在770℃以上失去铁磁性，在770℃以下则具有铁磁性，因此，770℃时的转变称为磁性转变。

第四节　合金的晶体结构

一般来说，纯金属具有良好的导电性、导热性、塑性和美丽的金属光泽，在人类生产和生活中获得了广泛应用。但由于纯金属种类有限，提炼比较困难，力学性能较低，因此无法满足人们对金属材料提出的多品种、高性能的要求。工程上大量使用的金属材料都是根据实际需要而配制的成分不同的合金，合金具有比纯金属更高的力学性能和某些特殊的物理、化学性能，如碳钢、铸铁、黄铜等。

一、合金的基本概念

合金是由两种或两种以上的金属元素或金属元素与非金属元素组成的具有金属特性的物质，例如，碳钢是由铁和碳组成的合金；黄铜是由铜和锌组成的合金；硬铝是由铝、铜和镁组成的合金。

组成合金的最基本的、独立的物质称为组元。组元通常是纯元素，也可以是稳定的化合物，例如，铜和锌是黄铜的两个组元，Fe_3C 是铁碳合金中的一个组元。根据组成合金的组元数目多少，合金可分为二元合金、三元合金和多元合金。

由若干个给定组元，可以按不同比例配制出一系列成分不同的合金，这些由相同组元构成的成分不同的合金组成了一个合金系统，简称为合金系。合金系也可以分为二元系、三元系和多元系。

纯金属可以看成是合金的一个特例，只有一个组元，称为单元系。

合金中成分和结构都相同的组成部分称为相。相与相之间具有明显的界面，称为相界面。如果合金是由成分、结构都相同的同一种晶粒构成的，各个晶粒之间虽然有晶界分开，但它们仍属于同一种相。如果合金是由成分、结构都不相同的几种晶粒构成的，则它们属于不同的相。例如，在室温下，工业纯铁是由单相铁素体构成的，而碳的质量分数为0.45%的碳钢则是由铁素体和渗碳体两相构成的。

合金的性能一般是由组成合金的各相的成分、结构、形态、性能及相与相的组合情况决定的，因此，在研究合金的组织与性能之前，必须先了解合金组织中的相结构。

二、合金的相结构

如果将合金加热到熔化状态，组成合金的各个组元可以相互溶解形成均匀的、单一的液相，但经冷却结晶后，由于各个组元之间的相互作用不同，在固态合金中将形成不同的相，其原子排列方式也不相同。相的晶体结构称为相结构，合金中的相结构可分为固溶体和金属化合物两大类。

1. 固溶体

当合金由液态结晶为固态时，组元间仍能互相溶解而形成的均匀相称为固溶体。固溶体的晶体结构与其中某一组元的晶体结构相同，而其他组元的晶体结构将消失。能够保留晶体结构的组元称为溶剂，晶体结构消失的组元称为溶质。因此，固溶体的晶体结构与溶剂的晶体结构相同，而溶质则以原子的状态分布在溶剂的晶格中。

根据溶质原子在溶剂晶格中的分布情况，可将固溶体分为间隙固溶体和置换固溶体两种。

（1）间隙固溶体　若溶质原子在溶剂晶格中并不占据晶格结点位置，而是处于各结点间的空隙中，这种形式的固溶体称为间隙固溶体，如图 2-16a 所示。

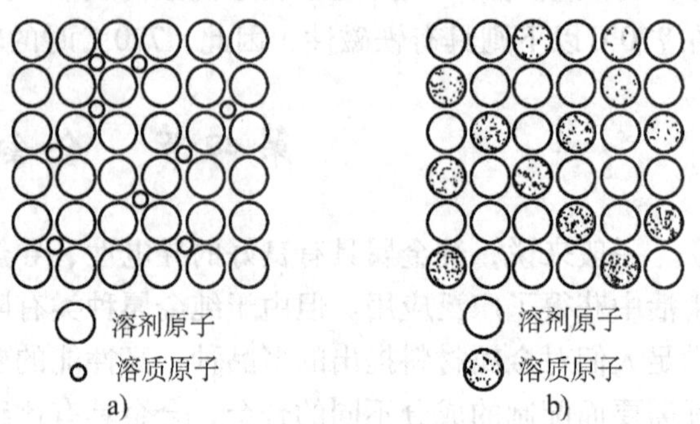

图 2-16　固溶体结构示意图
a）间隙固溶体　b）置换固溶体

由于溶剂晶格的空隙很小，所以间隙固溶体中的溶质元素通常是原子半径较小的非金属元素，如碳、氮、硼等。溶剂晶格的空隙数量有限，能溶入的溶质原子数量也有限，故间隙固溶体的溶解度有一定限度。

（2）置换固溶体　若溶质原子代替一部分溶剂原子而占据着溶剂晶格中的某些结点位置，这种形式的固溶体称为置换固溶体，如图 2-16b 所示。

在置换固溶体中，溶解度主要取决于溶质元素和溶剂元素的原子半径、晶格类型及在化学元素周期表中的位置。一般来说，溶质和溶剂元素的原子半径相差越小，溶解度越大。如果溶质元素和溶剂元素在化学元素周期表中的位置靠近，且晶格类型相同，往往按任意比例配制都能相互溶解，形成无限固溶体。

有限固溶体的溶解度与温度有密切关系，一般温度越高，溶解度越大。

（3）固溶体的性能　如图 2-17 所示，由于溶质原子的溶入，引起固溶体晶格畸变，使位错移动时的阻力增大，变形抗力增加，最终导致金属的强度、硬度提高。这种通过溶入溶质元素形成固溶体，从而使金属材料的强度和硬度提高的现象，称为固溶强化。固溶强化是提高金属材料力学性能的一种重要途径。

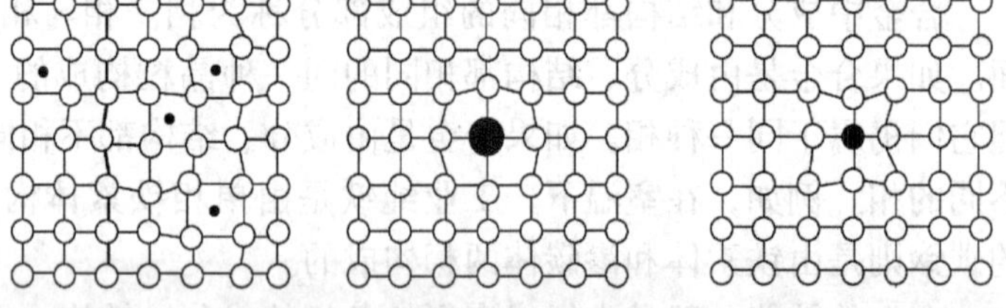

图 2-17　固溶体晶格畸变示意图

实验表明，固溶体中溶质含量适当时，不仅可以提高金属材料的强度和硬度，还能保持良好的塑性和韧性。例如，在铜中加入 19% 的镍，形成铜镍二元合金，可以使抗拉强度从 220MPa 提高到 380～400MPa，硬度从 44HBW 增至 70HBW，而断后伸长率仍然保持在 50% 左右。如果采用冷变形强化的方法使纯铜达到同样的强化效果，其断后伸长率将低于 10%。可见，固溶体的强度、塑性和韧性之间配合较好，所以对于综合力学性能要求较高的结构材料，几乎都是以固溶体作为最基本的组成相的。但单纯的固溶强化，其强化效果有限，还须在固溶强化的基础上补充进行其他的强化处理。

2. 金属化合物

组成合金的两个元素，当它们在化学元素周期表中的位置相距较远时，往往容易形成化合物。金属材料中的化合物有金属化合物和非金属化合物两类。

凡是由相当程度的金属键结合，并具有明显金属特性的化合物，称为金属化合物。金属化合物是金属材料中的一个重要组成相，如碳钢中的渗碳体（Fe_3C）、黄铜中的β相（CuZn）等都是金属化合物。

凡是没有金属键结合，并且又没有金属特性的化合物，称为非金属化合物，如碳钢中依靠离子键结合的FeS和MnS都是非金属化合物。非金属化合物是合金原材料或熔炼过程中带入的杂质，数量较少，但对合金性能的影响较坏，故也称非金属夹杂。

金属化合物的晶体结构与组成化合物的各组元的晶体结构完全不同，如VC是由钒原子和碳原子组成的金属化合物，其晶体结构如图2-18所示，碳原子规则地嵌入由钒原子组成的面心立方晶格的空隙中。

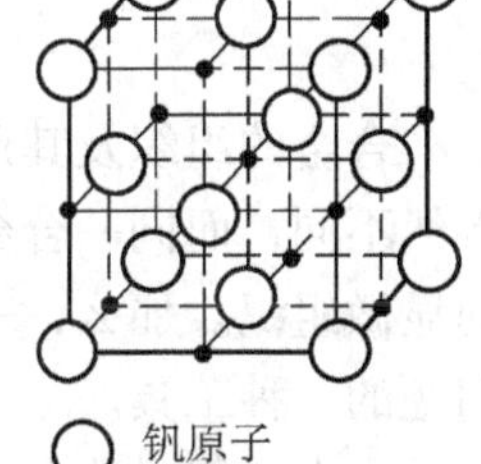

图2-18　VC晶体结构

金属化合物的熔点较高，性能硬而脆，在合金中存在时，通常能提高合金的强度、硬度和耐磨性，但会使合金的塑性、韧性降低。金属化合物是各类合金钢、硬质合金及非铁金属中的重要组成相。

金属化合物的种类很多，常见的有以下三种类型：

（1）正常价化合物　这类金属化合物通常是由金属元素与化学元素周期表中第Ⅳ、Ⅴ、Ⅵ族元素组成的，如Mg_2Si、Mg_2Sn、Mg_2Pb等，其特点是成分固定不变。

（2）电子化合物　这类金属化合物是按一定电子浓度形成具有一定晶格类型的化合物。化合物中价电子数与原子数的比值称为电子浓度。

在电子化合物中，一定的电子浓度对应着一定的晶格类型，如当电子浓度为3/2时，形成体心立方晶格的电子化合物，称为β相（CuZn）；当电子浓度为21/13时，形成复杂立方晶格的电子化合物，称为γ相（Cu_5Zn_8）；当电子浓度为7/4时，形成密排六方晶格的电子化合物，称为ε相（$CuZn_3$）。

电子化合物的特点是成分可以在一定范围内变化，即在电子化合物的基础上还可以再溶解一定量的其他组元，形成以该电子化合物为基的固溶体。

（3）间隙化合物　间隙化合物一般是由原子直径较大的过渡族金属元素（铁、铬、钼、钨、钒等）与原子直径较小的非金属元素（氢、碳、氮、硼等）组成的。

间隙化合物的晶体结构特征是：直径较大的过渡族元素的原子占据了新晶格的正常结点位置，而直径较小的非金属元素的原子则有规律地嵌入晶格的空隙中，因而称为间隙化合物，例如图2-18所示的VC晶体结构。

间隙化合物一般分为晶体结构简单的间隙化合物和晶体结构复杂的间隙化合物两类。晶体结构简单的间隙化合物又称间隙相，如VC、WC、TiC等，而合金钢中的$Gr_{23}C_6$、Gr_7C_3、Fe_4W_2C等均属于晶体结构复杂的间隙化合物。

3. 合金的组织

将表面抛光、侵蚀后获得的金属材料的金相试样在金相显微镜下观察，可以看到试样表面的微观形貌，这种微观形貌称为显微组织，简称组织。组织由数量、形态、大小和分布方式不同的各种相组成。组织和结构是有区别的，主要表现在它们的尺度不同。组织是显微尺度的，是指在金相显微镜下所观察到的金属的内部情景；结构是原子尺度的，是指金属中原子的排列方式。合金在室温下可以同时存在几种晶体结构，即可以多相共存，因而合金的组织比纯金属复杂得多。

纯金属、固溶体和金属化合物是组成合金的基本相。工业上使用的大多数合金的组织都是由固溶体和少量的金属化合物组成的混合物，混合物中各个相仍然保持着各自的晶体结构和性能。

第五节　二元合金相图

合金的组织及其形成过程比纯金属的复杂。不同合金系中的合金，在固态下的显微组织必然不同，而同一合金系中的合金，由于成分及其所处的温度不同，在固态下也将形成不同的显微组织。那么，一定成分的合金在一定温度下会形成什么组织呢？合金相图是解决这个问题的一种工具。

合金相图又称合金平衡图或合金状态图，它是表示在平衡状态下，合金组织与成分、温度之间平衡关系的图形。当一定成分的合金在一定温度下停留足够长的时间，使所存在的各相达到几乎互不转化的状态，则可以认为是处于平衡状态，这时的相称为平衡相。

从合金相图中，不仅可以看到不同成分的合金在室温下的平衡组织，而且还可以了解某一合金从高温液态以极缓慢冷却速度冷却到室温所经历的各种相变过程，同时，利用合金相图还能预测合金性能的变化规律。所以，合金相图已经成为研究合金中各种组织形成和变化规律的有效工具，在生产实践中，合金相图是正确制定冶炼、铸造、锻造、焊接及热处理等热加工工艺的重要依据。

1. 二元合金相图的表示方法

纯铁的结晶过程可以利用冷却曲线来研究。如果将冷却曲线上的转变点投影到表示温度的纵坐标上，则得到相应的1、2、3点，如图2-19所示。这些点便可以表示纯铁的组织转变点，称为相变点，即在0～1点之间为α-Fe，1～2点之间为γ-Fe，2～3点之间为δ-Fe，3点以上纯铁处于液体状态，为液相。这样，利用一条纵坐标就可以表示出纯铁在缓慢加热或冷却时的组织转变过程。

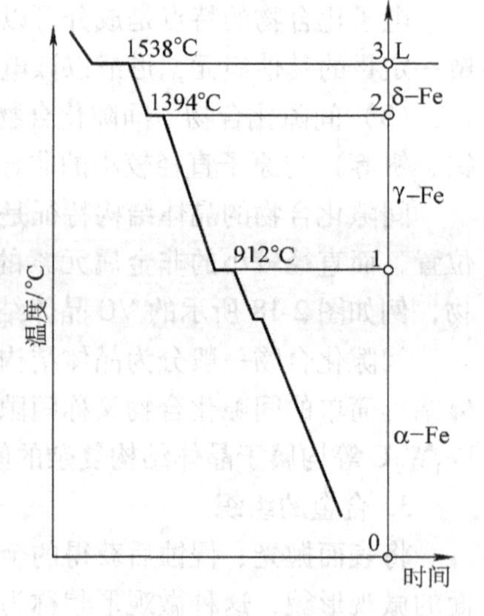

图2-19　纯铁的冷却曲线

对于二元合金系，除温度变化外，还有合金成分的变化，因而需要利用两个坐标轴来表示二元合金相图，如图2-20所示。在A-B二元合金相图中，纵坐标表示温度，横坐标表示合金成分。横坐标从左到右表示B的质量分数由零逐渐增至100%，而A的质量分数相应地由100%逐渐减少到零，所以横坐标上任何一点都代表一种成分的A-B二元合金。通过成分坐标上任何一点所作的垂线称为合金线，合金线上不同的点表示该成分的A-B二元合金在某一温度下的相组分或组织组分。

2. 二元合金相图的测定方法

合金相图一般都是通过实验的方法得到的。目前，测定各种合金相图的常用方法有热分析法、磁性分析法、膨胀分析法、显微分析法及X射线晶体结构分析法等。其中最基本、最常用的方法是热分析实验法。

热分析实验法是将配制好的合金放入炉中加热至熔化温度以上，然后极其缓慢冷却，并记录下降温度与时间的关系，根据这些数据可测出各合金的冷却曲线。由于合金状态转变时，会发生吸热或放热现象，使冷却曲线发生明显转折或出现水平线段，由此可确定合金的相变点，根据这些相变点，即可在温度和合金成分坐标上绘制相图。

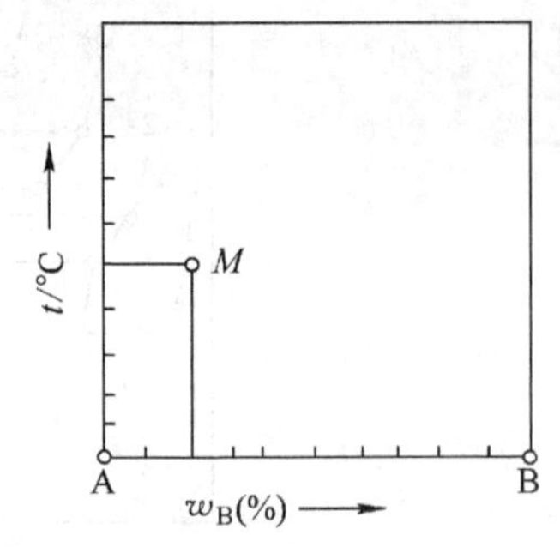

图2-20　A-B二元合金相图

现以Cu-Ni二元合金为例，说明用热分析实验法测定及绘制合金相图的过程。

1）配制一系列成分不同的Cu-Ni二元合金，见表2-2。

表2-2　Cu-Ni二元合金的成分和实验结果

序号	合金成分（%）		相变点/℃	
	Cu	Ni	开始结晶温度	结晶终了温度
1	100	0	1083	1083
2	80	20	1175	1130
3	60	40	1260	1195
4	40	60	1340	1270
5	20	80	1410	1360
6	0	100	1452	1455

2）用热分析实验法测出各Cu-Ni二元合金的冷却曲线，如图2-21a所示。

3）找出各冷却曲线上的相变点。由Cu-Ni二元合金的冷却曲线可以看出，纯铜和纯镍的冷却曲线上都有一个平台，说明纯金属是在恒温下进行结晶的，只有一个相变点。其他四种合金的冷却曲线上没有出现平台，却有两个转折点，即有两个相变点，说明这些合金都是在一个温度范围内进行结晶的。

4）将各个合金的相变点分别标注在温度-成分坐标图中相应的合金线上。

5）连接各意义相同的相变点，所得的线称为相界线。这样就得到了Cu-Ni二元合金相图，如图2-21b所示。图中各开始结晶温度连成的相界线称为液相线，各结晶终了温度连成的相界线称为固相线。

从上述测定合金相图的方法可知，配制的合金数目越多，所用金属纯度越高，热分析时冷却速度越缓慢，则所测得的合金相图越精确。目前，已经通过实验的方法测定出了许多二元合金相图和三元合金相图，其形式一般都比较复杂，然而复杂的合金相图可以看成是由若干个简单的基本相图组成的。

【小结】　本章主要介绍了金属的晶体结构、结晶、金属的同素异构转变、合金的晶体结构、二元合金相图的建立等内容，重点是二元合金相图。通过学习本章内容，将在材料的微观知识方面奠定一定理论基础，帮助我们更好地认识物质世界的奥秘。

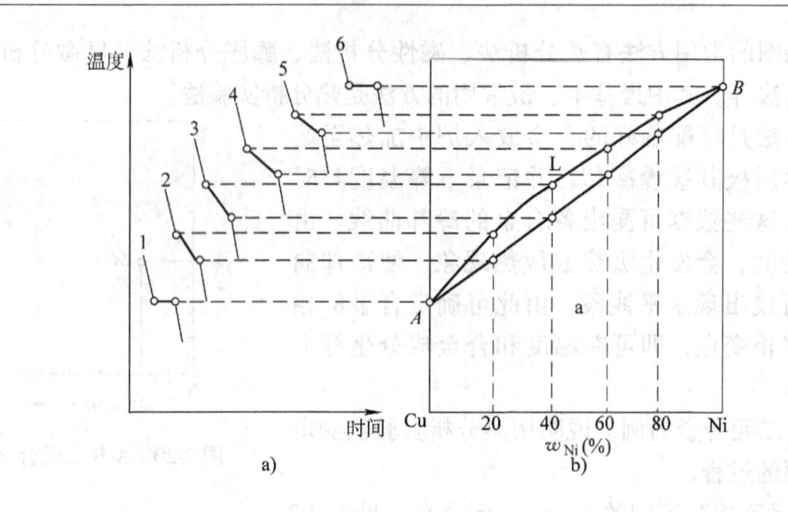

图 2-21　Cu-Ni 二元合金相图的测定

a) 冷却曲线　b) 二元合金相图

练　习　题 (2)

一、名词解释

1. 晶体　2. 晶格　3. 晶胞　4. 单晶体　5. 多晶体　6. 晶界　7. 晶粒　8. 结晶　9. 合金　10. 组元　11. 相　12. 组织

二、填空题

1. 晶体与非晶体的根本区别在于__________。
2. 金属晶格的基本类型有__________、__________和__________三种。
3. 金属结晶的过程是一个__________和__________的过程。
4. 实际金属晶体的晶体缺陷有__________、__________和__________三种。
5. 金属液结晶的必要条件是__________金属的实际结晶温度在__________而不是一个恒定值。
6. 金属的晶粒越细小，其强度、硬度__________，塑性、韧性__________。
7. 合金的晶体结构分为__________和__________。
8. 根据溶质原子在溶剂晶格中所占据的位置的不同，固溶体可分为__________和__________两大类。
9. 在大多数情况下，溶质在溶剂中的溶解度随着温度升高而__________。

三、判断题

1. 纯铁在 780℃ 时为面心立方晶格的 γ-Fe。　(　)
2. 实际金属的晶体结构不仅是多晶体，而且还存在着多种缺陷。　(　)
3. 纯金属的结晶过程是一个恒温过程。　(　)
4. 固溶体的晶格仍然保持溶剂的晶格类型。　(　)
5. 间隙固溶体只能为有限固溶体，置换固溶体可以是无限固溶体。　(　)

四、简答题

1. 常见金属的晶格类型有哪些？试绘图说明其特征。

2. 什么是过冷现象和过冷度？过冷度与冷却速度有什么关系？它对铸件的晶粒大小有什么影响？

3. 金属液结晶的必要条件是什么？用哪些方法可以获得细晶粒组织？依据是什么？

4. 什么是固溶体、间隙固溶体、置换固溶体、有限固溶体和无限固溶体？

5. 什么是金属化合物？正常价化合物、电子化合物和间隙化合物有什么区别？

第三章 铁碳合金

钢铁是现代工业中应用最广泛的金属材料，其基本组元是铁和碳两个元素，故统称为铁碳合金。为了熟悉铁碳合金成分、组织及性能之间的关系，以便在生产中合理使用，首先必须了解铁碳相图。

在铁碳合金中，铁与碳相互作用可以形成 Fe_3C、Fe_2C、FeC 等一系列化合物，而稳定的化合物可以作为一个独立的组元，因此，整个铁碳相图可视为由 Fe-Fe_3C、Fe_3C-Fe_2C、Fe_2C-FeC 等一系列二元合金相图组成，如图 3-1 所示。

在实际生产中，由于碳的质量分数超过 5% 的铁碳合金较脆，没有实用价值，所以在铁碳相图中，仅研究 Fe-Fe_3C 部分。通常所说的铁碳相图，实际上是指 Fe-Fe_3C 相图，如图 3-2 所示。

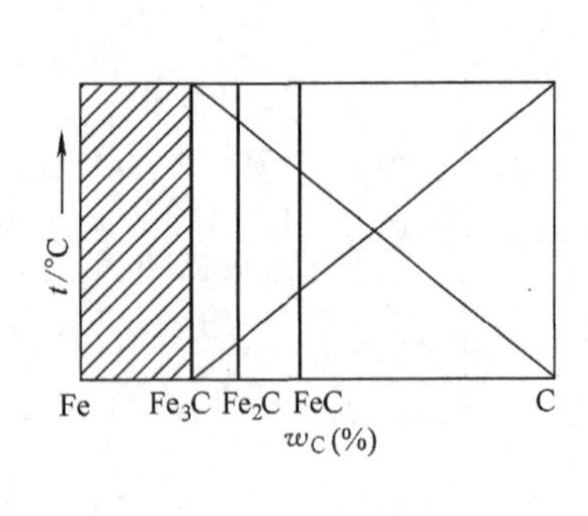

图 3-1 Fe-C 相图的组成

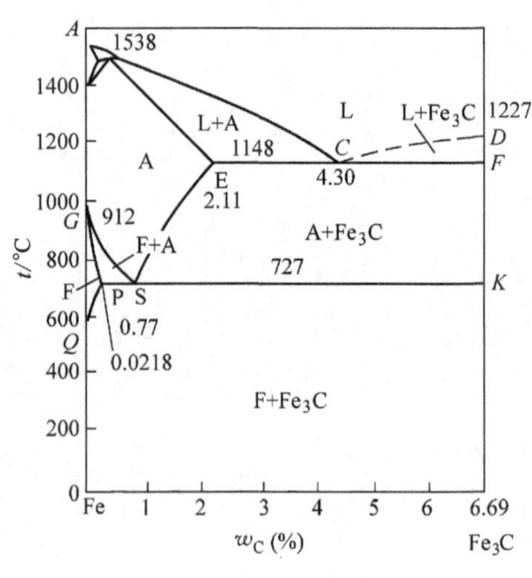

图 3-2 Fe-Fe_3C 相图

第一节 铁碳合金的基本相

Fe 和 Fe_3C 是组成 Fe-Fe_3C 相图的两个基本组元。由于 Fe 与 C 之间的相互作用不同，使得铁碳合金在固态下的相结构也有固溶体和金属化合物两大类，属于固溶体的有铁素体和奥氏体，属于金属化合物的有渗碳体。

铁素体、奥氏体和渗碳体是铁碳合金中的基本组成相。

一、铁素体

碳溶于 α-Fe 中的间隙固溶体称为铁素体，用符号 F 或 α 表示。铁素体仍然保持 α-Fe 的体心立方晶格。由于体心立方晶格的晶格间隙很小，所以 α-Fe 的溶碳能力极差，在 727℃ 时溶碳量最大，可达 0.0218%。随着温度的下降，溶碳量逐渐减小，在 600℃ 时约为

0.0057%，室温时几乎等于零。因此，铁素体的性能几乎和纯铁相同，即强度、硬度低，塑性、韧性好（σ_b=180~280MPa，50~80HBW，δ=30%~50%）。

铁素体的显微组织与纯铁相同，在显微镜下观察，呈明亮的多边形晶粒组织，如图3-3所示。

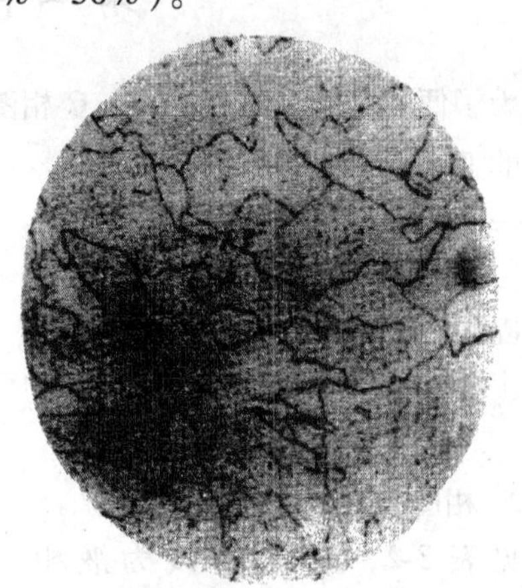

图3-3 铁素体的显微组织

二、奥氏体

碳溶于γ-Fe中的间隙固溶体称为奥氏体，用符号A或γ表示。奥氏体仍然保持γ-Fe的面心立方晶格。由于面心立方晶格的晶格间隙比体心立方晶格的大，所以γ-Fe的溶碳能力也就大一些。在1148℃时溶碳量最大，可达2.11%。随温度下降溶碳量逐渐降低，727℃时溶碳量为0.77%。

奥氏体的力学性能与其溶碳量和晶粒大小有关，一般奥氏体的硬度为170~220HBW，断后伸长率为40%~50%，因此，奥氏体的硬度较低而塑性较好。

奥氏体存在于727℃以上的高温范围内，高温下奥氏体的显微组织也是由多边形晶粒构成的，但一般情况下，晶粒较粗大，晶界较平直，如图3-4所示。

三、渗碳体

渗碳体用符号Fe_3C或Cm表示。它是一种具有复杂晶体结构的金属化合物，其晶体结构如图3-5所示。

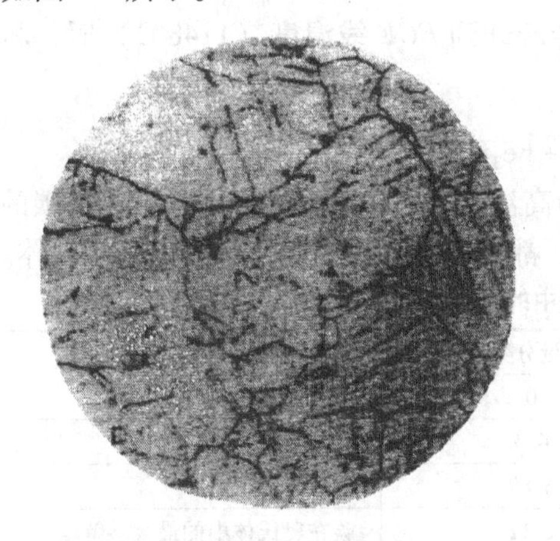

图3-4 奥氏体的显微组织

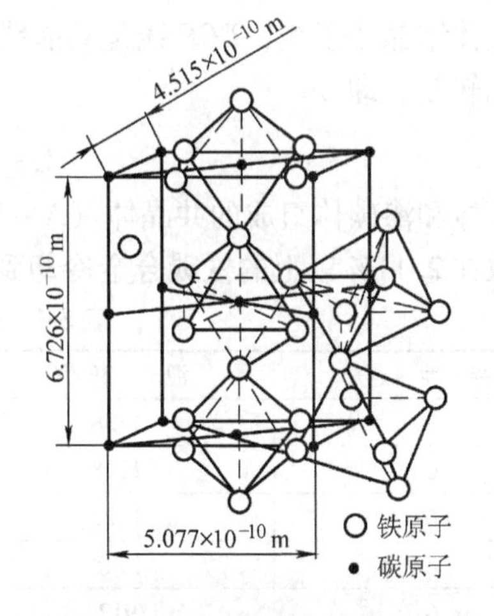

图3-5 渗碳体的晶体结构示意图

渗碳体中碳的质量分数为6.69%，熔点约为1227℃，硬度很高（800HBW），但塑性和韧性几乎为零，脆性很大。渗碳体不发生同素异构转变，却有磁性转变，在230℃以下具有弱的铁磁性。

渗碳体不能单独应用，在钢中总是和铁素体混在一起，是碳钢中的主要强化相，它的数量、形态、大小与分布状况对钢的性能有很大的影响。渗碳体的组织形态很多，在铁碳合金中与其他相共存时，可以呈片状、粒状、网状或板状。

渗碳体是一种亚稳定相，在一定条件下可以发生分解，形成石墨。

第二节 铁碳合金相图

为了便于分析和掌握 Fe-Fe_3C 相图，将图 3-2 中实用意义不大的高温转变部分省略，简化后的 Fe-Fe_3C 相图如图 3-6 所示。

一、相图分析

1. 相图中各点分析

Fe-Fe_3C 相图中各个特性点的温度、碳的质量分数及其含义见表 3-1。

2. 相图中各线分析

见表 3-2，*AC*、*DC* 线为液相线，铁碳合金在该线温度以上处于液态，用符号 L 表示。液态合金冷却到 *AC* 线时开始结晶出奥氏体，冷却到 *DC* 线时开始结晶出渗碳体，称为一次渗碳体，用符号 Fe_3C_{I} 表示。

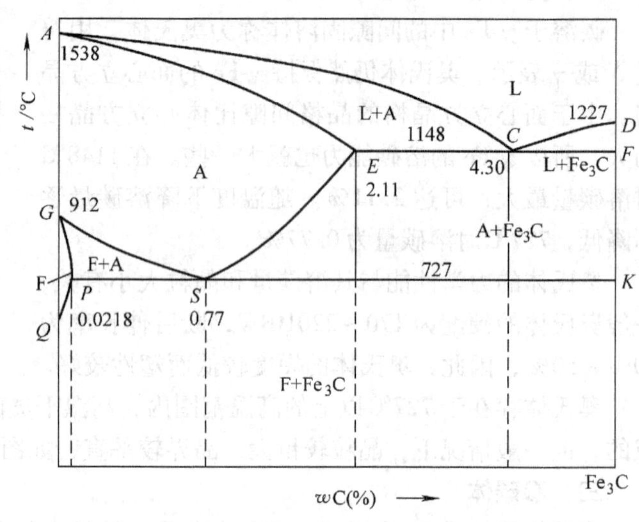

图 3-6 简化后的 Fe-Fe_3C 相图

AE、*ECF* 线为固相线，*AE* 线为奥氏体结晶终了线，*ECF* 线是共晶线。液态合金冷却到 *ECF* 线温度（1148℃）时，将发生共晶转变，即

$$L \xrightarrow{1148℃} A + Fe_3C$$

由奥氏体和渗碳体组成的共晶体（$A + Fe_3C$）称为高温莱氏体，用符号 Ld 表示。凡碳的质量分数在 2.11% 以上的铁碳合金冷却到 1148℃时，都要发生共晶转变，形成高温莱氏体。

表 3-1 Fe-Fe_3C 相图中的特性点

特 性 点	温 度/℃	碳的质量分数（%）	含 义
A	1538	0	纯铁的熔点
C	1148	4.3	共晶点
D	1227	6.69	渗碳体的熔点
E	1148	2.11	碳在奥氏体中的最大溶解度
G	912	0	纯铁的同素异构转变温度
P	727	0.0218	碳在铁素体中的最大溶解度
S	727	0.77	共析点
Q	室温	0.0008	碳在铁素体中的溶解度

表 3-2 Fe-Fe_3C 相图中的特性线

特 性 线	含 义
AC	液相线，液态合金冷却到该线时开始结晶出奥氏体
DC	液相线，液态合金冷却到该线时开始结晶出一次渗碳体
AE	固相线，奥氏体结晶终了线

（续）

特性线	含义
ECF	共晶线，液态合金冷却到该线时发生共晶转变
ES	碳在奥氏体中的溶解度线，常称 A_{cm} 线
GS	奥氏体转变为铁素体的开始线，常称 A_3 线
GP	奥氏体转变为铁素体的终了线
PSK	共析线，常称 A_1 线，奥氏体冷却到该线时发生共析转变
PQ	碳在铁素体中的溶解度线

ES 线又称 A_{cm} 线，是碳在奥氏体中的溶解度线，随着温度的变化，奥氏体的溶碳量将沿着 *ES* 线变化。凡是碳的质量分数在 0.77% 以上的铁碳合金，自 1148℃冷却到 727℃的过程中，都要从奥氏体中析出渗碳体，称为二次渗碳体，用符号 Fe_3C_{II} 表示。

GS 线又称 A_3 线，是奥氏体和铁素体的相互转变线。温度降低时，从奥氏体中开始析出铁素体；温度上升时，铁素体向奥氏体转变结束。

GP 线也是奥氏体和铁素体的相互转变线，温度降低时，奥氏体向铁素体的转变结束；温度上升时，铁素体开始向奥氏体转变。

PSK 线又称 A_1 线，是共析转变线。铁碳合金在冷却到该线温度（727℃）时，奥氏体将发生共析转变，即一定成分的固相在一定温度下，同时析出两个不同固相的细密机械混合物的转变。其表达式为

$$A \xrightarrow{727℃} F + Fe_3C$$

由铁素体和渗碳体组成的共析体（$F + Fe_3C$）称为珠光体，用符号 P 表示。其碳的质量分数为 0.77%，力学性能介于铁素体和渗碳体之间，其数值为 $\sigma_b = 750 \sim 900MPa$，180 ~ 280HBW，$\delta = 20\% \sim 25\%$，$\alpha_K = 30 \sim 40J/cm^2$。由于莱氏体中的奥氏体在 727℃发生共析转变，因此，在 727℃以下的莱氏体则是由珠光体和渗碳体组成的，称为低温莱氏体，用符号 Ld′表示。

3. 相图中各相区分析

$Fe\text{-}Fe_3C$ 相图中各相区的相组分见表 3-3。

表 3-3 $Fe\text{-}Fe_3C$ 相图各相区的相组分

相区范围	相组分	相区范围	相组分
ACD 线以上	L	*GSPG*	A + F
AESGA	A	*ESKFE*	$A + Fe_3C$
GPQG	F	*PSK* 线以下	$F + Fe_3C$
AECA	L + A	*ECF* 线	$L + A + Fe_3C$
DCFD	$L + Fe_3C$	*PSK* 线	$A + F + Fe_3C$

$Fe\text{-}Fe_3C$ 相图中各区域的组织组分，如图 3-7 所示。应当指出，共析转变与共晶转变很相似，它们都是在恒温下，由一相转变成两相机械混合物，所不同的是共晶转变从液相发生转变，而共析转变则是从固相发生转变。共析转变的产物称为共析体，由于在固态下原子扩散较困难，所以共析体比共晶体更细密。

PQ 线是碳在铁素体中的溶解度线。铁碳合金自 727℃冷却至室温时，要从铁素体中析

出渗碳体，称为三次渗碳体，用符号 $Fe_3C_{Ⅲ}$ 表示。

二、铁碳合金的分类

在 $Fe-Fe_3C$ 相图中，各种不同成分的铁碳合金，根据其室温平衡组织和性能的特点，可分为工业纯铁、钢和白口铸铁三类。

1. 工业纯铁

成分在 P 点左面（$w_C \leqslant 0.0218\%$）的铁碳合金，其室温组织为铁素体或铁素体和三次渗碳体。

2. 钢

成分在 P 点和 E 点之间的铁碳合金（$w_C = 0.0218\% \sim 2.11\%$），其特点是高温固态组织具有良好塑性的奥氏体，宜于锻造。根据室温组织不同，可分为共析钢、亚共析钢和过共析钢三类。

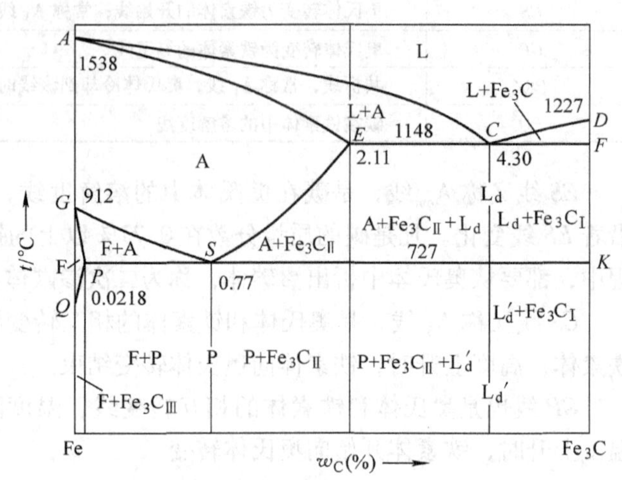

图 3-7 $Fe-Fe_3C$ 相图各区域的组织组分

（1）亚共析钢 $0.0218\% < w_C < 0.77\%$ 的铁碳合金，其室温组织为铁素体和珠光体。

（2）共析钢 $w_C = 0.77\%$ 的铁碳合金，其室温组织为珠光体。

（3）过共析钢 $0.77\% < w_C < 2.11\%$ 的铁碳合金，其室温组织为珠光体和二次渗碳体。

3. 白口铸铁

成分在 E 点和 F 点之间（$w_C = 2.11\% \sim 6.69\%$）的铁碳合金，其特点是液态结晶时都有共晶转变，因而与钢相比具有较好的铸造性能。根据室温组织不同，也可分为共晶白口铸铁、亚共晶白口铸铁和过共晶白口铸铁三类。

（1）亚共晶白口铸铁 $2.11\% < w_C < 4.3\%$ 的铁碳合金，其室温组织为低温莱氏体、珠光体和二次渗碳体。

（2）共晶白口铸铁 $w_C = 4.3\%$ 的铁碳合金，其室温组织为低温莱氏体。

（3）过共晶白口铸铁 $4.3\% < w_C < 6.69\%$ 的铁碳合金，其室温组织为低温莱氏体和一次渗碳体。

三、典型铁碳合金的结晶过程

1. 工业纯铁

工业纯铁从液态缓慢冷却的过程中，经液相线 AC 和固相线 AE 转变为奥氏体；经 A_3 线开始有铁素体析出，形成 A + F 组织，经 GP 线后转变为铁素体组织；经固溶线 PQ 时析出 $Fe_3C_{Ⅲ}$。因此，工业纯铁的室温平衡组织为 $F + Fe_3C_{Ⅲ}$，其显微组织如图 3-8 所示。

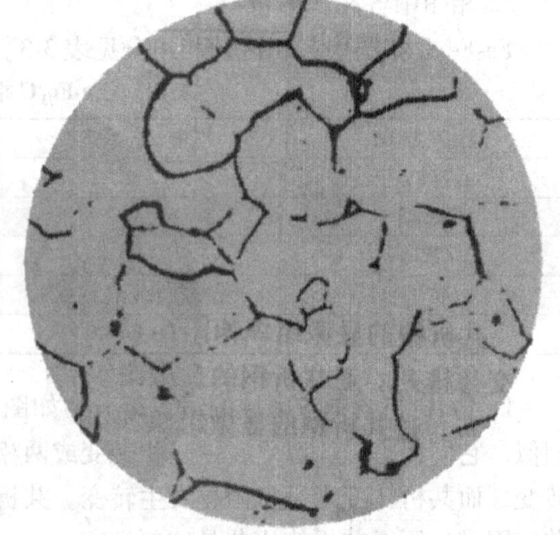

图 3-8 工业纯铁的显微组织

2. 钢

钢从液态缓慢冷却的过程中，经液相线 *AC* 和固相线 *AE* 转变为单相奥氏体。然后，共析钢经共析点 *S* 转变为珠光体组织，如图 3-9 所示。亚共析钢经 A_3 线析出先析相铁素体，形成 F + A 组织，再经 A_1 线奥氏体转变为珠光体，到室温，亚共析钢的平衡组织为 F + P，如图 3-10 所示。过共析钢经 A_{cm} 线析出先析相二次渗碳体，形成 $A + Fe_3C_{II}$ 组织，再经 A_1 线奥氏体转变为珠光体，到室温，过共析钢的平衡组织为 Fe_3C_{II} + P，如图 3-11 所示。

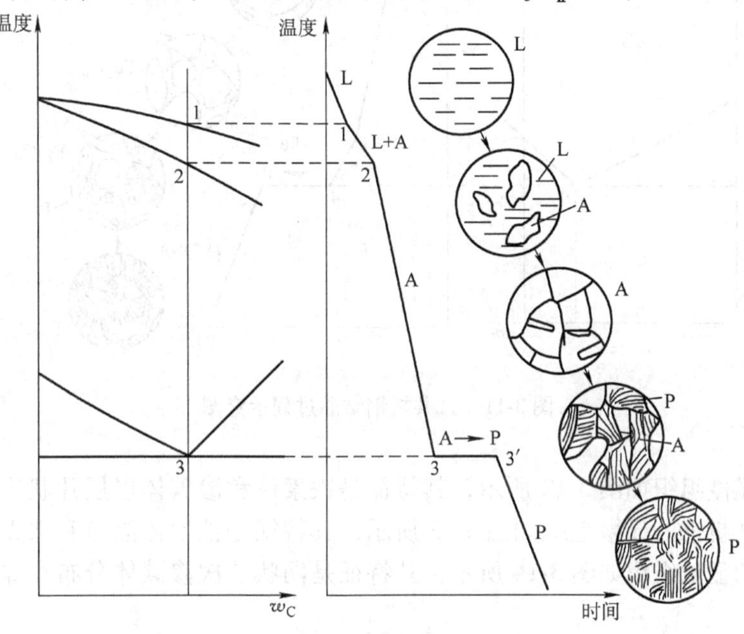

图 3-9 共析钢结晶过程示意图

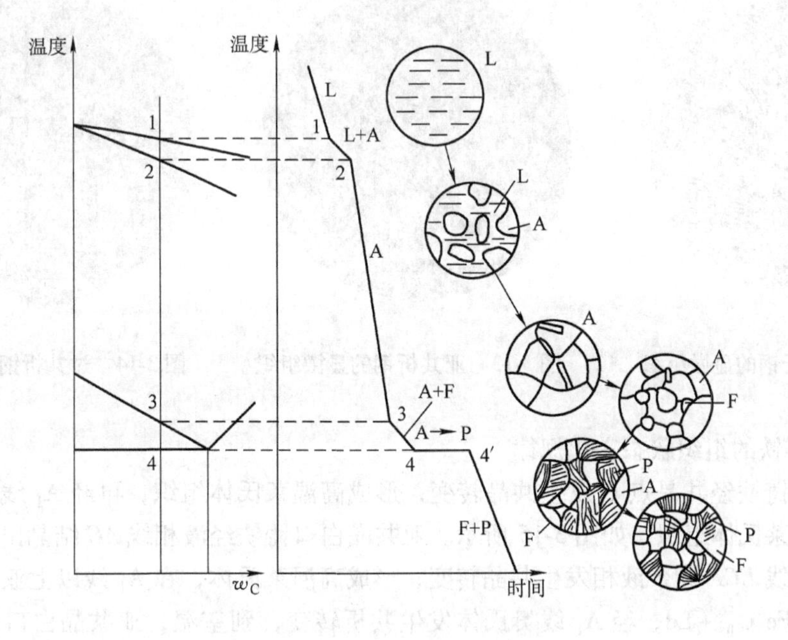

图 3-10 亚共析钢结晶过程示意图

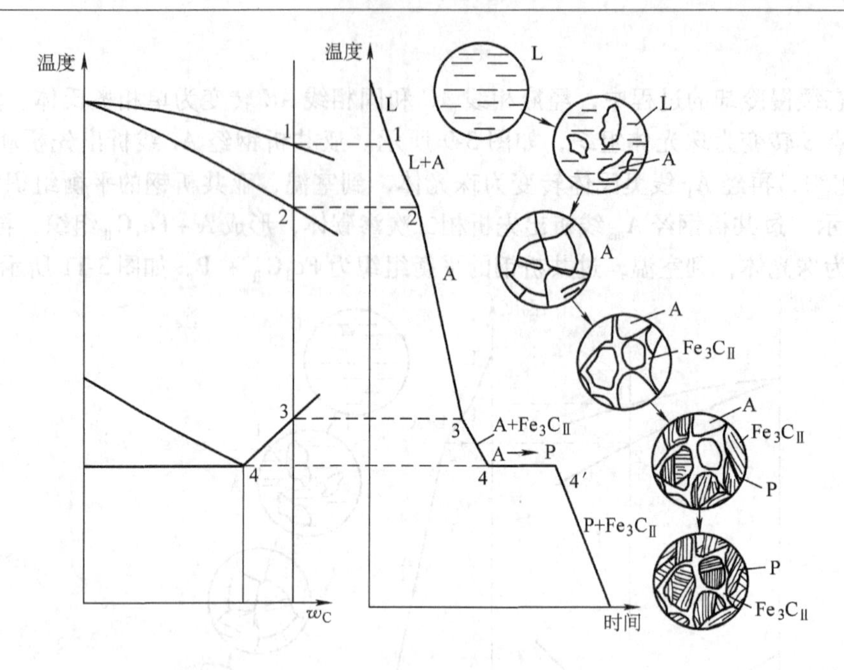

图 3-11 过共析钢结晶过程示意图

共析钢的显微组织如图 3-12 所示，其特征是铁素体和渗碳体以层片状形态，相互混合交替排列。亚共析钢的显微组织如图 3-13 所示，其特征是铁素体晶粒和珠光体晶粒均匀分布。过共析钢的显微组织如图 3-14 所示，其特征是网状二次渗碳体分布在珠光体周围或晶界上。

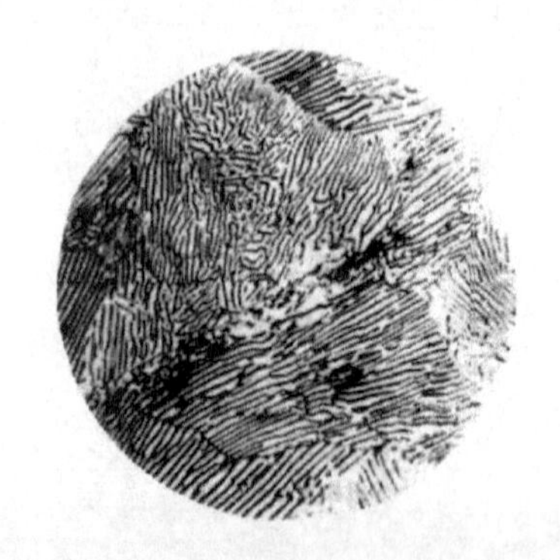

图 3-12 共析钢的显微组织

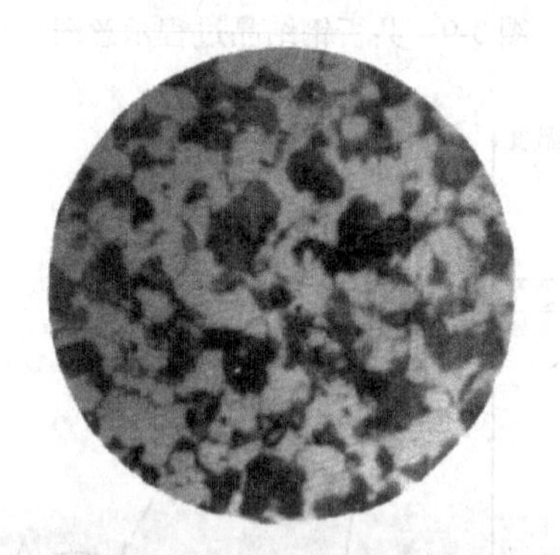

图 3-13 亚共析钢的显微组织

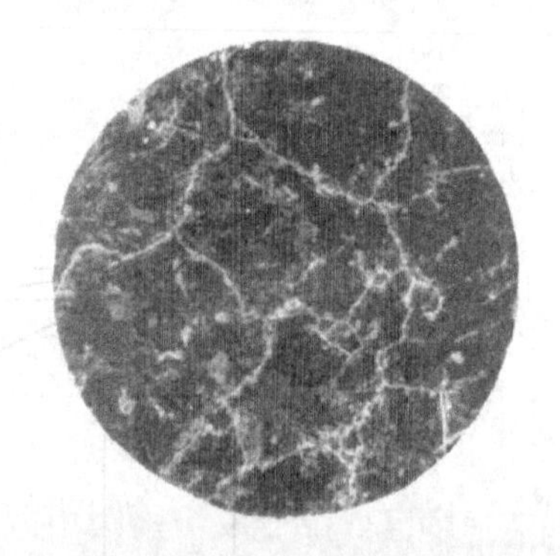

图 3-14 过共析钢的显微组织

3. 白口铸铁的组织状态变化规律

共晶白口铸铁经共晶点 *C* 发生共晶转变，形成高温莱氏体组织，再经 A_1 线发生共析转变，得到低温莱氏体组织，如图 3-15 所示。亚共晶白口铸铁经液相线 *AC* 结晶出先共晶相奥氏体，经共晶线 *ECF* 剩余液相发生共晶转变，形成高温莱氏体，在 A_1 线以上亚共晶白口铸铁组织为 $A+Fe_3C_{II}+Ld$，经 A_1 线奥氏体发生共析转变，到室温，亚共晶白口铸铁的平衡组织为 $P+Fe_3C_{II}+Ld'$，如图 3-16 所示。过共晶白口铸铁经液相线 *DC* 结晶出先共晶相一次渗碳体，经共晶线 *ECF* 剩余液相转变为高温莱氏体，形成 Fe_3C_I + Ld，在 A_1 线上奥氏体发生共析转变，到室温，过共晶白口铸铁的平衡组织为 Fe_3C_I + Ld，如图 3-17 所示。

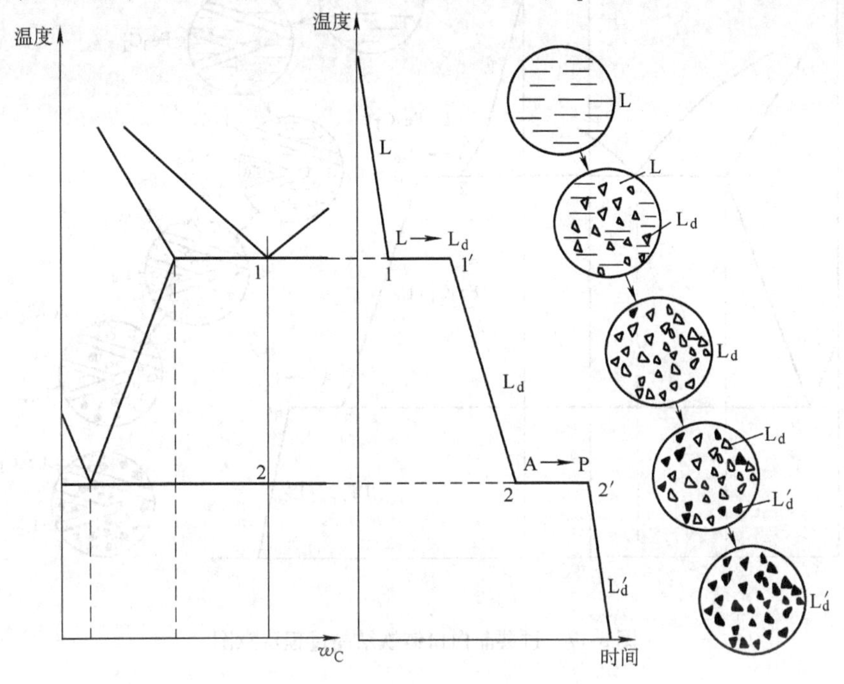

图 3-15 共晶白口铸铁结晶过程示意图

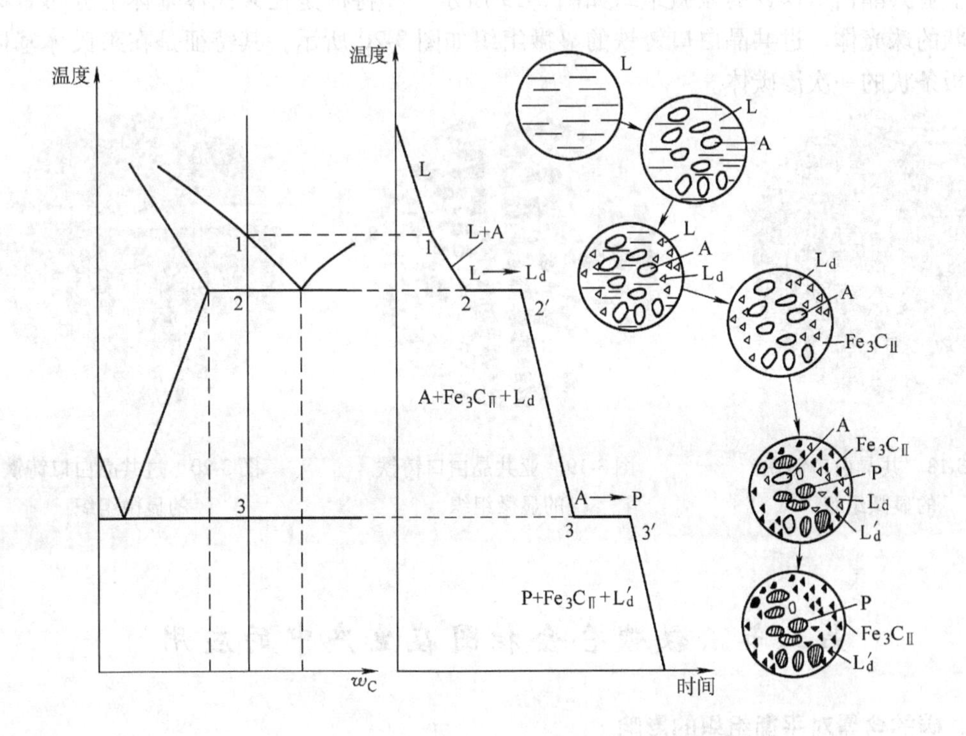

图 3-16 亚共晶白口铸铁结晶过程示意图

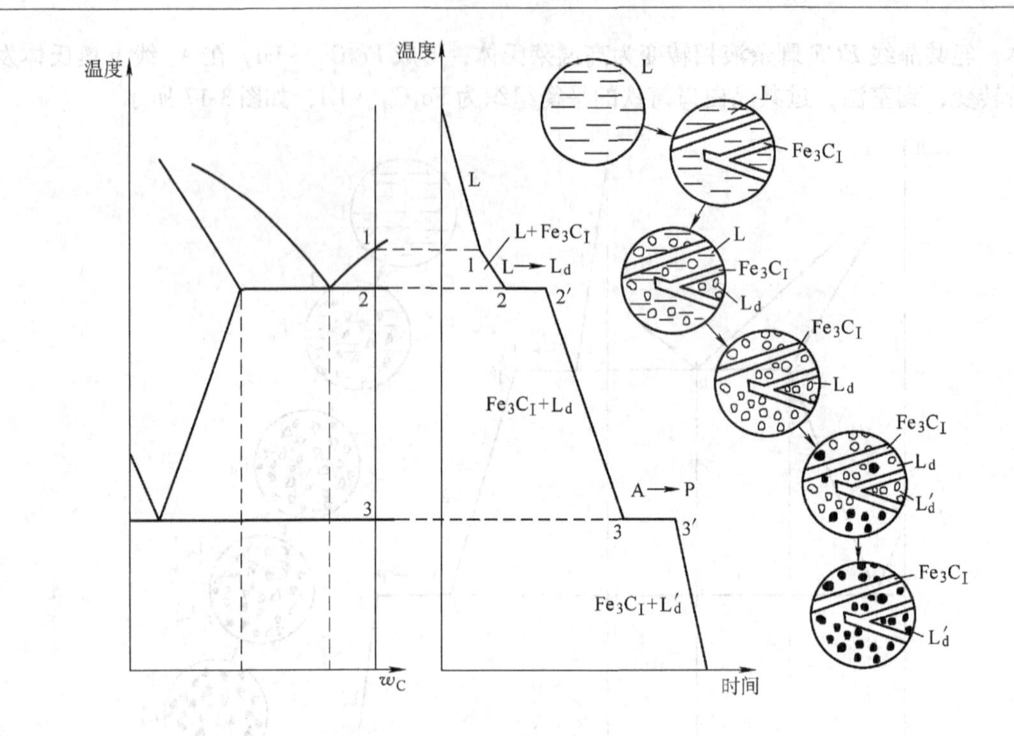

图 3-17　过共晶白口铸铁结晶过程示意图

共晶白口铸铁的显微组织如图 3-18 所示，其特征是在渗碳体的基体上分布着颗粒状的珠光体。亚共晶白口铸铁的显微组织如图 3-19 所示，其特征是在莱氏体基体上分布着树枝状或块状的珠光体。过共晶白口铸铁的显微组织如图 3-20 所示，其特征是在莱氏体基体上分布着板条状的一次渗碳体。

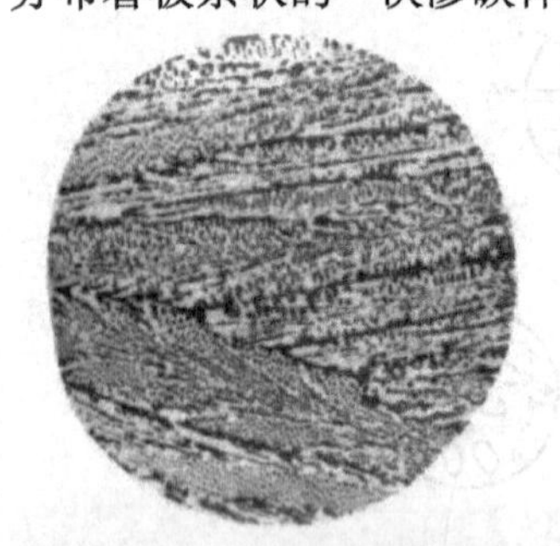

图 3-18　共晶白口铸铁的显微组织

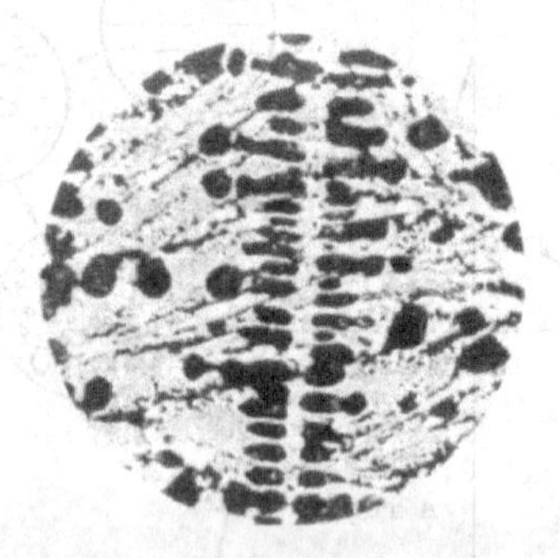

图 3-19　亚共晶白口铸铁的显微组织

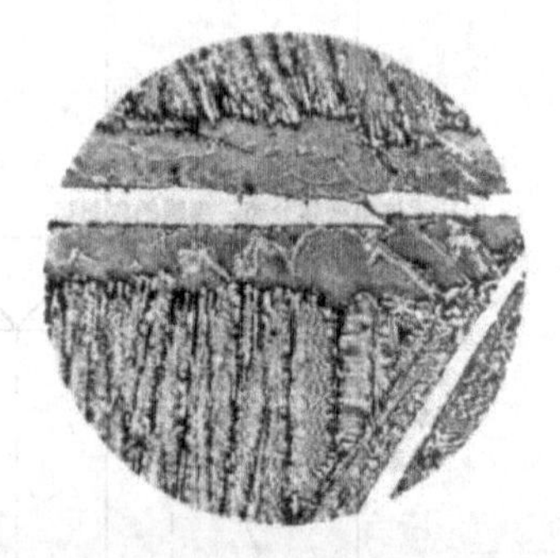

图 3-20　过共晶白口铸铁的显微组织

第三节　铁碳合金相图在生产中的应用

一、碳的含量对平衡组织的影响

随着碳的质量分数增加，铁碳合金的室温平衡组织中，渗碳体的数量增加，且渗碳体的大小、形态和分布也随之发生变化。渗碳体由层状分布在铁素体基体内（如珠光体），变为呈网状分布在晶界上（如二次渗碳体）；最后形成莱氏体时，渗碳体又作为基体出现。与此同时，铁碳合金的力学性能也相应改变。

铁碳合金的成分、组织组成、相组成及力学性能之间对应的变化规律如图3-21所示。

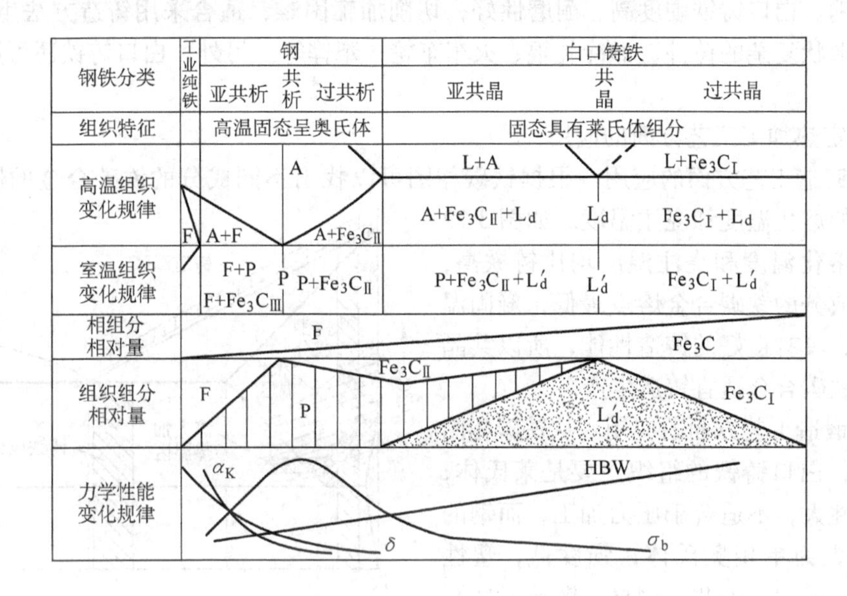

图3-21　铁碳合金成分、组织与性能的对应关系

从图3-21中可以看出，钢的室温组织以珠光体为基体，白口铸铁的室温组织以莱氏体为基体。钢中碳的质量分数为0.77%时，室温下具有完全的珠光体组织，离共析成分越远，珠光体组织的相对量越少，而铁素体或二次渗碳体的相对量增多。白口铸铁中碳的质量分数为4.3%时，室温下具有完全的低温莱氏体组织，离共晶成分越远，低温莱氏体组织的相对量越少，而珠光体、二次渗碳体或一次渗碳体的相对量越多。

铁碳合金的室温平衡组织是由铁素体和渗碳体两相构成的，随着碳的质量分数的增加，渗碳体的量逐渐增加，而铁素体的量相应地逐渐减少。

二、碳的含量对力学性能的影响

铁碳合金的硬度与碳的质量分数大致成线性关系，受组织形态的影响不大。强度对组织形态比较敏感，当碳的质量分数小于0.77%时，强度随珠光体组织的相对量增加而增大；碳的质量分数大于0.77%时，因二次渗碳体沿晶界不断析出，使强度增大的趋势减缓；当碳的质量分数超过0.9%时，二次渗碳体沿晶界形成完整的网状形态，使强度呈迅速下降的趋势；碳的质量分数超过2.11%后，硬脆的渗碳体成为铁碳合金的基体，强度很低。塑性和韧性随渗碳体相对量增加而迅速下降。

三、铁碳合金相图的应用

铁碳相图从客观上反映了钢铁材料的组织随化学成分和温度变化的规律，因此，在工程上不仅为合理选材提供了理论依据，而且也为制定铸造、锻造、焊接及热处理等热加工工艺提供了重要的理论依据。

1. 在选材方面的应用

铁碳相图揭示了合金的组织、性能与成分之间的关系，为合理选择材料提供了依据。如建筑结构和各种型钢需要塑性和韧性好，强度不高的材料，应选用低碳钢；各种机器零件需要强度、塑性、韧性都好的材料，应选用中碳钢；各种工具需要高硬度、高耐磨性的材料，应选用高碳钢。白口铸铁硬度高，耐磨性好，切削加工困难，适合采用铸造方法生产耐磨、不受冲击、形状复杂的铸件，如冷轧辊、火车车轮、犁铧等。另外，白口铸铁还可用于生产可锻铸铁。

2. 在制定热加工工艺方面的应用

（1）在铸造工艺方面的应用　根据铁碳相图可以找出不同成分的铁碳合金的熔点，从而确定合适的熔化温度和浇注温度。如图3-22所示，钢的熔化温度和浇注温度均比铸铁高，而靠近共晶成分的铁碳合金熔点最低，凝固温度范围最小，具有良好的铸造性能，所以共晶成分附近的铁碳合金适宜铸造生产。

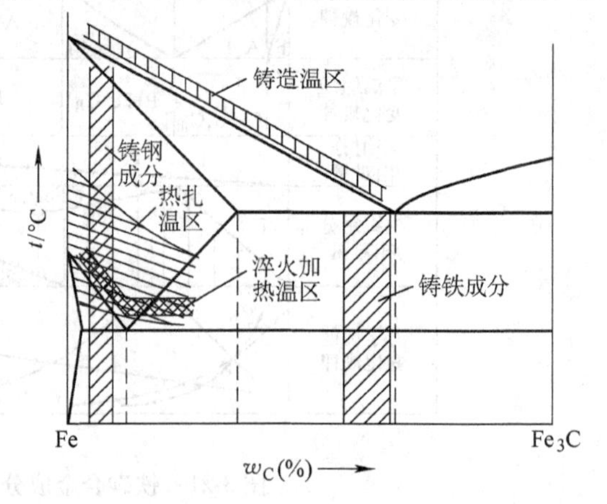

图3-22　铁碳相图与热加工工艺规范的关系

（2）在锻造工艺方面的应用　从铁碳相图中可以看出，白口铸铁的组织主要是莱氏体，硬度高，脆性大，不适合于压力加工，而钢的高温固态组织为单相奥氏体，强度低，塑性好，易于锻压成型，因此，钢材的锻造或轧制应选择在单相奥氏体的温度范围内进行。一般始锻温度不宜太高，通常控制在固相线以下100～200℃，以免钢材氧化严重，甚至发生奥氏体晶界部分熔化，使工件报废。终锻温度也不能过低，对亚共析碳钢应控制在稍高于*GS*线以上，对过共析碳钢应控制在稍高于*PSK*线以上，以免钢材塑性变差而导致工件开裂。各种碳钢合适的锻轧温度范围如图3-22所示。

（3）在焊接工艺方面的应用　焊接时，从焊缝到母材各区域的加热温度是不同的，根据铁碳相图可知，在不同的加热条件下会获得不同的高温组织，冷却后也就可能出现不同的组织与性能，这就需要在焊接后采用适当的热处理方法加以改善。

（4）在热处理工艺方面的应用　各种热处理工艺与铁碳相图有非常密切的关系。退火、正火、淬火的加热温度选择都是以铁碳相图为依据的，这方面内容将在第四章详细介绍。

必须指出，铁碳相图不能说明快速加热或冷却时铁碳合金组织的变化规律，铁碳相图上的各个临界温度都是在平衡（即无限缓慢地加热或冷却）条件下得到的。另外，生产上使用的铁碳合金，除铁、碳两种元素外，还有其他元素或多种杂质存在，这些元素将对铁碳相图产生影响。

【小结】　本章主要介绍了铁碳合金的基本相、铁碳合金室温组织、铁碳合金相图及其应用等内容，重点是铁碳合金相图。通过学习本章内容，做到了解铁碳合金的基本相，铁碳合金的结晶变化规律，铁碳合金的化学成分、组织状态和性能之间的变化关系及铁碳相图的应用。

练 习 题（3）

一、名词解释

1. 铁素体 2. 奥氏体 3. 渗碳体 4. 珠光体 5. 莱氏体 6. 共析转变 7. 共晶转变

二、填空题

1. 珠光体是由__________和__________组成的机械混合物。

2. 奥氏体在1148℃时碳的质量分数可达__________，在727℃时碳的质量分数为__________。

3. 奥氏体和渗碳体组成的共晶产物称为__________，其中碳的质量分数为__________。

4. 过共析钢中碳的质量分数为__________，其室温组织为__________。

三、选择题

1. 铁素体为__________晶格，奥氏体为__________晶格，渗碳体为__________晶格。

A. 体心立方　　B. 面心立方　　C. 密排六方　　D. 复杂的

2. 铁碳合金相图上的 *ES* 线用代号__________来表示，*PSK* 线用代号__________来表示。

A. A_1　　B. A_{cm}　　C. A_3

四、判断题

1. 金属化合物的性能是硬而脆，莱氏体的性能也是硬而脆，故莱氏体属于金属化合物。（　）

2. 渗碳体中碳的质量分数为6.69%。（　）

3. 铁碳合金相图中，A_3 温度是随碳的质量分数的增加而上升的。（　）

4. 碳溶于α-Fe中所形成的间隙固溶体称为奥氏体。（　）

五、简答题

1. 默画简化后的铁碳相图，指出图中各特性点及特性线的含义，并标出各相区的相组分和组织组分。

2. 试述钢与白口铸铁的成分、组织和性能的差别？

3. 根据铁碳相图，将三种成分在给定温度下的显微组织，填于3-4表。

表 3-4

碳的质量分数（%）	温度/℃	显微组织	温度/℃	显微组织
0.45	800		840	
0.77	700		900	
1.20	600		780	

第四章　钢的热处理

钢的热处理是指将钢在固态范围内采用适当的方式进行加热、保温和冷却，以改变其组织，从而获得所需性能的一种工艺方法。热处理是机械零件及工具制造过程中的必要工序，在机械制造业中占有十分重要的地位。它可以充分发挥材料的潜力，提高工件的性能和使用寿命，减轻工件重量，节约材料，降低成本。

热处理方法很多，但任何一种热处理工艺都是由加热、保温和冷却三个阶段组成的，通常可在温度-时间坐标图中用图形表示，称为热处理工艺曲线，如图 4-1 所示。因此，要了解各种热处理方法对钢组织和性能的改变情况，必须先了解钢在加热、保温和冷却过程中的变化规律。

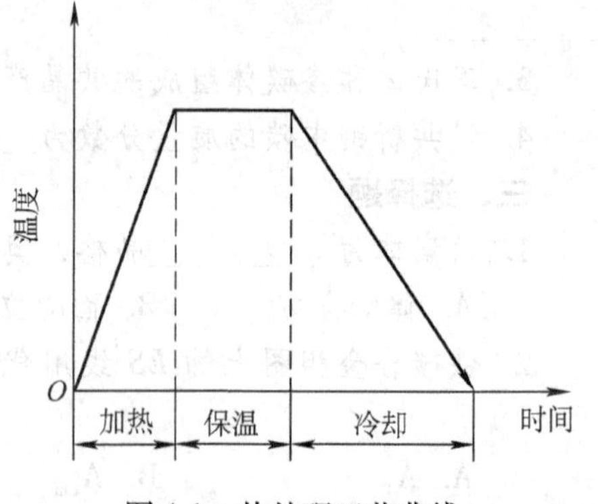

图 4-1　热处理工艺曲线

根据热处理的目的、加热和冷却方式的不同，热处理大致分为如下种类：

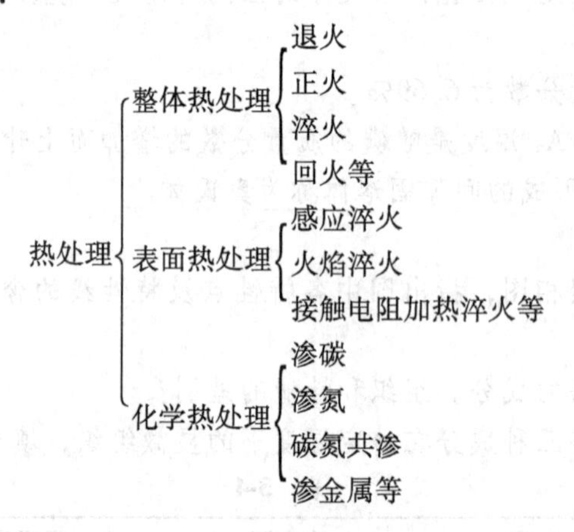

第一节　钢在加热时的组织转变

在 $Fe\text{-}Fe_3C$ 相图中，*PSK* 线称为 A_1 线，*GS* 线称为 A_3 线，*ES* 线称为 A_{cm} 线，该相界线上的相变点则相应地用 A_1 点、A_3 点、A_{cm} 点表示，A_1、A_3、A_{cm} 都是平衡相变点。

实际上，钢在热处理时并不是在平衡相变点进行组织转变的。加热时的组织转变是在平衡相变点以上进行的，冷却时是在平衡相变点以下进行的，而且，加热或冷却时的速度越快，其组织转变时的温度与平衡相变点之间的差距越大。一般，加热时的相变点用 Ac_1、Ac_3、Ac_{cm} 表示；冷却时的相变点用 Ar_1、Ar_3、Ar_{cm} 表示，如图 4-2 所示。

由 $Fe\text{-}Fe_3C$ 相图可知，任何成分的碳钢加热到相变点 Ac_1 以上都会发生珠光体向奥氏体转变。加热时获得奥氏体组织的转变过程称为奥氏体化。

一、奥氏体的形成

共析碳钢的奥氏体化过程如图 4-3 所示。共析碳钢的室温组织是珠光体，即铁素体和渗碳体的两相机械混合物。铁素体具有体心立方晶格，在 A_1 温度时碳的质量分数为 0.0218%；渗碳体具有复杂晶格，碳的质量分数为 6.69%。加热到 Ac_1 温度后，珠光体转变为奥氏体，具有面心立方晶格，碳的质量分数为 0.77%。

可见，珠光体向奥氏体的转变，是由成分相差悬殊，晶格截然不同的两相，变成另一种晶格的单相固溶体。因此，在转变过程中必须进行晶格的改组和铁、碳原子的扩散，即发生相变。

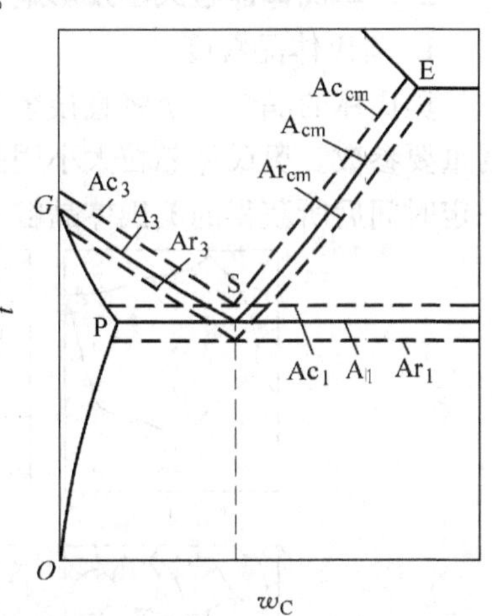

图 4-2　加热、冷却时钢的相变点

研究表明，珠光体向奥氏体的转变可分为以下三个阶段：

1. 奥氏体晶核的形成与长大

奥氏体的晶核是在铁素体和渗碳体的相界面处优先形成的，这是因为相界面处原子排列混乱，空位和位错密度较高，处于高能量状态。另外，奥氏体碳的质量分数介于铁素体与渗碳体之间，故在两相交界处形成奥氏体晶核的条件最合适，如图 4-3a 所示。

奥氏体晶核形成以后逐渐长大，如图 4-3b 所示。由于它的两侧分别与铁素体和渗碳体相邻，所以奥氏体晶核的长大是奥氏体的相界面同时向铁素体和渗碳体中推移的过程。这一过程是依靠铁、碳原子的扩散，使邻近的体心立方晶格的铁素体改组为面心立方晶格的奥氏体和邻近的渗碳体向新形成的奥氏体中不断溶解来完成的。

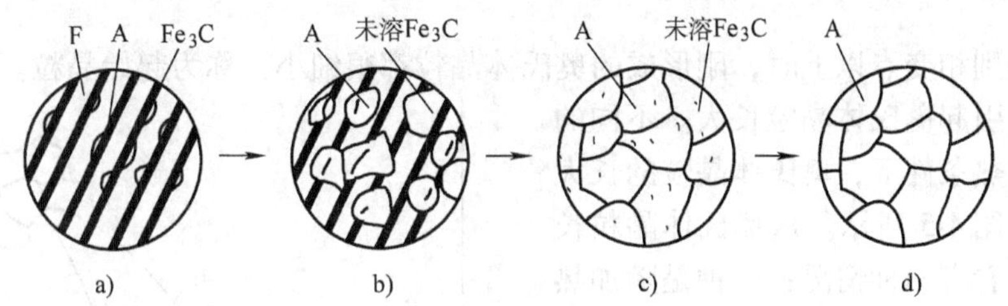

图 4-3　共析钢奥氏体化过程示意图

2. 残余渗碳体的溶解

由于渗碳体的晶格结构及碳的质量分数与奥氏体相差很大，所以渗碳体向奥氏体的溶解必然落后于铁素体向奥氏体的转变，即在铁素体全部消失后，仍有部分渗碳体尚未溶解，称为残余渗碳体，如图 4-3c 所示。这部分未溶渗碳体将随保温时间的增长继续向奥氏体中溶解，直至全部消失为止。

3. 奥氏体均匀化

当残余渗碳体完全溶解后，奥氏体中碳原子的分布仍然是不均匀的，原渗碳体区域碳的质量分数高，原铁素体区域碳的质量分数低。只有继续延长保温时间，通过碳原子的扩散，才能使奥氏体的成分趋于均匀化，获得均匀的奥氏体，如图4-3d所示。

亚共析碳钢和过共析碳钢的奥氏体化过程与共析碳钢基本相同，不同之处在于亚共析碳钢和过共析碳钢在 Ac_1 稍上温度时，还分别残留有铁素体、二次渗碳体未变化，所以，它们的完全奥氏体化温度应分别在 Ac_3、Ac_{cm} 温度以上。

二、奥氏体晶粒大小及影响因素

1. 奥氏体晶粒度

奥氏体的晶粒大小将直接影响钢在热处理以后的组织和性能，也是评定热处理加热质量的重要参数。奥氏体晶粒大小用晶粒度指标来衡量，晶粒度是指将钢加热到一定温度，保温一定时间后所获得的奥氏体晶粒大小。国家标准将晶粒度级别分为8级，如图4-4所示。

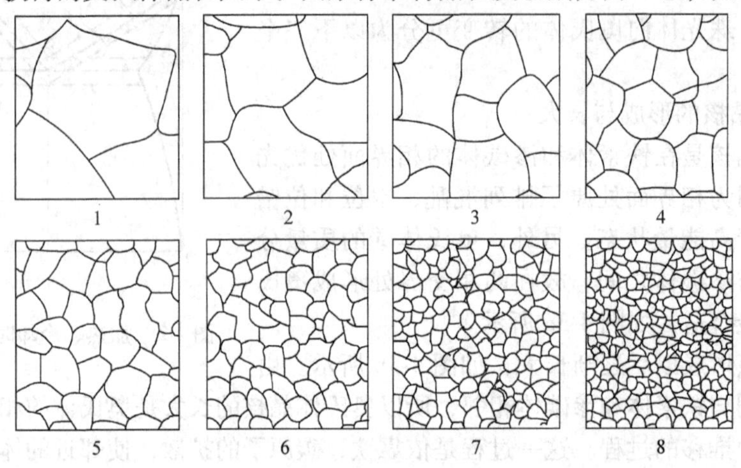

图4-4 钢的标准晶粒度等级图

钢在加热到相变点以上时，刚形成的奥氏体晶粒都很细小，称为起始晶粒。如果继续升温或保温，将引起奥氏体晶粒长大。不同的钢在规定的加热条件下，奥氏体晶粒的长大倾向不同，如图4-5所示。从奥氏体晶粒长大的连续性来看有两种情况：一种是随加热温度升高晶粒容易长大，这种钢称为本质粗晶粒钢；另一种是随加热温度升高晶粒长大很缓慢，可一直保持细小晶粒，只有加热到更高温度时，晶粒才迅速长大，这种钢称为本质细晶粒钢。

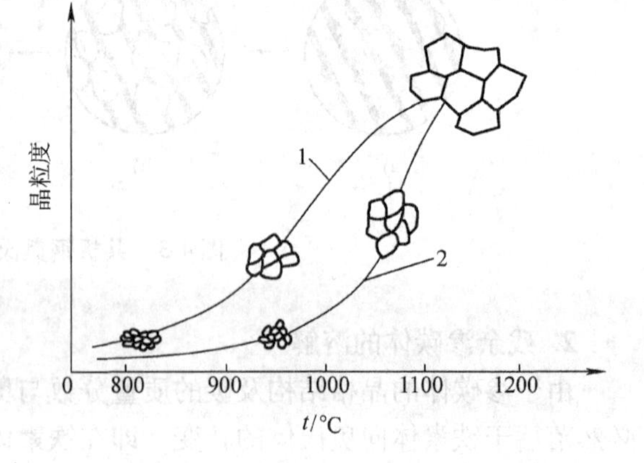

图4-5 奥氏体晶粒长大倾向示意图

钢中奥氏体晶粒的大小直接影响到冷却后的组织与性能。实际中奥氏体的晶粒越细小，冷却后钢的组织也越细小，其强度、塑性、韧性等力学性能越好，因此，在选用材料和热处理工艺上，获得细小的奥氏体晶粒，对工件使用性能和质量都具有重要意义。

2. 影响奥氏体晶粒大小的因素

（1）加热温度和保温时间　奥氏体起始晶粒是很细小的，随着加热温度升高，奥氏体晶粒逐渐长大，晶界总面积减少，系统能量降低。所以加热温度越高，在高温下保温时间越长，越有利于晶界总面积减少，导致奥氏体晶粒越粗大。

（2）加热速度　在连续升温加热时，奥氏体化过程是在一个温度区间内完成的。加热速度越快，转变的温度区间越高，原子的活动能力越强，形核率越大，有利于获得细小奥氏体晶粒。

（3）钢的组织和成分　钢的原始组织越细小，相界面的数量越多，奥氏体形核率增加，有利于细化奥氏体晶粒。

随奥氏体中碳的质量分数增加，奥氏体晶粒的长大倾向也增加，但当有残余渗碳体存在时，有阻止奥氏体晶粒长大的作用。另外，如果钢中含有稳定碳化物形成元素，如钨、钼、钒、钛等时，也会阻止奥氏体晶粒的长大。

锰和磷是促进奥氏体晶粒长大的元素，必须严格控制热处理时的加热温度，以免晶粒长大而导致工件的性能下降。

第二节　钢在冷却时的组织转变

冷却过程是钢热处理的关键工序，它决定冷却后的组织和性能。实践表明，同一种钢在相同的加热条件下获得奥氏体组织相同，但以不同的冷却条件冷却后，钢的力学性能有明显的差异，见表4-1。

表4-1　45钢加热到840℃，以不同方法冷却后的力学性能

冷却方法	抗拉强度/MPa	屈服点/MPa	断后伸长率（%）	断面收缩率（%）	硬　度
炉内冷却	530	280	32.5	49.3	160～200HBW
空气中冷却	670～720	340	15～18	45～50	170～240HBW
油中冷却	900	620	18～20	48	40～50HRC
水中冷却	1100	720	7～8	12～14	52～60HRC

一、过冷奥氏体及其转变方式

奥氏体在相变点以上处于稳定状态，能够长期存在而不发生转变。一旦冷却到相变点以下就变成不稳定相，只能暂时存在于孕育期中。这种在孕育期暂时存在的、处于不稳定状态的奥氏体称为过冷奥氏体。

在实际生产中根据过冷奥氏体转变方式的不同，通常分为以下两种：

1. 等温转变

钢经奥氏体化后，快速冷却到相变点以下某一温度区间内等温保持时，过冷奥氏体所发生的相变称为等温转变。等温转变的冷却曲线如图4-6所示的曲线1。

2. 连续冷却转变

钢经奥氏体化后，以不同冷却速度连续冷却时，过冷奥氏体所发生的相变称为连续冷却转变。连续冷却转变的冷却曲线如图4-6所示的曲线2。

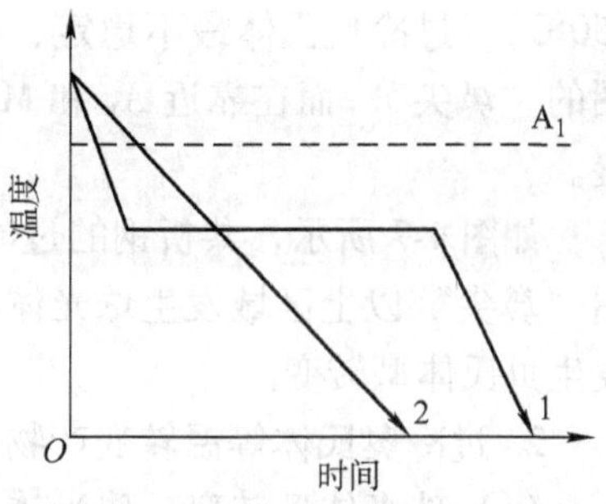

图4-6　奥氏体的冷却曲线
1—等温转变　2—连续冷却转变

为了指导生产，人们把钢自奥氏体冷却时组织转变的规律总结成过冷奥氏体等温转变曲线和过冷奥氏体连续冷却转变曲线，由此可以了解奥氏体在不同冷却条件下将发生什么样的组织转变，转变产物如何，从而为正确制订热处理工艺提供重要的理论依据。

二、共析碳钢过冷奥氏体的等温转变

1. 过冷奥氏体等温转变曲线

（1）过冷奥氏体等温转变曲线的建立　过冷奥氏体等温转变曲线是利用过冷奥氏体转变产物的组织形态和性能的变化来测定的，通常采用金相法配合测定硬度的方法建立。现以共析钢的过冷奥氏体等温转变曲线为例来说明。

首先将共析钢制成若干薄片小试样并分几组，每组有几个试样。将各组试样都在同样加热条件下奥氏体化，获得均匀的奥氏体组织。然后把各组试样分别投入 A_1 以下不同温度（720℃、700℃、650℃、600℃、550℃、500℃ …）的等温浴槽中，使过冷奥氏体进行等温转变。每隔一定时间，在每一组中都取出一个试样淬入水中，将试样在不同时间的等温转变状态固定下来。对这些试样进行金相分析和硬度测定，找出在各等温温度下奥氏体转变开始时间点与转变终了时间点。把所有转变开始点与转变终了点绘制在温度-时间坐标上，并分别连线，即过冷奥氏体在不同过冷度下的等温过程中，转变温度、转变时间及转变产物量（转变开始及终了）的关系曲线，称为等温转变图，如图 4-7 所示。

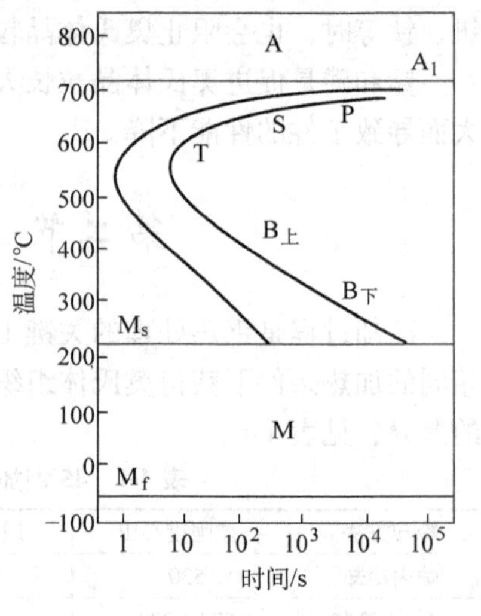

图 4-7　共析钢等温转变曲线图

由于曲线的形状很像字母 C，故又俗称 C 曲线。

（2）过冷奥氏体等温转变曲线的分析　图 4-7 所示为共析钢的等温转变图，图中由过冷奥氏体转变开始点连接起来的曲线称为过冷奥氏体等温转变开始线；由过冷奥氏体转变终了点连接起来的曲线称为过冷奥氏体等温转变终了线。A_1 线以上是稳定奥氏体区；M_s 线以下是马氏体转变区；转变开始线左侧为过冷奥氏体区；转变终了线右侧为过冷奥氏体等温转变产物区；转变开始线与终了线之间为过冷奥氏体及其等温转变产物共存区。

过冷奥氏体等温转变时都要经过一段孕育期，转变开始线到温度坐标轴的距离代表了孕育期的长短，孕育期的长短随过冷度而变化。在等温转变图上孕育期最短的地方（约550℃），过冷奥氏体最不稳定，容易发生转变，其转变速度也最快，这里被称为等温转变图的“鼻尖”。而在靠近 A_1 和 M_s 线处孕育期较长，过冷奥氏体比较稳定，其转变速度也较慢。

如图 4-7 所示，共析钢的过冷奥氏体在不同的温度区间将发生不同的相变。在等温转变图“鼻尖”以上区域发生珠光体型转变；在 M_s 温度以下区域发生马氏体型转变；中间区域发生贝氏体型转变。

2. 过冷奥氏体等温转变产物的组织与性能

（1）珠光体型转变　珠光体型转变也称高温转变，其过程既要进行晶格的改组又要进行铁、碳原子的扩散，是一个固态下形核和长大的过程。珠光体型转变的产物为层片状珠光体型组织，其层间距随过冷度增大而减小。按层间距的大小，珠光体型组织一般分为珠光体，用符号P表示；索氏体，用符号S表示；托氏体，用符号T表示。一般过冷等温温度在A_1~650℃获得层片间距较大（>0.3μm）的珠光体，其层片状形态在普通光学显微镜下就能分辨清楚，如图4-8所示；在650~600℃获得层片间距较小（0.3~0.1μm）的细珠光体称为索氏体，其层片状形态只有在高倍光学显微镜下才能分辨清楚，如图4-9所示；在600~550℃获得层片间距更小（<0.1μm）的极细珠光体称为托氏体，其层片状形态只有在电子显微镜下才能分辨清楚，如图4-10所示。

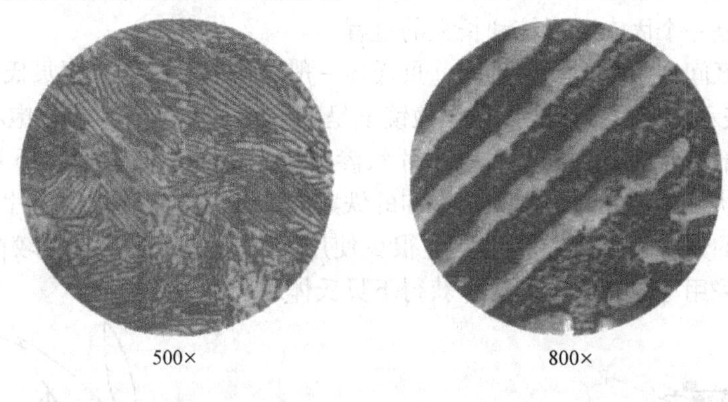

图4-8　珠光体显微组织

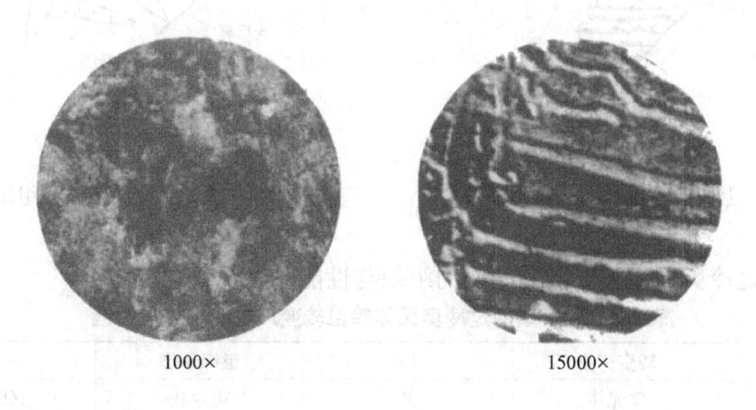

图4-9　索氏体显微组织

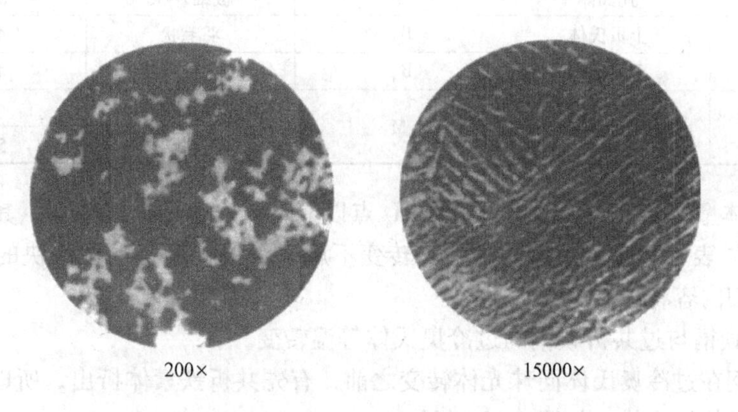

图4-10　托氏体显微组织

上述珠光体、索氏体、托氏体三种组织，只是形态上的厚薄之分，并无本质区别，统称为层片状珠光体型组织。它们的力学性能主要取决于片层间距，片层间距越小，力学性能越好。

（2）贝氏体型转变　贝氏体型转变是中温转变，其转变产物为贝氏体，用符号 B 表示。贝氏体是由含碳过饱和的铁素体与渗碳体（或碳化物）组成的两相混合物，因此，贝氏体型转变属于半扩散型的转变，转变过程中也要进行晶格的改组，但只有碳原子的扩散而无铁原子的扩散，也是一个固态下形核和长大的过程。

按转变温度区间和组织形态的不同，贝氏体一般分为上贝氏体和下贝氏体两种，分别用符号 $B_{上}$ 和 $B_{下}$ 表示。上贝氏体在光学显微镜下呈羽毛状，成排的含碳过饱和的铁素体片由晶界伸向晶粒内部，其间断续分布着细小片状渗碳体，如图 4-11 所示；下贝氏体在光学显微镜下呈黑色针状，黑色针叶为含碳过饱和的铁素体，其内部有碳化物小片析出，如图 4-12 所示。上贝氏体的力学性能较差，生产上很少使用，而下贝氏体则具有较高的综合力学性能，在生产中可采用等温淬火的方法来获得下贝氏体组织。

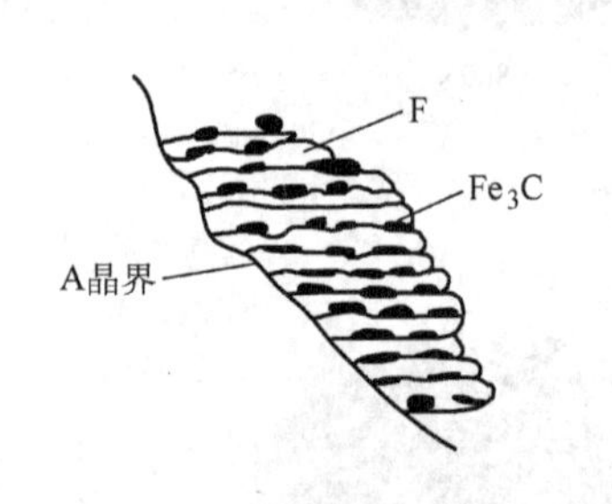

图 4-11　上贝氏体显微组织示意图

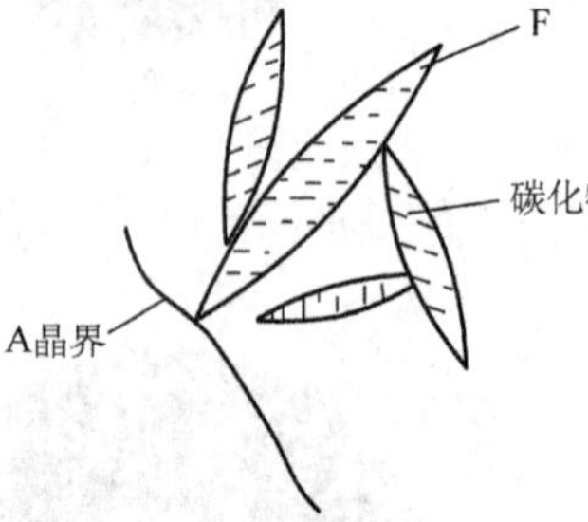

图 4-12　下贝氏体显微组织示意图

共析碳钢过冷奥氏体等温转变产物的组织与性能见表 4-2。

表 4-2　共析碳钢过冷奥氏体等温转变产物的组织与性能

转变温度范围	转变产物	符号	组织形态	硬度
A_1 ~650℃	珠光体	P	粗片状	160~250HBW
650~600℃	索氏体	S	细片状	25~30HRC
600~550℃	托氏体	T	极细片状	35~40HRC
550~350℃	上贝氏体	$B_{上}$	羽毛状	40~48HRC
350~M_s	下贝氏体	$B_{下}$	黑色针片状	45~50HRC
M_s~M_f	马氏体	M	板条状	约 40HRC
			片状	55~60HRC

（3）马氏体型转变　当奥氏体过冷到 M_s 点以下时即发生马氏体转变，其转变产物为马氏体，用符号 M 表示。应当指出，马氏体转变不属于等温转变，是在极快的连续冷却过程中进行的。详细内容将在下文介绍。

3. 亚共析碳钢与过共析碳钢的过冷奥氏体等温转变

亚共析碳钢在过冷奥氏体向珠光体转变之前，有先共析铁素体析出，所以在等温转变图中多出一条铁素体析出线，如图 4-13 所示。

过共析碳钢在过冷奥氏体向珠光体转变之前，有二次渗碳体析出，所以在等温转变图中多出一条二次渗碳体析出线，如图 4-14 所示。在正常的热处理加热条件下，亚共析碳钢的等温转变曲线随碳的质量分数增加向右移动；过共析碳钢的等温转变曲线随碳的质量分数增加向左移动。故在碳钢中以共析碳钢的等温转变曲线离温度坐标的距离最远，其过冷奥氏体最稳定。

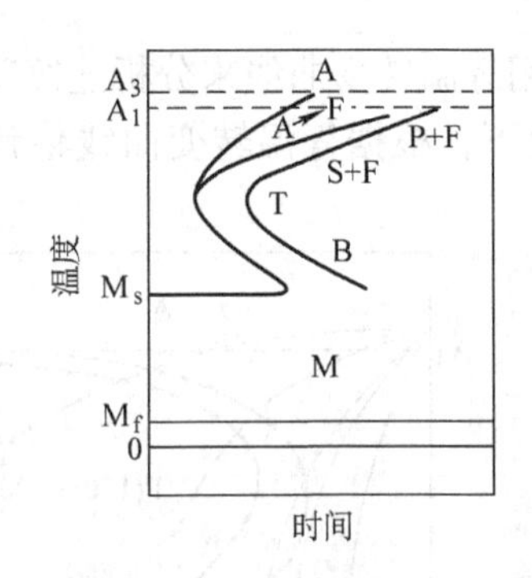

图 4-13 亚共析碳钢等温转变图

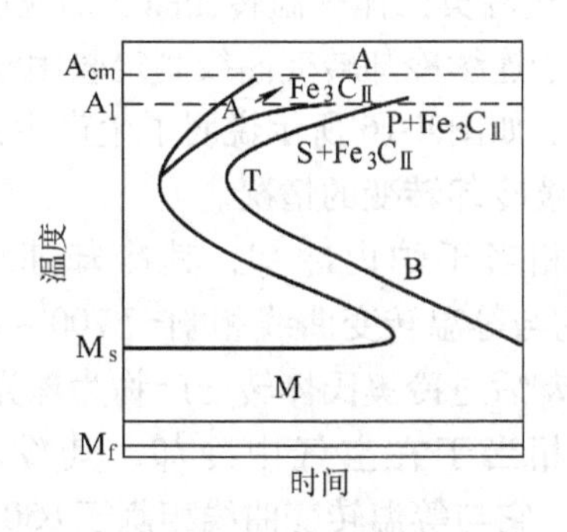

图 4-14 过共析碳钢等温转变图

由图 4-13 和图 4-14 可以看出，随着过冷度的增加，亚共析碳钢和过共析碳钢中先共析相的数量逐渐减少。当过冷度达到一定值时，这种先共析相就不再析出了，而由过冷奥氏体直接转变成珠光体型组织，此时的共析体已不再是共析成分了，因而称为伪共析体。在实际生产中，这是同一成分的亚共析碳钢正火比退火后力学性能高的原因之一。

三、过冷奥氏体的连续冷却转变

1. 连续冷却转变曲线

用连续冷却的方法可测出共析碳钢的另一种转变曲线，即共析碳钢连续冷却转变曲线，如图 4-15 所示。与图 4-7 比较，有如下不同：

1）图中 P_s 线为过冷奥氏体转变成珠光体的开始线；P_f 线为过冷奥氏体转变成珠光体的终了线；两线之间为转变的过渡区。K 线为珠光体转变终了线。当冷却曲线碰到 K 线时，过冷奥氏体就终止向珠光体转变，冷却到 M_s 点以下时直接转变为马氏体组织。

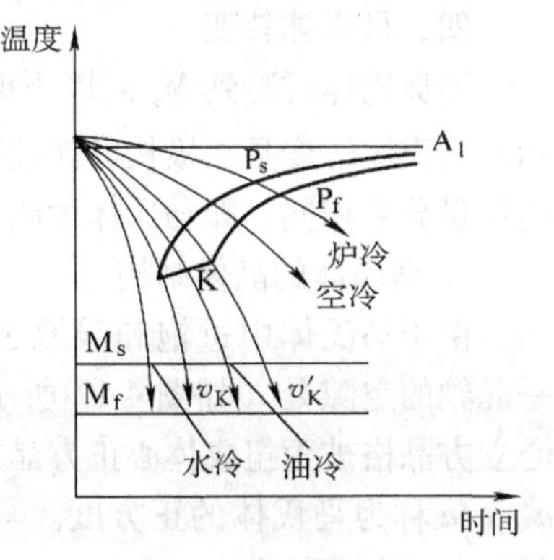

图 4-15 共析钢连续冷却转变曲线图

2）连续冷却转变曲线只有等温转变曲线的上半部分，而没有下半部分，即共析钢连续冷却时得不到贝氏体组织。

3）连续冷却转变由于不是在恒温下进行，故冷却速度越小，转变的温度范围越窄；冷却速度越大，转变的温度范围越宽，转变时间则缩短。

4）连续冷却转变的组织和性能取决于冷却速度。采用炉冷或空冷时，转变可以在高温区完成，得到的组织为珠光体和索氏体；采用油冷时，过冷奥氏体在高温下只有一部分转变为托氏体，另一部分则要冷却到 M_s 点以下转变为马氏体组织，得到托氏体和马氏体的混合组织；采用水冷时，因冷却速度很快，冷却转变曲线不能与转变开始线相交，不形成珠光体组织，冷却到 M_s 点以下转变为马氏体组织。

5）如图 4-15 所示的冷却速度 v_K 与等温转变曲线“鼻尖”相切，是保证过冷奥氏体在连续冷却过程中不发生分解而全部转变为马氏体的最小冷却速度，v_K 称为马氏体临界冷却速度。

2. 过冷奥氏体等温转变曲线的应用

由于连续冷却转变曲线测定较困难，所以生产中常用等温转变曲线来分析连续冷却转变的结果。如图 4-16 所示说明了生产中几种不同冷却速度下，根据等温转变曲线估计过冷奥氏体连续冷却转变的情况。

v_1 相当于炉内冷却，其冷却速度大约为 1℃/min，它与等温转变曲线相割于 700～650℃，预计在连续冷却后过冷奥氏体转变产物为珠光体组织。

v_2 相当于在空气中冷却，其冷却速度大约为 10℃/s，它与等温转变曲线相割于 650～600℃，预计在连续冷却后过冷奥氏体转变产物为索氏体组织。

v_3 相当于在油中冷却，其冷却速度大约为 100～150℃/s，它与等温转变曲线只相割一条转变开始线，并相割于 550℃左右，随后继续冷却至 M_s 点以下，预计在连续冷却后过冷奥氏体转变产物主要为托氏体与少量马氏体的混合组织。

v_4 相当于在水中冷却，其冷却速度大约为 300℃/s，它与等温转变曲线不能相割，直接与 M_s 线相交，直至冷却到 M_s 点以下过冷奥氏体直接转变为马氏体组织。

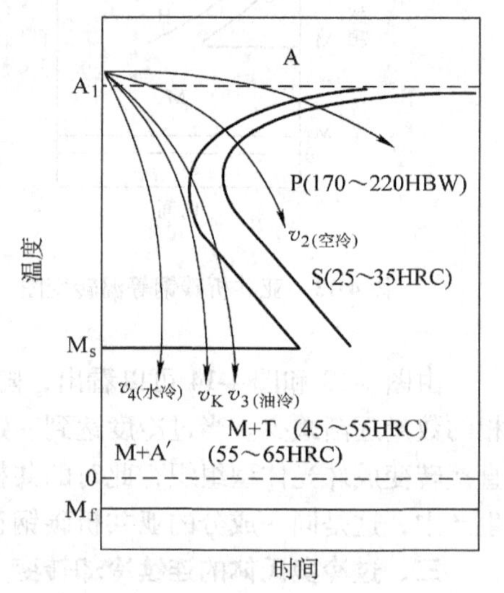

图 4-16 等温转变曲线图在连续冷却中的应用

四、马氏体转变

当奥氏体过冷到 M_s 点以下时即发生马氏体转变，其转变产物为马氏体，用符号 M 表示。马氏体转变是在极快的连续冷却过程中进行的，马氏体中碳的质量分数与原奥氏体中碳的质量分数相同，即马氏体为碳在 α-Fe 中的过饱和固溶体。

1. 马氏体的晶体结构

由于马氏体中过饱和碳原子强制地分布在晶胞某一晶轴的空隙处（如图 4-17 所示 c 轴），使 α-Fe 的体心立方晶格被歪扭成体心正方晶格，使晶格常数 c 大于 a。c/a 称为马氏体的正方度。马氏体中碳的质量分数越高，正方度越大。

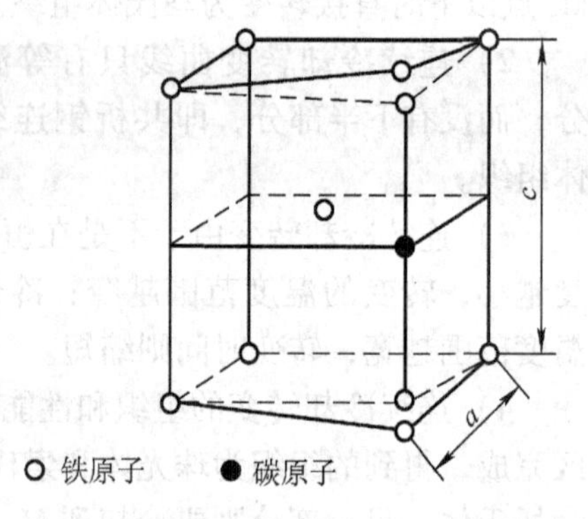

图 4-17 马氏体晶体结构示意图

2. 马氏体的组织形态

马氏体的显微组织特征如图 4-18 所示。当奥氏体中碳的质量分数大于 1.0% 时，所形成的马氏体呈片状；当奥氏体中碳的质量分数小于 0.2% 时，所形成的马氏体呈板条状；当奥氏体中碳的质量分数在 0.2%～

1.0%之间时，则形成片状马氏体和板条状马氏体的混合组织。

3. 马氏体的性能

（1）马氏体的强度与硬度　马氏体的强度和硬度主要取决于马氏体中碳的质量分数，如图4-19所示。随着马氏体中碳的质量分数的增加，其强度与硬度也随之增加。当碳的质量分数超过0.6%时，这种增加的趋势就变得平缓了。造成强度与硬度提高的主要原因是固溶强化。

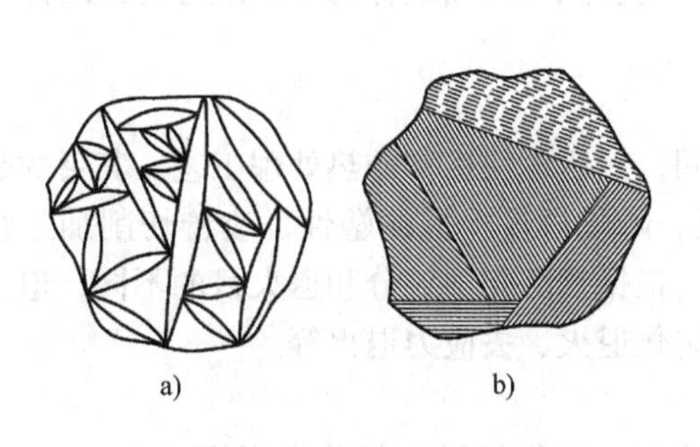

图4-18　马氏体显微组织示意图
a）片状马氏体　b）板条状马氏体

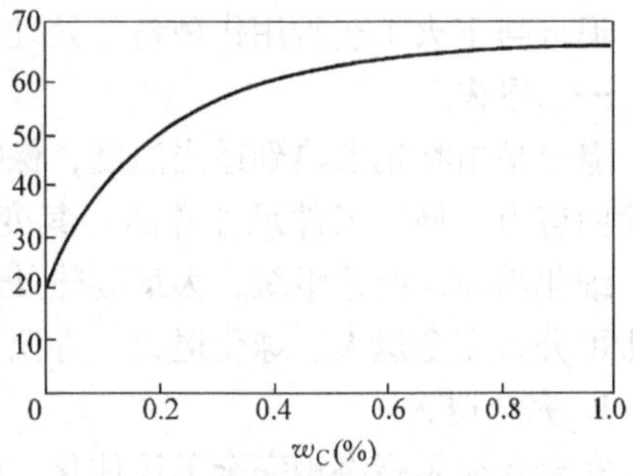

图4-19　碳的质量分数对马氏体强度、硬度的影响

（2）马氏体的塑性与韧性　马氏体的塑性和韧性也与碳的质量分数有关，随着碳的质量分数的增加而急剧降低。一般片状马氏体的塑性和韧性较差，而低碳的板条状马氏体的塑性和韧性较好，是一种强韧性优良的组织。

（3）马氏体的比体积　钢中不同组织的比体积是不一样的，马氏体比体积最大，奥氏体比体积最小，珠光体居中。当奥氏体向马氏体转变时，必然伴随体积膨胀而产生内应力。马氏体中碳的质量分数越高，正方度越大，比体积也越大，因此产生内应力也越大，这就是高碳钢淬火时容易产生变形与开裂的原因之一。

4. 马氏体转变的特点

马氏体转变具有如下特点：

（1）马氏体转变是无扩散型相变　马氏体转变是在过冷度极大的条件下进行的，由于转变温度较低，所以奥氏体中的铁、碳原子都不能进行扩散，只能进行晶格的改组，形成碳在α-Fe中的过饱和固溶体。

（2）马氏体转变速度极快　马氏体形成时一般不需要孕育期，通常看不到马氏体的长大过程，马氏体数量的增加是依靠不断形成新的马氏体来完成的。

（3）马氏体转变有一定的温度范围　马氏体是在 $M_s \sim M_f$ 点之间形成的，只有在 $M_s \sim M_f$ 点之间连续冷却时，才能使马氏体的数量不断增多。M_s 和 M_f 点主要取决于奥氏体的化学成分，与冷却速度无关。

（4）马氏体转变具有不完全性　由于形成马氏体时伴随着体积膨胀，对未转变的过冷奥氏体产生多向压应力，造成少量奥氏体不能转变而被保留下来，称为残余奥氏体，用符号A′表示。残余奥氏体的存在会降低淬火钢的硬度和耐磨性，降低工件的尺寸稳定性，生产上常采用冷处理的方法予以消除。

第三节　退火与正火

在机械零件或工具、模具等工件的制造过程中，一般要经过各种冷、热加工，而且在各工序之间往往要穿插各种热处理工序。在实际生产中常把热处理分为预备热处理和最终热处理两类。为了消除前道工序造成的某些缺陷，或为随后的切削加工及最终热处理作准备的热处理称为预备热处理；为了使工件满足使用条件下的性能要求而进行的热处理称为最终热处理。退火与正火工艺常用作预备热处理。

一、退火

退火是指将钢加热到适当温度，保持一定时间，然后缓慢冷却的热处理工艺。其目的是消除内应力，稳定工件尺寸并防止其变形与开裂；降低硬度，提高塑性，改善切削加工性能；细化晶粒，改善组织，为最终热处理作准备。根据钢的化学成分和退火目的不同，退火方法可分为完全退火、球化退火、等温退火、均匀化退火、去应力退火等。

1. 完全退火

完全退火是指将钢完全奥氏体化，随后缓慢冷却，获得接近平衡状态组织的退火工艺。完全退火主要用于亚共析成分的铸件、锻件、热轧型材及焊接件等。目的是细化晶粒、消除内应力与组织缺陷、降低硬度、提高塑性，为切削加工和最终热处理作准备。

完全退火的加热温度为 Ac_3 线以上 30～50℃。保持时间与钢的化学成分、原始组织及加热条件等因素有关，可通过实验确定。冷却速度为 30～120℃/h，一般随炉冷却即可。

2. 球化退火

为使钢中碳化物球化而进行的退火工艺称为球化退火。球化退火主要用于共析或过共析成分的工件。目的是球化渗碳体，降低硬度，改善切削加工性能并为淬火作准备。

球化退火的加热温度为 Ac_1 点以上 20～30℃，保持一定时间，随炉缓慢冷却。球化退火后的组织为铁素体基体上均匀分布球状（粒状）渗碳体，即球状珠光体，如图 4-20 所示。

3. 等温退火

等温退火是指将钢加热到 Ac_3 点以上 30～50℃（亚共析钢）或 Ac_1 点以上 20～30℃（共析钢和过共析钢），保持一定时间后以较快速度冷却到珠光体温度区间内的某一温度，经等温保持使奥氏体转变为珠光体型组织，然后出炉空冷的退火工艺，如图 4-21 所示。其目的与完全退火、球化退火相同，但等温退火后组织粗细均匀，性能一致，生产周期短，生产率高。它主要用于高碳钢、高合金钢及合金工具钢等。

图 4-20　共析钢球化退火后的显微组织

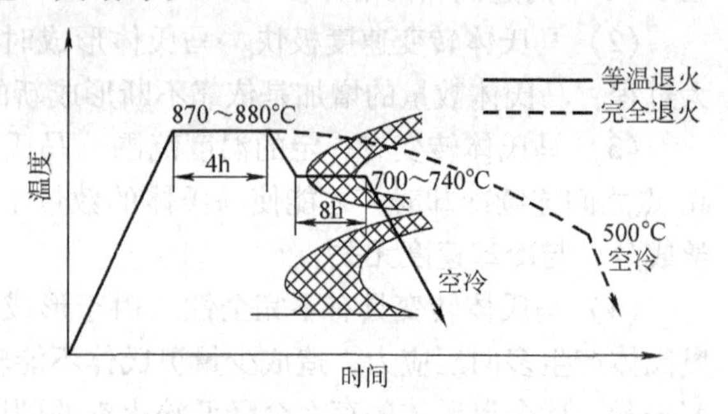

图 4-21　高速钢等温退火与完全退火

4. 均匀化退火

均匀化退火是指将合金钢的铸锭或铸件加热到 Ac_3 点以上 150～200℃，保持 10～15h 后随炉冷却的退火工艺。其目的是消除铸造结晶过程中产生的枝晶偏析，使成分和组织均匀化。由于加热温度高、保持时间长，奥氏体晶粒严重粗化，因此，均匀化退火后还需进行一次完全退火或正火。

5. 去应力退火

去应力退火是指为去除由于塑性变形加工、焊接等而造成的以及铸件内存在的残余应力而进行的退火工艺。其目的是去除残余应力，稳定工件尺寸并防止其变形与开裂。它主要用于消除铸件、锻件、焊接件、冲压件及机械加工件中的残余应力。

去应力退火加热温度为 Ac_1 点以下 100～200℃，保持一定时间后，随炉缓慢冷却到 200℃以下出炉空冷。工件在去应力退火过程中没有相变发生，残余应力是在保温过程中去除的。

二、正火

将钢加热到 A_3 或 A_{cm}点以上 30～50℃，保持一定时间后在静止的空气中冷却的热处理工艺，称为正火。

正火与退火的主要区别在于正火的冷却速度较快，过冷度较大，所以正火后所获得的组织比较细小，组织中珠光体的数量较多，因而强度、硬度及韧性比退火后的高，二者力学性能的比较见表 4-3。

表 4-3　45 钢退火、正火状态的力学性能比较

状　态	抗拉强度/MPa	断后伸长率 δ（%）	冲击韧度/J·cm^{-2}	硬　度
退火	650～700	15～20	40～60	180HBW
正火	700～800	15～20	50～80	160～220HBW

正火与退火相比，操作简单，生产周期短，能量耗费少，处理后力学性能高，故在可能的条件下，应优先考虑正火处理。正火主要用于以下几个方面：

1. 改善低碳钢的切削加工性能

低碳钢退火后组织中铁素体数量较多，硬度偏低，切削加工时有“粘刀”现象，加工后工件表面粗糙度数值较大。正火能提高低碳钢的硬度，改善切削加工性能。

2. 消除网状二次渗碳体

正火加热时可以使网状二次渗碳体充分溶入奥氏体中，在空气中冷却时，由于过冷度较大，二次渗碳体来不及析出，因而消除了网状二次渗碳体，为球化退火作好了组织准备。

3. 作为重要零件的预备热处理

正火可以消除由于热加工造成的组织缺陷，细化晶粒，改善切削加工性能，减小工件在淬火时的变形与开裂倾向，所以正火常作为重要工件的预备热处理。

4. 作为普通结构零件的最终热处理

正火后组织的力学性能较高，能满足普通结构零件的使用性能要求。另外，对于大型或复杂零件，淬火时有开裂的危险，也可用正火来代替淬火、回火处理，作为这类零件的最终热处理。

各种退火与正火工艺的加热温度范围及工艺曲线如图 4-22 所示。

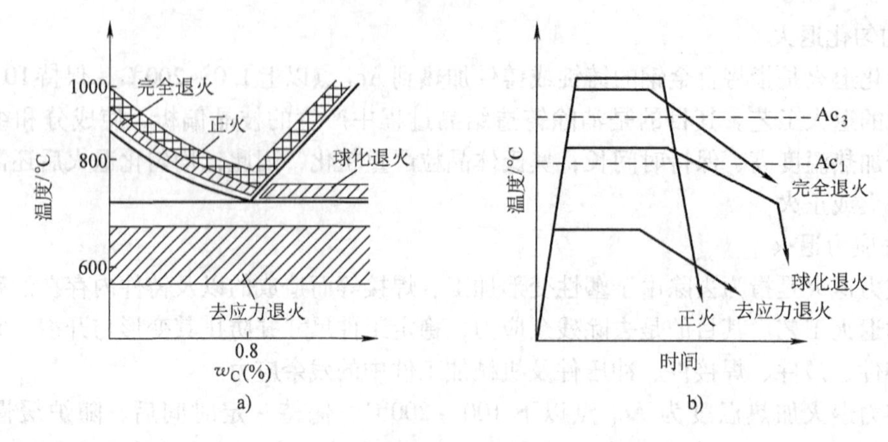

图 4-22 退火与正火

a）加热温度范围 b）热处理工艺曲线

第四节 淬火与回火

一、淬火

淬火是指将钢加热到 Ac_3 或 Ac_1 线以上某一温度，保持一定时间，然后以适当速度冷却获得马氏体（或贝氏体）组织的热处理工艺。淬火的目的是为了得到马氏体（或贝氏体）组织，提高钢的强度、硬度及耐磨性，再经适当回火后使工件获得良好使用性能，更好地发挥钢材的潜力。因此，重要的结构零件及各种工具等都要进行淬火处理。

1. 淬火工艺

（1）淬火加热温度的选择　不同钢的淬火加热温度也不同。碳钢的淬火加热温度可由 $Fe\text{-}Fe_3C$ 相图来确定，如图 4-23 所示。

亚共析钢的淬火加热温度一般为 Ac_3 点以上 30～50℃，在此温度范围内，可获得全部细小奥氏体晶粒，淬火后得到细小均匀马氏体组织。若加热温度过高，则会引起奥氏体晶粒粗大，淬火后钢的性能变差，而且温度过高还容易引起钢的氧化与脱碳现象；若加热温度过低，淬火组织中将出现铁素体，使淬火后钢的硬度及耐磨性下降。

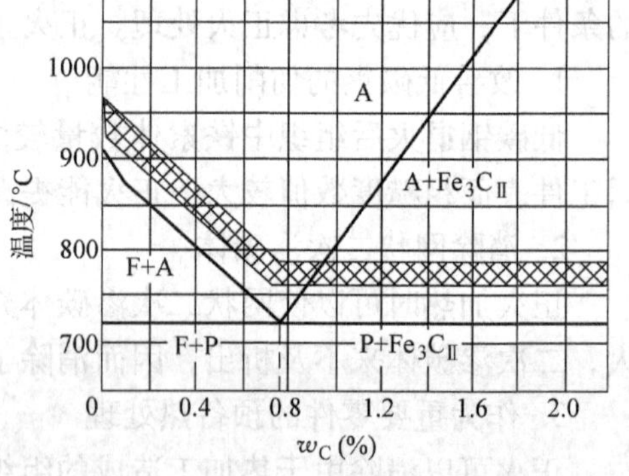

图 4-23 碳钢的淬火加热温度范围

共析钢和过共析钢的淬火加热温度一般为 Ac_1 点以上 30～50℃，此时的组织为奥氏体和粒状渗碳体，淬火后获得细小马氏体和粒状渗碳体组织，能保证达到高硬度和高耐磨性的要求。若加热温度超过 Ac_{cm} 点，将导致渗碳体消失，奥氏体晶粒粗化，淬火后得到粗大片状马氏体，残余奥氏体数量增多，硬度及耐磨性下降，脆性增加，而且钢的氧化与脱碳现象严重；若淬火加热温度过低，可能得到非马氏体组织，达不到淬火的目的。

在实际生产中，应综合考虑各种因素，结合具体条件通过实验来确定合适的淬火加热温度。

（2）加热时间的选择　通常工件淬火加热时，其升温与保温所需时间的总和称为加热时间。

工件淬火的加热时间与钢的化学成分、原始组织、工件的形状及尺寸、加热介质、加热温度等许多因素有关。生产中常根据工件的有效厚度由经验公式来确定，即

$$t = \alpha D$$

式中　t——加热时间（min）；

α——加热系数（min/mm）；

D——工件的有效厚度（mm）。

工件的有效厚度是指工件加热时，在最快传热方向上的截面厚度。加热系数是指工件单位有效厚度所需的加热时间，其值与钢的化学成分、工件尺寸及加热介质有关。有效厚度的取值方法和加热系数可查有关热处理手册确定。

（3）淬火介质　为保证奥氏体向马氏体转变以获得全部马氏体组织，淬火冷却速度应大于临界冷却速度 v_K，但冷却速度过大可导致淬火内应力增大，容易引起工件的变形与开裂。因此，理想的淬火冷却速度如图 4-24 所示。

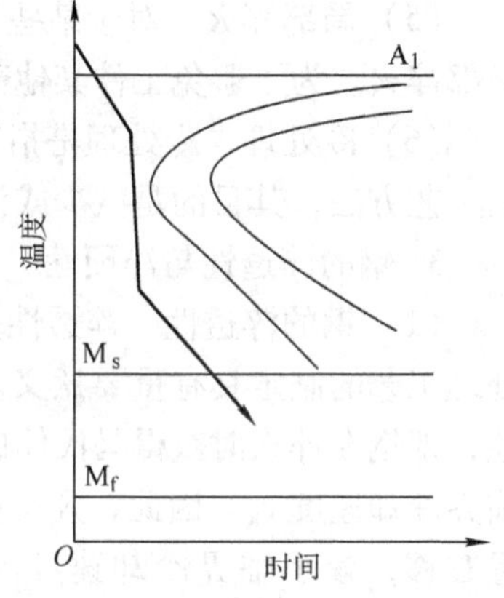

图 4-24　钢的理想淬火冷却速度

目前，生产中常用的淬火介质主要有水、油、盐浴、盐或碱的水溶液等。其中水的冷却能力较强，淬火时易使工件发生变形或开裂，适合作为形状简单或奥氏体稳定性较小的碳钢工件的淬火介质；油的冷却能力较弱，有利于减少工件的变形或开裂倾向，适合作为奥氏体稳定性较高的合金钢的淬火介质。为了减少工件淬火时变形，也可采用盐浴作为淬火介质，如融化的 $NaNO_3$、KNO_3 等。盐浴主要用于贝氏体等温淬火、马氏体分级淬火，主要特点是沸点高，冷却能力介于水与油之间，常用于处理形状复杂、尺寸较小和变形要求严格的工件。

2. 淬火方法

根据工件的化学成分、形状与尺寸、技术要求等，结合各种淬火介质的特性，应选择简便而经济的淬火方法。生产中常用的淬火方法如图 4-25 所示。

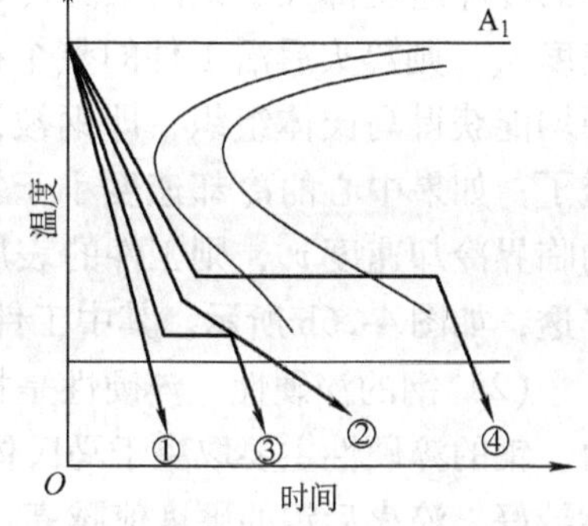

图 4-25　常用淬火方法示意图

（1）单介质淬火　将已奥氏体化的工件在单一淬火介质中冷却的淬火方法，称为单介质淬火，如图 4-25 曲线①所示。这种方法的特点是操作简便，易实现机械化和自动化，但由于单一淬火介质的冷却性能不理想，故单介质淬火仅适用于形状简单的工件。

（2）双介质淬火　将已奥氏体化的工件先浸入一种冷却能力较强的淬火介质中冷却，当温度降到稍高于 M_s 点温度时，再立即将工件转入另一种冷却能力较弱的淬火介质中继续冷却，使其发生马氏体转变的淬火方法，称为双介质淬火，如图 4-25 曲线②所示。这种方法的特点是能够将两种冷却能力不同的淬火介质的长处结合起来，克服了单介

质淬火的缺点，既保证获得了马氏体组织，又减小了淬火内应力，有效地防止了工件的变形或开裂。双介质淬火法可适用于形状较复杂及尺寸较大的工件。

（3）马氏体分级淬火　将已奥氏体化的工件浸入温度在 M_s 点附近的盐浴或碱浴中，保持适当时间，在工件内外温差消除后取出空冷以获得马氏体组织的淬火方法，称为马氏体分级淬火，如图 4-25 曲线③所示。马氏体分级淬火可有效减小淬火内应力，防止工件变形或开裂，适用于尺寸较小且形状复杂的工件。

（4）贝氏体等温淬火　将已奥氏体化的工件快速冷却到贝氏体转变温度区间等温保持，使奥氏体转变为贝氏体的淬火方法，称为贝氏体等温淬火，如图 4-25 曲线④所示。贝氏体等温淬火后工件的淬火内应力和变形小，具有较高的塑性、韧性和耐磨性，适用于截面尺寸小、形状复杂、尺寸精度要求高的工件。

（5）局部淬火　对于某些工件，如果只是局部要求高硬度，可将工件整体加热后进行局部淬火。为了避免工件其他部分产生变形与开裂，也可局部进行加热淬火冷却。

（6）冷处理　冷处理是指工件淬火冷却到室温后，继续在低于室温的淬火介质中冷却的工艺方法，其目的是减少或消除残余奥氏体，稳定工件尺寸，提高硬度及耐磨性。

3. 钢的淬透性与淬硬性

（1）钢的淬透性　淬透性是评定钢淬火质量的一个重要参数，它对于钢材的选用及热处理工艺的制定具有重要意义。淬透性是在规定条件下决定钢材淬硬深度和硬度分布的特性，即钢在淬火时获得马氏体的能力，获得马氏体能力强的，淬透性好，这主要取决于钢的临界冷却速度 v_K。因此，凡是能增加过冷奥氏体稳定性的因素，或使钢的等温转变曲线位置右移，减小临界冷却速度 v_K 的因素，都是提高淬透性的因素。

淬透性一般用淬火时所能得到的淬透层深度（淬硬层深度）来表示。淬火时，工件截面上各处的冷却速度是不同的，表面的冷却速度最大，越到中心冷却速度越小，如图 4-26a 所示。如果工件表面及中心的冷却速度都大于钢的临界冷却速度 v_K，则淬火后沿工件的整个截面均能获得马氏体组织，即钢被淬透了；如果中心的冷却速度小于钢的临界冷却速度 v_K，则工件的表层获得马氏体组织，而心部得到非马氏体组织，即钢未被淬透，如图 4-26b 所示。其中工件表层马氏体区的深度即为淬透层深度（淬硬层深度）。

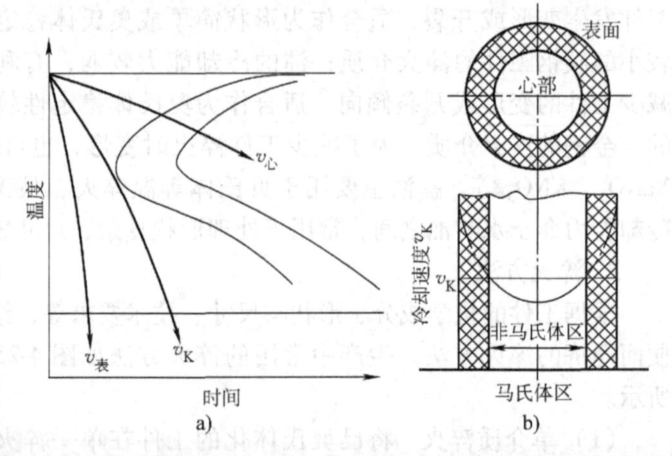

图 4-26　工件淬透层与淬火冷却速度的关系

（2）钢的淬硬性　淬硬性是指钢在理想条件下进行淬火硬化时所能达到最高硬度的能力。钢的淬硬性主要取决于马氏体中碳的质量分数，马氏体中碳的质量分数越高，钢的淬硬性越好，淬火后钢的硬度值越高。淬透性与淬硬性是两个完全不同的概念，淬透性好的钢，淬硬性不一定高。例如低碳合金钢（20Cr）淬透性相当好，但淬硬性却不高；又如碳素工具钢（T12）的淬透性差，但淬硬性却很高。

4. 淬火缺陷

（1）氧化与脱碳 氧化是指工件在加热时，加热介质中的氧、二氧化碳和水等与工件表层的铁原子发生反应形成氧化物的过程。其结果是在工件表面形成一层松脆的氧化铁皮，造成材料损耗，降低工件的承载能力和表面质量。

脱碳是指加热时，气体介质与工件表层的碳原子相互作用，造成工件表层碳的质量分数降低的现象。其结果是使工件表层的性能下降，表面质量降低。

为了防止氧化和脱碳，对于重要零件，通常可在盐浴炉内进行加热，要求更高时，可在工件表面涂覆保护剂或在保护气氛及在真空中加热。

（2）过热与过烧 工件在热处理加热时，由于加热温度偏高而使奥氏体晶粒粗化，造成力学性能显著下降的现象称为过热。工件过热后所形成的粗大奥氏体晶粒可通过退火或正火来消除。

因加热温度过高造成奥氏体晶界氧化和部分熔化的现象称为过烧。过烧后的工件无法补救，只能报废。

为了防止工件的过热与过烧，必须合理制定加热规范，严格控制加热温度和加热时间。

（3）变形与开裂 变形是指工件在淬火后出现形状或尺寸改变的现象。开裂是指工件在淬火时出现裂纹的现象。变形与开裂是由于工件在淬火时其内部产生较大淬火应力造成的。淬火应力包括热应力和相变应力。热应力是指工件在加热或冷却时，由于不同部位存在温度差异而导致热胀或冷缩不均匀所产生的应力；相变应力是指在热处理过程中，因工件不同部位组织转变不同步而产生的应力。当淬火应力大于钢的屈服点时，工件就会产生变形；淬火应力超过钢的抗拉强度时，工件就会产生裂纹。

为了减少工件在淬火时的变形，防止开裂，应制定合理的淬火工艺规范，采用适当的淬火方法，并且在淬火后及时进行回火处理。

（4）硬度不足 工件在淬火后硬度未达到技术要求，称为硬度不足。产生的原因是加热温度偏低、保温时间过短、淬火介质的冷却能力不够、工件表面氧化或脱碳等。如果工件淬火后，其表面存在硬度偏低的局部区域，则称为软点。一般情况下，可在退火或正火后，重新进行正确的淬火予以消除。

二、回火

回火是指工件淬硬后，再加热到 Ac_1 点以下某一温度，保持一定时间，然后冷却到室温的热处理工艺。回火是紧接淬火的一道热处理工序，其目的是获得工件所需组织，以改善性能；消除残余奥氏体，稳定工件尺寸；消除淬火内应力，防止工件变形与开裂。

1. 淬火钢在回火时组织和性能的变化

淬火钢中的马氏体和残余奥氏体都不是稳定组织，它们在回火过程中都会向稳定的铁素体和渗碳体两相组织转变，其回火过程一般可分为以下四个阶段：

（1）马氏体分解 淬火钢在100℃以下回火时，其组织和性能基本保持不变。当回火温度超过100℃以后，马氏体开始分解，马氏体中过饱和碳原子以一种极细小的碳化物形式析出，使马氏体中碳的质量分数降低，过饱和程度下降，正方度减小。但由于这一阶段温度较低，马氏体中仅析出了一部分过饱和碳原子，所以它仍是碳在 α-Fe 中的过饱和固溶体，所析出的细小碳化物均匀地分布在马氏体基体上。这种过饱和 α 固溶体和细小碳化物所组成的混合组织称为回火马氏体。

由于回火马氏体中的碳化物极为细小，呈弥散分布，且 α 固溶体仍是过饱和状态，所以在回火第一阶段，淬火钢的硬度并不降低，但由于碳化物的析出，使晶格畸变程度降低，淬火应力有所减小。

（2）残余奥氏体的转变　当回火温度在200～300℃范围内时，残余奥氏体发生转变。残余奥氏体的转变与过冷奥氏体等温转变时的性质相同，所以在这一温度区间残余奥氏体转变为下贝氏体。

由于回火第一阶段马氏体的分解尚未结束，所以在回火第二阶段，残余奥氏体转变为下贝氏体的同时，马氏体继续分解。虽然马氏体的继续分解会使淬火钢的硬度下降，但由于残余奥氏体的转变，淬火钢的硬度并没有明显的降低，淬火应力却进一步减小了。

（3）碳化物的转变　回火温度在250～400℃范围内时，由于原子的活动能力增强，碳原子继续从过饱和的α固溶体中析出，同时，所析出的细小碳化物也逐渐转变为细小颗粒状渗碳体。经第三阶段回火后，钢的组织是由铁素体和细小颗粒状渗碳体组成的，称为回火托氏体。此时淬火钢的硬度降低，淬火应力基本消除。

（4）渗碳体的聚集长大与铁素体再结晶　当回火温度在400℃以上时，渗碳体颗粒将聚集长大。渗碳体颗粒的聚集长大是通过小颗粒渗碳体不断溶入铁素体中，而铁素体中的碳原子借助于扩散不断地向大颗粒渗碳体上沉积来实现的。回火温度越高，渗碳体颗粒越粗大，钢的强度、硬度越低。

回火第三阶段结束后，钢的组织虽然已是铁素体和颗粒状渗碳体，但铁素体仍然保持着原来马氏体的片状或板条状形态，当回火温度升高到500～600℃范围内时，铁素体逐渐发生再结晶，失去原来片状或板条状形态，而成为多边形晶粒。此时钢的组织为铁素体基体上分布颗粒状渗碳体，这种组织称为回火索氏体。

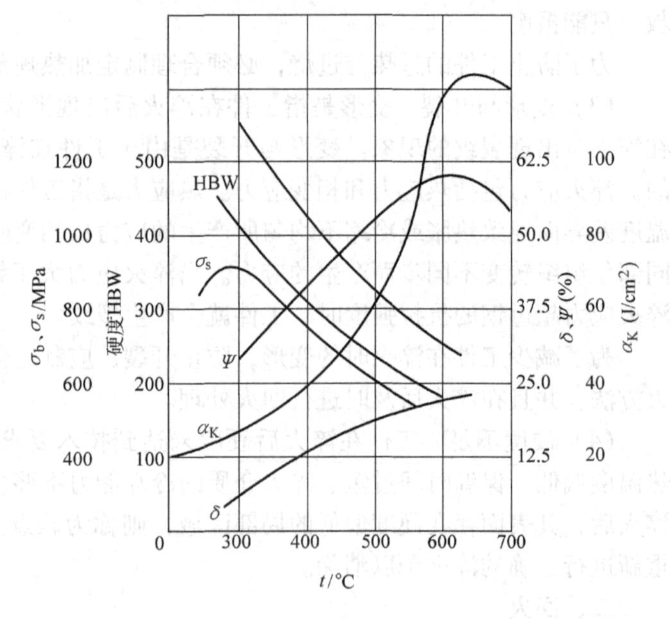

图4-27　40钢力学性能与回火温度的关系

淬火钢在回火过程中，由于组织发生了变化，钢的性能也随之发生改变。一般随回火温度升高，强度、硬度降低，而塑性、韧性升高，如图4-27所示。

2. 回火方法及其应用

回火是最终热处理，回火温度是决定钢的组织和性能的主要因素。回火温度可根据工件的力学性能要求来选择。按回火温度的不同，回火可分为以下三种：

（1）低温回火　低温回火的温度范围是250℃以下，所得组织为回火马氏体。目的是使工件保持淬火组织的高硬度和高耐磨性，降低淬火应力和脆性。低温回火后的硬度一般为58～64HRC，主要用于各种切削刃具、量具、冷冲模具、滚动轴承以及渗碳件等。

（2）中温回火　中温回火的温度范围是350～500℃，所得组织为回火托氏体。目的是使工件获得高的弹性极限、屈服强度和韧性。中温回火后的硬度一般为35～50HRC，主要用于各种弹簧及模具的处理。

（3）高温回火　高温回火的温度范围是500～650℃，所得组织为回火索氏体。习惯上将淬火与高温回火相结合的热处理方法称为调质处理，其目的是获得强度、硬度、塑性与韧性都较好的综合力学性能。高温回火后的硬度一般为200～300HBW，主要用于重要零件的处理，如汽车、拖拉机、机床中的连杆、螺栓、齿轮及轴类等。

应当指出，钢经调质和正火后的硬度是相近的，但重要的结构零件一般都进行调质处理而不采用正火，这是由于调质后的组织为回火索氏体，其中的渗碳体呈颗粒状；而正火后的组织为索氏体，渗碳体呈片状，因此，调质处理后，工件不仅强度高，而且塑性和韧性也显著超过了正火后的状态，二者的比较见表4-4。

表4-4　45钢经调质和正火后的性能比较

状　　态	抗拉强度/MPa	伸长率δ/%	冲击韧度/J·cm^{-2}	硬　　度
调质	750～850	20～25	80～120	210～250HBW
正火	700～800	15～20	50～80	160～220HBW

调质处理一般可作为最终热处理，但由于调质处理后钢的硬度不高，适于切削加工，并能获得较低的表面粗糙度值，所以也可以作为表面淬火和化学热处理的预备热处理。

第五节　钢的表面热处理与化学热处理

一、表面热处理

表面热处理是指仅对工件表层进行热处理以改变其组织和性能的工艺。表面热处理只对一定深度的表层进行强化，而心部仍保持原来的塑性、韧性较好的组织，因而满足了其性能要求。

目前，生产中常用的表面淬火方法按加热方式可分为感应加热、火焰加热、接触电阻加热等。

1. 感应加热表面淬火

感应加热表面淬火是指利用电磁感应原理产生感应电流，使工件表面、局部或整体加热并进行快速冷却的淬火工艺，如图4-28所示。当一定频率的电流通过空心铜管制成的感应器时，在感应器的内部及周围便产生一个交变磁场，于是在工件内部产生了同频率的感应电流，由于工件内的感应电流自成回路，因此称为涡流。涡流在工件内的分布是不均匀的，表面电流密度大，心部电流密度小，通过感应器的电流频率越高，涡流就越集中于工件的表面，这种现象称为集肤效应。依靠感应电流的热效应，可将工件表层迅速加热到淬火温度，而此时心部温度还很低，淬火介质通过感应器内侧的小孔及时喷射在工件上，形成淬硬层。

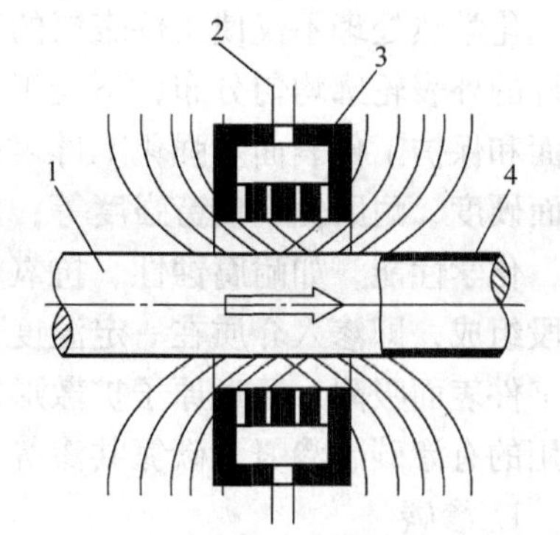

图4-28　感应加热表面淬火示意图

1—工件　2—进水口　3—感应器　4—淬硬层

感应加热表面淬火的特点是加热速度极快、加热时间极短；感应加热表面淬火后，工件表层残存压应力，提高了工件的疲劳强度，而且工件变形小，不易氧化和脱碳；生产率高，易实现机械化和自动化，适于成批生产。

感应加热表面淬火一般用于中碳钢或中碳合金钢，如45钢、40Cr、40MnB等。在某些条件下，也可用于高碳工具钢或铸铁等工件。感应加热表面淬火的淬硬层深度主要取决于感应器中通过的电流频率，生产上通过选择不同的电流频率来达到不同要求的淬硬层深度。感应加热表面淬火的应用见表4-5。

表4-5 感应加热表面淬火的应用

类别	频率范围	淬硬层深度/mm	应用举例
高频感应加热	200~300kHz	0.5~2	小型轴、套类零件，小模数齿轮等
中频感应加热	0.5~10kHz	2~8	尺寸较大的轴类零件、大模数齿轮等
工频感应加热	50Hz	10~15	大型零件或棒料的穿透加热

感应加热表面淬火后应进行低温回火，但回火温度应比普通低温回火温度低，其目的是消除淬火应力。生产中有时采用自回火法，即当工件淬火冷却到200℃时，停止喷射冷却介质，利用工件中的余热对淬火表面“自行”加热，达到回火的目的。

2. 火焰加热表面淬火

火焰加热表面淬火是一种以高温火焰为热源对工件表层进行快速加热，随即快速冷却的淬火工艺，如图4-29所示。

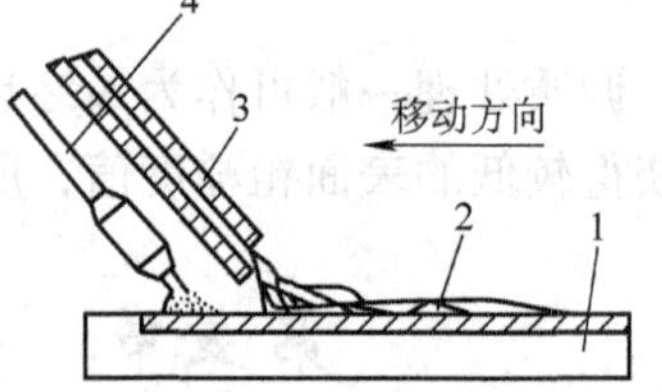

图4-29 火焰加热表面淬火示意图
1—工件 2—淬硬层
3—喷水管 4—火焰喷嘴

火焰加热表面淬火的淬硬层深度一般为2~6mm，适用于中碳钢、中碳合金钢及铸铁制成的大型工件，其特点是方法简便，不需要特殊设备，适于单件或小批量生产，但加热温度不易控制，工件表面易过热，淬火质量不稳定。

二、化学热处理

将工件置于一定温度的活性介质中保温，使一种或几种元素渗入其表层，以改变工件表层的化学成分和组织，达到所要求的性能，这种热处理工艺称为化学热处理。

化学热处理不仅使工件表层的组织产生了改变，化学成分也发生了变化，而且渗层可按工件的外表轮廓均匀分布，不受工件形状的限制。化学热处理的作用有两个方面，强化工件表面和保护工件表面。强化工件表面是指通过化学热处理来提高其表层的某些力学性能，如表面硬度、耐磨性、疲劳强度等；保护工件表面是指通过化学热处理来提高其表层的某些物理、化学性能，如耐腐蚀性、抗氧化性等。化学热处理的基本过程由分解、吸收和扩散三个阶段组成，即渗入介质在一定温度下发生化学反应，分解出渗入元素的活性原子，活性原子被工件表面吸附，通过原子扩散形成一定深度的渗层。化学热处理的方法有许多种，生产上常用的有渗碳、渗氮、碳氮共渗等。

1. 渗碳

渗碳是指为了提高工件表层碳的质量分数并在其中形成一定的碳浓度梯度，而将工件在渗碳介质中加热并保温，使碳原子渗入表层的化学热处理工艺。

渗碳所用的介质通常称为渗碳剂，根据渗碳剂物理状态不同，渗碳可分为固体渗碳、液体渗碳和气体渗碳三种。气体渗碳法的渗碳过程容易控制，渗碳质量好，生产率高，易实现机械化和自动化，所以生产中广泛应用。

气体渗碳法是将工件置于密封的加热炉中，加热到 900～950℃，向炉内滴入煤油、丙酮或甲醇等有机液体，这些液体在高温下分解出活性碳原子，活性碳原子被工件表面吸附，并向内部扩散，最后形成一定深度的渗碳层，如图 4-30 所示。

气体渗碳的渗层深度主要取决于保温时间，一般按 0.2～0.25mm/h 的速度进行估算。

渗碳的目的是为了使工件表面获得高硬度、高耐磨性和高的疲劳强度，心部具有一定的强度和良好的韧性，因此，渗碳零件一般用碳的质量分数在 0.10%～0.25% 范围内的低碳钢或低碳合金钢制造，如 15 钢、20 钢、20Gr、20GrMnTi 钢等。

工件渗碳后，其表层碳的质量分数可达 0.85%～1.05%，且从表层到心部碳的质量分数逐渐减少，心部仍保持原来低碳钢碳的质量分数。在缓慢冷却的条件下，表层为过共析钢组织，中间层是共析钢组织、亚共析钢组织，中心为原始组织，如图 4-31 所示。

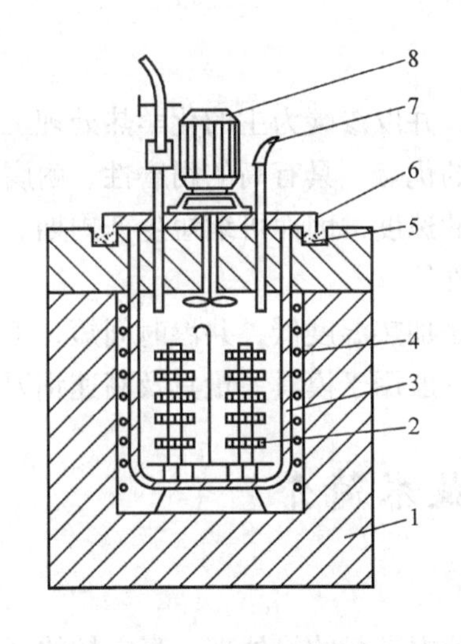

图 4-30　气体渗碳示意图

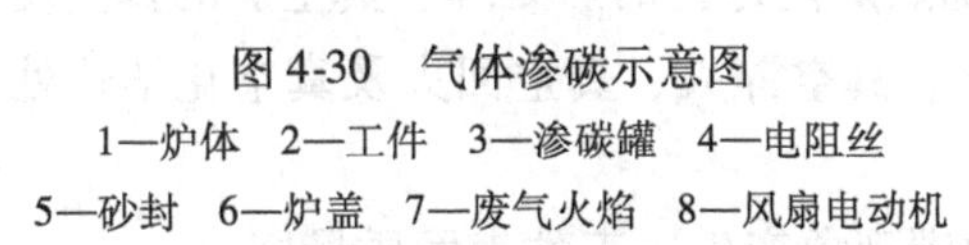
1—炉体　2—工件　3—渗碳罐　4—电阻丝
5—砂封　6—炉盖　7—废气火焰　8—风扇电动机

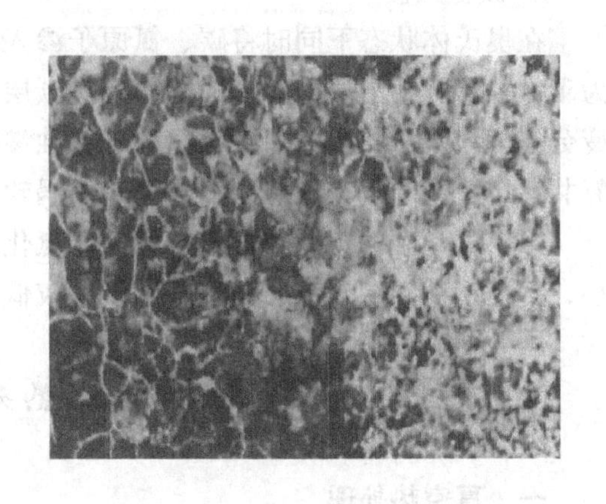

图 4-31　低碳钢渗碳并缓冷后的组织

渗碳只是改变了工件表层的化学成分，要使渗碳件达到表面具有高硬度、高耐磨性，心部具有一定强度和良好韧性的使用要求，还必须进行淬火和低温回火处理。渗碳件经渗碳、淬火和低温回火后，其表层组织为回火马氏体、粒状渗碳体和少量残余奥氏体，硬度可达 58～64HRC；心部组织一般为为低碳回火马氏体和铁素体，具有较高的韧性和一定的强度。

2. 渗氮

渗氮是指在一定温度下（一般在 Ac_1 点以下）使活性氮原子渗入工件表面的化学热处理工艺。生产上常用的渗氮方法有气体渗氮、液体渗氮、离子渗氮等，其中气体渗氮应用比较广泛。

气体渗氮通常在井式炉内进行。将工件置于渗氮罐中加热，不断向罐中通入气体渗氮介质氨气（NH_3），在550～570℃保温。氨气在加热和保温过程中分解产生活性氮原子，活性氮原子被工件表面吸附，通过扩散形成一定深度的渗氮层。一般渗氮层深度为0.40～0.60mm，渗氮时间为40～70h。

工件经渗氮后其表面形成一层极硬的合金氮化物，如CrN、MoN、AlN等，硬度可达950～1200HV，且渗氮层具有较高的热硬性。由于渗氮层体积膨胀，造成工件表面残存压应力，使疲劳强度增加。渗氮层的致密性和化学稳定性很高，因此渗氮工件具有良好的耐腐蚀性。同时，由于渗氮温度低，渗氮后不再进行其他热处理，所以工件变形小。

渗氮用钢一般采用碳的质量分数为0.15%～0.45%的合金结构钢，其中主要合金元素为铝、钼、铬、钒等，38CrMoAlA是典型的渗氮钢。为了提高渗氮件心部的综合力学性能，渗氮前一般要进行调质处理。

渗氮主要用于耐磨性和精度要求较高的零件，交变载荷作用下要求疲劳强度较高的零件，及要求变形小和具有一定耐热、耐腐蚀能力的耐磨零件等，如精密齿轮、磨床主轴、高速柴油机的曲轴，阀门等。

3. 碳氮共渗

在奥氏体状态下同时将碳、氮原子渗入工件表层，并以渗碳为主的化学热处理工艺，称为碳氮共渗。共渗层的力学性能兼有渗碳层和渗氮层的优点，具有高的耐磨性、耐腐蚀性和疲劳强度。碳氮共渗的速度明显大于单独渗碳或渗氮的速度，因而可缩短生产周期。气体碳氮共渗广泛用于汽车和机床中的齿轮、涡轮及轴类零件等。

以渗氮为主的碳氮共渗，也称为软氮化。其特点是加热温度低，共渗时间短，工件变形小，不受钢种限制，渗层韧性好但硬度较低。软氮化一般用于模具、量具及高速钢刀具等。

第六节 热处理新技术简介

一、真空热处理

真空热处理是指将工件置于有一定真空度的加热炉内进行的热处理。真空炉的真空度一般为10^{-2}～10^{-4}mmHg。真空热处理包括真空退火、真空淬火、真空回火及真空化学热处理等，其特点是：

1）工件在真空中进行热处理，没有氧化、脱碳现象产生，工件表面质量好。

2）真空中无对流传热，工件升温速度缓慢且均匀，热处理变形小。

3）工件表面的氧化物、油污等在真空中加热时分解，被真空泵排除，从而净化工件表面，提高疲劳强度，改善韧性。

4）节省能源，减少污染，劳动条件好，但成本较高。

二、激光热处理

激光热处理是利用激光束的高能量快速加热工件表面，然后依靠工件自身的导热性冷却而使其淬火强化的热处理工艺方法。激光热处理的特点是加热速度极快，不用淬火冷却介质；可对各种形状复杂零件的局部进行表面淬火，不影响其他部位的组织和表面质量，可控性好；能显著提高工件表面的硬度和耐磨性；工件激光淬火后几乎无变形，表面质量好，且无污染，易实现自动化，但成本较高，安全性较低。

三、电子束表面淬火

电子束表面淬火是利用电子枪发射的电子束轰击工件表面进行快速加热，然后依靠工件自身的导热性冷却而使其淬火强化的热处理工艺方法。电子束的能量比激光大很多，能量利用率比激光高。电子束表面淬火质量好，工件基体的性能几乎不受影响，是一种高效率的热处理新技术。

【小结】 本章主要介绍了钢的热处理定义、种类、原理及各种热处理工艺的应用范围等内容，重点是钢的热处理定义、原理及各种热处理工艺。通过学习本章内容，做到了解钢的热处理定义、种类、热处理原理及各种热处理工艺的工艺方法，初步掌握热处理工艺在生产中的应用。

练 习 题（4）

一、名词解释

1. 热处理 2. 马氏体 3. 退火 4. 正火 5. 淬火 6. 回火 7. 渗碳 8. 渗氮 9. 调质处理

二、填空题

1. 整体热处理分为＿＿＿＿＿、＿＿＿＿＿、＿＿＿＿＿和＿＿＿＿＿等。
2. 热处理工艺过程由＿＿＿＿＿、＿＿＿＿＿和＿＿＿＿＿三个阶段组成。
3. 共析钢在等温转变过程中，其高温转变产物有＿＿＿＿＿、＿＿＿＿＿和＿＿＿＿＿。
4. 常用的退火方法有＿＿＿＿＿、＿＿＿＿＿和＿＿＿＿＿等。
5. 常用的冷却介质有＿＿＿＿＿、＿＿＿＿＿和＿＿＿＿＿等。
6. 按回火温度范围可将回火分为＿＿＿＿＿、＿＿＿＿＿和＿＿＿＿＿三种。

三、选择题

1. 过共析钢的淬火加热温度应选择在＿＿＿＿＿，亚共析钢应选择在＿＿＿＿＿。
   A. $Ac_1+(30\sim50)$℃　B. Ac_{cm}以上　C. $Ac_3+(30\sim50)$℃
2. 调质处理就是＿＿＿＿＿的热处理。
   A. 淬火＋低温回火　B. 淬火＋中温回火　C. 淬火＋高温回火
3. 化学热处理与其他热处理方法的基本区别是＿＿＿＿＿。
   A. 加热温度　B. 组织变化　C. 改变表面化学成分
4. 零件渗碳后，一般需经＿＿＿＿＿处理，才能达到表面高硬度及耐磨性能。
   A. 淬火＋低温回火　B. 正火　C. 调质

四、判断题

1. 淬火后的钢，随回火温度增高，其强度和硬度也增高。（ ）
2. 钢的最高淬火硬度，主要取决于钢中奥氏体碳的质量分数。（ ）
3. 高碳钢可用正火代替退火，以改善其切削性能。（ ）
4. 当淬火应力大于钢的屈服点时，工件就会产生变形。（ ）

五、简答题

1. 什么是调质处理？调质处理与正火处理相比，在组织和性能上有什么区别？
2. 渗碳处理的目的是什么？什么样的零件需要进行渗碳处理？

3. 现有三个尺寸相同、退火状态相同的45钢试样，分别加热到650℃、750℃、840℃保持一定时间，试说明经水冷后的组织。

4. T8钢的等温转变曲线如图4-32所示。该钢加热奥氏体化以后，在650℃进行等温，经不同时间保持后，按图中所示曲线冷却至室温，试说明各得到什么组织？若再经低温回火又各获得什么组织？

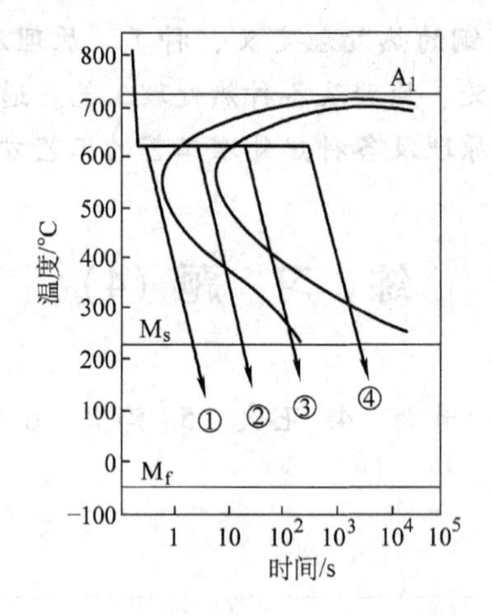

图4-32　T8钢等温转变曲线示意图

第五章　钢铁材料生产过程概述

金属材料可分为两大类，即钢铁材料和非铁金属。钢铁材料是指以铁为基本元素所组成的金属或合金，如工业纯铁、钢、铸铁等均属于钢铁材料；非铁金属是指除铁之外的其他金属或合金，如铜、铝、锌、镁等。

金属一般由矿石冶炼而成，如炼铁的用铁矿石，炼铝的用铝矿石等。由于钢铁材料在机械产品中所占的比例最大，最具代表性，因此，本章主要以钢和铸铁为例，介绍炼钢和炼铁的基本常识。

第一节　炼铁过程概述

一、生铁冶炼过程

炼铁所用的原材料以铁矿石（Fe_2O_3）为主，熔炼时将铁矿石、焦炭（燃料）、石灰石（助溶剂）等炉料一同装入高炉中，在一定温度和压力下，经过一系列化学反应，使矿石还原为铁。

这种直接由矿石熔炼所得到的铁称为生铁。由于炼铁过程中铁矿石、焦炭、石灰石等是混在一起的，还原出来的铁水与焦炭、炉渣等直接接触，焦炭中的碳、硫等元素会渗入到铁水当中。同时，高温炉气中的化学气体也会与铁发生化学反应，形成的产物也会混入到铁水当中。因此，生铁中杂质含量较高，其中主要的杂质有碳、硅、锰、硫、磷五种基本元素及一些非金属夹杂物等。

炉料中的石灰石（CaO）起造渣、助熔作用，它可降低铁矿石的熔化温度，同时还会与铁水中其他元素发生作用而形成炉渣，覆盖在铁水表面，起保护铁水和保温作用。

生铁熔炼后做成生铁锭向市场销售。按用途分生铁锭有两种：铸造生铁和炼钢生铁。

铸造生铁：断口呈暗灰色，硅的质量分数较高，主要用于铸铁件生产。

炼钢生铁：断口呈亮白色，硅的质量分数较低，主要用于炼钢时配料。

二、铸铁熔炼过程

铸铁生产所用的原材料（金属炉料）主要以铸造生铁为主，此外还有铁合金、废钢及回炉料等。铸铁熔炼过程，实质上就是将金属炉料中的杂质元素含量通过一系列冶金化学反应控制在所要求的范围之内的过程。这种由生铁去除杂质并按要求调整化学成分后得到的铁叫做铸铁，它和生铁的区别是杂质含量较低且成分要求较严格。加入废钢的目的主要是用来调节铁水成分，特别是含碳量；铁合金（硅铁、锰铁等）则是为了改善铸铁结晶后的力学性能。熔炼时，将金属炉料与燃料、助溶剂一同加入化铁炉中，其工艺过程与生铁熔炼相似。

1. 铸铁熔炼设备

铸铁熔炼设备有冲天炉、电炉、反射炉、坩埚炉等，其中应用最为广泛的是冲天炉，冲天炉结构如图 5-1 所示，它主要由以下几部分组成：

（1）支撑部分　主要包括炉基、炉腿、炉底板和炉底门。它们的作用是牢固地支撑炉子本体和炉料的重量，使冲天炉稳固地工作。

（2）炉体部分　由炉底、炉缸、炉身三部分组成。其作用是承接并熔化炉料。

（3）送风系统　包括风管、风箱和风口，其作用是将鼓风机送来的风经风箱加温后合理地送入炉内。

（4）炉顶部分　包括烟囱和除尘器，烟囱的作用是将炉气和灰尘引到车间外面去；除尘器（也叫火花捕集器）的作用是收集烟气中的灰尘、有害气体并熄灭火星。

（5）前炉　前炉的作用是储存铁水，并使铁水的成分和温度均匀，减少铁水的增碳和增硫作用，使铁水和炉渣能很好地分开。

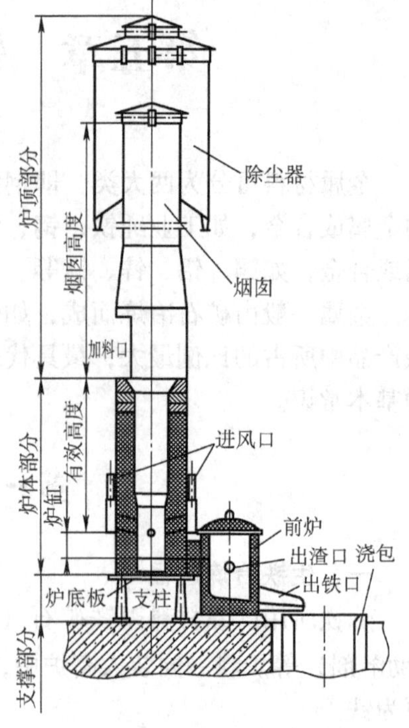

图 5-1　冲天炉结构简图

2. 铸铁熔炼的基本要求

铸铁熔炼是铸铁件生产的第一个工序，也是决定铸件质量的最关键环节。对铸铁熔炼过程的基本要求可概括为：高温、优质、高产、低耗、简便等五个方面。具体要求如下：

（1）高温　获得高温铁水是生产优质铸件最起码的条件。铁水温度高可以减少浇不足、冷隔、缩孔、缩松等缺陷。

（2）优质　优质有两方面意义：一是化学成分符合要求；二是非金属夹杂物含量少，尤其是前者更为重要。

（3）高产　即熔化速度快，冲天炉的规格（即容量）是以每小时所能融化的铁液量来表示的，选择冲天炉容量应保证它能满足生产需要。

（4）低耗　从经济角度出发，要求在熔化过程中原材料、燃料、辅助材料的消耗要尽量少。冲天炉的主要经济指标是铁焦比，铁焦比越大，冲天炉的效率越高。

（5）简便　即操作条件好。任何熔炼设备，都要力求结构简单，操作方便，安全可靠，并尽量提高机械化、自动化程度，尽量消除对环境的污染。另外还要注意生产过程安全可靠，减轻工人的劳动强度。

由于熔炼时金属炉料是和其他炉料（燃料、助溶剂等）混装在一起的，因此在熔炼过程中很难对炉中的铁水成分进行控制，要想获得所需成分的铸铁（如低碳低硅铸铁），需在熔炼前对金属炉料的配比进行调整，比如增加炉料中废钢材或铁合金的比例。废钢中碳、硅含量较低，炉料中废钢的比例越大，铸铁中碳、硅含量相应就越低。

有关铸铁的种类、性能及应用将在第八章中作比较详细的介绍。

第二节　炼钢过程概述

钢也是由生铁炼成的，在炼钢的炉料中，除生铁之外，还有废钢材及其他金属（合金元素)，其中以废钢居多。生铁中的碳及杂质元素含量较高，炼钢的过程就是要把生铁及其他炉料中的杂质元素（特别是碳）含量通过一系列冶金化学反应控制到一定的范围之内。它可以概括为以下几个步骤：

1）将固体炉料（生铁、废钢等）炼成钢液。

2）将钢液中的硅、锰、碳（指碳钢）含量炼到规格范围以内。

3）将有害元素硫、磷的含量降低到规格范围以下。

4）清除钢液中的非金属夹杂物和气体，使钢液纯净。

生铁经以上冶金处理后就变成了钢，因此，炼钢的过程，实际上就是清除（或减低）生铁中杂质含量的过程。

一、炼钢设备

常用的炼钢设备有电弧炉、感应电炉、平炉、转炉等。电弧炉炼出的钢液质量较高，熔炼过程比较容易控制，便于组织生产。感应电炉熔炼工艺简单，容量不大，主要用于中、小型铸件。平炉容量大，生产周期长，适宜生产大型铸件或大批量生产。转炉炼钢生产效率高，熔炼周期短，主要用于钢锭生产。

1. 电弧炉结构

本节主要介绍三相电弧炉炼钢，三相电弧炉主要由炉体、炉盖、装料机构、电极升降与夹持机构、倾炉机构、旋转炉盖机构、电气装置和水冷装置所组成，其结构如图5-2所示。

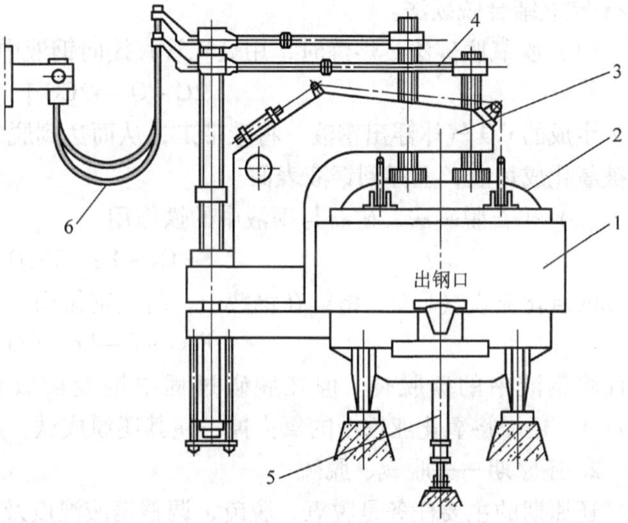

图5-2　电弧炉结构简图

1—炉体　2—炉盖　3—装料机构（移盖机构）

4—电极升降与夹持机构　5—倾炉机构（液压缸）　6—电气系统

装料前，旋转炉盖机构将炉盖转到旁边，装料后再合上，一般装料量不超过炉膛高度的三分之二。熔化过程中，电极升降机构带动电极上下移动，以更好地接触炉料，提高熔化速度。钢液熔炼合格后，由倾炉机构顶起电炉的一侧使电炉倾斜，钢液从电炉的另一侧出钢口流出。

2. 电弧炉工作原理

电弧炉工作时，三个电极中通入强电流（1.5～16kA），使电极与炉料之间产生连续电弧，电弧产生的高热使炉料迅速熔化。熔化后的炉料向下塌陷，旁边的炉料又补充过来，当大部分炉料熔化后，电极逐渐下移，靠近尚未熔化的固体炉料，直至将炉膛内所有炉料全部熔化完毕。

电弧炉炼钢的优点是加热能力很强，钢水温度及炉气成分比较容易控制，脱硫效果好；其缺点是耗电量大，高温下吸气较多，且由于三个电极是点状加热，炉中钢液温度不够均匀。

二、炼钢工艺过程

氧化法是广泛应用的、最基本的炼钢方法。用这种方法可以冶炼碳钢、低合金钢和高合金钢。其工艺过程包括：补炉、装料、熔化期、氧化期、还原期和出钢，其中氧化期和还原期是用来调整钢液化学成分和改善钢液质量的，因此，这里着重介绍氧化期和还原期。

1. 氧化期——脱磷、脱碳

氧化期是在炉料全部熔化为液体后进行的，其任务是脱磷、去除钢液中的气体和夹杂物，并提高钢液的温度。氧化期分两个阶段，第一阶段钢液温度较低，主要是造渣脱磷，冶金反应式如下

$$2Fe_2P + 5FeO + 4CaO \rightarrow (CaO)_4 \cdot P_2O_5 + 9[Fe]$$

$(CaO)_4 \cdot P_2O_5$ 作为炉渣上浮到液面，从而将磷带走。当温度升高后进入第二阶段，进行氧化脱碳沸腾精炼，去除钢液中的夹渣物和气体。常用脱碳方法有矿石脱碳法、吹氧脱碳法和矿石-吹氧结合脱碳法。

（1）吹氧脱碳法　熔炼时，用氧气管直接向钢液中吹氧气

$$2C + O_2 \rightarrow 2CO\uparrow$$

生成的CO气体浮出钢液，将碳带走，从而达到脱碳的目的。同时，钢液中的其他杂质也被氧化成炉渣，上浮到钢液表面。

（2）矿石脱碳法　矿石与钢液中的铁作用

$$Fe_2O_3 + Fe \rightarrow 3FeO$$

生成的氧化亚铁（FeO）溶解在钢液中，起脱碳作用

$$FeO + C \rightarrow Fe + CO$$

从而将钢液中的碳脱掉。但在脱碳过程中钢液被氧化，钢液中残存着较多的氧化亚铁（FeO），还需将氧化亚铁中的氧去掉，使其还原成铁，这一过程要在还原期来完成。

2. 还原期——脱氧、脱硫

还原期的主要任务是脱氧、脱硫，调整钢液温度及化学成分。

第一步加锰铁进行预脱氧

$$FeO + Mn \rightarrow MnO + Fe$$

第二步加造渣材料进行脱氧和脱硫，造渣材料为石灰、萤石和碳粉，石灰脱硫，碳粉脱氧

$$(CaO) + (FeS) \rightarrow (CaS) + (FeO)$$

$$C + (FeO) \rightarrow CO\uparrow + [Fe]$$

MnO、CaS等都是炉渣，其密度低于钢液密度，静置过程中上浮到钢液表面，从而将硫、氧带走。

第三步加铝进行终脱氧

$$2Al + 3(FeO) \rightarrow Al_2O_3 + 3[Fe]$$

形成的 Al_2O_3 上浮到钢液表面形成炉渣。

3. 钢的浇注

钢经脱氧并调整化学成分后，即可出炉等待浇注。除少数钢液用来浇注铸钢件外，多数用来铸成钢锭或通过连铸法制成连铸坯，连铸坯是指大批量生产的钢制铸件毛坯。钢锭用于

轧制各种截面形状的型材，如槽钢、角钢、工字钢、钢板等。镇静、半镇静和沸腾钢钢锭形状如图 5-3 所示。

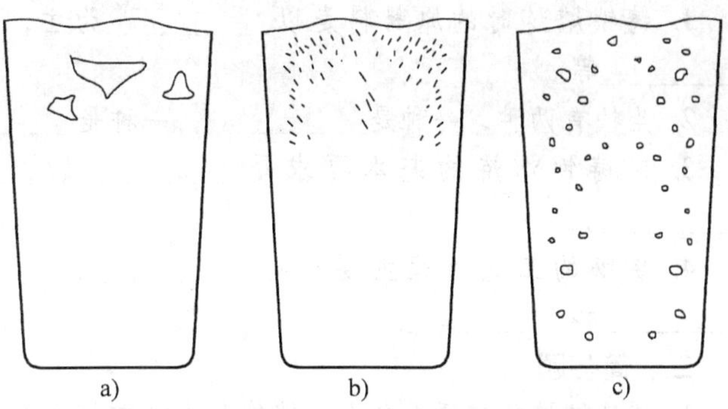

图 5-3　镇静钢钢锭、半镇静钢钢锭和沸腾钢钢锭
a）镇静钢钢锭　b）半镇静钢钢锭　c）沸腾钢钢锭

图 5-3a 所示为镇静钢钢锭，这种钢脱氧时分别用锰铁、硅铁（或炭粉）、铝块分三步进行脱氧，脱氧过程进行得比较充分，钢液洁净，钢水在钢锭模中平静的凝固，没有气泡浮出，故称镇静钢。这种钢成分均匀，组织致密，质量较高，一般属于优质钢。

图 5-3b 所示为半镇静钢钢锭，这种钢脱氧时进行了锰铁、硅铁（或炭粉）两步脱氧，脱氧程度不如镇静钢充分，钢液在钢锭模中凝固时有少量气泡（CO）浮出，故称半镇静钢。

图 5-3c 所示为沸腾钢钢锭，这种钢在熔炼后期只用锰铁进行不充分脱氧。由于钢液中的氧化亚铁和碳的反应仍在进行（$FeO + C \rightarrow Fe + CO\uparrow$），钢液在钢锭模内静置过程中，有较多的 CO 气泡浮出，像沸腾一样，故称沸腾钢。这种钢的化学成分不均匀，气孔、杂质较多，质量较差，但出材率高，价格较低。

三、钢产品

钢锭主要用来轧制各种型材，这些具有一定截面形状的型材即为炼钢的最终产品。机械工程中常用的钢制型材有以下几种：

（1）板材　即钢板，分薄板、中板和厚板三种。薄板是指厚度小于 4mm 的钢板，分热轧、冷轧两种；4 ~ 20mm 的钢板为中板；20mm 以上为厚板，中板、厚板多为热轧板。

（2）管材　即钢管，分无缝钢管和有缝钢管两类。无缝钢管质量和性能较好，主要用于石油、锅炉等重要场合；有缝钢管用钢带焊接而成，质量较差但价格低廉，常用于自来水、煤气等普通场合。

（3）型材　即具有一定截面形状的钢材，常用的有槽钢、角钢、工字钢、方纲、圆钢及扁钢等。

（4）线材　即钢丝，用圆钢经过冷拔而成。低碳钢丝用于捆绑或编制用；高碳钢丝用于制作弹簧或钢丝绳等。

（5）其他型材　钢轨钢、“H” 型钢、六角形钢、方钢管等。

【小结】　本章主要介绍了钢铁材料的熔炼设备、基本要求以及相关产品。通过学习本章：第一，要了解铸铁和钢材熔炼设备的基本构造、各部分的作用及熔炼原理；第二，了解钢材熔炼过程中脱碳、脱氧、脱硫、脱磷的意义及方法；第三，理解镇静钢、半镇静钢和沸腾钢在熔炼过程中的区别；第四，了解市场上常用钢产品的种类。

练　习　题（5）

一、名词解释

1. 钢铁材料　2. 非铁金属　3. 生铁　4. 铸铁　5. 镇静钢　6. 半镇静钢　7. 沸腾钢

二、填空

1. 铸铁熔炼时的原材料是以＿＿＿＿＿为主，此外还有＿＿＿＿＿、＿＿＿＿＿和＿＿＿＿＿等。

2. 生铁有两种，一种是＿＿＿＿＿，一种是＿＿＿＿＿。

3. 对铸铁熔炼的基本要求是＿＿＿＿＿、＿＿＿＿＿、＿＿＿＿＿、＿＿＿＿＿、＿＿＿＿＿。

4. 炼钢的工艺过程主要包括＿＿＿＿＿、＿＿＿＿＿、＿＿＿＿＿、＿＿＿＿＿、＿＿＿＿＿和＿＿＿＿＿。

三、简答题

1. 铸铁熔炼的实质是什么？铸铁与生铁有何区别？

2. 炼钢过程中氧化期和还原期的主要任务各是什么？

第 二 篇

机械工程材料

机械工程材料包括金属材料、高分子材料、陶瓷材料和复合材料。

金属一般都具有良好的导电性和导热性，有一定的强度和塑性并具有光泽，它包括纯金属和合金两大类。纯金属由于强度和硬度一般都较低，而且熔炼提纯困难，价格较高，故使用上受到很大限制。工程机械所用的金属材料大多为不同成分的合金，如铁碳合金（钢和铸铁)、铜锌合金（黄铜)、铝合金等。

本篇所介绍的金属材料主要包括：碳素钢、合金钢、铸铁、铝及铝合金、铜及铜合金、轴承合金、硬质合金等。这些金属材料都是机械工程中经常用到的材料，特别是碳素钢和合金钢，它们在机械产品或机械工程中占有相当大的比重。

高分子材料包括塑料、橡胶、纤维、粘结剂等，本篇主要介绍塑料和橡胶，此外对陶瓷材料和复合材料也作了简单阐述。

第六章　非 合 金 钢

钢是碳的质量分数小于2.11%的铁碳合金。根据国家标准GB/T 13304—2008《钢分类》，钢按其化学成分可分为非合金钢、低合金钢和合金钢三大类。非合金钢俗称碳素钢，简称碳钢，是指熔炼时没有特意加入其他合金元素的钢；低合金钢、合金钢是指为改善钢的某些性能（如力学性能、化学性能等）而在熔炼时特意加入某些合金元素的钢。

考虑到大多数现行标准仍在沿用“碳素钢”的名称，故本章中仍沿用碳素结构钢、碳素工具钢等术语。非合金钢由于其熔炼工艺简单，价格低廉，性能上能够满足一般需要，故而在工业生产中被广泛采用。

第一节　常存杂质元素对钢性能的影响

杂质元素是指熔炼时被炉料带入钢中而非特意加入的元素，这些杂质元素有些是有益的，能使钢的性能得到改善；有些则是有害的，能降低钢在某些方面的性能。钢中常存的五种杂质元素是指碳、硅、锰、硫、磷。其中碳的影响在前文中已经介绍，这里只介绍其余四种元素对钢的影响。

一、硅的影响

硅是在炼钢时作为脱氧剂被带入钢中的。硅能溶入铁素体晶格中，使铁素体产生固溶强化，提高钢的强度、硬度，但使钢的塑性和韧性有所降低，故硅是一种有益元素。

二、锰的影响

锰也是作为脱氧剂被带入钢中的。锰对钢的作用有两点，一是锰能够溶入铁素体中而使钢产生固溶强化；二是锰能与硫化合生成硫化锰，从而降低硫的含量，改善钢的质量。所以，锰也是一种有益元素。

三、硫的影响

硫是在熔炼时由矿石和燃料（焦炭）带入钢中的。硫在钢中主要与铁形成硫化亚铁（FeS），FeS与Fe形成低熔点（985℃）的共晶体，分布在奥氏体的晶界上。当钢加热到1200℃以上进行锻压加工时，奥氏体晶界上低熔点共晶体早已熔化、晶粒间的结合受到破坏，使钢在压力加工时沿晶界开裂，这种现象称为“热脆”，故硫是一种有害元素。但在易切削钢（低碳钢）中，S与Mn形成MnS易于断屑，提高钢的切削加工性。因此，它又是有利的合金元素存在于易切削钢中。

四、磷的影响

磷是由矿石带入钢中的。在一般情况下，磷能溶入铁素体中而使钢的强度、硬度升高，但塑性、韧性显著下降，这种脆化现象在低温时更为严重，故称为“冷脆”，这是由于磷在结晶过程中晶内偏析倾向严重，造成局部含磷量偏高，导致钢的韧脆转变温度升高，从而发生冷脆。冷脆对高寒地带和其他低温条件下工作的构件具有严重的危害性，故磷也是一种有害元素。

由于磷能提高钢的脆性，故在易切削钢中可适当提高其含量。

综上所述，硫能使钢产生“热脆”，磷能使钢产生“冷脆”，故硫、磷都是有害元素。

第二节　非合金钢的分类及编号方法

一、非合金钢的分类

非合金钢种类较多，为便于管理和研究，必须对各种钢材加以分类。

1. 按碳的质量分数分类

（1）低碳钢　碳的质量分数 $w_C<0.25\%$。

（2）中碳钢　碳的质量分数 $w_C=0.25\%\sim0.60\%$。

（3）高碳钢　碳的质量分数 $w_C>0.60\%$。

2. 按钢的质量等级分类

（1）普通质量非合金钢　硫、磷的质量分数最高值为0.045%，无特殊质量要求，一般用途的非合金钢。

（2）优质非合金钢　硫、磷的质量分数最高值为0.035%，按规定控制质量，如晶粒度、化学成分等。

（3）特殊质量非合金钢　硫、磷的质量分数最高值为0.025%，严格控制质量和性能，如淬透性等。

应说明一点，生产中把优质非合金钢又细分为普通优质、高级优质和特级优质三类。在优质钢的牌号中，数字后加A的属于高级优质钢，加E的属于特级优质钢，普通优质不加符号。而特殊质量非合金钢是在优质非合金钢基础上又增加了特殊的质量要求，如硫磷含量、冲击性能、表面硬度、材质均匀性等。

3. 按钢的用途分类

（1）结构钢　用于制造各种钢结构或机器零件的钢。

（2）工具钢　用于制造各种切削刀具、量具和模具的钢。

二、非合金钢的编号

非合金钢牌号的命名一般以汉语拼音、字母和数字三部分组合而成（稀土元素用“RE”表示）。

1. 碳素结构钢编号方法

碳素结构钢是一种普通质量非合金钢，以字母Q、钢的屈服点、质量等级、脱氧方法四部分进行编号。“Q”表示“屈”字的拼音字头，质量等级代号有A、B、C、D四个级别，由A至D质量依次上升。脱氧方法符号F、b、Z、TZ分别表示沸腾钢、半镇静钢、镇静钢和特殊镇静钢，“Z”和“TZ”可以省略。如Q235-AF，表示屈服点为235MPa，质量等级为A级的沸腾钢。

2. 优质碳素结构钢编号方法

优质碳素结构钢是一种优质非合金钢，以钢中碳的质量分数来进行编号，常以两位数字表示，这两位数字表示钢中平均碳质量分数的万分之几，如45、45Mn、08F等。“45”表示碳质量分数为 0.45% 的优质碳素结构钢，“45Mn”表示含锰量较高的（w_{Mn} = 0.7% ~ 1.2%）的优质碳素结构钢，“08F”表示脱氧不充分的优质碳素结构钢（F 即沸腾钢）。

3. 碳素工具钢编号方法

碳素工具钢从质量等级上都属于特殊质量非合金钢，其编号方法也是以钢中碳的质量分数来表示，但与结构钢不同的是，钢号中的数字表示碳的质量分数的千分之几，如 T8、T10、T12、T12A 等。“T”是“碳”字的拼音字头，表示碳素工具钢；数字后面的“A”表示高级优质，所以“T12A”表示碳的质量分数为 1.2% 的高级优质碳素工具钢。

三、其他非合金钢编号方法

（1）易切削钢　如 Y20，表示平均碳的质量分数 w_C =0.20% 的易切削结构钢，“Y”是“易”字的拼音字头。

（2）铸造碳钢　如 ZG200—400，表示 σ_s = 200MPa，σ_b = 400MPa 的铸造碳钢，“ZG”表示“铸钢”两字的拼音字头。

第三节　常用非合金钢

一、碳素结构钢

结构钢可分为两大类，即工程结构用结构钢和机器零件用结构钢。工程结构用钢一般是指桥梁、船舶、塔架等所用的钢；机器零件用结构钢是指用来加工齿轮、凸轮、连杆、轴类及螺栓、螺母等机器零件所用的钢。从质量上讲，工程结构用钢一般属于普通质量钢，机器零件用钢一般属于优质钢或高级优质钢。

1. 工程结构用碳素结构钢

这类结构钢常用于建筑或钢结构，钢中碳的质量分数较低。这种钢中的杂质和非金属夹杂物较多，但冶炼工艺简单，成本较低，能满足一般工程结构与普通机械结构零件的性能要求，使用量较大。其特点是强度不高，工艺性（焊接性，冷成形性）好，通常以各种规格型材（圆 钢、方钢、工字钢、钢筋等）供应市场，供货状态是热轧空冷，一般不进行热处理。常用碳素结构钢的牌号、化学成分、力学性能及用途见表 6-1。

Q195 为低碳钢，塑性好，强度低，一般由于制造铁钉、铁丝、黑铁皮、白铁皮等。

Q215 为低碳钢，质量等级分 A、B 两级，适宜制作受力不大的螺钉、螺母、垫圈等标准件。

Q235 使用比较广泛，常见的槽钢、角钢、工字钢等型材多为此钢，具有一定的强度和塑性，一般用于不需锻造和热处理的工程结构件。

Q255 强度较高且具有一定塑性，分 A、B 两个质量等级，B 级常用于制做较重要的机器零件或船用钢板。

Q275 属中碳钢，强度较高，可代替优质碳素结构钢中的 30 钢、40 钢以降低成本，用于制造较重要的零件。

2. 机器零件用碳素结构钢

这类结构钢中碳的质量分数跨度较大，其中的杂质及非金属夹杂物较少，特别是硫、磷含量比普通碳素结构钢要低，出厂时既保证了化学成分，又保证了力学性能（表 6-2）。

表 6-1　常用碳素结构钢的牌号、化学成分、力学性能及用途

牌号	脱氧方法	化学成分(%)					σ_s/MPa				σ_b/MPa	δ(%)				应用举例
		w_C	w_{Mn}	w_{Si}	w_S	w_P	钢材厚度(直径)/mm					钢材厚度(直径)/mm				
				不大于			≤16	16~40	40~60	60~100		≤16	16~40	40~60	60~100	
Q195	F,b,Z	0.06~0.12	0.25~0.50	0.30	0.050	0.045	195	185	—	—	315~390	33	32	—	—	塑性好,有一定的强度,用于制造受力不大的零件,如螺钉、螺母、垫圈、焊接件、冲压件及桥梁建筑等金属结构件
Q215A	F,b,Z	0.09~0.15	0.25~0.55		0.05		215	205	195	185	335~410	31	30	29	28	
Q215B					0.045											
Q235A	F,b,Z	0.14~0.22	0.30~0.65		0.05		235	225	215	205	375~460	36	25	24	23	
Q235B		0.12~0.20	0.30~0.70		0.045											
Q235C	Z	≤0.18	0.35~0.80		0.04	0.040										
Q235D	TZ	≤0.17			0.035	0.035										
Q255A	Z	0.18~0.28	0.40~0.70		0.050	0.045	255	245	235	225	410~510	24	23	22	21	强度较高,用于制造承受中等载荷的零件,如小轴、销、连杆等
Q255B					0.045											
Q275	Z	0.28~0.38	0.5~0.80	0.35	0.050		275	265	255	245	490~610	20	19	18	17	

表 6-2　优质碳素结构钢的牌号、力学性能及用途

牌号	σ_s/MPa	σ_b/MPa	δ(%)	ψ(%)	KU/J	用途举例
08F	175	295	35	60		主要用于冷冲压件、焊接件、紧固件及小型渗碳件，如螺栓、螺母、垫圈、凸轮、滑块活塞销等
10F	185	315	33	55		
15F	205	355	29	55		
08	195	325	33	60		
10	205	335	31	55		
15	225	375	27	55		
20	245	410	25	55		
25	275	450	23	50	71	
30	295	490	21	50	63	用于制造承受载荷较大的零件，如连杆、曲轴、齿轮等
35	315	530	20	45	55	
40	335	570	19	45	47	
45	355	600	16	40	39	
50	375	630	14	40	31	
55	380	645	13	35	—	
60	400	675	12	35	—	用于制造弹性元件及要求耐磨的零件，如弹簧、轧辊、钢丝绳、偏心轮等
65	410	695	10	30	—	
70	420	715	9	30	—	
75	880	1080	7	30	—	
80	930	1080	6	30	—	
85	980	1130	6	30	—	
15Mn	245	410	26	55	—	应用范围与普通含锰量的钢相同
20Mn	275	450	24	50	—	
25Mn	295	490	22	50	71	
30Mn	315	540	20	45	63	
35Mn	335	560	18	45	55	
40Mn	355	590	17	45	47	
45Mn	375	320	15	40	39	
50Mn	390	645	13	40	31	
60Mn	410	695	11	35	—	
65Mn	430	735	9	30	—	
70Mn	450	785	8	30	—	

08 钢、10 钢，属于冷冲压钢。这类钢碳的质量分数低，塑性好强度低，焊接工艺性好，主要用于冲压件及焊接件。

15 钢、20 钢、25 钢，属于渗碳钢，强度、硬度较低，塑性、韧性较高，焊接性能良

好。这类钢件表面经渗碳处理，再经“淬火+低温回火”后，表面具有很高的硬度和耐磨性，而心部保持良好的强度、塑性和韧性，常用于制造表面受摩擦，又有冲击载荷作用的小型零件，如齿轮、活塞销等。

30钢、35钢、40钢、45钢、50钢、55钢，属于调质钢。这类钢经“淬火+高温回火”后，可获得良好的综合力学性能，主要用于制造在复杂载荷下工作的零件，如齿轮、轴类等。

60钢、65钢，属于弹簧钢。这类钢经“淬火+中温回火”后，可获得较高的弹性极限、疲劳强度和韧性，主要用于制造尺寸较小的弹性元件，如小型拉簧、压簧、弹簧片等。

3. 易切削结构钢

易切削结构钢是在优质碳素结构钢基础上，通过调整某些元素含量以改善钢的切削加工性而得到的钢。这类钢属于中、低碳钢，调整成分以前切削加工性不好，加工时易“粘刀”，在自动化或大批量生产时会严重影响加工效率。为此，在熔炼时适当提高硫的含量（w_S=0.18%~0.30%），同时将锰的含量也适当提高，使钢内形成大量的MnS夹杂物，这些夹杂物在切削过程中起断屑作用，从而解决了“粘刀”问题，同时对刀具的磨损程度也大大降低，零件的表面粗糙度也比较容易保证。

目前，易切削结构钢主要用于制造受力较小、不太重要且大批生产的标准件，如螺钉、螺母、键、销等，此外，还用于制造炮弹的弹头、炸弹壳等，使之在爆炸时碎裂成更多的弹片以提高杀伤力。部分常用易切削结构钢的牌号、化学成分、力学性能及用途见表6-3。

表6-3 易切削结构钢的牌号、化学成分、力学性能及用途

<table>
<tr><th rowspan="2">牌号</th><th colspan="4">化学成分(%)</th><th colspan="2">力学性能(热轧)</th><th rowspan="2">用途举例</th></tr>
<tr><th>C</th><th>Mn</th><th>S</th><th>P</th><th>σ_b/MPa</th><th>δ(%)</th></tr>
<tr><td>Y12</td><td>0.08~0.16</td><td rowspan="4">0.70~1.00</td><td>0.10~0.20</td><td>0.08~0.15</td><td>390~540</td><td>22</td><td>螺栓、螺母、键、销等</td></tr>
<tr><td>Y20</td><td>0.17~0.25</td><td rowspan="3">0.08~0.15</td><td rowspan="3">≤0.06</td><td>450~600</td><td>20</td><td rowspan="2">精密仪表零件、强度较高形状复杂的零件、紧固件等</td></tr>
<tr><td>Y30</td><td>0.27~0.35</td><td>510~655</td><td>15</td></tr>
<tr><td>Y35</td><td>0.32~0.40</td><td>510~655</td><td>14</td><td rowspan="2">要求强度较高、表面粗糙度值较小的零件，如机床中的丝杠、光杠等</td></tr>
<tr><td>Y40Mn</td><td>0.37~0.45</td><td>1.20~1.55</td><td>0.20~0.30</td><td>≤0.05</td><td>539~735</td><td>14</td></tr>
</table>

二、铸造碳钢

工程实际中有许多大型、复杂、受力较大的结构零件，如轧钢机机架、水压机横梁、大型齿轮、锻锤砧座等，用锻造方法无法满足结构要求，用焊接、铸铁来制作又不能满足力学要求，这就需要采用铸钢件来实现。

常用铸造碳钢从成分上分类属于中、低碳钢，从使用上分类属于结构钢，其碳的质量分数一般为0.20%~0.60%。碳的质量分数过高，钢的塑性会降低，铸造时易开裂。工程用铸造碳钢的牌号、力学性能及用途见表6-4。

表 6-4 工程用铸造碳钢的牌号、力学性能及用途

牌号	主要化学成分/%					力学性能			特点及用途举例
	C	Si	Mn	S	P	$\sigma_s(\sigma_{0.2})$ /MPa	σ_b/MPa （不小于）	δ(%)	
ZG200—400	0.2	0.5	0.8	0.04	0.04	200	400	25	良好的塑性、韧性及焊接性能，用于制造受力不大的箱体类零件
ZG230—450	0.3	0.5	0.9			230	450	22	具有一定的强度和较好的塑性、韧性，良好的焊接性能，切削加工性一般
ZG270—500	0.4	0.5	0.9			270	500	18	具有较高的强度和较好的塑性，铸造性能和切削加工性能良好，用于制作轧钢机机架等大型受力件
ZG310—570	0.5	0.6	0.9			310	570	15	具有较高的强度及切削加工性，用于制作受力较大零件，如大型齿轮、制动轮等
ZG340—640	0.6	0.6	0.9			340	640	10	具有高的强度、硬度及耐磨性，铸造性能良好，切削加工性一般，用于制作齿轮、棘轮等

三、碳素工具钢

碳素工具钢是指没有添加任何合金元素，用来制作简单切削工具的碳钢，其碳的质量分数一般为0.65%～1.35%范围内（见表6-5）。从含碳量上讲，它是高碳钢；从质量上讲，它是特殊质量钢。这类钢经“淬火+低温回火”后，可获得很高的硬度及耐磨性，但会使钢的脆性增大，淬透性下降且淬火开裂倾向增加，所以对杂质元素，特别是硫、磷等有害元素控制得很严格，其质量分数一般都控制在0.025%以下。

表6-5为常用牌号碳素工具钢的成分、性能及用途。从表中可看出，各牌号的工具钢淬火后的硬度很接近，均在60HRC以上，但耐磨性和韧性却不同。随钢号（碳的质量分数）的增加，组织中未熔渗碳体量增多，钢的耐磨性增大而韧性下降。

碳素工具钢的热处理：毛坯加工前进行“正火+球化退火”（预备热处理），零件（或刀具）成形后进行“淬火+低温回火”（最终热处理）。

碳素工具钢中碳的质量分数较高，硬度较大，直接进行切削加工对刀具磨损较严重，故毛坯加工前需进行球化退火，目的是为了降低硬度，改善切削加工性能，并为后续的淬火作组织准备；当零件（或刀具、模具）加工成形后，必须进行“淬火+低温回火”，其目的是为了使钢获得高的硬度及耐磨性，提高其使用寿命。“淬火+低温回火”后钢的组织为回火

马氏体，即在马氏体基体上分布着粒状碳化物及少量残余奥氏体。

表6-5　碳素工具钢的牌号、成分、性能及用途

<table>
<tr><th rowspan="2">牌号</th><th colspan="5">化学成分(%)</th><th colspan="3">硬　度</th><th rowspan="2">用途</th></tr>
<tr><th>C</th><th>Si≤</th><th>Mn≤</th><th>S≤</th><th>P≤</th><th>球化退火/HBW</th><th>淬火温度/℃(冷却剂)</th><th>淬火/HRC</th></tr>
<tr><td>T7
T7A</td><td>0.65～
0.74</td><td rowspan="8">0.35</td><td rowspan="2">0.40</td><td>0.030
0.020</td><td>0.035
0.030</td><td>187</td><td>800～820
(水)</td><td rowspan="8">62</td><td>用于制造承受冲击、韧性好、硬度适当的工具，如扁铲、手锤、手钳、手动工具、旋具等</td></tr>
<tr><td>T8
T8A</td><td>0.75～
0.84</td><td>0.030
0.020</td><td>0.035
0.030</td><td>187</td><td rowspan="2">780～800
(水)</td><td rowspan="2">用于制造承受冲击，硬度较高的工具，如冲头、压缩空气工具、木工工具等。T8Mn、T8MnA淬透性较好，可用于制造截面尺寸较大的手动工具</td></tr>
<tr><td>T8Mn
T8MnA</td><td>0.80～
0.90</td><td>0.40
0.60</td><td>0.030
0.020</td><td>0.035
0.030</td><td>187</td></tr>
<tr><td>T9
T9A</td><td>0.85～
0.94</td><td rowspan="5">0.40</td><td>0.030
0.020</td><td>0.035
0.030</td><td>192</td><td rowspan="5">760～780
(水)</td><td>用于制造冲头、木工工具、凿岩工具等</td></tr>
<tr><td>T10
T10A</td><td>0.95～
1.04</td><td>0.030
0.020</td><td>0.035
0.030</td><td>197</td><td rowspan="2">用于制造不受剧烈冲击、硬度和耐磨性要求高的工具，如手锯条、小型冷冲模具等</td></tr>
<tr><td>T11
T11A</td><td>1.05～
1.14</td><td>0.030
0.020</td><td>0.035
0.030</td><td>207</td></tr>
<tr><td>T12
T12A</td><td>1.15～
1.24</td><td>0.030
0.020</td><td>0.035
0.030</td><td>207</td><td rowspan="2">用于制造不受冲击、要求高硬度和高耐磨性的工具，如锉、刮刀、丝锥、量具等</td></tr>
<tr><td>T13
T13A</td><td>1.25～
1.35</td><td>0.030
0.020</td><td>0.035
0.030</td><td>217</td></tr>
</table>

与合金工具钢相比，碳素工具钢最大的缺点是：淬透性和热硬性差，即淬火时不易淬透，工作温度超过200℃时硬度就开始下降，故碳素工具钢一般用来制作比较简单、切削速度低的手工工具，如手用钢锯条，锉、刮刀等。

【小结】 本章主要介绍非合金钢的分类、牌号、种类及用途。重点需要掌握的是：第一，非合金钢的编号方法及常用牌号；第二，碳素结构钢与碳素工具钢在成分、性能及用途上的区别；第三，常用碳素结构钢和碳素工具钢的组织、性能特点及用途。

练　习　题（6）

一、解释下列名词

1. 结构钢　2. 工具钢　3. 特殊性能钢　4. 易切削结构钢

二、解释下列钢的牌号

1. Q235AF　2. 08F　3. 45　4. 65Mn　5. T12A　6. Y12　7. ZG230—450

三、填空

1. 钢按照化学成分来分有__________、__________和__________三种。

2. 钢中长存的五种杂质元素是指__________、__________、__________、__________、__________。

3. 钢按碳的质量分数来分，有__________、__________和__________三种。

4. 结构钢按实际用途分，有__________和__________两大类。

5. 碳素工具钢与合金工具钢比，其最大弱点是__________和__________较差。

四、判断题

1. 钢中的杂质元素都是有害的。（　）

2. 钢的质量是以碳的质量分数的高低来划分的。（　）

3. 钢号为“45”的钢，表示其中碳的质量分数为0.45%。（　）

五、简答题

1. 简述硫、磷对钢的不利影响。

2. 碳素结构钢和优质碳素结构钢有什么不同?

3. 碳素工具钢随着钢号的增大，其性能有何变化?

4. 碳素工具钢的预备热处理和最终热处理各是什么？说明理由。

第七章 低合金钢及合金钢

非合金钢熔炼过程简单，成本低，性能上能满足一般场合工作的零件或结构，但随着科技的不断发展，对钢的性能要求也越来越高，例如承受多种大载荷作用的零件，要求材料不仅要有高的综合力学性能，而且淬透性还要好；高速切削机床所用的刀具，特别是大尺寸刀具，要求刀具材料不仅要有高的强度、硬度、耐磨性及淬透性，还必须具有良好的热硬性；对于长期在大气、海水或腐蚀性介质中工作的结构或零件，要求材料具有高的耐蚀性和抗氧化性等。这些要求对于非合金钢来讲已不能满足，必须选用性能更加优异的低合金钢或合金钢，它们是在非合金钢基础上为改善钢的某些性能而在熔炼时加入一些特定元素所构成的钢。

第一节 合金元素在钢中的作用

一、合金元素在钢中的存在形式

合金元素在钢中有两种存在形式，一是形成合金铁素体，二是形成合金碳化物。

1. 合金铁素体

合金铁素体是指合金元素溶入铁素体的晶格中而形成的固溶体。大多数合金元素都能不同程度地溶入铁素体中，适量的合金元素可使铁素体产生固溶强化，即强度、硬度升高，但塑性、韧性并不降低，只有当合金元素含量超过一定额度时，塑性和韧性才会有所降低。

一般地，与铁素体具有相同晶格类型（体心立方晶格）的合金元素，对铁素体的强化作用较弱，如铬、钼、钨、钒等；而与铁素体具有不同晶格类型的合金元素，如硅、锰、镍等，对铁素体的强化作用较强。

2. 合金碳化物

合金碳化物是合金元素与钢中的碳化合而形成的金属化合物。

合金元素可分为两大类，一类是能和碳化合的元素，如钛、钨、钒、钼、铬、锰等，称为碳化物形成元素；另一类是不能与碳化合的元素，如硅、铝、镍、钴等，称为非碳化物形成元素，这些元素只以原子状态存在于铁素体或奥氏体中。

钢中合金碳化物的类型主要有两种，即合金渗碳体和特殊碳化物。

合金渗碳体是合金元素溶入渗碳体的晶格中所形成的碳化物，它具有与渗碳体相同的晶格类型，如 $(Fe, Mn)_3C$、$(Fe, Cr)_3C$、$(Fe, Mo)_3C$ 等，其稳定性及硬度均高于渗碳体，是一般低合金钢中碳化物的主要存在形式。

特殊碳化物是合金元素直接与碳化合而形成的一种新的金属化合物，其晶格类型与渗碳体完全不同，如 WC、TiC、VC、Mo_2C、$Cr_{23}C_6$、Cr_7C_3 等。特殊碳化物具有比合金渗碳体更高的熔点、硬度和耐磨性，并且更稳定，不易分解。

应当指出，所有合金元素都能在热处理加热时溶入奥氏体中而形成合金奥氏体，并在淬火后形成合金马氏体。

二、合金元素对铁碳相图的影响

合金元素的加入，会使铁的同素异构转变温度及奥氏体相区的大小发生变化。

1. 使奥氏体相区缩小的合金元素

铬、钨、钼、钒、钛、铝、硅等，这些元素的加入将使奥氏体区缩小。如图7-1所示，铬的含量增加，A_3和A_1线上升，S、E点向左上方移动。当铬的含量超过19%时，奥氏体区消失，此时，钢在室温下的平衡组织是单项的铁素体，这种钢称为铁素体钢。

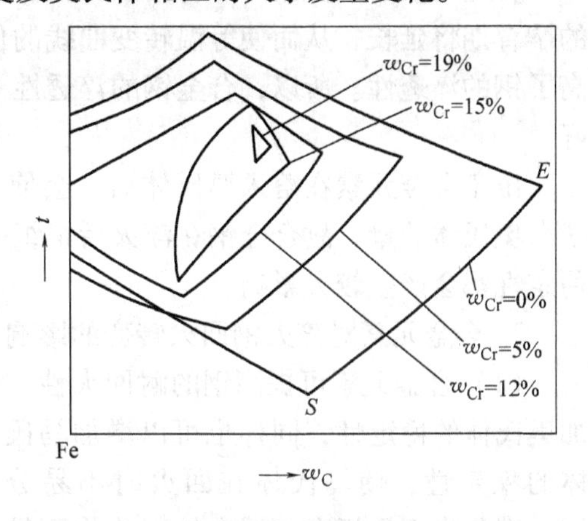

图7-1　铬对奥氏体相区的影响（缩小）

2. 使奥氏体相区扩大的合金元素

镍、锰、氮、钴等，这些元素的加入将使奥氏体相区扩大，A_1、A_3线下移，S、E点向左下方移动，如图7-2所示。随着这类元素在钢中含量的增加，奥氏体区逐渐扩大并一直延展到室温以下，此时，钢在室温下平衡组织就是稳定的单相奥氏体，这种钢称为奥氏体钢。

由于合金元素使S、E点向左移动，因此，碳的质量分数相同的非合金钢与合金钢将具有不同的显微组织，例如，碳的质量分数为0.4%的碳钢具有亚共析钢的组织；而碳的质量分数为0.4%、铬的质量分数为14%的合金钢却具有过共析钢的组织。又如，碳的质量分数为0.7%～0.8%的高速钢，由于合金元素含量较多（超过10%），使E点显著左移，结果，尽管高速钢中碳的质量分数远低于2.11%，其铸态组织中却出现了莱氏体，这种钢称为莱氏体钢。高速钢、冷作磨具钢（Cr12）等均属于莱氏体钢。

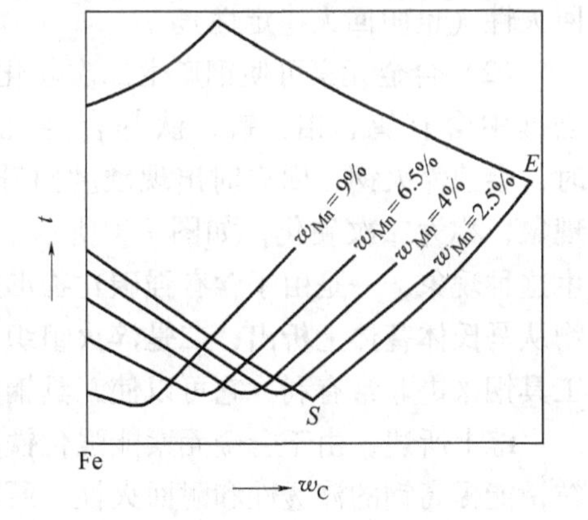

图7-2　锰对奥氏体相区的影响（扩大）

合金钢影响了A_1、A_3线的温度，故合金钢在热处理加热或冷却时，其相变点就不能直接按平衡状态下的铁碳相图来确定。

三、合金元素对钢热处理的影响

合金元素对钢的有利影响，只有通过热处理才能更加充分地显现出来，因此，大多数合金钢在使用前都要经过热处理。

1. 合金元素对钢加热转变的影响

合金钢的奥氏体化过程基本上与碳钢相同，也包括奥氏体的形核、长大、残余渗碳体分解及奥氏体均匀化几个基本过程，但由于合金元素扩散速度较慢，它们的加入将延缓钢的奥氏体化过程，所以合金钢的加热温度较高，保温时间也较长，目的就是要让合金元素充分溶入奥氏体中并使其均匀化。

合金元素对钢奥氏体化的另一影响是阻止奥氏体晶粒的长大，也就是说，合金元素具有细化晶粒的效果。所以，与碳钢相比，尽管合金钢的加热温度高，保温时间也长，但其晶粒并不粗大。这有利于获得成分均匀的奥氏体，淬火后获得细小马氏体，提高钢的力学性能。

2. 合金元素对钢冷却转变的影响

合金元素溶入奥氏体后将增加奥氏体的稳定性，在过冷状态下，奥氏体向其他组织转变的孕育期将延长，从而使等温转变曲线的位置向右移动，这就降低了钢的临界冷却速度，提高了钢的淬透性。所以，合金钢的淬透性一般比碳钢高，而且合金元素越多，其淬透性就越好。

由于合金元素在溶入奥氏体后，会使 M_s、M_f 线降低（钴、铝除外），增加淬火后钢中残余奥氏体的量，故合金钢在淬火后组织中的残余奥氏体量比碳钢多，这对钢的硬度及尺寸稳定性都会产生较大影响。

3. 合金元素对淬火钢回火转变的影响

（1）合金元素可提高钢的耐回火性　由于合金元素扩散速度较慢，所以它不仅可以增加奥氏体的稳定性，同样也可以增加马氏体的稳定性，使马氏体在回火时不易分解，碳化物不易析出，析出的碳化物不易聚集长大。与碳钢比，在相同回火温度下，合金钢的强度、硬度下降较少。淬火钢在回火时抵抗软化的能力，称为钢的耐回火性（也叫回火稳定性）。

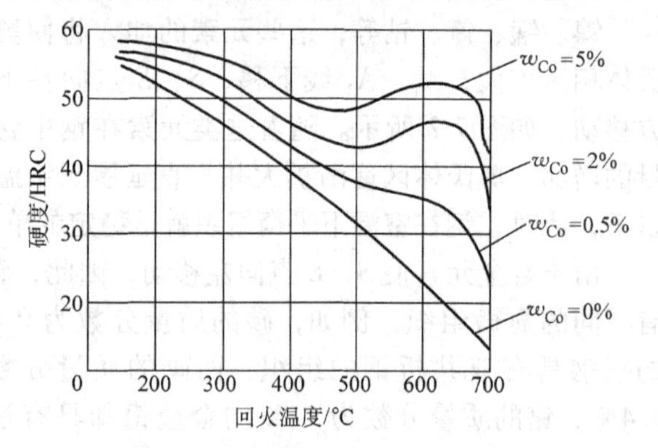

图 7-3　钼对淬火钢回火硬度的影响

（2）合金元素可使钢产生二次硬化　当钢中含有钨、钼、钒、钛等合金元素时，会使淬火钢在回火时出现硬度回升的现象，称为二次硬化，如图 7-3 所示。产生这种现象，一是由于含有强碳化物形成元素的钢淬火后，在回火时会有高硬度的特殊碳化物从马氏体基体上析出；二是淬火组织中的残余奥氏体回火时会转变为马氏体。这种特性对工具钢来讲非常有利，它可以使工具钢在高温下保持较高硬度，以维持其正常工作。

综上所述，由于合金元素能强化铁素体，形成高硬度、高耐磨性的合金碳化物，细化晶粒，能提高钢的淬透性和耐回火性，所以合金钢的力学性能比相同含碳量的碳钢要好。

第二节　低合金钢、合金钢的分类及牌号

一、低合金钢的分类

1. 按质量等级分类

低合金钢按质量等级分类的方法与非合金钢相同，即分为普通质量低合金钢、优质低合金钢和特殊质量低合金钢三类。

2. 按使用特性分类

由于加入了少量的合金元素，低合金钢的性能与碳的质量分数相同的非合金钢相比有较大改善。根据用途不同，低合金钢可分为低合金高强度结构钢、低合金耐候钢、低合金钢筋钢、铁道用低合金钢、矿用低合金钢以及其他低合金钢等。

二、合金钢的分类

1. 按质量等级分类

合金钢按质量等级可分为优质合金钢和特殊质量合金钢两大类。合金钢熔炼时，对质量控制都比较严格，因此没有普通质量的合金钢。

2. 按使用特性分类

按照使用特性的不同，可将合金钢分为工程结构用合金钢，机械结构用合金钢，不锈、耐蚀和耐热钢，工具钢，轴承钢，特殊物理性能钢和其他合金钢。

三、低合金钢、合金钢的牌号

低合金钢及合金钢的编号方法延用了碳钢的一些编号习惯，即工程结构用合金钢（低合金高强度结构钢）的牌号用钢的屈服点来表示；机械结构用合金钢、合金工具钢及特殊物理性能钢的牌号一般用它的化学成分（碳的质量分数、合金元素含量）来表示。

1. 低合金高强度结构钢的编号方法

低合金高强度结构钢的牌号主要由“Q＋屈服点数字＋质量等级符号”组成，与碳素结构钢基本相同，只是屈服点数值比碳素结构钢高（最低295MPa），质量等级共有A、B、C、D、E五个。由于这类钢都是镇静钢或特殊镇静钢，故脱氧方法一般不标。如Q345A表示屈服点$\sigma_s \geqslant 345$MPa，质量等级为A级的低合金高强度结构钢。

其他专用低合金钢的编号方法与低合金高强度结构钢基本相同，只是附加一些特定的用途符号，如Q235NH表示低合金耐候钢，“NH”表示“耐候”。

2. 合金钢的牌号

合金钢的牌号是以钢中碳的质量分数及合金元素的质量分数来进行编制的，首部数字（元素符号前的数字）一般都代表钢中碳的质量分数。对于合金结构钢，首部数字代表碳质量分数的万分之几；对于合金工具钢或不锈钢，首部数字代表碳质量分数的千分之几。元素符号后面的数字一般代表该元素的平均质量分数（滚动轴承钢除外），标准规定：平均质量分数为1.5%～2.49%时标“2”；平均质量分数为2.5%～3.49%时标“3”，…，依此类推。若该合金元素质量分数低于1.5%，则只标元素符号不标数字。现举例如下：

（1）合金结构钢　具体牌号如下：

40Cr：表示碳的质量分数为0.4%，铬的质量分数低于1.5%的合金结构钢（合金调质钢）。

60Si2Mn：表示碳的质量分数为0.6%，硅的质量分数为1.5%～2.49%，锰的质量分数低于1.5%的合金结构钢（合金弹簧钢）。

20CrMnTi：表示碳的质量分数为0.2%，铬、锰、钛的质量分数均低于1.5%的合金结构钢（合金渗碳钢）。

（2）合金工具钢　具体牌号如下：

9SiCr：表示碳的质量分数为0.9%，硅、铬的质量分数低于1.5%的合金工具钢。

9Mn2V：表示碳的质量分数为0.9%，锰的质量分数为1.5%～2.49%，钒的质量分数低于1.5%的合金工具钢。

CrWMn：表示碳的质量分数大于1%，铬、钨、锰的质量分数低于1.5%的合金工具钢。合金工具钢中的碳质量分数超过1%时，首位数字不标。

（3）滚动轴承钢　滚动轴承钢在使用上属于结构钢，在成分及性能上属于工具钢，故其编号方法比较特殊，基本格式是：GCr＋数字。“G”表示“滚”字的拼音字头，Cr为主加元素，后面的数字表示铬质量分数的千分之几，如GCr15，表示铬质量分数为1.5%的滚动轴承钢。

（4）不锈钢及耐热钢　具体牌号如下：

1Cr18Ni9Ti：表示碳的质量分数为0.1%，铬的质量分数约为18%，镍的质量分数约为9%，钛的质量分数低于1.5%的不锈钢。

0Cr18Ni9：表示碳的质量分数低于0.08%，铬的质量分数约为18%，镍的质量分数约为9%的不锈钢。

00Cr30Mo2：表示碳的质量分数低于0.03%，铬的质量分数约为30%，钼的质量分数约为2%的耐热钢。

应说明的是，不锈钢或耐热钢中的碳质量分数低于0.08%时，标“0”；碳质量分数低于0.03%时，标“00”。

第三节　低合金钢

通常所说的低合金钢多为工程结构用低合金钢，如桥梁用钢、船舶用钢、大型管道用钢、压力容器用钢等。

一、低合金高强度结构钢

这类钢是在碳素结构钢的基础上加入少量合金元素而构成的。合金元素以锰为主，此外还有钒、钛、铝、铌等。虽然合金元素加入量不大（一般不超过1.5%），但其力学性能却比碳的质量分数相同的碳钢高得多，而且焊接性良好，价格与碳钢接近，因此，这种钢常用来制作压力容器、建筑钢筋等。

低合金高强度结构钢中，碳的质量分数一般在0.16%～0.20%之间，合金元素的作用是强化铁素体，细化晶粒。表7-1为常用低合金高强度结构钢的牌号、力学性能及用途，其中，Q345应用最广。

表7-1　低合金高强度结构钢的牌号、力学性能及用途

牌号	σ_s/MPa	σ_b/MPa	δ(%)	特点及用途举例
Q295	295	390～570	23	具有良好的塑性、韧性和加工成形性能，用于制造低压锅炉、容器、油罐、桥梁、车辆及金属结构等
Q345	345	470～630	21	具有良好的综合力学性能和焊接性，用于制造船舶、桥梁、车辆、大型容器、大型钢结构等
Q390	390	490～650	19	具有良好的综合力学性能和焊接性，冲击韧度较高，用于制造建筑结构、船舶、化工容器、电站设备等
Q420	420	520～680	18	具有良好的综合力学性能、焊接性和加工成形性能，低温韧性好，用于制造桥梁、高压容器、电站设备、大型船舶及其他大型焊接结构件等
Q460	460	550～720	17	

二、低合金耐候钢

耐候钢是指耐大气腐蚀的钢，它是在低碳钢基础上加入少量的铜、磷、铬、镍、钼、钛、钒等合金元素而构成的钢，这些元素会在钢的表面形成一层致密的氧化物保护膜，从而可防止钢被氧化。

耐候钢可分为焊接结构用耐候钢和高耐候性结构钢两类。焊接结构用耐候钢具有良好的焊接性，用于桥梁、建筑及其他要求耐候性的工程结构；高耐候性结构钢的耐候性能优良，用于车辆、塔架等要求高耐候性的工程结构。常用低合金耐候钢的牌号、力学性能见表7-2和表7-3。

表7-2　焊接结构用耐候钢的牌号和力学性能

牌　号	σ_s/MPa	σ_b/MPa	δ(%)
Q235NH	235	360～490	25
Q295NH	295	420～560	24
Q355NH	355	490～630	22
Q460NH	460	550～710	22

表7-3　高耐候性结构钢的牌号和力学性能

牌　号	状　态	σ_s/MPa	σ_b/MPa	δ(%)
Q345GNHL	热轧	345	480	22
Q295GNHL		295	430	24
Q295GNHL		295	390	24
Q345GNHL	冷轧	320	450	26
Q295GNHL		260	390	27
Q295GNHL		260	390	27

三、其他低合金专业用钢

为了适应某些特定场合的特殊需要，在低合金高强度结构钢的基础上，通过调整化学成分及工艺方法，得到了一些低合金专业用钢，这些钢种有：汽车用低合金钢、低合金钢筋钢、铁道用低合金钢、矿用低合金钢等，它们的牌号表示方法与低合金高强度结构钢相同，只是增加了表示用途的符号。各种专业用钢的用途符号见表7-4。

表7-4　专业用钢中表示用途的符号

名　称	汉字	符号	位置	名　称	汉字	符号	位置
易切削结构钢	易	Y	牌号头	压力容器用钢	容	R	牌号尾
耐候钢	耐候	NH	牌号尾	焊接用钢	焊	H	牌号头
钢轨钢	轨	U	牌号头	桥梁用钢	桥	Q	牌号尾
铆螺钢	铆螺	ML	牌号头	锅炉用钢	锅	G	牌号尾
汽车大梁用钢	梁	L	牌号尾	矿用钢	矿	K	牌号尾

第四节　合　金　钢

一、合金结构钢

合金结构钢多为机器零件用钢，如齿轮、轴类、丝杠等。这类钢是在优质碳素结构钢的基础上加入一定量的合金元素而构成的，其质量等级一般都属于特殊质量级别，使用前一般都需热处理以充分发挥其性能潜力，主要用于较重要的机器零件。按其用途及热处理特点，可将其分为合金渗碳钢、合金调质钢和合金弹簧钢。

1. 合金渗碳钢

（1）成分特点　合金渗碳钢中碳的质量分数一般为0.10%～0.25%，以保证其心部有足够的韧性；加入铬、锰、镍、硼等合金元素以提高钢的淬透性，并使基体强化；加入钼、钨、钒、钛等合金元素以细化晶粒，并在渗碳层形成合金碳化物，提高钢件表面的耐磨性。

（2）热处理　毛坯加工前进行正火，以改善切削加工性并使晶粒细化；零件成形后再进行“渗碳，淬火＋低温回火”处理。渗碳是为了提高钢件表面的碳的质量分数，一般渗碳层中碳的质量分数在1.0%左右，再经“淬火＋低温回火”处理后，表面可得到回火马氏体组织，从而使表层具有高的硬度和耐磨性。心部由于成分不变，故仍保持原来的性能状态。

（3）性能及用途　经过处理后的合金渗碳钢，其表面硬度及耐磨性很高（一般都在60HRC以上），而心部具有良好的韧性及足够的强度。这种钢主要用于性能要求较高或截面尺寸较大，且在循环载荷、冲击载荷及摩擦条件下工作的零件，如汽车后桥内的驱动齿轮、内燃机中的凸轮、活塞销等。工程上常用合金渗碳钢的牌号、热处理、力学性能及用途见表7-5。

表7-5　常用合金渗碳钢的牌号、热处理、力学性能及用途

类别	牌号	热处理/℃				力学性能					用途举例
		渗碳	第一次淬火	第二次淬火	回火	σ_s/MPa	σ_b/MPa	δ(%)	ψ(%)	KU/J	
低淬透性	20Mn2	930	850(水油)	—	200	590	785	10	40	47	代替20Cr
	20Cr		880	800(水油)		540	835	10	40	47	小齿轮、小轴、凸轮、活塞销等
	20MnV		880(水油)	—		590	785	10	40	55	锅炉、高压容器等，可代替20Cr
中淬透性	20CrMn		850(油)	—		735	930	10	45	47	齿轮、轴、摩擦轮、蜗杆等
	20CrMnTi		880(油)	870(油)		835	1080	10	45	55	汽车、拖拉机变速箱齿轮等
	20MnVB		860(油)	—		885	1080	10	45	55	
高淬透性	20Cr2Ni4		880(油)	780(油)		1080	1180	10	45	63	大型齿轮和轴等
	18Cr2Ni4WA		950(空)	850(空)		835	1180	10	45	78	

2. 合金调质钢

（1）成分特点　合金调质钢是在中碳钢的基础上加入合金元素而构成的，其碳的质量分数一般为0.25%～0.50%，主加元素为锰、硅、铬、镍、硼、钼等，目的是提高钢的强度、韧性及淬透性，并细化晶粒。常用合金调质钢的牌号、热处理、力学性能及用途见表7-6。

表 7-6　常用合金调质钢的牌号、热处理、力学性能及用途

类别	牌号	热处理/℃		力学性能					用途举例
		淬火	回火	σ_s/MPa	σ_b/MPa	δ(%)	ψ(%)	KU/J	
低淬透性	40Cr	850(油)	520(水、油)	785	980	9	45	47	轴、齿轮、连杆、螺栓等
	40MnB	850(油)	500(水、油)	785	980	10	45	47	代替40Cr制造转向节、半轴、花键轴等
	40MnVB	850(油)	520(水、油)	785	980	10	45	47	
中淬透性	42CrMo	850(油)	560(水、油)	930	1080	12	45	63	连杆、大齿轮、摇臂等
	30CrMnSi	880(油)	520(水、油)	885	1080	10	45	39	砂轮轴、联轴器、离合器等
	38CrMoAlA	940(油)	640(水、油)	835	980	14	50	71	镗床镗杆、蜗杆、高压阀门、主轴等
高淬透性	40CrNiMoA	850(油)	600(水、油)	835	980	12	55	78	锻床偏心轴、压力机曲轴、耐磨齿轮等
	40CrMnMo	850(油)	600(水、油)	785	980	10	45	63	高强度耐磨齿轮、主轴等
	25Cr2Ni4WA	850(油)	550(水、油)	930	1080	11	45	71	汽轮机主轴、叶轮等

(2) 热处理　毛坯粗加工前进行正火或退火处理，以细化晶粒，均匀组织，改善切削加工性；粗加工后（精加工前）进行调质处理，以获得颗粒状的回火索氏体组织。把调质处理放在粗加工后，目的是解决淬透性问题，毛坯状态加工余量较大，很难淬透，粗加工后所剩余量较少，就比较容易淬透了，起码可以保证工件表面的组织及性能要求。

(3) 性能及用途　中碳钢具有较好的综合力学性能，加入适量合金元素后，使基体得到进一步强化，不仅具有更高的强度和硬度，而且保持良好的塑性和韧性，既弥补了低碳钢强度、硬度低的缺点，又弥补了高碳钢塑性、韧性差的弱点，若再进行表面淬火处理，可进一步提高工件表面的硬度，但因成分所限，合金调质钢的耐磨性及韧性不及合金渗碳钢。因此，合金调质钢主要用于制造载荷大而复杂的重要零件，如发动机轴、连杆、机床主轴、齿轮等。

3. 合金弹簧钢

机械中的弹簧主要起缓冲、吸振和贮能等作用。常用合金弹簧钢的牌号、热处理、力学性能及用途见表 7-7。

表 7-7　常用合金弹簧钢的牌号、热处理、力学性能及用途（含碳素弹簧钢）

牌号	热处理/℃		力学性能					用途举例
	淬火	回火	σ_s/MPa	σ_b/MPa	δ(%)	ψ(%)	KU/J	
65	840(油)	500	785	980	9	35	—	截面小于15mm的小弹簧等

（续）

牌号	热处理/℃		力学性能					用途举例
	淬火	回火	σ_s/MPa	σ_b/MPa	δ(%)	ψ(%)	KU/J	
65Mn	830(油)	540	785	980	8	30	—	截面小于20mm的弹簧、阀簧等
60Si2Mn	870(油)	480	1175	1275	5	25	20	截面为25～30mm的弹簧，如机车钢板弹簧、测力弹簧等
60Si2CrVA	850(油)	410	1665	1865	6	20	24	截面小于50mm的弹簧，如重型钢板弹簧等
50CrVA	850(油)	500	1130	1275	10	40	24	截面为30～50mm的弹簧及耐热弹簧等

（1）成分特点　合金弹簧钢是在碳素弹簧钢的基础上加入合金元素而构成的，其碳的质量分数一般在0.45%～0.70%范围内，主加元素为硅、锰、铬、钒等。较高的碳的质量分数是为了保证获得高的弹性极限和疲劳极限，合金元素的作用是提高淬透性、屈强比、耐回火性，并强化铁素体、细化晶粒。

（2）热处理　弹簧的成型方法有冷成型法和热成型法两种。冷成型法主要用于钢丝直径小于8mm的弹簧，由于弹簧钢丝在生产过程中经过铅浴淬火处理及冷拉加工，本身已经具备了很好的性能，故成型后不再进行淬火处理，只须进行200～300℃的去应力退火即可。热成型法主要用于钢丝直径较大的螺旋弹簧或厚度较大的钢板弹簧，成型前先加热以降低变形抗力，成型后利用余热进行淬火，然后再进行350～520℃的中温回火，即大尺寸弹簧的热处理是“淬火＋中温回火”，组织为回火托氏体，硬度一般为42～48HRC。

（3）性能及用途　处理后的弹簧钢具有高的弹性极限、高的疲劳强度、高的屈强比及一定的塑性和韧性。由于加入了一定量的合金元素，其力学性能及淬透性比碳素弹簧钢要好。主要用于尺寸较大或载荷较重的弹性元件，如火车的减震弹簧、汽车后桥上的钢板弹簧等。

4. 滚动轴承钢

滚动轴承钢是用来制作滚动轴承的内、外圈及滚动体的钢，也可用于制作其他工具、量具等。

（1）成分特点　应用最广的滚动轴承钢是高碳铬钢，其碳的质量分数一般在0.95%～1.15%之间，碳的质量分数大可以保证淬火后获得高的强度和硬度，并能形成足够量的合金碳化物以提高其耐磨性。主加合金元素是铬，其质量分数一般在0.40%～1.65%之间，主要作用是提高钢的淬透性，并在热处理后形成细小均匀的合金渗碳体（Fe，Cr）$_3$C，以提高钢的硬度、疲劳极限及耐磨性。对于尺寸较大的滚动轴承用钢，还需在原成分基础上再加入一些硅、锰等元素，以进一步提高其淬透性。

此外，滚动轴承钢在熔炼时，对硫、磷杂质的控制极严，一般要求硫的质量分数在

0.020%以下，磷的质量分数在0.027%以下，故滚动轴承钢是一种特殊质量钢，但在牌号后不用加“A”。

（2）热处理　经过锻造的毛坯，加工前先进行球化退火处理，以降低硬度，改善切削加工性，并为淬火做好组织准备；加工成型后，再进行“淬火+低温回火”，获得回火马氏体组织，即在极细的马氏体基体上分布着细小均匀的合金碳化物，其硬度可达61~65HRC。

有些精密轴承，为保证其尺寸稳定性，淬火后还需进行冷处理。因为滚动轴承钢的淬火组织中含有少量的残余奥氏体，不仅影响钢的硬度及耐磨性，而且使用中会发生相变，产生应力及微量变形，对轴承精度会造成影响，因此，将淬火后的滚动轴承钢再放到-80~-60℃的环境中保温一段时间，使钢中的残余奥氏体转变为马氏体，然后再进行低温回火和磨削加工，最后进行时效处理（120~130℃保温10~20h），以消除磨削应力，进一步稳定尺寸。

（3）性能及用途　滚动轴承钢具有很高的硬度及耐磨性，同时还具有高的抗压强度、疲劳极限及一定的韧性，淬透性也很高，主要用于滚动轴承中的各组成元件，如内圈、外圈、滚柱、滚珠等，也可制作量具或磨具等要求耐磨的零件。常用滚动轴承钢的牌号、热处理及用途见表7-8。

表7-8　常用滚动轴承钢的牌号、热处理及用途

牌　号	热处理/℃		回火后硬度/HRC	用途举例
	淬火	回火		
GCr6	800~820(水、油)	150~170	62~64	直径小于10mm的滚珠、滚柱及滚针
GCr9	810~830(水、油)	150~170	62~66	直径小于20mm的滚珠、滚柱及滚针
GCr9SiMn GCr15	810~830(水、油) 820~840(水、油)	150~160	62~64 62~66	直径为25~50mm的滚珠、小于22mm的滚柱，壁厚小于12mm、外径大于250mm的套圈
GCr5SiMn	820~840(油)	150~200	61~65	直径大于50mm的滚珠或大于22mm的滚柱，壁厚大于12mm、外径大于250mm的套圈
GSiMnMoV(RE)	780~820(油)	160~180	62~64	代替GCr15SiMn，制造汽车、拖拉机、轧钢机上的大型轴承

二、合金工具钢

用于制作刃具、模具、量具的钢统称为工具钢，相应的工具钢有三种，即刃具钢、模具钢和量具钢。

工具钢与结构钢的主要区别表现在：工具钢都属于高碳钢（过共析钢），高的含碳量是为了保证淬火后获得高的硬度及耐磨性，而结构钢一般都属于中、低碳钢，经调质处理可获得良好的综合力学性能。

合金工具钢是在碳素工具钢的基础上，加入一定量碳化物形成元素而构成的，这些元素在钢中一方面能提高钢的淬透性，细化晶粒；另一方面还会与钢中的碳化合形成合金碳化物，进一步提高钢的硬度、耐磨性及回火稳定性。但合金工具钢的塑性、韧性较低，其性能特点是“硬而脆”，为改善其韧性，熔炼时对硫、磷含量控制得非常严格，故合金工具钢一般都属于特殊质量钢。

1. 刃具钢

刃具钢包括碳素工具钢、合金刃具钢和高速工具钢三大类。碳素工具钢前文已经叙述，本节只介绍合金刃具钢和高速工具钢。

刃具在工作时，所受切削力比较复杂，既有弯曲、扭转，又有冲击、振动。此外，刃部与被切屑件之间还会产生剧烈摩擦，导致刃部温度迅速升高并磨损。切削参数越大，刃部升温越高、越快，严重时会使刃部硬度降低而失去切削能力。因此，刃具钢除具有高的硬度、耐磨性及足够的强度、韧性外，还必须具有较高的热硬性，以保证其在切削热产生的高温下能持续工作。钢的热硬性，是指钢在高温下保持高硬度的能力。

（1）合金刃具钢

1）成分特点：碳的质量分数为 $w_C = 0.75\% \sim 1.45\%$，较高的碳的质量分数以保证形成足够数量的合金碳化物，进一步提高钢的硬度及耐磨性。主加元素有铬、锰、硅、钨、钒等，作用是提高淬透性、耐回火性、热硬性及耐磨性，并细化晶粒。合金元素的加入量一般不超过2%，故称为合金刃具钢。

2）热处理：与碳素工具钢基本相同，毛坯加工前进行球化退火，目的是降低硬度，改善切削加工性，并为淬火作组织准备。加工成形后，再进行“淬火＋低温回火”，获得回火马氏体组织，提高钢的硬度及耐磨性。

3）性能及用途：高的硬度及耐磨性，较高的强度和韧性，热硬性比碳素工具钢稍高（250℃），淬透性较好，主要用于制作尺寸较小、形状复杂、切削速度较低的刃具，如丝锥、板牙、铰刀等。

常用合金刃具钢的牌号、热处理、性能及用途见表7-9。

表7-9　常用合金刃具钢的牌号、热处理性能及用途

牌号	热处理及热处理后的硬度				用途举例
	淬火/℃	硬度/HRC	回火/℃	硬度/HRC	
Cr2	830～860（油）	62	130～150	62～65	用于制造车刀、插刀、铰刀、冷轧辊、样板、量规等
9SiCr	820～860（油）	62	180～200	60～62	用于制造耐磨性要求高、切削不剧烈的刃具，如板牙、丝锥、钻头、铰刀、齿轮铣刀、拉刀等，还可用于制造冷冲模具、冷轧辊等
CrWMn	800～830（油）	62	140～160	62～65	用于制造要求淬火变形小、形状复杂的刃具，如拉刀、长丝锥等，还可用于制造量规、冷冲模具、精密丝杠等
9Mn2V	780～810（油）	62	150～200	60～62	用于制造小型冷作模具及要求变形小、耐磨性高的量具、样板、精密丝杠、磨床主轴等，也可用于制造丝锥、板牙、铰刀等
8MnSi	800～820（油）	60	180～200	58～60	一般用于制造木工工具或其他工具，如凿子、锯条等

（2）高速工具钢　高速工具钢，又称高速钢、白钢、锋钢等，是一种硬度、耐磨性、热硬性、淬透性都很高的合金工具钢。

1）成分特点：碳的质量分数一般在0.70%～1.65%之间，主加元素有钨、钼、铬、钒等，合金元素总量在10%以上。高的碳的质量分数是为了保证形成足够数量的合金碳化物。合金元素中，钨和钼可提高耐回火性、耐磨性和热硬性；铬能提高淬透性，使钢在空冷状态也能获得马氏体；钒能细化晶粒，也能提高钢的硬度、耐磨性和热硬性。

2）热处理：高速工具钢属于莱氏体型钢，其铸态组织中存在莱氏体。其毛坯在加工前一般都要经过反复锻造，目的是将其中的大块状碳化物揉碎并均匀分布。之后再进行等温球化退火，将其中的碳化物球化，把硬度降低，使成分均匀，改善切削加工性。加工成型后，再进行淬火处理。

高速工具钢的淬火工艺比较复杂，图7-4所示为高速工具钢的热处理工艺曲线，因为其中合金元素含量较多（有的高达20%以上），而合金元素扩散速度比较低，故高速工具钢热处理过程进行得比较缓慢。与其他工具钢比，高速工具钢的热处理加热温度较高，保温时间也较长，加热过程中有两次短时保温（预热），这是由于高速工具钢塑性低、导热性差，直接加热到预定温度会产生较大的热应力，严重时会造成变形甚至开裂，故高速工具钢热处理加热时，一般都需进行1～2次预热，以缓解应力，防止变形与开裂。另外，高速工具钢的淬火温度很高，为1220～1280℃，远远高出其他工具钢的淬火温度（750～780℃），这是因为高速工具钢中合金元素含量较多，只有加热到较高温度才能使合金元素充分溶入奥氏体中，淬火得到成分均匀的马氏体，发挥合金元素的有益作用。高速工具钢的淬火冷却方式一般为油冷或盐浴，淬火后的组织为马氏体、粒状碳化物和残余奥氏体，残余奥氏体的数量可达20%～25%。

高速工具钢淬火后须在550～570℃进行三次回火。选择这个温度区间是因为此时有较多的特殊碳化物析出，产生二次硬化，使钢的硬度显著提高，甚至超过了淬火后的硬度。三次回火的原因是：淬火组织中残留奥氏体较多，一次回火难以全部消除，只有经过三次回火才能将残留奥氏体减至合适含量，同时钢的强度和塑性最好，淬火内应力消除最彻底。高速工具钢“淬火＋回火”后的组织为极细的回火马氏体、粒状碳化物和少量残留奥氏体，硬度可达63～66HRC。

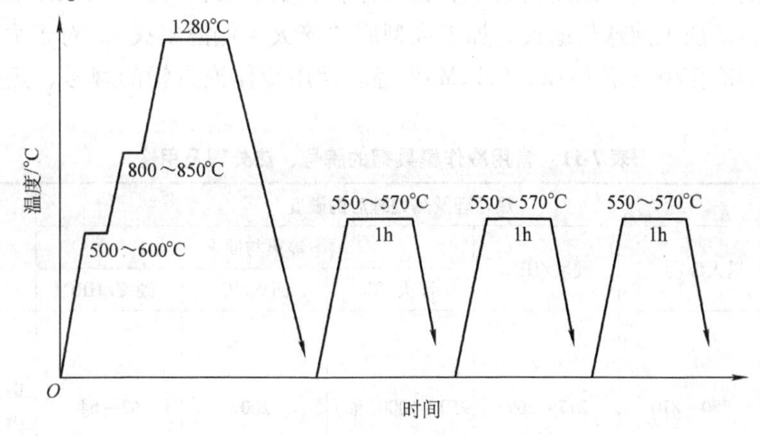

图7-4　高速工具钢的热处理工艺曲线

3）性能及用途：高速工具钢与其他工具钢比，具有更高的硬度、耐磨性、强度和韧性，同时还具有更加突出的淬透性和热硬性（达600℃），主要用于制造切削速度较高的机床刀具，如铣刀、钻头、齿轮滚刀、异型刀具等，也可用来制作一些冷作模具，如拔丝模，冲模等。常用高速工具钢的牌号、热处理及性能见表7-10。

表7-10 常用高速工具钢的牌号、热处理及性能

类别	牌号	热处理及热处理后的硬度				
		退火/℃	硬度/HRC	淬火与回火		
				淬火/℃	回火/℃	硬度/HRC
通用型	W18Cr4V	850~870	255	1270~1285	550~570	63
	CW6Mo5Cr4V2	840~860	255	1190~1210	540~560	65
	W6Mo5Cr4V2	840~860	255	1210~1230	540~560	63
	W9Mo3Cr4V	840~880	255	1210~1230	540~560	64
高生产率型	W6Mo5Cr4V3	840~860	255	1190~1210	540~560	64
	W18Cr4V2Co8	850~870	285	1270~1290	540~560	≥63
	W6Mo5Cr4V2A1	840~860	269	1230~1240	540~560	≥65

2. 模具钢

模具分冷作模具和热作模具两种，相应的钢称为冷作模具钢和热作模具钢。

（1）冷作模具钢　冷作模具是指在常温下对金属材料进行成型加工的模具，如冲裁模、拉伸模、弯曲模、拔丝模等。模具工作时，被加工的金属材料要在模具中产生塑性变形，因而模具本身会受到很大的冲击、摩擦及压力作用，所以，冷作模具钢的性能要求与刃具钢基本相同，即高的硬度、耐磨性，足够的强度、韧性，良好的淬透性以及低的淬火变形倾向。与刃具钢不同的是，对冷作模具钢的热硬性要求不高，因为它是在常温下工作的。

由此可知，用于制作刃具的钢，基本上都可用来制作冷作模具，如9SiCr、CrWMn、Cr2等，小而简单的模具甚至可以用碳素工具钢来制作，如T8A、T10A、T12A等，其热处理规范也基本相同，即加工前球化退火，加工成型后“淬火+低温回火”。对于大而复杂的模具一般采用专用的冷作模具钢Cr12、Cr12MoV等。常用冷作模具钢的牌号、热处理及用途见表7-11。

表7-11 常用冷作模具钢的牌号、热处理及用途

牌号	热处理及热处理后的硬度					用途举例
	退火温度/℃	硬度/HRC	淬火与回火			
			淬火/℃	回火/℃	硬度/HRC	
Cr12	850~870	217~269	950~1000(油)	200	62~64	用于制造小型硅钢片冲裁模、精冲模、小型拉深模、钢管冷拔模等

（续）

牌　号	热处理及热处理后的硬度					用途举例
	退火温度/℃	硬度/HRC	淬火与回火			
			淬火/℃	回火/℃	硬度/HRC	
Cr12MoV	850～870	207～255	950～1000（油）	200	58～62	用于制造重载冲裁模、穿孔冲头、拉深模、弯曲模、滚丝模、冷挤压模、冷镦模等
Cr12Mo1V1	850～870	255	1000～1100（空）	200	58～62	用于制造加工不锈钢、耐热钢的拉深模等

表7-11中的几种Cr12型模具钢中，碳的质量分数一般在1.45%～2.30%范围内，铬的质量分数一般在11%～13%之间。和高速工具钢一样，Cr12钢也属于莱氏体型钢，铸态下有莱氏体组织。毛坯加工前需进行反复锻造，并进行等温球化退火。成型后经“淬火+低温回火”，组织为回火马氏体、大量粒状合金碳化物和极少量残留奥氏体，因而具有很高的强度、硬度及耐磨性。由于淬火加热时奥氏体中溶入了大量的铬，提高了钢的淬透性，但淬火后残留奥氏体较多，减小了淬火变形，故Cr12钢属于微变形钢。

（2）热作模具钢　使金属在热态下成型的模具称为热作模具，如锻模、热挤压模等，用于制造热作模具的钢称为热作模具钢，常用的热作磨具钢的牌号、热处理及用途见表7-12。

表7-12　常用的热作模具钢的牌号、热处理及用途

牌　号	热处理及热处理后的硬度					用途举例
	退火/℃	硬度/HRC	淬火与回火			
			淬火/℃	回火/℃	硬度/HRC	
5CrMnMo	760～780	197～241	820～850	460～490	42～47	用于制造中、小型，形状简单的锤锻模、切边模等
5CrNiMo	760～780	197～241	830～860	450～500	43～45	用于制造大型或形状复杂的锤锻模、热挤压模等
3Cr2W8V	840～860	207～255	1075～1125	560～580	44～48	用于制造热挤压模、压铸模等
5Cr4Mo3SiMnVA	860	229	1090～1120	580～600	53～55	用于制造压力机热压冲头及凹模等，也可用于冷作模具

（续）

牌　号	热处理及热处理后的硬度					用途举例
	退火/℃	硬度/HRC	淬火与回火			
			淬火/℃	回火/℃	硬度/HRC	
4CrMnSiMoV	850～870	197～241	870～930	550	44～49	用于制造大型锤锻模及热挤压模等，可以代替5CrNiMo
4Cr5MoSiV 4Cr5MoSiV1	860～890	229	1000～1100	550	56～58	用于制造小型热锻模、热挤压模、高速精锻模、压力机模具等

热作模具工作时，与高温金属周期性接触，反复受热和冷却，这种冷、热交替的现象称为热循环，所产生的应力称为热循环应力。模具内腔在长期热循环应力的作用下，会产生网状裂纹，俗称“龟裂”，这种现象称为热疲劳。除受热循环应力作用以外，模具内腔还受到热态金属的磨损、冲击和撑胀力作用，因此，热作模具钢应具有足够的高温强度和韧性、足够的耐磨性、一定的硬度、良好的抗热疲劳性及高的淬透性，还应具有良好的导热性与抗氧化性。

1）成分特点：热作模具钢一般属于中碳合金工具钢，其碳的质量分数在0.30%～0.60%范围内，以保证既有较高强度、硬度，又有较好的塑性、韧性。若碳的质量分数过低，则强度、硬度不够，易变形；若碳的质量分数过高，则塑性、韧性偏低，受冲击时易开裂。主加合金元素有铬、镍、锰、硅等，目的是提高淬透性，强化铁素体，改善韧性，提高耐回火性和耐热疲劳性。

2）热处理：热作模具钢的热处理一般为调质处理或采用“淬火＋中温回火”，以保证有足够的强度和韧性，有些模具（热挤压模、压铸模）还附加渗碳、碳氮共渗等化学热处理来提高其耐磨性。

3）性能及用途：经调质处理的热作模具钢具有良好的综合力学性能，并具有较高的高温强度、良好的淬透性、耐回火性及抗热疲劳性。

5CrNiMo和5CrMnMo是最常用的锻模钢。5CrNiMo钢中由于加入了铬、镍、钼，所以淬透性很好，调质后能获得均匀的回火索氏体组织，在500℃下仍具有较高的强度和韧性，适合于制造大型锻模。5CrMnMo钢淬透性和韧性不及5CrNiMo钢，适合制造中小型锻模。

3Cr2W8V钢常用于制造压铸模和热挤压模。由于钢中含钨较多，在钢中可形成特殊碳化物，使钢具有更好的高温力学性能。另外，铬、钨还能提高钢的临界点，使模具在较高温度下工作时不致发生相变，从而提高了钢的耐热疲劳性。

3. 量具钢

机械加工过程中经常用到一些测量工具，如游标卡尺、千分尺、塞尺、量块等，这些测量工具称为量具，制造量具所用的钢称为量具钢。常用量具钢及其热处理见表 7-13。

表 7-13　常用量具钢及其热处理

量具名称	材　料	热 处 理
平样板、卡规、大型量具	15、20、20Cr	渗碳、淬火 + 低温回火
	50、55、60、65	调质、表面淬火 + 低温回火
要求耐蚀性的量具	3Cr13、4Cr13	淬火 + 低温回火
一般量规、量块及卡尺	T10A、T12A、9SiCr	淬火 + 低温回火
高精度量规、量块及形状复杂的样板	GCr15、CrWMn、9Mn2V	

由于量具在使用过程中要经常与工件表面接触、碰撞，因此要求量具钢具有高的硬度、耐磨性、尺寸稳定性及低的淬火变形倾向。

从性能要求可以看出，量具钢与刃具钢、冷作模具钢的性能基本相同，所以，制造量具没有专用钢，一般选用尺寸稳定性高、淬火变形小的合金刃具钢或滚动轴承钢来制造，如 CrWMn、9SiCr、9Mn2V、GCr15 等；简单量具还可用碳素工具钢来制造，如 T10、T12 等；在腐蚀环境下工作的量具，常用马氏体型不锈钢来制作，如 3Cr13、4Cr13 等。

量具钢的热处理与刃具刚、模具钢基本相同，即加工前进行球化退火，加工成型后进行“淬火 + 低温回火”，组织为回火马氏体。对于高精度量具，为保证其尺寸稳定性，在淬火后立即进行冷处理（置于 −80 ~ −70℃ 环境中保温），然后再进行低温回火（150 ~ 160℃）。

三、特殊性能钢

特殊性能钢是指具有特殊物理性能或化学性能的钢，常用的特殊性能钢有不锈钢、耐热钢和耐磨钢。

1. 不锈钢

不锈钢是指能抵抗大气腐蚀、化学介质腐蚀的钢。

普通钢铁材料很容易被腐蚀（生锈），其原因有两个，一是铁与周围的腐蚀性介质发生化学作用，使表面生成新的化学物质；二是在电解质环境中，组织中的铁素体与其他相（如渗碳体）发生电化学作用，使铁素体因失去电子而被腐蚀。前者称为化学腐蚀，后者称为电化学腐蚀。钢铁的腐蚀主要由电化学腐蚀引起，因为潮湿的空气相当于电解质，电极电位低的铁素体与电极电位高的渗碳体两相之间就构成了微电池，于是很容易产生电化学腐蚀，其结果是铁素体基体不断失去电子而被腐蚀。

根据金属腐蚀机理，提高金属耐蚀性的途径主要有以下几方面：

1）提高基体相的电极电位，使其在电解质环境中不再失去电子。如钢铁中加入铬、镍、硅等元素，可提高铁素体的电极电位，保护基体相铁素体不被腐蚀。

2）使钢在室温下呈单相组织，以阻止其形成微电池，从而防止了电化学腐蚀。如在钢中加入大量扩大或缩小奥氏体相区的合金元素（铬、钨、钼、钒、钛、镍等），使钢在室温下呈单相铁素体或单项奥氏体。

3）使钢表面形成一层致密保护膜，隔绝与周围介质的接触，从而提高其耐蚀能力。如加入大量的合金元素铬（$w_{Cr} > 13\%$），使钢的表面生成致密的 Cr_2O_3 保护膜。

钢经过上述处理后即可变为不锈钢。不锈钢按组织不同，可分为奥氏体型不锈钢、铁素体型不锈钢和马氏体型不锈钢三种。常用不锈钢的牌号、热处理、力学性能及用途见表 7-14。

表7-14　常用不锈钢的牌号、热处理、力学性能及用途

类别	牌号	热处理方法	力学性能				用途举例
			σ_b/MPa	δ(%)	ψ(%)	HBW	
奥氏体型	1Cr18Ni9	固溶处理：1010～1150℃（快冷）	520	40	60	187	用于制造建筑用装饰部件、酸槽、管道、吸收塔等
	0Cr18Ni9		520	40	60	187	用于制造食品、原子能工业用设备等
	1Cr18Ni9Ti	固溶处理：920～1150℃快冷	520	40	50	187	用于制造医疗器械、耐酸容器、设备衬里及输送管道等
铁素体型	1Cr17	退火：780～850℃（空冷或缓冷）	520	22	50	183	用于制造重油燃烧部件、家用电器部件及建筑内装饰品等
	1Cr17Mo		450	22	60	183	用于汽车外装饰材料等
	00Cr30Mo2	退火：900～1050℃（快冷）	450	20	45	228	用于制造有机酸设备、苛性碱设备等
马氏体型	1Cr13	淬火：950～1000℃（油冷）回火：700～750℃（快冷）	540	25	55	159	用于制造汽轮机叶片、内燃机车水泵轴、阀门、刃具等
	2Cr13	淬火：920～980℃（油冷）	637	20	50	192	用于制造汽轮机叶片等
	3Cr13	回火：600～750℃（快冷）	735	12	40	217	用于制造阀门、阀座、喷嘴、刃具等
	7Cr13	淬火：1010～1070℃（油冷）回火：100～180℃（快冷）	—	—	—	54HRC	用于制造刃具、量具、轴承、手术刀片等
	3Cr13Mo	淬火：1025～1075℃（油冷）回火：200～300℃（油、水、空冷）	—	—	—	50HRC	用于制造阀门、轴承、热油泵轴、医疗器械零件等

（1）奥氏体型不锈钢　这种钢是加入了大量扩大奥氏体相区的合金元素（如镍等）而形成的，钢在室温下呈单相奥氏体组织。

1）成分：$w_C<0.15\%$，$w_{Cr}=17\%\sim19\%$，$w_{Ni}=8\%\sim11\%$，属于铬镍不锈钢，俗称为

18—8 不锈钢。

2）热处理：将钢加热到1100℃左右，保温一定时间，使钢中的铬、镍等合金元素充分溶入奥氏体中，然后水冷，获得单相奥氏体组织，此过程称为“固溶处理”。

3）性能及用途：良好的耐蚀性，高的塑性、韧性，强度、硬度中等（相当于中碳钢），无磁性，切削加工性不好，焊接性能良好。主要用于制造在强腐蚀性介质中工作的零件，也可制作一些受力不大的结构件。它属于一种无菌不锈钢，故在食品机械中应用较多。

（2）铁素体型不锈钢　这种不锈钢是加入了大量缩小奥氏体相区的合金元素（如铬等）而形成的，钢在室温下呈单相铁素体组织。

1）成分：$w_C < 0.12\%$，$w_{Cr} = 12\% \sim 30\%$，属于铬不锈钢。

2）热处理：退火，将钢加热到一定温度并保温一定时间，然后缓冷。

3）性能及用途：耐蚀性较好（比奥氏体型不锈钢差），强度、硬度较低，塑性、韧性较高，焊接性良好。主要用于制造不锈钢容器、装饰品及化学工业中要求耐蚀的零件。

（3）马氏体型不锈钢　这种不锈钢在成分组成上与铁素体型不锈钢相近，主加元素是铬，但铬的含量比铁素体型不锈钢低，而碳的含量比铁素体型不锈钢高。

1）成分：$w_C = 0.10\% \sim 0.75\%$，$w_{Cr} = 11.5\% \sim 14\%$，它也属于铬不锈钢。

2）热处理：淬火，即加热到一定温度并保温后，快速冷却，获得单相马氏体组织。回火时，碳的质量分数越高则回火温度越低，以保证硬度及耐磨性；碳的质量分数越低则回火温度越高（调质），以获得较好的综合力学性能。

3）性能及用途：较高的强度、硬度，一定的塑性、韧性，在大气、海水、蒸汽等介质中耐蚀能力较强，但随着碳的质量分数增加，其耐蚀能力下降。所以，低碳马氏体型不锈钢耐蚀性较好，适宜制造在腐蚀条件下受冲击载荷的零件，如汽轮机叶片、水压机阀门等；高碳马氏体型不锈钢耐蚀性较差，硬度及耐磨性较高，适宜制造医疗手术工具、量具、弹簧及滚动轴承等。

2. 耐热钢

钢的耐热性包括两层含义：高温抗氧化性和高温强度，所以，耐热钢是指在高温下具有高的抗氧化性和保持较高强度的钢。

高温抗氧化性是指钢在高温下其表层迅速被氧化而形成一层致密的氧化物薄膜，以阻止其继续被氧化的能力。普通碳钢易被氧化，是由于高温下碳钢表面氧化形成的是一层 FeO，它松脆多孔，与基体结合力差而易剥落，氧原子通过表面氧化层向内部扩散，使钢内层继续被氧化。在钢中加入铬、铝、硅等合金元素后，由于这些元素与氧的亲和力大而优先被氧化，形成一层致密、完整、高熔点的氧化物薄膜（Cr_2O_3、Al_2O_3、Fe_2SiO_4），牢固覆盖于钢的表面，隔绝了钢与高温氧化性气体的接触，从而阻止钢进一步被氧化。

高温强度是指钢在较高温度下抵抗变形的能力。金属材料在再结晶温度以上承受载荷作用时，会发生缓慢的塑性变形，且变形会随着时间增长而增大，这种现象称为蠕变。同时，随着温度升高，原子间结合力减弱，也会引起钢的强度下降。向钢中加入铬、钨、钼、锰、铌、钛、钒等元素，可提高再结晶温度及原子间的结合力，形成高熔点的合金碳化物，从而提高钢的高温强度。实践表明，粗晶粒钢的高温强度比细晶粒钢的高温强度高。常用耐热钢的牌号、热处理、力学性能及用途见表7-15。

表7-15 常用耐热钢的牌号、热处理、力学性能及用途

类别	牌号	热处理方法	力学性能				用途举例
			σ_b/MPa	δ(%)	ψ(%)	HBW	
奥氏体型	0Cr18Ni9	固溶处理：1010～1150℃（快冷）	520	40	60	187	工作温度低于870℃的通用耐氧化钢
奥氏体型	0Cr18Ni10Ti	固溶处理：920～1150℃（快冷）	520	40	50	187	用于制造400～900℃腐蚀条件下使用的零件、高温焊接件等
奥氏体型	4Cr14Ni14W2Mo	固溶处理：820～850℃（快冷）	705	20	35	248	用于制造500～600℃下工作的锅炉和汽轮机零件、内燃机重载荷排气阀等
珠光体型	15CrMo	淬火：900℃（空冷）回火：650℃（空冷）	440	22	60	179	用于制造530℃以下的高温锅炉受热管道、中高压蒸汽导管等
珠光体型	12CrMoV	淬火：970℃（空冷）回火：750℃（空冷）	440	22	50	241	用于制造540℃以下汽轮机主管道、各种过热器管道等
珠光体型	35CrMoV	淬火：900℃（油冷）回火：630℃（水、油冷）	1080	10	50	241	用于制造500～520℃下工作的汽轮机叶轮等
马氏体型	1Cr13	淬火：950～1000℃（油冷）回火：700～750℃（快冷）	540	25	55	159	用于制造480℃以下工作的汽轮机叶片、800℃以下工作的耐氧化零件等
马氏体型	1Cr13Mo	淬火：970～1020℃（油冷）回火：650～750℃（快冷）	685	20	60	192	用于制造500℃以下工作的汽轮机叶片、800℃以下工作的耐氧化零件、高温高压蒸汽用零件等
马氏体型	1Cr11MoV	淬火：1050～1100℃（空冷）回火：720～740℃（空冷）	685	16	55	—	用于制造540℃以下工作的透平叶片、导向叶片等
马氏体型	1Cr12WMoV	淬火：1000～1050℃（油冷）回火：680～700℃（空冷）	735	15	45	—	用于制造500～580℃下工作的汽轮机轮盘、叶片、紧固件等

（续）

类别	牌号	热处理方法	力学性能				用途举例
			σ_b/MPa	δ(%)	ψ(%)	HBW	
马氏体型	4Cr9Si2	淬火:1020~1040℃（油冷）回火:700~780℃（油冷）	885	19	50	—	用于制造700℃以下工作的汽车发动机、柴油机排气阀等
	4Cr10Si2Mo	淬火:1010~1040℃（油冷）回火:120~160℃（空冷）	885	10	35	—	用于制造750℃以下工作的中、高载荷汽车发动机、柴油机排气阀等

按正火状态下的组织不同，耐热钢一般分为奥氏体型钢、珠光体型钢和马氏体型钢三种。

（1）奥氏体型耐热钢　这种钢工作温度可达600~700℃，因此具有较高的高温强度，主要用于制造汽轮机叶片、发动机气阀等在高温下工作的零件。

（2）珠光体型耐热钢　这种钢属于中碳合金钢，工作温度为450~600℃，一般用于制造受力不大、工作温度不高的耐热零件，如锅炉中的管道、蒸汽导管等。

（3）马氏体型耐热钢　马氏体型钢有两种类型：一类是铬的质量分数为12%左右的马氏体耐热钢，多用于在450~620℃温度范围内工作的耐热零件；另一类是铬的质量分数较低而另加入硅、钼等合金元素的马氏体耐热钢，工作温度可达700~750℃，常用于制造内燃机的气阀。

当零件的工温度超过700℃时，应选用镍基、铬基、钼基或陶瓷耐热材料；对于工作温度低于350℃的零件，选用一般的合金钢即可。

3. 耐磨钢

长期在巨大冲击、剧烈干摩擦条件下工作的零件，如坦克和拖拉机履带、挖掘机料斗斗齿、铁路道叉等，要求工作表面有非常高的硬度及耐磨性，内部又具有非常好的韧性，这种性能要求需要通过耐磨钢来实现。

（1）耐磨钢的成分　耐磨钢也称为高锰钢，其中锰的质量分数较高，一般在11%~14%之间。锰是扩大奥氏体相区的元素，高的锰质量分数是为了保证热处理后获得单相的奥氏体组织，从而获得良好的塑性和韧性；碳的质量分数一般在0.9%~1.3%之间，高的碳的质量分数，是为了保证获得足够的硬度和耐磨性。

（2）耐磨钢的热处理　耐磨钢一般采用水韧处理，即将钢加热到1060~1100℃，保温一定时间，使碳化物及锰全部溶入奥氏体中，然后在水中迅速冷却，以获得成分均匀的单相奥氏体组织。经水韧处理后的耐磨钢，硬度及耐磨性并不高，塑性和韧性却非常好。当受到剧烈冲击或摩擦时，因表面发生塑性变形而使其迅速强化，强度、硬度迅速提高，同时诱发奥氏体向马氏体转变。此时表层硬度可达60HRC以上，而心部却仍保持着原始状态那种高的塑性和韧性。当表面的硬化层磨掉以后，内部暴露出来的软基体由于受到剧烈摩擦或冲击又会立即形成新的硬化层，故耐磨钢始终保持“内韧外刚”的性能特点。

（3）耐磨钢的牌号　由于耐磨钢在受到外力作用而产生变形时，表面会迅速硬化，无法进行切削加工，故耐磨钢通常用铸造方法获得毛坯。其牌号结构为“ZGMn13—1”，“ZG”表示铸钢，“Mn13”表示锰的质量分数为13%左右，“1”表示1号高锰钢。常用耐磨钢的牌号、热处理、力学性能及用途见表7-16。

表7-16　耐磨钢的牌号、热处理、力学性能及用途

牌　号	热处理（水韧处理）	力学性能				用途举例
		σ_b/MPa	δ(%)	α_{KU}/(J·cm^{-2})	HBW	
ZGMn13—1	1060～1100℃（水冷）	635	20	—	—	用于制造结构简单、要求耐磨性为主的低冲击铸件，如衬板、齿板、辊套、铲齿、铁路道岔等
ZGMn13—2		685	25	147	300	
ZGMn13—3		735	30	147	300	用于制造结构复杂、要求韧性为主的高冲击铸件，如履带板、碎石机颚板等
ZGMn13—4		735	20	—	300	

【小结】　本章主要介绍了低合金钢与合金钢中合金元素所起的作用，低合金钢与合金钢的编号方法，常用的结构钢、工具钢及特殊性能钢等。通过学习本章内容应该了解：第一，低合金钢与合金钢牌号的含义，如Q345、40Cr、W18Cr4V等各代表什么钢，符号及数字的含义是什么；第二，合金元素在钢中的存在形式、作用以及对热处理过程的影响；第三，常用结构钢、工具钢及不锈钢的牌号、性能特点及用途。

练　习　题（7）

一、填空题

1. 合金元素在钢中有两种存在形式，一是形成__________，二是形成__________。
2. 合金元素对钢热处理加热过程的影响，一是__________，二是__________。
3. 合金元素对钢热处理冷却过程的影响是：降低了钢的__________，提高了钢的__________。
4. 合金钢按其使用特性分，有__________，__________和__________等。
5. 合金结构钢根据其成分不同可分为__________、__________、__________和__________四种。
6. 合金工具钢按其用途不同可分为__________、__________和__________三种。
7. 金属腐蚀有__________和__________两种类型，多数情况下，金属腐蚀主要是由__________造成的。
8. 常用的特殊性能钢有__________、__________和__________三种。
9. 钢的耐热性包括两层含义：__________和__________。

二、判断题

1. 合金钢的淬透性比非合金钢好，而且合金元素越多，其淬透性越好。（　）
2. 合金元素能延缓钢加热时的转变过程，故合金钢的加热温度比非合金钢高，加热时

间也比非合金钢长。（　　）

3. 合金钢的耐回火性不如非合金钢。（　　）

4. 用于机器零件的合金结构钢，一般都需要进行热处理。（　　）

5. 合金工具钢的最终热处理一般都是“淬火 + 高温回火”。（　　）

6. 高速工具钢淬透性非常好，甚至在空冷条件下也能获得马氏体组织。（　　）

三、合金钢牌号解释

1. Q345A　2. 20CrMnTi　3. 40Cr　4. 60Si2Mn　5. Gr15　6. CrWMn　7. W18Cr4V　8. 0Cr18Ni9Ti　9. ZGMn13

四、简答题

1. 工具钢与结构钢在成分、性能及用途方面有什么不同？

2. 高速工具钢在成分、性能及热处理方面各有什么特点？

3. 常用不锈钢有几种类型？它们为什么不易生锈？

4. 什么样的钢称为耐热钢？如何提高钢的耐热性能？

5. 耐磨钢为什么既耐磨又具有很好的韧性？渗碳钢的性能特点与耐磨钢相似，能否代替耐磨钢使用？

6. 高速工具钢经铸造后为什么要反复锻造？锻造后的毛坯为什么还要进行球化退火？淬火温度为什么选择高温（1220～1280℃）？淬火后为什么要在560℃进行三次回火？这样的回火温度算不算调质处理？

7. W18Cr4V 和 Cr12 都属于合金工具钢，但 W18Cr4V 适合制作刀具，Cr12 适合制作冷作模具，若把它们换位使用可以吗？

第八章　铸　　铁

第一节　铸铁概述

铸铁是指碳的质量分数大于2.11%铁碳合金，铁是基本元素，此外还含有碳、硅、锰、硫、磷五个长存杂质元素。在五个长存元素中，碳是最主要的元素，碳的含量及存在形式会直接影响铸铁的性能。工业生产上用的铸铁，其碳的质量分数一般在2.5%～4.0%范围内，碳的质量分数过高会使铸铁力学性能大幅度降低而失去使用价值。为提高铸铁某方面的性能，有时还需加入一定量的合金元素而构成合金铸铁。

铸铁具有良好的铸造性能及切削加工性，在使用上，铸铁具有优良的减振、减摩性及缺口敏感性，而且生产工艺简单，成本低廉，故在工业生产上得到广泛应用。但与钢相比，铸铁的塑性和韧性较差，普通铸铁的强度、硬度比钢也低得多。铸铁材料不能像钢那样轧制成各种型材，铸铁件只能通过铸造方法直接获得。

一、铸铁的分类

铸铁种类很多，白口铸铁和麻口铸铁由于强度低、硬度高、脆性大，无法进行切削加工，故实际中很少使用，灰铸铁是实际中广泛应用的铸铁材料，灰铸铁中碳主要以石墨形式存在。按照碳的存在形式，铸铁主要分为以下几类：

白口铸铁：是指碳主要以Fe_3C形式存在的铸铁。

麻口铸铁：是指一部分碳以石墨形式存在，另一部分碳以Fe_3C形式存在的铸铁。

灰铸铁：石墨以片状形式存在的铸铁，断口呈灰色，故称灰铸铁。

球墨铸铁：石墨以球状形式存在的铸铁。

可锻铸铁：石墨以团絮状形式存在的铸铁。

蠕墨铸铁：石墨以蠕虫状形式存在的铸铁。

按照化学成分的不同，铸铁又可分为普通铸铁和合金铸铁两类。

二、铸铁的石墨化

铸铁中的碳以石墨形式析出的过程，称为铸铁的石墨化。碳在铸铁中的存在形式有两种，一是以渗碳体（Fe_3C）形式存在，其碳的质量分数为6.69%；二是以石墨形式存在，其碳的质量分数为100%，石墨用“G”表示。铸铁中的碳以何种形式出现，主要取决于铸铁的成分和冷却速度。

石墨的析出有两种形式，一种是直接从液相中析出，当冷却到接近共晶温度（1148℃）时，若冷速足够慢，液相中的碳原子相互聚集而形成石墨；另一种是先形成渗碳体，渗碳体再分解成石墨。由于渗碳体属于亚稳定相，而石墨是稳定相，渗碳体在高温下长时间保温时会发生分解，即

$$Fe_3C \xrightarrow{\text{高温}} 3Fe + G$$

因此，当冷却速度比较缓慢时，铸铁中的渗碳体会自动转化成石墨。若冷却速度较快，铸铁中的渗碳体来不及分解而一直保留到室温，使铸件形成白口组织。

由渗碳体转化成石墨分两个阶段：一是高温阶段石墨化，即在共晶温度下进行的石墨化；二是低温阶段石墨化，即在共析温度下进行的石墨化。由铁碳相图可知，共晶、亚共晶成分的铁碳合金当冷却到（或接近）共晶温度（1148℃）时，会发生共晶转变，由液相直接转变成奥氏体和渗碳体（莱氏体），即

$$L \xrightarrow{1148℃} (A + Fe_3C)$$

若时间足够，则莱氏体中的渗碳体会发生分解而转化为石墨 $G_{共晶}$，完成第一阶段石墨化。随着温度下降，奥氏体的溶解度降低，奥氏体中还会有二次石墨（G_{II}）析出，这时析出的石墨会附着在已经形成的石墨上，使其长大。

当冷却到（或接近）共析温度（727℃）时，奥氏体会发生共析转变而成为铁素体和渗碳体（珠光体），即

$$A \xrightarrow{727℃} (F + Fe_3C)$$

若时间足够，珠光体中的渗碳体也会发生分解而转化为石墨 $G_{共析}$，完成第二阶段石墨化。

三、影响石墨化的因素

1. 化学成分的影响

化学成分主要是指铸铁中的碳、硅、锰、硫、磷。其中，碳、硅是强烈促进石墨化的元素，其含量越高，石墨化过程越容易。但碳、硅含量过高，会使石墨数量增多并变得粗大，使铸铁性能恶化，故碳、硅含量不宜过高。磷也是促进石墨化的元素，但作用较弱。锰、硫是阻碍石墨化的元素，其中硫是强烈阻碍石墨化的元素，锰的阻碍作用较弱，而且锰能消除硫的不利影响（生成 MnS），又会间接促进石墨化。

2. 冷却速度

冷却速度属于工艺因素，是影响铸铁石墨化的外因。因石墨化过程需要一定的时间，若冷却速度过快，碳原子没有充分的时间扩散聚集，形成的渗碳体也没有时间分解，石墨化过程难以进行，铸件就容易出现白口。若冷却速度缓慢，碳原子有充分的时间进行扩散，石墨化过程进行得比较充分，铸件就容易出现灰口。

铸件壁厚不匀时，往往薄壁处易出现白口，而厚壁处易出现灰口，这是由于薄壁处冷却快，厚壁处冷速慢的缘故。

第二节　常用普通铸铁

常用的普通铸铁有灰铸铁、球墨铸铁、可锻铸铁和蠕墨铸铁等。

一、灰铸铁

灰铸铁，是生产实际中应用最多、熔炼过程最简单、价格最便宜的铸铁，其石墨呈片状。

1. 成分、组织与性能

（1）成分　$w_C = 2.6\% \sim 3.5\%$，$w_{Si} = 1.0\% \sim 2.2\%$，$w_{Mn} = 0.5\% \sim 1.3\%$，$w_S \leqslant$

0.15%，w_P≤0.3%。

（2）组织　灰铸铁有三种组织形态：F+G（片状）、F+P+G（片状）、P+G（片状），如图8-1所示。

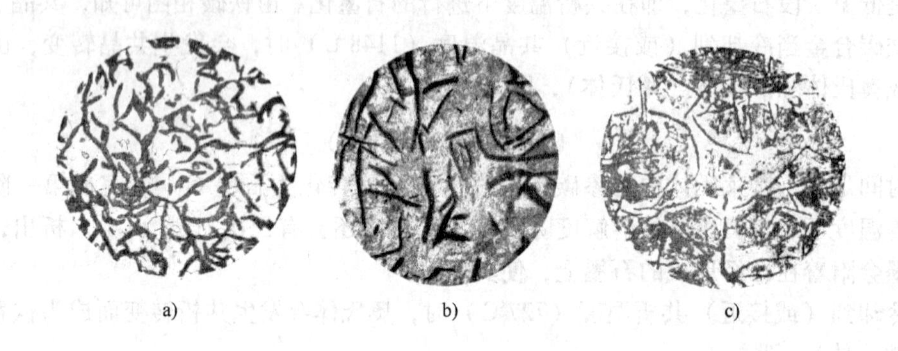

图8-1　灰铸铁组织形态
a）退火状态（F+G）　b）铸态（F+P+G）　c）正火状态（P+G）

铸铁的组织形态是由低温阶段石墨化决定的。若低温阶段石墨化进行得比较充分，其基体组织为铁素体+片状石墨；若低温阶段石墨化进行得不充分，即只有部分渗碳体转化为石墨，则组织为铁素体+珠光体+片状石墨；若低温阶段石墨化完全没有进行，则组织为珠光体+片状石墨。若高温、低温两个阶段石墨化都没有进行（即冷速过快），则组织中没有石墨，碳全部转变为渗碳体，断口为银白色，这种铸铁即为白口铁，一般铸铁件不允许出现白口组织。

（3）性能　灰铸铁与碳钢比，其基体组织完全相同，但铸铁中多了片状石墨。由于石墨的强度、硬度、塑性、韧性等性能极低，几乎为零，石墨存在的地方犹如许多小裂纹或孔洞。它对基体的不利影响有两点：一是破坏了基体的连续性，缩减了有效承载面积；二是石墨片的尖角处容易产生应力集中，使铸铁产生脆性断裂。所以，普通灰铸铁的性能比钢低得多，而且石墨片的数量越多，尺寸越粗大，对基体的割裂作用及应力集中现象越严重，灰铸铁的力学性能就越差。

虽然灰铸铁的力学性能比较低，但其有良好的减振、减摩性能，良好的切削加工性能，低的缺口敏感性能等。此外，片状石墨对铸铁的抗压强度影响不大，故灰铸铁的抗压强度与钢接近，再加上其优良的铸造性能，实际中灰铸铁主要用于制造承受压应力的零件，如机床的床身、减速机壳体及各种箱体类零件。

2. 灰铸铁的孕育处理

灰铸铁中的石墨是决定其性能的主要因素，石墨片的多少、粗细、均匀程度等将直接影响铸铁的强度、硬度等力学指标。为此，在铸铁熔炼时，浇注前向铁液中加入一定量的孕育剂（75硅铁），以改善石墨的结晶条件，使结晶出的石墨片变得细小、均匀，从而提高铸铁性能，这一处理过程称为孕育处理。经孕育处理的铸铁叫孕育铸铁，其力学性能比一般铸铁高。

孕育剂的作用是：在铁液中形成大量的、高度弥散的固体质点，这些固体质点可作为石墨结晶时的核心（即异质晶核），使石墨细化并分布均匀。

3. 灰铸铁的牌号、组织特征及应用

灰铸铁的牌号是用“HT+数字”表示，如HT200，“HT”表示“灰铁”两字的拼音字头，“200”表示铸铁的最低抗拉强度，即$\sigma_b \geq 200$MPa。常用灰铸铁牌号、力学性能及用途见表8-1。

表8-1 灰铸铁的牌号、力学性能及用途

牌号	铸铁类别	最小抗拉强度/MPa	用途举例
HT100	铁素体+灰铸铁	100	适用于低载荷及不重要的零件，如外罩、盖、手把、手轮、支架、外壳等
HT150	珠光体+铁素体灰铸铁	150	适用于承受中等载荷的零件，如底座、工作台、齿轮箱、机床支柱等
HT200	珠光体灰铸铁	200	适用于承受较大载荷及较重要的零件，如机床床身、气缸体、联轴器、齿轮、飞轮、活塞、液压缸等
HT250		250	
HT300	孕育铸铁	300	适用于承受大载荷的重要零件，如齿轮、凸轮、高压油缸、床身、泵体、大型发动机曲轴、车床卡盘等

4. 灰铸铁的热处理

灰铸铁的热处理只能改变其基体组织，而不能改变石墨的形态及分布。常用热处理方式有以下几种：

（1）去应力退火　由于铸件的壁厚不同，冷却速度也就不同，导致铸件产生较大的残余应力，残余应力若不消除，就会使铸件产生变形甚至开裂。为此，重要的铸件在加工前，一般都要进行去应力退火以稳定尺寸。具体方法是将铸件加热到500～600℃，保温一段时间，然后随炉缓慢冷却到200℃左右出炉。

（2）软化退火　在铸件的薄壁处由于冷速过快很容易出现白口组织，使该处又硬又脆且很难进行加工，需进行软化退火来消除白口。具体方法是将铸件加热到800～950℃，保温一段时间（1～3h），使白口组织中的渗碳体分解，然后随炉冷却到500℃以下出炉。

（3）表面淬火　为提高灰铸铁件工作表面的硬度及耐磨性，常采用表面淬火的方法，如机床导轨面，采用中频感应加热表面淬火可使其耐磨性显著提高。

二、球墨铸铁

球墨铸铁是指石墨呈球状分布的铸铁。它是在熔炼时，向铁水中加入一定量的球化剂（稀土镁）和孕育剂（75硅铁），使石墨呈球状析出而得到的铸铁。由于石墨呈球状，对基体割裂作用最小，使基体的潜力得到充分发挥，故球墨铸铁是力学性能较高的铸铁。

1. 球墨铸铁的成分和组织

（1）成分　球墨铸铁的成分与灰铸铁接近，但对硫、磷两元素的含量控制比较严格。一般是$w_C=3.6\%\sim4.0\%$，$w_{Si}=2.0\%\sim3.2\%$，$w_{Mn}=0.6\%\sim0.9\%$，$w_S\leq0.07\%$，$w_P\leq0.1\%$。

（2）组织　根据冷却速度和热处理方式不同，球墨铸铁的组织有四种，即F+G（球状）、F+P+G（球状）、P+G（球状）、$B_下$+G（球状）。其组织形态如图8-2所示。

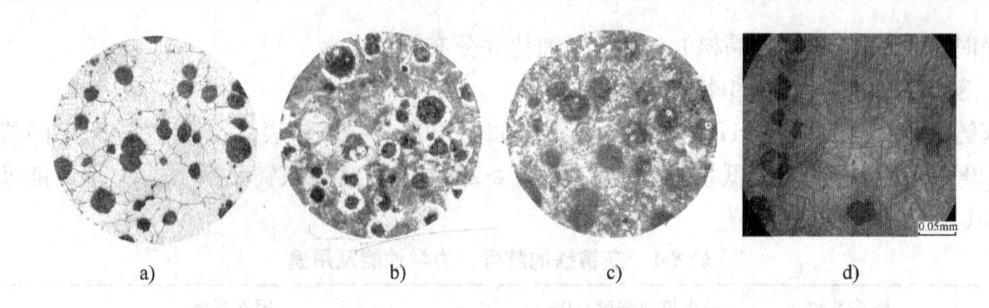

a)　b)　c)　d)

图 8-2　球墨铸铁的四种组织形态

a）退火（F+G）　b）铸态（F+P+G）　c）正火（P+G）　d）等温淬火（$B_下$+G）

2. 球墨铸铁的性能

球状石墨不仅对基体割裂作用小，而且基本上消除了应力集中，再加上硅、锰元素含量较多，使基体产生固溶强化，所以球墨铸铁的力学性能很高，甚至超过了铸钢。此外，球墨铸铁还具有良好的减振、减摩性及优良的工艺性能，如切削加工性能、热处理工艺性能等。但球墨铸铁的流动性不好，而且易出现白口，这是因为球化剂会增大铁液的粘度，同时还有增大白口倾向的作用，所以，球墨铸铁的熔炼工艺比较复杂，要求也比较高。

3. 球墨铸铁的牌号及应用

球墨铸铁的牌号是以其抗拉强度和断后伸长率两个指标来命名的，如 QT400—18，“QT”表示“球铁”的拼音字头，“400”表示最低抗拉强度为 400MPa，“18”表示材料的断后伸长率为 18%。常用球墨铸铁的牌号、力学性能及用途见表 8-2。

表 8-2　球墨铸铁的牌号、力学性能及用途

牌号	基体组织	最小抗拉强度/MPa	断后伸长率(%)	用途举例
QT400—18	铁素体	400	18	阀体、汽车及内燃机零件、机床零件、差速器壳、农机具等
QT400—15	铁素体	400	15	
QT450—10	铁素体	450	10	
QT500—7	铁素体+珠光体	500	7	机油泵齿轮、铁路机车车辆轴瓦、传动轴、飞轮等
QT600—3	铁素体+珠光体	600	3	柴油机曲轴、凸轮轴、气缸体、气缸套、活塞环。部分磨床、铣床、车床的主轴、蜗轮及蜗杆、大齿轮等
QT700—2	珠光体	700	2	
QT800—2	珠光体或回火组织	800	2	
QT900—2	贝氏体或回火马氏体	900	2	汽车螺旋锥齿轮、拖拉机减速器齿轮、柴油机凸轮轴、内燃机曲轴等

4. 球墨铸铁的热处理

球墨铸铁的热处理工艺性很好，而且热处理对其性能的改善也比较明显。常用的热处理方式有以下几种：

（1）退火　退火的目的是为了获得铁素体基体的球墨铸铁（F+G），提高塑性和韧性，消除应力。

（2）正火　正火的目的是为了获得珠光体基体的球墨铸铁（P+G），提高强度及耐磨性。

（3）调质　调质的目的是为了获得索氏体基体的球墨铸铁（S+G），提高综合力学性能，如柴油机的曲轴及连杆等，均采用调质处理的热处理方式。

（4）贝氏体等温淬火　目的是获得下贝氏体基体的球墨铸铁（$B_{下}$+G），从而获得高强度、高硬度、高韧性的综合力学性能。贝氏体等温淬火一般用于综合力学性能要求高、形状复杂易变形的零件，如凸轮轴、齿轮等。

三、可锻铸铁

可锻铸铁是指石墨呈团絮状的铸铁，俗称玛钢。它是在白口铸铁基础上经高温、长时间可锻化退火，使渗碳体分解并转化成团絮状石墨而获得的铸铁。由于石墨呈团絮状，它对基体的割裂作用比片状石墨小得多，故可锻铸铁比普通灰铸铁力学性能要高，特别是塑性有明显的改善。但必须指出，可锻铸铁是因其塑性较好而得名，其实并不可锻。

1. 可锻铸铁的成分、组织和性能

（1）成分　可锻铸铁的生产过程分两步：第一步先获得白口组织的铸件，第二步将白口组织的铸件进行可锻化退火，使其中的渗碳体分解并以团絮状石墨形式析出。因此，可锻铸铁的成分特点是低碳低硅，这主要是为了保证铸造时在一般冷却条件下也能获得白口组织的铸件。其成分质量分数范围是：w_C = 2.2% ~2.8%，w_{Si} = 1.2% ~1.8%，w_{Mn} = 0.4% ~1.2%，w_S≤0.02%，w_P≤0.1%。

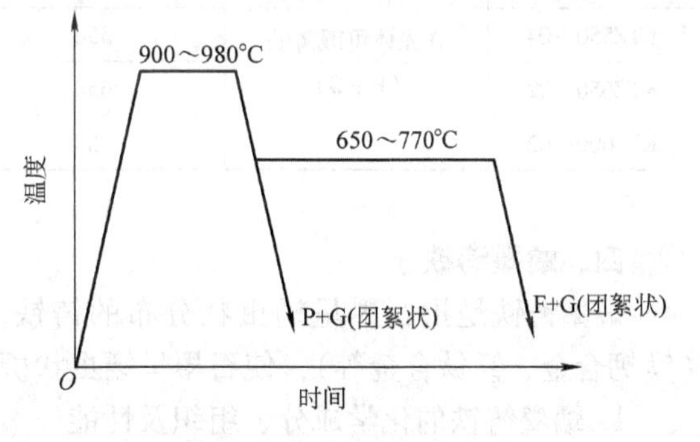

图 8-3　可锻铸铁退火曲线

（2）组织　根据可锻化退火的程度不同，可锻铸铁的组织有两种：F+G（团絮状）、P+G（团絮状）。可锻化退火分高温阶段可锻化退火和低温阶段可锻化退火两种，如图 8-3 所示。高温阶段可锻化退火是将白口铸铁加热到 900 ~980℃，并进行长时间保温，使莱氏体中的渗碳体分解转化成团絮状石墨，此时的组织为“A+G（团）”；低温阶段可锻化退火是在 650 ~770℃温度范围内对铸件进行长时间保温，使珠光体中的渗碳体分解转化成团絮状石墨，此时的组织为“F+G（团）”。如果两个阶段的退火都进行，其组织就是“F+G（团絮状）”；若只进行高温阶段可锻化退火，其组织就是“P+G（团絮状）”。可锻铸铁的两种组织形态如图 8-4 所示。

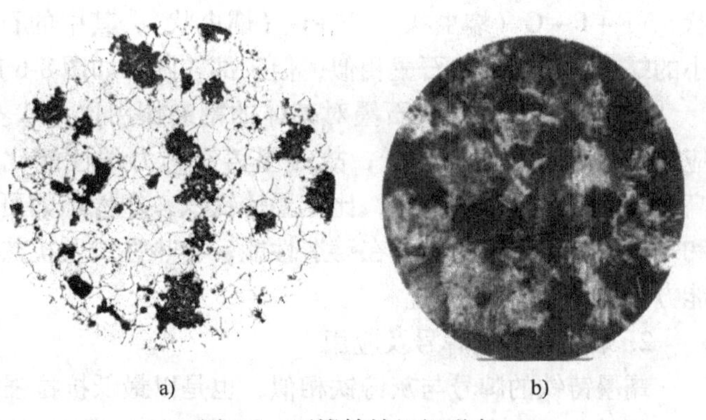

图 8-4　可锻铸铁组织形态

a）黑心可锻铸铁（F+G）　b）珠光体可锻铸铁（F+P）

（3）性能　可锻铸铁根据其组织不同分为珠光体可锻铸铁（P

+G）和铁素体可锻铸铁（F+G）两种，其中铁素体可锻铸铁因其心部呈黑色，通常称其为黑心可锻铸铁。黑心可锻铸铁塑性较好，强度、硬度较低；珠光体可锻铸铁强度、硬度及耐磨性较好，但塑性较差。

2. 可锻铸铁的牌号及应用

可锻铸铁的牌号与球墨铸铁相同，它是以最低抗拉强度和断后伸长率两个力学指标来命名的，并在数字前冠以组织特征符号，如图8-5所示。常用可锻铸铁的牌号、力学性能及应用范围见表8-3所示。

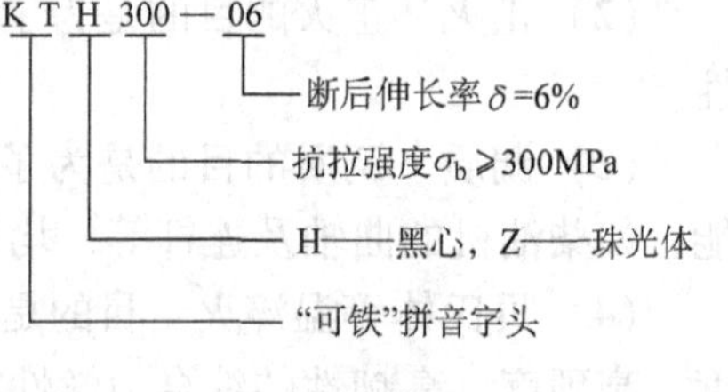

图8-5 可锻铸铁牌号

表8-3 常用可锻铸铁的牌号、力学性能及用途

牌号	铸铁类别	最小抗拉强度/MPa	断后伸长率（%）	用途举例
KTH300—06	黑心可锻铸铁（F+G）	300	6	中低压阀门、管道配件等
KTH330—08		330	8	车轮壳、钢丝绳接头、犁刀等
KTH350—010		350	10	汽车差速器壳、前后轮壳、转向节壳、制动器、铁道零件等
KTH370—012		370	12	
KTZ450—06	珠光体可锻铸铁（P+G）	450	6	适用于承受较高载荷、耐磨且要求有一定韧性的重要零件，如曲轴、凸轮轴、连杆、齿轮、活塞环、摇臂、棘轮、扳手等
KTZ550—04		550	4	
KTZ650—02		650	2	
KTZ000—02		700	2	

四、蠕墨铸铁

蠕墨铸铁是指石墨呈蠕虫状分布的铸铁，它是熔炼时向铁液中加入一定量的蠕化剂（镁钙合金、镁钛合金等），使石墨呈蠕虫状析出而得到的高强度铸铁。

1. 蠕墨铸铁的化学成分、组织及性能

（1）成分　蠕墨铸铁的成分特点是高碳、高硅、低硫、低磷，其碳的质量分数接近共晶成分，一般 $w_C=3.5\%\sim3.9\%$，$w_{Si}=2.1\%\sim2.8\%$，$w_{Mn}=0.4\%\sim0.8\%$，$w_S\leqslant0.1\%$，$w_P\leqslant0.1\%$。

（2）组织　蠕墨铸铁的显微组织有三种，即F+G（蠕虫状）、F+P+G（蠕虫状）、P+G（蠕虫状），其中的石墨呈短小的蠕虫状，与片状石墨相似，但头部较圆，如图8-6所示。

（3）性能　蠕虫状石墨对基体的割裂作用比片状石墨低，应力集中现象也明显降低，故蠕墨铸铁的力学性能比灰铸铁高，强度与可锻铸铁接近，比球墨铸铁低，塑性不如可锻铸铁和球墨铸铁，但蠕墨铸铁在铸造性能、导热性能及抗热疲劳性能方面均优于球墨铸铁。

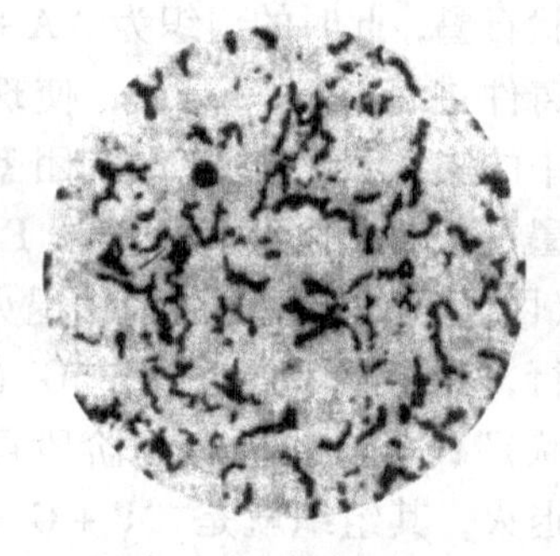

图8-6 铁素体蠕墨铸铁

2. 蠕墨铸铁的牌号及应用

蠕墨铸铁的牌号与灰铸铁相似，也是以最低抗拉强度来命名的。如RuT300，"RuT"表示"蠕铁"两字的拼音字头，"300"表示抗拉强度不低于300MPa。蠕墨铸铁主要用于制造受热循环载荷作用、组织要求致密、强度要求较高、形状较复杂的大型铸件。常用蠕墨铸铁牌号、力学性能及应用见表8-4。

表8-4　蠕墨铸铁的牌号、力学性能及用途

牌　号	基体组织	最小抗拉强度/MPa	断后伸长率(%)	用途举例
RuT260	铁素体	260	3.0	汽车底盘零件、增压器、废气进气壳体等
RuT300	铁素体+珠光体	300	1.5	排气管、气缸盖、液压件、钢锭模等
RuT340	铁素体+珠光体	340	1.0	飞轮、制动鼓、重型机床零件、起重机卷筒等
RuT380	珠光体	380	0.75	活塞环、制动盘、气缸套、玻璃模具等
RuT420	珠光体	420	0.75	

3. 蠕墨铸铁的热处理

对蠕墨铸铁进行的热处理一般有退火和正火两种，退火可增加组织中铁素体的数量，适当提高蠕墨铸铁的塑性；正火可增加组织中珠光体的数量，适当提高蠕墨铸铁的强度及硬度。

第三节　合金铸铁

合金铸铁，是指在普通铸铁基础上加入一定量的合金元素或通过调整长存元素的含量，使铸铁具有某些特殊的物理或化学性能，如耐热性、耐蚀性等，而得到的铸铁。常见的合金铸铁有耐磨铸铁、耐热铸铁和耐蚀铸铁等。

一、耐磨铸铁

耐磨，有两层含义：一是耐磨损，一是减少摩擦。相应地，耐磨铸铁有两种：一种是抗磨铸铁，一种是减摩铸铁。

1. 抗磨铸铁

抗磨铸铁是指在无润滑、干摩擦条件下工作的耐磨铸铁，如犁铧、轧辊、球磨机磨球等。它们所受到的磨损比较严重，承受的载荷也比较大，要求组织中含有大量高硬度的耐磨相。普通白口铸铁组织中含有大量的板条状渗碳体，因而具有较高的硬度及耐磨性，但其韧性低、脆性大，不能直接使用。熔炼时，通过加入铜、铬、钼、钒、硼等合金元素，以提高其韧性，同时其耐磨性也得到进一步提高。

2. 减摩铸铁

减摩铸铁是指在润滑条件下工作的耐磨铸铁。珠光体灰铸铁就是常用的减摩铸铁之一，其组织特征是在珠光体基体上分布着片状石墨。石墨是一种润滑剂，同时还可吸附和贮存润滑油；珠光体中的铁素体属于软基体，在摩擦和载荷作用下很容易产生凹陷，凹陷的部位正好贮存润滑油；渗碳体是硬化相，在铁素体凹陷后，渗碳体便突出工作表面，起骨架支撑作用。这种软基体上分布着硬质点的组织形态具有比较理想的减摩效果。另外，为进一步提高珠光体铸铁的耐磨性，可适当增加磷的含量（$w_P=0.4\%\sim0.7\%$），形成高磷铸铁，主要用于制造机床导轨、气缸套、活塞环及一般滑动轴承等。

二、耐热铸铁

铸铁的耐热有两层含义：一是高温下抗氧化，一是高温下抗生长，所以，耐热铸铁就是在高温下具有较高抗氧化性和抗生长性的铸铁。氧化，是指在高温下铸铁与周围空气或其他介质发生化学作用；生长，是指铸铁在反复加热情况下其体积会逐渐胀大的现象。生长主要是由铸铁内部发生氧化和石墨化引起的，所以它是不可逆的，其结果是使铸件失去尺寸精度和产生微裂纹。

为提高铸铁的耐热性能，常向铸铁中加入硅、铝、铬等合金元素。这些元素一方面使铸铁工作时表面产生一层致密的 SiO_2、Al_2O_3、Cr_2O_3 等氧化物薄膜，这种氧化物薄膜在高温下很稳定，能阻止氧化性气体进入铸铁内部产生内氧化；另一方面它们还能提高铸铁的相变点，使铸铁在工作温度下不发生石墨化，从而抑制铸铁的生长。

耐热铸铁的基体大多采用单相组织（如铁素体基体），因为单相组织不存在渗碳体分解而转化成石墨的可能。石墨的形态最好是球状，因为球状石墨一般都独立存在，基体连续性好，不会造成让氧化性气体渗入的通道。因此，铁素体球墨铸铁是比较理想的耐热铸铁。

耐热铸铁主要用于制造工业加热炉附件，如炉底板、烟道挡板、传递链构件、渗碳坩埚等。

三、耐蚀铸铁

常温下耐化学、电化学腐蚀的铸铁称为耐蚀铸铁，它一般用于制造在酸、碱环境下工作的零件。耐蚀铸铁中常加入的元素一般为硅、铝、铬、镍、铜等，使铸铁表面生成一层致密稳定的氧化物薄膜，同时还能提高铁素体的电极电位，并使铸铁获得单相基体组织，从而进一步提高铸铁耐蚀性能。

常用的耐蚀铸铁有高硅耐蚀铸铁、高铝耐蚀铸铁和高铬耐蚀铸铁。目前，我国使用最广泛的是高硅耐蚀铸铁，这种铸铁在含氧酸类（如硝酸、硫酸等）介质中具有良好的耐蚀性，因此，广泛应用于化工机械中，如阀门、管道、耐酸泵等。

【小结】 本章主要介绍了铸铁的特征、分类、组织形态、使用性能及用途等。通过学习本章内容应掌握：第一，铸铁与钢在组织和性能方面的差异；第二，常用铸铁的组织形态和用途；第三，要特别理解铸铁的组织特征与性能之间的关系。

练 习 题（8）

一、填空

1. 铸铁按碳的存在形式分有_________、_________、_________、_________、_________和_________。

2. 石墨在灰铸铁中呈_________状，在球墨铸铁中呈_________状，在可锻铸铁中呈_________状，在蠕墨铸铁中呈_________状。

3. 耐磨铸铁有两种，一种是_________铸铁，一种是_________铸铁。

4. 对于耐热铸铁，“耐热”有两层含义：一是_________，一是_________。

二、解释下列铸铁牌号的含义

1. HT250 2. QT400—18 3. KTH330—08 4. KTZ450—06 5. RuT300

三、判断题

1. 铸铁的力学性能不如钢，但耐磨性、减摩性比钢好。 （ ）

2. 灰铸铁的基体组织与钢相同，只是多了石墨。　（　　）

3. 白口铸铁塑性好，强度高，因而应用较广。　（　　）

4. 球墨铸铁是灰口铸铁中力学性能最高的铸铁。　（　　）

5. 可锻铸铁一般用于厚大的铸件。　（　　）

四、简答题

1. 简述片状石墨对灰铸铁性能的影响。

2. 为什么可锻铸铁适合作薄壁铸件，而球墨铸铁却不适合作薄壁铸件？

3. 铸铁的抗拉强度和硬度主要取决于哪些因素？如何提高？

4. 机床的床身、减速机壳体及一些箱体类零件都采用灰铸铁制造，用钢来制造有什么不好？

5. 为什么柴油机曲轴常用球墨铸铁来制造而不用其他铸铁，若曲轴的基体为珠光体，轴颈表层的硬度要求为50～55HRC，应采用什么热处理？

6. 机床床身、机床导轨、汽车后桥外壳、柴油机曲轴、钢锭模等均用铸铁制造，请选择相应的铸铁材料。

第九章　非铁金属及其合金

铁及其合金属于钢铁材料，除铁之外的其他金属或合金统称为非铁金属（或合金）。非铁金属种类很多，但由于其冶炼较困难，成本较高，故产量和使用量远不如钢铁材料。目前在工业生产中使用量多的非铁金属有铝及铝合金、铜及铜合金以及轴承合金等。钢铁材料与非铁金属相比，有其特殊的物理和化学性能，如密度、熔点、化学稳定性、导电性、导热性等，因此在航空、航海、化工、电气等部门被广泛采用。

第一节　铝及铝合金

在非铁金属中，铝及铝合金应用最广，其产量仅次于钢铁材料，广泛应用于电器、车辆、化工、航空等部门。

根据 GB/T 16474—1996《变形铝及铝合金牌号表示方法》中的规定：我国铝及变形铝合金的牌号，采用国际四位数字体系牌号和四位字符体系牌号两种命名方法。化学成分已在国际牌号注册组织中注册命名的铝及铝合金，直接采用四位数字体系牌号；国际牌号注册组织中未命名的铝及铝合金，则按四位字符体系牌号命名，如下所示。

铝及铝合金牌号：
- 四位数字体系：如 6063、1200 等
- 四位字符体系：如 2A11、3A21 等

两种牌号命名方法的区别仅在第二位。牌号的第一位数字表示铝及变形铝合金的组别；第二位表示原始纯铝或铝合金的改型情况。在四位数字体系中，第二位若是“0”，表示纯铝或铝合金的原型，第二位若不是“0”（1～9 某个数字），则表示对铝合金的改型情况；在四位字符体系中，第二位若是“A”，表示铝合金的原型，第二位若不是“A”，则表示对铝合金的改型情况；牌号中的最后两位数字，用以标识同一组中（合金系）不同的铝合金；对于纯铝，最后两位则表示纯铝百分含量中小数点后面的两位数字，如 1097，表示铝锭中纯铝含量为 99.97%。

纯铝及铝合金的组别表示方法见表 9-1。

表 9-1　纯铝及铝合金的组别表示方法

牌号	组　别	牌号	组　别
1×××	纯铝（铝含量大于 99.00%）	6×××	以镁和硅为主要合金元素的铝合金
2×××	以铜为主要合金元素的铝合金	7×××	以锌为主要合金元素的铝合金
3×××	以锰为主要合金元素的铝合金	8×××	以其他元素为主要合金元素的铝合金
4×××	以硅为主要合金元素的铝合金	9×××	备用合金组
5×××	以镁为主要合金元素的铝合金		

一、纯铝

纯铝是指杂质元素含量低于 1.0% 的铝，常用纯铝的牌号、化学成分及用途见表 9-2。

表 9-2　纯铝的牌号、化学成分及用途

新牌号	旧牌号	化学成分(%)		用途举例
		铝	杂质总量	
1070	L1	99.70	0.30	电容、电子管隔离罩、电缆、导电体、装饰品等
1060	L2	99.60	0.40	
1050	L3	99.50	0.50	
1035	L4	99.35	0.65	
1200	L5	99.00	1.00	电缆保护套管、仪表零件、垫片、装饰品等

纯铝是一种银白色金属，具有面心立方晶格，无同素异构转变，塑性好（$\delta=50\%$，$\psi=80\%$），强度低（$\sigma_b=80\sim100$MPa），适合压力加工。纯铝的熔点为660℃，密度为2.7g/cm。

铝和氧的亲合力较强，在空气中很容易在其表面形成一种致密的 Al_2O_3 薄膜，能有效地防止向深层进一步氧化，所以纯铝在大气中具有良好的耐蚀性。

纯铝的导电性、导热性良好，仅次于银、铜、金。

纯铝不能通过热处理强化，只能通过冷塑性变形来提高其强度和硬度，但塑性会降低。

纯铝主要用于冶炼铝合金。此外，还用来制造电线、电缆以及要求导热、耐蚀性好但强度要求不高的构件和器皿。

二、铝合金的分类及热处理

纯铝由于强度、硬度低，在机械产品中应用较少。若加入一定量的合金元素使其构成铝合金，则可大幅度提高其强度、硬度等力学指标，若再经过冷变形加工或热处理，其抗拉强度可进一步提高到500MPa以上。而且铝合金具有比强度（抗拉强度与密度的比值）高、耐蚀性好等特殊优点，因而在航空航天工业中得到广泛应用。

1. 铝合金的分类

根据铝合金的工艺性能和化学成分，可将铝合金划分为变形铝合金和铸造铝合金两种。

（1）变形铝合金　这类铝合金中的合金元素含量较少，高温下呈单相α固溶体组织，具有较高的塑性，适合压力加工，故称变形铝合金。

变形铝合金的供货方式与钢材一样，常以各种型材供应于市场，如铝板、铝管、铝线、铝棒等。它又可以分为两种：一种是能够进行热处理强化的铝合金，即通过适当的热处理可提高其强度和硬度；另一种是不能热处理强化的铝合金，这种铝合金中合金元素含量较低，热处理不能使其产生强化效应，只能通过冷变形强化来适当提高其强度和硬度。

（2）铸造铝合金　这类铝合金在熔炼时合金元素加入量较多，特点是铸造性能较好但塑性较差，不适合压力加工，一般直接铸造成型，故称铸造铝合金。常用的铸造铝合金有铝硅合金、铝铜合金、铝镁合金、铝锌合金四种。

2. 铝合金的热处理

铝合金的热处理只是针对能热处理强化的铝合金而言的。将铝合金加热、保温，使其获得单项的α固溶体，然后在水中快速冷却，这一处理过程叫做固溶处理。此时铝合金的强度、硬度并不高，而塑性却很好，固溶处理后获得的过饱和 α 固溶体是不稳定的，如果在室温下放置一段时间，这种过饱和 α 固溶体逐渐向稳定状态转变，转变过程中铝合金的强度、硬度会升高，而塑性降低。例如，含铜 4% 的铝合金，在退火状态下，$\sigma_b = 180 \sim 220$MPa，$\delta = 18\%$；经固溶处理后，$\sigma_b = 240 \sim 250$MPa，$\delta = 20\% \sim 22\%$；室温下放置 4 ~ 5 天，$\sigma_b = 420$MPa，$\delta = 18\%$。

固溶处理后的铝合金，在室温条件下放置一段时间后，其强度、硬度升高的现象称为时效，或称自然时效。时效还有一种方式，就是采用人工加热的方法，使固溶处理后的铝合金在较短的时间内得到强化，这种时效方式称为人工时效，如图 9-1 所示。其中 20℃ 的曲线为自然时效，其余为人工时效。由时效曲线可以看出，加热温度越高，所用时间越短，但强化效果越弱。

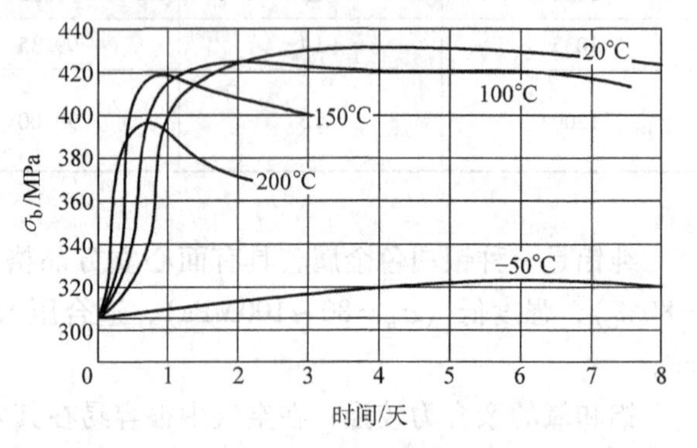

图 9-1 $w_{Cu} = 4\%$ 的铝合金在不同温度下的时效曲线

铝合金的时效强化过程，实质上是固溶处理后所获得的过饱和固溶体分解并形成强化相的过程，这一过程必须通过原子扩散才能进行，因此，铝合金的强化效果与时间、温度有密切关系。当时效温度在室温以下时，原子扩散不易进行，时效过程极为缓慢，铝合金的力学性能几乎没有变化。若人工时效的时间过长（或温度过高）反而会使铝合金软化，这种现象称为过时效。

强调一点：在自然时效的最初一段时间内，强度变化不大，塑性很好，这段时间称为孕育期，在此期间可对铝合金进行冷变形加工。

三、常用变形铝合金

在国标 GB/T 16474—1996 中规定了变形铝及铝合金的牌号表示方法，如前文所述。

1. 防锈铝

防锈铝主要指 Al-Mn 系、Al-Mg 系铝合金。它属于不能热处理强化的铝合金，只能通过冷塑性变形来使其强化。这类铝合金具有良好的耐蚀性和塑性，强度不高，主要用于制造各种高耐蚀性的薄板容器、防锈蒙皮及受力小、质轻耐腐蚀的结构件，如日用铝制品、飞机的防锈蒙皮等。

2. 硬铝

硬铝主要是指 Al-Cu-Mg 系合金，属于能热处理强化的铝合金。这类铝合金经“固溶 + 时效”处理后能获得很高的强度，但耐蚀性不如防锈铝，更不耐海水的腐蚀，所以，硬铝板材的表面常包上一层纯铝或防锈铝蒙皮以提高其耐蚀性。硬铝主要用于制造中等强度的结构零件，如铆钉、螺栓及航空产品中的结构件。

3. 超硬铝

超硬铝主要是指 Al-Cu-Mg-Zn 系合金，它是在硬铝基础上加入一定量的锌而构成的合金，故也属于能热处理强化的铝合金。这类合金经“固溶 + 时效”处理后，其强度超过了硬铝，是室温下强度最高的变形铝合金，但耐蚀性较差。超硬铝主要用于飞机上受力较大的结构件，如飞机大梁、桁架、起落架、螺旋桨叶片等。

4. 锻铝

锻铝主要是指 Al-Cu-Mg-Si 系合金，它是在硬铝基础上加入一定量的硅而构成的合金，故也属于能热处理强化的铝合金。这类铝合金的性能与硬铝接近，但热塑性好，适合于热压力加工方法使其成型，所以，锻铝主要用于制造航空及仪表工业中形状复杂的结构零件。

常用变形铝合金的牌号、力学性能及用途见表 9-3。

表 9-3　常用变形铝合金牌号、力学性能及用途

类别	新牌号	旧牌号	状　态	抗拉强度/MPa	断后伸长率(%)	用途举例
防锈铝	5A02	LF2	退火	≤245	12	油箱、油管、液压容器、饮料罐、焊接件、冷冲压件、防锈蒙皮等
	3A21	LF21	退火	≤185	16	
硬铝	2A11	LY11	退火	≤245	12	螺栓、铆钉、空气螺旋桨叶片等
	2A12	LY12	淬火 + 自然时效	390 ~ 440	10	飞机上骨架零件、翼梁、铆钉、蒙皮等
超硬铝	7A04	LC4	退火	≤245	10	飞机、桁条、加强框、起落架等
锻铝	2A50	LD5	淬火 + 人工时效	353	12	压气机叶轮及叶片、内燃机活塞、在高温下工作的复杂锻件等
	2A70	LD7	淬火 + 人工时效	353	8	

四、铸造铝合金

常用铸造铝合金见表 9-4。

表 9-4　常用铸造铝合金的牌号、代号、力学性能及用途

牌　号	代号	状　态	抗拉强度/MPa	断后伸长率(%)	硬度/HBW	用途举例
ZAlSi7Mg	ZL101	金属型铸造、固溶 + 不完全人工时效	205	2	60	形状复杂的零件，如飞机及仪表零件、抽水机壳体等
ZAlSi12	ZL102	金属型铸造、铸态	155	2	50	工作温度在 200℃以下的高气密性和低载荷零件，仪表、水泵壳体等
ZAlSi2Cu2Mg1	ZL108	金属型铸造、固溶 + 完全人工时效	255	—	90	要求高温强度及低膨胀系数的内燃机活塞、耐热件等
ZAlCu5Mn	ZL201	砂型铸造、固溶 + 自然时效	295	8	70	300℃以下工作的零件，如内燃机气缸头、活塞等
ZAlMg10	ZL301	砂型铸造、固溶 + 自然时效	280	10	60	在大气或海水中工作的零件，承受大振动载荷、工作温度低于 200℃的零件，如氨用泵体、船用配件等
ZAlZn11Si7	ZL401	金属型铸造、人工时效	245	1.5	90	工作温度低于 200℃，形状复杂的汽车、飞机零件，仪器零件及日用品等

代号三位数字中的第一位表示铸造铝合金的类别，共有 1、2、3、4 四种，分别代表铝硅、铝铜、铝镁、铝锌四大系列合金，后面的两位则表示合金的顺序号，“ZL”表示“铸

铝”两字的拼音字头，如 ZL102 代表 2 号铝硅合金，ZL111 代表 11 号铝硅合金等。

铸造铝合金的牌号是由铝及主要合金元素及其含量组成的，前面冠以“Z（铸）”表示铸铝，如 ZAlSi12 表示含硅量为 12% 的铸造铝硅合金。

1. 铝硅合金

在铝硅合金系，ZAlSi12 是最典型、应用最广泛的铝硅合金，代号 ZL102。它具有良好的耐蚀性及铸造工艺性能，力学性能较低，常用于制造质轻、耐蚀、形状复杂、力学性能要求不高的零件，如气缸体、活塞、风扇叶片、仪表外壳等。

2. 铝铜合金

铝铜系铸造铝合金强度较高，加入镍、锰可提高其耐热性能，用于制造高强度或高温条件下工作的零件，如内燃机气缸、活塞等，常用牌号为 ZAlCu5Mn（ZL201）。

3. 铝镁合金

铝镁合金具有较高的强度及良好的耐蚀性，比强度高，适于制造在腐蚀性介质中工作的零件，如泵体、船舰配件或在海水中工作的构件，常用牌号为 ZAlMg10（ZL301）。

4. 铝锌合金

这类铝合金具有一定的强度，塑性差，但价格便宜，适宜制造医疗器械、仪表零件、飞机零件和日用品等，常用牌号为 ZAlZn11Si7（ZL401）。

第二节 铜及铜合金

铜及铜合金以其一定的强度，良好的导电、导热性及耐蚀性而被人们青睐，但因资源不足，价格较贵，使用上受到一定限制。

一、纯铜

纯铜呈玫瑰红色，表面氧化后呈紫色，故俗称紫铜。由于纯铜是由电解方法提炼出来的，故又称电解铜。

1. 纯铜的性能

纯铜具有面心立方晶格，没有同素异构转变。熔点 1083℃，密度为 8.96g/cm^3，强度、硬度不高，但塑性、韧性良好，容易进行压力加工。此外，纯铜具有良好的导电性和导热性（仅次于银），在大气和海水中的抗蚀性能也非常好。

2. 纯铜牌号及用途

纯铜的牌号用“T+顺序号”表示，如 T1、T2、T3 等。“T”代表纯铜，后面的顺序号越大，则其纯度就越低。纯铜由于强度硬度低，不宜制作结构零件，主要用于制造电线、电缆、铜管以及用作冶炼铜合金的原料。纯铜的牌号、化学成分及用途见表 9-5。

表 9-5 纯铜的牌号、化学成分及用途

类别	代号	化学成分(%)		用途举例
		铜	杂质总量	
纯铜	T1	99.95	0.05	导电、导热、耐腐蚀器具材料，如电线、蒸发器、雷管、储藏器等
	T2	99.90	0.10	
	T3	99.70	0.30	

（续）

类　别	代　号	化学成分(%)		用途举例
		铜	杂质总量	
无氧铜	TU1	99.97	0.03	电真空器件、高导电性导线等
	TU2	99.95	0.05	

二、铜合金的分类

除用于导电、导热材料外，机械构件中所使用的铜材主要是铜合金。铜合金共有三种，即黄铜、白铜和青铜。

（1）黄铜　以锌为主加元素的铜合金称为黄铜，即黄铜是铜锌合金。

（2）白铜　以镍为主加元素的铜合金称为白铜，也就是说，白铜是铜镍合金。

（3）青铜　除锌、镍之外，铜与其他元素组成的合金统称为青铜，如铜与锡组成的合金称为锡青铜，铜与铝组成的合金称为铝青铜等。

三、黄铜

1. 变形加工黄铜

变形加工黄铜是指通过压力加工的方法制成的具有一定截面形状的铜材，如黄铜棒、黄铜板等。这种黄铜又可分为普通黄铜和特殊黄铜两种。普通黄铜是指只含有铜、锌两种元素的二元合金；特殊黄铜是指在普通黄铜基础上加入其他元素得到的合金。

常用变形加工黄铜的代号、力学性能及用途见表 9-6。

表 9-6　变形加工黄铜的代号、力学性能及用途

类别	代号	状态	抗拉强度/MPa	断后伸长率(%)	硬度/HBW	用途举例
普通黄铜	H90	退火	260	45	53	双金属片、冷凝管、散热管、艺术品、证章等
	H68		320	55	—	弹壳、波纹管、散热器外壳、冲压件等
	H62		330	49	56	螺钉、螺母、垫圈、弹簧、铆钉等
特殊黄铜	HPb59—1		400	45	44	螺钉、螺母、轴套等冲压件或加工件
	HSn90—1		280	45	—	弹性套管、船舶用零件等
	HAl59—3—2		380	50	75	船舶、电动机及其他在常温下工作的高强度、化学性能稳定的零件
	HMn58—2		400	40	85	船舶及弱电流用零件

（1）普通黄铜　根据含锌量的不同，普通黄铜的组织有单相组织（α）和双相组织（α+β′）两种。与此相对应，普通黄铜分为单相黄铜和双相黄铜两种。当锌的质量分数低于39%时，锌能够全部溶入铜的晶格中而形成单向的 α 固溶体，这种黄铜称为单相黄铜。单相黄铜具有良好的塑性，可进行冷、热压力加工。图 9-2 所示为单相黄铜（H68）的显微组织。当锌的质量分数超过 39% 时，组织中除 α 固溶体外还出现了以电子化合物 CuZn 为基的 β′固溶体，此时合金的组织为 α + β′这种黄铜称为双相黄铜。双相黄铜只适合热压力加工。

锌的含量对黄铜力学性能的影响如图9-3所示。当锌的质量分数低于32%时，随锌的含量增加，黄铜的强度和塑性不断提高；当锌的质量分数超过32%时，由于实际生产条件下黄铜组织中已经出现了硬化相β′，使其塑性开始下降，但强度还在继续上升；当锌的质量分数超过45%时，黄铜组织全部为β′相，由于β′相硬而脆，故黄铜的性能开始恶化，强度、塑性开始急剧下降，此时黄铜已无使用价值。

图9-2　单相黄铜显微组织

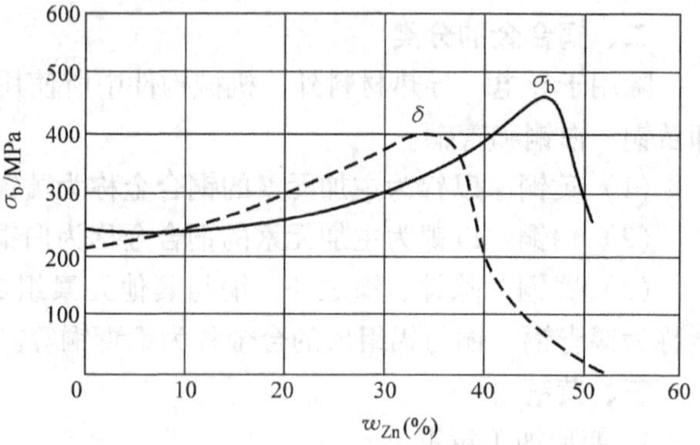

图9-3　锌的含量对黄铜力学性能的影响

普通黄铜具有良好的耐蚀性，但锌的质量分数超过7%（特别是大于20%）并经过冷变形加工后的黄铜，在含有氨气的大气中，容易产生应力腐蚀破裂的现象，称为“季裂”。

普通黄铜的代号用“H+数字”表示，“H”表示“黄铜”，数字表示铜的百分含量，如H62，表示铜的质量分数为62%，余量为锌的普通黄铜。

（2）特殊黄铜　在普通黄铜的基础上，加入其他元素得到的多元合金称为特殊黄铜。加入的合金元素有铅、锡、铝、锰、硅等，相应地称这些黄铜为铅黄铜、锡黄铜、铝黄铜等。

合金元素的加入，都能不同程度地提高黄铜的强度、耐蚀性，减少季裂倾向，改善黄铜的切削加工性。此外，锡还能提高黄铜在海水中的耐蚀性，故锡黄铜有海军黄铜之称。

特殊黄铜的牌号与普通黄铜相似，如HPb59—1，表示含铜59%，含铅1%，余量为锌（40%）的特殊黄铜。

2. 铸造黄铜

铸造黄铜具有良好的铸造性能，其熔点低，结晶温度范围小，铜液流动性好，铸件的偏析倾向小，组织致密。铸造黄铜的牌号是以“Z”开头，接着是“Cu”、“Zn”和其他元素，如ZCuZn40Mn2，表示锌的质量分数为40%，锰的质量分数为2%，余量为铜的铸造黄铜。

铸造黄铜从成分上讲与普通黄铜或特殊黄铜是一样的，只是通过铸造方法来获得形状复杂的黄铜零件。常用铸造黄铜的牌号、力学性能及用途见表9-7。

表 9-7　常用铸造黄铜的牌号、力学性能及用途

类别	牌　号	状态	抗拉强度/MPa	断后伸长率(%)	硬度/HBW	用途举例
铸造黄铜	ZCuZn38	砂型铸造	295	30	60	螺母、法兰、手柄、阀体等
	ZCuZn33Pb2		180	12	50	仪器、仪表的壳体及构件等
	ZCuZn40Mn2		345	20	80	阀体、管道接头等在淡水、海水及蒸汽中工作的零件
	ZCuZn25Al6Fe3Mn3		600	18	160	蜗轮、滑块、螺栓等

四、青铜

青铜是人类历史上使用最早的合金材料，由于这类合金表面氧化后呈青黑色，故称青铜。根据所加合金元素的不同，常用的青铜有四种，即锡青铜、铝青铜、铍青铜、硅青铜，见表 9-8。

表 9-8　青铜的代号、力学性能及用途

代　号	状态	抗拉强度/MPa	断后伸长率(%)	硬度/HBW	用途举例
QSn4—3	退火	350	40	60	弹性元件、管道配件、化工机械中的耐蚀零件及抗磁零件等
QSn6. 5—0. 1		350 ~ 450	60 ~ 70	70 ~ 90	弹簧、接触片、振动片、精密仪器中的耐磨零件等
QAl7		470	3	70	重要用途的弹簧用其他弹性元件等
QAl9—4		550	4	110	轴承、蜗轮、螺母及在蒸汽、海水中工作的高强度、耐蚀零件等
QBe2		500	3	84	重要的弹性元件、耐磨零件及在高速、高压和高温下工作的轴承等

青铜的代号用"Q + 主要元素符号 + 数字"表示，如 QAl7，表示铝的质量分数为 7%，余量为铜的铝青铜；又如 QSn4—3，表示锡的质量分数为 4%，锌的质量分数为 3%，余量为铜的锡青铜。

1. 变形加工青铜

(1) 锡青铜　锡青铜是以锡为主加元素的铜合金，锡的含量对锡青铜的组织和性能的影响如图 9-4 所示。当锡的质量分数在 6% 以下时，锡能够全部溶入铜的晶格中形成单相的 α 固溶体，锡青铜的强度和塑性随含锡量的增加而提高；当锡的质量分数超过 6% 时，组织中出现了硬而脆的、以电子化合物 Cu31Sn8 为基的 δ 固溶体，使锡青铜的强度继续升高而塑性开始急剧下降。因此，锡青铜中锡的质量分数一般控制在 3% ~14% 范

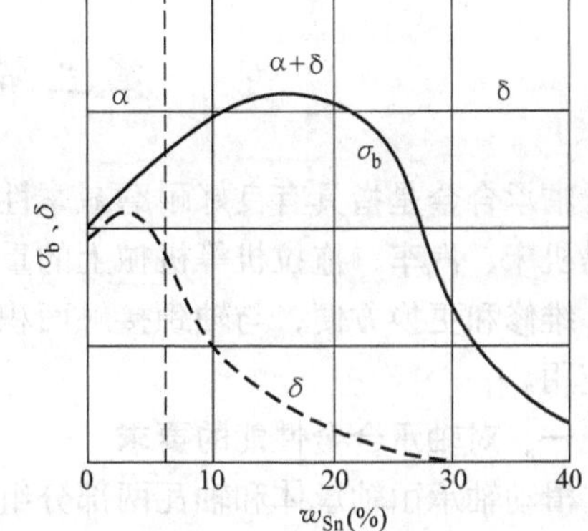

图 9-4　含锡量对锡青铜组织和性能的影响

围内。

锡青铜具有良好的减摩性、抗磁性和低温韧性，在大气、淡水、海水及高压过热蒸汽中的耐蚀性比纯铜和黄铜好，但在酸性介质中的耐蚀性较差。为进一步提高锡青铜的性能，可在原成分基础上再加入磷、锌、铅等元素，以改善其耐磨性能、铸造性能及切削加工性能。

锡的质量分数在8%以下的锡青铜，具有良好的塑性及一定的强度，适宜压力加工，可用于制作仪表上要求耐蚀和耐磨（减摩）的零件、弹性零件、抗磁零件、机器中的轴承和轴套等。含锡量较高时，锡青铜具有良好的铸造性能，适宜制造形状复杂但致密性要求不高的铸件，如机床中的滑动轴承、涡轮、齿轮、水管附件等。

（2）铝青铜　铝青铜是以铝为主加元素的铜合金，其特点是价格便宜，色泽美观，具有比锡青铜和黄铜更高的强度、耐磨性、耐蚀性及铸造性能，主要用于制造强度及耐磨性要求较高的摩擦零件，如齿轮、涡轮、轴套等。

（3）铍青铜　铍青铜是以铍为主加元素的铜合金，其中铍的质量分数一般在1.6%～2.5%范围内。铍青铜不仅具有高的强度、硬度、弹性、耐磨性、耐蚀性和耐疲劳性，而且还具有高的导电性、导热性、耐寒性。铍青铜不具有铁磁性，受冲击时不产生火花。通过淬火和时效处理，铍青铜的抗拉强度可达1400MPa，硬度可达350～400HBW。

铍青铜主要用于制造精密仪器、仪表中各种重要用途的弹性元件、耐蚀、耐磨零件、航海罗盘零件、防爆工具等。由于铍青铜价格昂贵，工艺复杂，因而使用上受到一定限制。

（4）硅青铜　硅青铜是以硅为主加元素的铜合金。硅青铜具有较高的力学性能和耐蚀性，适宜冷热压力加工，主要用于制造耐腐蚀、耐磨零件或电线、电话线等。

2. 铸造青铜

铸造青铜的牌号表示方法与铸造黄铜的牌号表示方法相同，如ZCuSn10Zn2，表示锡的质量分数为10%，锌的质量分数为2%，余量为铜的铸造锡青铜。

锡青铜在铸造时，由于其结晶温度范围较大，液态合金的流动性较差，偏析倾向较大，形成分散缩孔，使锡青铜铸件的组织不致密。但冷却凝固后体积收缩小，有利于获得尺寸及形状极接近铸型的铸件，再加上其耐蚀性良好，故锡青铜常用来制作艺术品。

常用的铸造锡青铜有ZCu10Pb1和ZCuPb30两种牌号，ZCu10Pb1主要用于重载荷、高速度的耐磨零件，如轴承、轴套、蜗轮等；而ZCuPb30则主要用于高速双金属轴瓦等。

第三节　轴承合金

轴承合金是指具有良好耐磨减摩性能、用于制造滑动轴承的轴瓦和内衬的合金。滑动轴承是机床、汽车、拖拉机等机械上的重要零件之一，与滚动轴承相比，由于滑动轴承具有制造、维修和更换方便，与轴颈接触面积大，承受载荷均匀、平稳、无噪声等优点，故得到广泛应用。

一、对轴承合金性能的要求

滑动轴承由轴承体和轴瓦两部分组成，如图9-5所示。轴瓦直接接触轴颈，轴承体在轴瓦外侧起支撑和保护轴瓦的作用。在工作时，轴瓦与轴颈之间不可避免的产生磨损，而轴是机器上的重要零件，结构复杂，制造成本高，更换起来比较困难，所以在磨损不可避免的情况下，应确保轴受到最小的磨损，而轴瓦磨损后可及时更换，保证轴继续使用，为此轴承合金应具备下列性能要求：

1）摩擦系数要低，并能贮存润滑油，减少磨损。

2）硬度要适当，既要有良好的磨合性，又要有较好的耐磨性。

3）足够的抗压强度和疲劳强度，以承受较大的周期性载荷的作用。

4）足够的塑性和韧性，以抵抗冲击和振动。

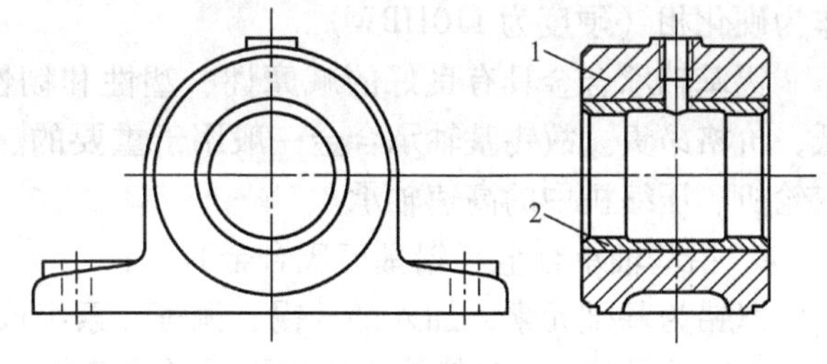

图 9-5　滑动轴承
1—轴承体　2—轴瓦（内衬）

5）良好的导热性，以利于热量散失并防止发生咬合现象。

6）良好的耐蚀性，以抵抗润滑油的腐蚀。

7）良好的铸造性能。

二、轴承合金的组织特征

合金的性能是由其组织决定的，要满足上述性能要求，轴承合金必须具有相应的组织。比较理想的组织有两种类型：一是在软的基体上分布着硬的质点；二是在硬的基体上分布着软的质点。

1. 在软的基体上分布着硬的质点

轴承在工作时，软的质点很快被磨损，下凹区域可以贮存润滑油，以保证良好的润滑条件和低的摩擦系数，减少轴颈的磨损。同时，偶然进入的外来硬物也被压入软基体中，避免轴颈擦伤。而硬质点凸出表面以支承轴颈，使轴承具有一定的耐磨性和承载能力，如图 9-6 所示。软基体组织具有良好的磨合性和抗冲击、振动的能力，但承载能力较低。属于这种组织的轴承合金有锡基和铅基轴承合金。

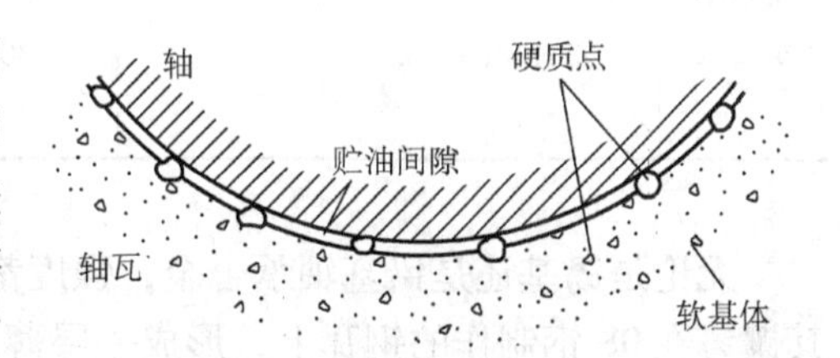

图 9-6　软基体上分布着硬质点

2. 在硬基体上分布着软质点

基体硬度较高（但不得高于轴的硬度），质点硬度较低。工作时，基体起主要支撑作用，软的质点主要起吸附和贮存润滑油的作用。这种硬基体上分布软质点的组织能承受较高的载荷和转速，但磨合性较差。属于这类组织的轴承合金有铜基、铝基轴承合金及珠光体灰铸铁。

三、常用轴承合金

常用轴承合金有锡基、铅基、铜基、铝基四种类型。由于滑动轴承的轴瓦一般都是用相应的轴承合金直接铸造而成的，所以轴承合金的牌号前都要冠以字母“Z”，基本结构是“Z+基体元素+其他合金元素”，如 ZSnSb11Cu6，“Z”是铸的拼音字头，该牌号的含义是：锑的质量分数为 11%，铜的质量分数为 6%，余量为锡的锡基轴承合金。当合金元素质量分数大于 1% 时，在该元素符号后面用整数标出；若合金元素质量分数小于 1% 时，只标元素符号，不标数字。

1. 锡基轴承合金（锡基巴氏合金）

锡基轴承合金是以锡为基础元素，加入锑、铜等元素组成的合金。锑能溶入锡中形成 α

固溶体作为软基体（硬度为30HBW），同时锑、铜又能和锡形成金属化合物SnSb、Cu6Sn5作为硬化相（硬度为110HBW）。

锡基轴承合金具有良好的减摩性、塑性和韧性，良好的导热性和耐蚀性，但疲劳强度低，价格昂贵。故锡基轴承合金一般用于重要的、高速轻载下工作的滑动轴承，如发动机、汽轮机、压缩机中的高速轴承。

2. 铅基轴承合金（铅基巴氏合金）

以铅为基础元素，加入锑、锡、铜等元素组成的合金称为铅基轴承合金。其中软基体是（α+β）共晶体，α是锑溶入铅中形成的固溶体，而β是以化合物SnSb为基的含铅固溶体，硬化相是先结晶出的晶体β和化合物Cu2Sb。

铅基轴承合金的强度、硬度、韧性都比锡基轴承合金低，而且摩擦系数大，但价格便宜，一般只用于承受中等载荷作用的中速轴承。常用锡基和铅基轴承合金的牌号、力学性能及用途见表9-9。

表9-9 常用锡基和铅基轴承合金的牌号、力学性能及用途

类别	牌　　号	铸造方法	硬度/HBW	用途举例
锡基轴承合金	ZSnSb8Cu4	金属型铸造	24	大型机器轴承、汽车发动机轴承等
	ZSnSb11Cu6		27	蒸汽机、涡轮机、涡轮泵及内燃机中的高速轴承
铅基轴承合金	ZPbSb15Sn5		20	低速、轻压力机械轴承
	ZPbSb16SnCu2		30	工作温度低于120℃、无明显冲击载荷作用的高速轴承，如汽车和拖拉机中的曲轴轴承、电动机轴承、起重机轴承、重载荷推力轴承等

无论是锡基还是铅基轴承合金，强度都比较低，不能承受很大压力，因此，工作时需将其镶铸在08钢制作的钢瓦上，形成一层薄而均匀的内衬，来发挥轴承合金的作用。这种工艺方法称为“挂衬”，挂衬后形成双金属轴承。

3. 铜基轴承合金

铅青桐、锡青铜是常用的两种铜基轴承合金，如ZCuPb30、ZCuSn10P1等。铅和铜在固态时互不溶解，因此铅青铜的室温组织为Cu + Pb。其中，铜为硬基体，铅为软质点。这类合金可以承受较大的压力，而且具有良好的耐磨性、导热性及疲劳强度，并能在较高温度下工作，广泛用于高速重载下工作的滑动轴承，如航空发动机轴承、大功率汽轮机轴承及高速柴油机轴承等。

4. 铝基轴承合金

以铝为基本元素，加入锑、锡等元素组成的轴承合金称为铝基轴承合金，其中的硬基体是铝，软质点是球状锡晶粒。该轴承合金具有原材料丰富、价格便宜、导热性好、疲劳强度高和耐蚀性好等一系列优点，而且能连续轧制生产，广泛应用于高速重载下工作的汽车、拖拉机及柴油机轴承。其主要缺点是线膨胀系数大，运转时易与轴咬合，尤其是在冷起动时危险性更大。

常用的铝基轴承合金有铝锑镁轴承合金和铝锡轴承合金，其中牌号为ZAlSn20Cu1的高锡铝基轴承合金应用最广，主要用于制造中速中载的发动机轴承。

5. 珠光体灰铸铁

珠光体灰铸铁也属于一种滑动轴承材料，其中的珠光体基体为硬基体，弥散分布的石墨片为软质点。铸铁轴承可以承受较大的压力，价格便宜，但摩擦系数大，导热性差，故只能用于低速的、不太重要的轴承。

【小结】 本章主要介绍了铝及铝合金、铜及铜合金及轴承合金基本知识。学习后应掌握以下内容：第一，新旧铝合金牌号表示方法；第二，常用的变形铝合金、铸造铝合金，以及它们的应用范围；第三，黄铜的种类、组成、性能及牌号表示方法；第四，常用青铜的牌号、性能特点及应用范围；第五，轴承合金的组织特点、性能特点及应用。

练　习　题（9）

一、填空题

1. 常用的变形铝合金有__________、__________、__________和__________四种。
2. 常用的铸造铝合金有__________、__________、__________和__________四种。
3. 铜合金有三种，即__________、__________和__________。

二、判断题

1. 铝合金强度较低，而且都不能通过热处理强化。（　　）
2. 铝合金经固溶处理后，其强度、硬度会立即提高。（　　）
3. 所谓青铜，是指除锌、镍以外，铜与其他元素所组成的合金。（　　）

三、解释下列合金牌号

1. 1070　2. 5A02　3. 2A11　4. 2A70　5. T1　6. H62　7. HPb59—1　8. QSn4—3　9. QAl9—4

四、简答题

1. 铝合金的热处理为“固溶＋时效”，请解释“固溶”和“时效”各是什么意思？
2. 锡青铜在使用上有哪些良好的特性？

第十章 硬质合金

高精度、高效率的机械加工设备对刀具的性能提出了更高的要求，钢制刀具无论从耐磨性还是从热硬性方面都已不能满足高速切削的需要，于是出现了硬质合金。

大多数金属材料如钢、铸铁、有色金属等，都是通过冶炼、铸锭、轧制等工艺方法来获得的，而硬质合金是以一种特殊的冶金工艺——粉末冶金工艺来获得的，即把高熔点的金属（或金属化合物）先制成粉末，再把粉末压制成型并将其在高温下进行烧结。这种不用熔炼和铸造，而是通过压制、烧结金属（或金属化合物）粉末来制造零件的工艺方法称为粉末冶金工艺，简称粉末冶金。

第一节 硬质合金制备工艺

一、粉末冶金工艺过程

粉末冶金是制备硬质合金的主要工艺方法，是用金属（或金属化合物）粉末作原料，经过压制、烧结等工序制成各种金属制品或金属材料的一种冶金方法。其工艺过程包括制粉、筛分、配料混合、压制成型、烧结及后处理等几个环节。

1. 制粉

制粉就是将金属（或金属化合物）制成粉末，常用的制粉方法有机械粉碎法、还原法、雾化法及电解法等。粉末制得越细，成型后的力学性能就越好。

2. 筛分

筛分就是把制成粉末的各种金属（或金属化合物）材料进行过筛分级，选取符合工艺要求的粉末，等待配料混合，对不符合工艺要求的粉末进行回收。

3. 配料混合

将筛分后符合工艺要求的金属（或金属化合物）粉末按一定比例进行混合。为改善粉末的成型性和可塑性，在粉末中还需加入多种辅助材料，如橡胶、石蜡、硬脂酸锌等。将这些原料配好后，再经混料器混合，使各种成分分布均匀。

4. 压制成型

把混合均匀的金属（或金属化合物）粉末压制成一定形状和尺寸的压坯，并使其具有一定的密度和强度。使用最多的成型方法是模压成型，如图 10-1 所示。

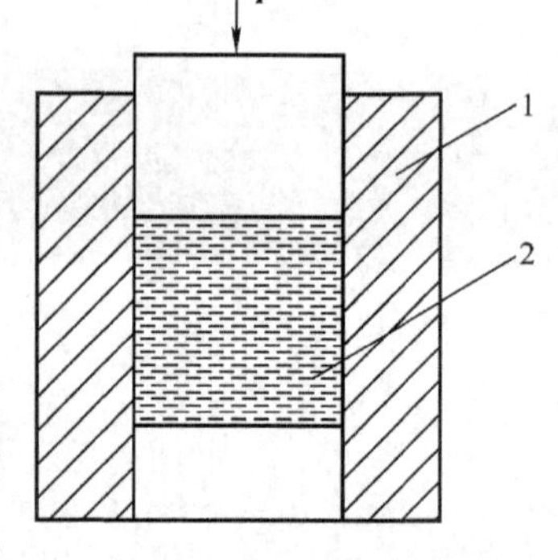

图 10-1 模压成型示意图
1—模型 2—粉末

5. 烧结

烧结是粉末冶金的关键工序，是将压制成型后的压坯件放入通有保护气氛（煤气、氢气等）的高温炉或真空炉中进行烧结，使其得到所要求的物理性能和力学性能的工序。硬质合金的烧结温度一般为 1350 ~ 1550℃。

6. 后处理

粉末冶金制品经烧结后可直接使用。有时为了提高其使用性能和寿命，对烧结后的粉末冶金制品还要进行精压、切削加工、浸渍或热处理等辅助处理。

二、粉末冶金优缺点

粉末冶金与常规的熔炼冶金方法相比，具有以下优缺点：

1. 优点

1）它是一种特殊的金属材料加工技术，特别适合一些高熔点、高硬度金属材料的加工，同时又是一种少切屑或无切屑的加工工艺。

2）通过粉末冶金方法制作的零件尺寸准确、表面光洁，可以减少工艺消耗，节约金属。

3）机械化作业，生产效率比较高，生产成本低。

2. 缺点

1）由粉末压制而成的压坯，其内部的孔隙不能完全消除，故其强度、韧性比相应成分的铸件、锻件低。

2）由于金属粉末的流动性远不如金属液，故其形状和大小受到限制，一般不超过10kg。

3）压模制造成本高，只适用于大量生产。

第二节 硬质合金材料简介

硬质合金，是以一种或几种难熔金属的碳化物（如WC、TiC等）作主要原料，以金属钴（Co）作粘结剂，通过粉末冶金方法而获得的一种高硬度合金材料。

一、硬质合金的性能特点

1. 很高的硬度、耐磨性及热硬性

硬质合金硬度一般在86～93HRA范围内，相当于69～81HRC；在1000℃高温下仍保持较高的硬度及良好的切削性能；作为切削刀具时，其切削速度比高速钢高4～10倍，使用寿命比高速钢高5～8倍。

2. 良好的耐蚀性、抗氧化性及低的热膨胀系数

硬质合金是由难熔金属的碳化物组成的，这些碳化物的化学性质很稳定，不易与周围的介质发生化学、电化学反应，且温度变化不会导致相变产生，故膨胀系数低。

3. 抗压强度高，抗弯强度及韧性较低

硬质合金属于脆性材料，其抗压强度很高（达6000MPa），但抗弯强度较低，只有高速钢的1/3～1/2，韧性较差，只有高速钢的1/30～1/4。

4. 工艺性不好

硬质合金是通过粉末冶金方法压制、烧结而成的，硬度极高，用常规的切削或磨削方法很难改变其形状和尺寸，只能采用特种加工（如电火花加工、线切割等）或专门的砂轮磨削。另外，硬质合金导热性差，在室温下几乎没有塑性，因此在磨削和焊接时，急冷和急热都会形成很大的热应力，严重时会产生表面裂纹。

二、硬质合金的应用

在机械制造中，硬质合金主要用于制造刀具、冷作模具、量具及耐磨零件等。用硬质合金制作切削刀具时，通常都是将硬质合金刀片用钎焊、粘结或机械装夹等方式固定在刀架上使用，在采矿、采煤、石油和地质钻探等行业中，也用硬质合金来制造钎头和钻头等。

三、常用硬质合金

按组成成分和使用特点不同，硬质合金可分为钨钴类、钨钴钛类和通用类（万能类）硬质合金三种。

1. 钨钴类硬质合金

主要成分为碳化钨和钴，其牌号结构是“YG + 数字”。“YG”是“硬”、“钴”两字的拼音字头，数字表示粘结剂“钴”的质量分数。如 YG8，表示含钴 8%，余量为碳化钨的钨钴类硬质合金。

钨钴类硬质合金的强度、韧性等指标较高，但耐磨性较差，且随着含钴量的增加，其强度、韧性会随之升高，而硬度及耐磨性则随之降低，故钨钴类硬质合金刀具主要用于脆性材料的加工，如铸铁等。一般地，大牌号钨钴类硬质合金用于粗加工，小牌号用于精加工。

2. 钨钴钛类硬质合金

主要成分为碳化钨、碳化钛和钴，它是在钨钴类硬质合金基础上加入一定量的碳化钛而得到的，其牌号结构为“YT + 数字”。“YT”分别代表“硬”、“钛”两个字的拼音字头，数字代表合金中碳化钛的质量分数。如 YT15，表示含碳化钛为 15%，余量为碳化钨和钴的钨钴钛类硬质合金。

钨钴钛类硬质合金硬度及耐磨性较高，但韧性不如钨钴类硬质合金，且随着碳化钛含量的增加，其硬度和耐磨性会随之增加，而强度、韧性会随之降低。这类硬质合金刀具主要用于加工塑性材料，如各种中、低碳钢（45 钢、20 钢等）。一般地，小牌号钨钴钛类硬质合金用于粗加工，大牌号用于精加工。

3. 通用类（万能类）硬质合金

主要成分是碳化钨、碳化钛、碳化钽（碳化铌）和钴，它是在钨钴钛类硬质合金基础上，用一定量的碳化钽（或碳化铌）代替一部分碳化钛而得到的。其牌号结构是“YW + 数字”，“YW”分别代表“硬”、“万（万能）”两字的拼音字头，后面的数字为顺序号，如 YW1，表示 1 号通用类硬质合金。

通用类硬质合金综合性能比较好，因它是由钨钴钛类硬质合金改进而来的，故除具有较高硬度及耐磨性外，其抗弯强度、韧性也得到较大提高。通用类硬质合金刀具主要用于那些切削性能不好的特种钢的加工，如不锈钢、耐热钢、高锰钢等。

常用硬质合金的牌号、化学成分、力学性能及用途见表 10-1。

表 10-1　常用硬质合金的牌号、化学成分、力学性能及用途

类　别	牌号	化学成分(%)				硬度/HRA	抗弯强度/MPa	用　途
		WC	TiC	TaC	Co			
钨钴类合金	YG3	97	—	—	3	91	1100	用于脆性材料加工，如铸铁、青铜等
	YG6	94	—	—	6	89.5	1422	
	YG8	92	—	—	8	89	1500	
	YG15	85	—	—	15	87	2060	
	YG20	80	—	—	20	85	2600	
钨钴钛类合金	YT5	85	5	—	10	89.5	1373	用于塑性材料的加工。如 20 钢、Q235、45 钢、40Cr 等
	YT15	79	15	—	6	91	1150	
	YT30	66	30	—	4	92.5	883	
通用合金	YW1	84 ~ 85	6	3 ~ 4	6	92	1230	用于特种钢的加工，如不锈钢、耐热钢、耐磨钢等
	YW2	82 ~ 83	6	3 ~ 4	8	91.5	1470	

硬质合金除用于刀具外，还可用于制造冷作模具、量具及某些耐磨零件，如冷拔模、冲模、冷挤压模、冷镦模等。在量具的易磨损面上镶以硬质合金，不仅可以大大提高其使用寿命，而且可使测量更加可靠和准确。对于许多要求耐磨的机械零件，如车床顶尖、无心磨床的导杆和导板等，也都可采用硬质合金。模具、量具、及耐磨零件所用的硬质合金一般都是“YG”类硬质合金。

【小结】 本章主要介绍了粉末冶金的生产工艺过程及应用范围，介绍了硬质合金的组成、性能、种类及使用范围。通过学习本章，需要了解以下内容：第一，粉末冶金的基本工艺过程及应用；第二，硬质合金的组成及性能特点；第三，常用硬质合金的种类、牌号及应用范围。

练 习 题（10）

一、填空题

1. 粉末冶金工艺过程主要包括________、________、________、________、________和________六个基本环节。

2. 常用硬质合金的种类有________、________和________三种。

3. YG15 属于________类硬质合金，“15”代表________的质量分数，其刀具主要用于________材料的加工。

4. YT30 属于________类硬质合金，“30”代表的是________的质量分数，其刀具主要用于________材料的加工。

二、简答题

1. 简述硬质合金的性能特点。

2. YG 类、YT 类和 YW 类硬质合金的主要组成成分各是什么？

第十一章　其他工程材料

在机械产品中，金属材料以其优良的使用性能和工艺性能长期占据着主导地位，随着工业技术的不断进步，工程材料的使用结构也在发生着变化，新的工程材料不断涌现，除金属材料以外，机械产品或工程上常用的材料还有高分子材料、陶瓷材料和复合材料等，这些材料以其特殊的性能（如质轻、耐蚀、绝缘、隔热等）在机械产品中所占比重越来越大，其使用量也在迅速增加。

第一节　高分子材料

高分子材料可分为天然高分子材料和人工合成高分子材料两大类。天然高分子材料有羊毛、蚕丝、淀粉、橡胶等，工程上使用的高分子材料主要是人工合成的，如塑料、合成橡胶、合成纤维等。

一、高分子材料的基本概念

所谓高分子材料，是指以高分子化合物（即相对分子质量很大的化合物）为主要组成成分的材料。一般地，相对分子质量小于500的化合物称为低分子化合物；相对分子质量大于500的化合物称为高分子化合物。表11-1列举了几种常见物质的相对分子质量。

表11-1　常见物质的相对分子质量

类　别	低分子物质				高分子物质				
名　称	水	石英	乙烯	单糖	天然高分子物质			人工合成高分子物质	
	H_2O	SiO_2	$CH_2=CH_2$	$C_6H_{12}O_6$	橡胶	淀粉	纤维素	聚苯乙烯	聚氯乙烯
相对分子质量	18	60	28	180	200000~500000	>200000	570000	>50000	50000~160000

高分子化合物的相对分子质量虽然很大，但它的化学组成并不复杂。它们都是由一种或几种简单的低分子化合物重复连接而成的，这种低分子化合物连接起来形成高分子化合物的过程，称为聚合反应，例如，聚乙烯是由低分子乙烯聚合而成的，聚氯乙烯是由低分子氯乙烯聚合而成的。那些形成高分子化合物的低分子化合物称为单体，如聚氯乙烯的单体是氯乙烯，聚乙烯的单体是乙烯等，所以，高分子化合物也称高聚物。

由单体聚合为高聚物的基本方式有两种，一种是加聚反应，另一种是缩聚反应。

1. 加聚反应

由一种或多种单体相互结合而形成大分子链高聚物的过程称为加聚反应。加聚反应是高分子材料工业合成的基础，约有80%的高分子材料都是由加聚反应得到的，如合成橡胶、聚乙烯、聚丙烯塑料等都是加聚反应的产物。

2. 缩聚反应

具有官能团（如—OH、—COOH、—NH_3 等）的单体彼此互相反应形成大分子链高聚物的过程称为缩聚反应。缩聚反应有很大的实用价值，由缩聚反应得到的高聚物有酚醛树脂、环氧树脂、聚酰胺、有机硅树脂等。

二、高分子材料的分类

高分子材料种类繁多，一般按工艺性质可分为塑料、橡胶、胶粘剂及纤维四大类。塑料按其热性能分，有热塑性塑料和热固性塑料两类；橡胶按其来源分，有天然橡胶和人工合成橡胶两类；胶粘剂分有机胶粘剂和无机胶粘剂两类；纤维分天然纤维（棉花、羊毛、蚕丝、麻等）和化学纤维（粘胶纤维、尼龙、涤纶等）。其他分类方法见表 11-2。

表 11-2　高分子材料常见的分类方法

分类原则	类别	举例
按高分子材料的用途	塑料	ABS、尼龙等
	橡胶	丁苯橡胶、氯丁橡胶等
	纤维	玻璃纤维、石棉纤维等
	胶粘剂	骨胶、环氧通用胶等
	涂料	环氧树脂漆等
按高分子材料的来源	天然高分子材料	淀粉、天然橡胶、纤维素等
	人造及合成高分子材料	合成纤维、合成橡胶等
按聚合反应的类型	加聚高分子材料	聚乙烯、聚氯乙烯等
	缩聚高分子材料	酚醛树脂、环氧树脂等
按高分子材料的结构	线型高分子材料	聚甲醛、聚苯乙烯等
	体型高分子材料	酚醛树脂、环氧树脂等
按高分子材料的热性能及成形工艺特点	热固性高分子材料	酚醛树脂、环氧树脂等
	热塑性高分子材料	聚酰胺、有机玻璃等

三、高分子材料的命名方法

天然高分子材料按其来源和性质以专用名称命名，如纤维素、蛋白质、淀粉等；加聚类高分子材料通常在其单体（即低分子原材料）前加“聚”字，如聚乙烯、聚氯乙烯等；缩聚类和共聚类高分子材料在其单体后加“树脂”或“橡胶”，如酚醛树脂、丁苯橡胶等；结构复杂的高分子材料可直接称其商品名称，如有机玻璃、涤纶树脂、锦纶、尼龙等。

除以上几种命名方法外，还有些高分子材料是用其英文名称的缩写来命名的，如 PVC、ABS、PE 等。

四、常用高分子材料

1. 塑料

（1）塑料的分类　按塑料的热性能可分为热塑性塑料和热固性塑料；按塑料的使用范围可分为通用塑料、工程塑料和耐高温塑料，见表 11-3。

（2）塑料的组成　塑料是以树脂（天然树脂、合成树脂）为主要成分，加入其他添加剂，在一定温度压力下塑制成型的一种非金属材料。它具有密度小、比强度高、化学稳定性好、电绝缘性好以及减振、减摩、隔声、绝热、透光等一系列优良特性。根据性能特点不同，机械工程中常用的塑料有聚乙烯、尼龙、ABS、聚四氟乙烯等。常用塑料的代号、特点及用途见表11-4。

1）树脂：树脂是塑料中的主要成分，起着粘结剂的作用，它将其他组分粘结成一个整体，使其具有一定的成型性和强度，所以，树脂的种类、性质及加入量将决定塑料的性能。目前所用树脂主要以合成树脂为主，有些合成树脂可直接用作塑料，如聚乙烯、聚苯乙烯、尼龙（聚酰胺）、聚碳酸酯等，而有些合成树脂不能直接用作塑料，必须加入添加剂，如酚醛树脂、聚氯乙烯等。

2）添加剂：添加剂是为改善塑料的力学、物理及化学性能而加入的一些物质，常用的添加剂有：增塑剂、稳定剂、填充剂、固化剂、着色剂等。其中，增塑剂的作用是提高塑料的可塑性和柔软性；稳定剂的作用是提高塑料在光、热作用下的化学稳定性；填充剂的作用是提高塑料的机械强度、耐热性、绝缘性等；固化剂的作用是缩短塑料成型后的固化时间；着色剂的作用是使塑料具有不同的颜色。

表11-3 塑料的分类

分类方法	分类名称	工艺性能特点	典型品种
按成型工艺性能分	热固性塑料	加热或加入固化剂后可固化成型，成型后质地坚硬、性能稳定，不再溶于溶剂中，也不能用加热方法使它再软化，强热则分解、破坏。故这类塑料只能成型一次，不能反复成型	酚醛、聚氨酯、不饱和聚酯、有机硅、环氧、氨基等
	热塑性塑料	受热软化、熔融，具有可塑性，可塑制成一定形状的制品，冷却后坚硬，再热又可软化，塑制成另一形状的制品。故这种塑料可反复使用，多次成型，而其基本性能不变	聚乙烯、聚丙烯、聚氯乙烯、聚苯乙烯、ABS、有机玻璃、聚甲醛、尼龙、聚碳酸酯、聚砜等
按实际应用情况及性能特点分	通用塑料	产量大、价格低、通用性强，用途广泛	聚氯乙烯、聚乙烯、聚苯乙烯、聚丙烯、酚醛、氨基
	工程塑料	很好的机械强度、韧性和刚度，良好的耐蚀性、耐磨性、自润滑性及尺寸稳定性	聚酰胺（尼龙）、聚甲醛、聚碳酸酯、ABS、聚砜等
	耐高温塑料	耐热性好，工作温度一般在150℃以上，但价格贵、产量小、应用范围不太广	有机硅、氟塑料、聚酰亚胺、芳香尼龙等

表11-4 常用塑料的代号、特点及用途

类别	名称	代号	主要特点	用途举例
热塑性塑料	聚乙烯	PE	具有良好的耐蚀性和电绝缘性	薄膜、塑料瓶、电线电缆的绝缘材料及管道、中空制品等
	聚酰胺（尼龙）	PA	具有较高的强度和韧性，耐磨、耐疲劳、耐油、耐水，但吸湿性大，日光下曝晒易老化	用于制造一般机械零件，如轴承、齿轮、凸轮轴、蜗轮、泵及阀零件等
	聚甲醛	POM	具有优良的综合力学性能，吸湿性较小，尺寸稳定性高，但遇火易燃，曝晒易老化	用于制造减摩、耐磨零件，如齿轮、轴承、叶轮、仪表外壳、阀、汽化器、线圈骨架等

（续）

类别	名　称	代号	主要特点	用途举例
热塑性塑料	聚碳酸脂	PC	具有良好的力学性能、耐热性、耐寒性及电性能，尺寸稳定性高，但耐候性不够，长期曝晒易开裂	用于制造机械传动零件、高绝缘性零件及飞机构件，如轴承、齿轮、蜗轮、蜗杆、垫圈、电容器、飞机挡风罩及座舱盖等
	聚四氟乙烯	F—4	具有优良的耐低温、耐腐蚀、耐候性和电绝缘性能，不受任何化学药品的腐蚀，但强度和刚度较低，250℃以上分解并放出毒性气体	用于制造有特殊性能要求的零件，如化工机械中的过滤板、反应罐、贮藏液态气体的低温设备、自润滑轴承、密封环等
	ABS塑料	ABS	具有良好的综合性能，尺寸稳定性好，易于成型加工	用途广泛，如方向盘、手柄、仪表盘、化工容器、电器设备外壳等
	聚砜	PSU	具有良好的电绝缘性和化学稳定性，尺寸稳定性好，蠕变值极低，可在 -100℃ ~150℃下长期工作	用于制造耐腐蚀、耐磨及绝缘零件，如汽车零件、齿轮、凸轮、仪表精密零件、管道、涂层等
	有机玻璃	PMMA	强度高、透光性好、耐老化、易于成型加工	用于制造航空、仪器仪表及无线电工业中的透明件，如飞机座舱、汽车风窗玻璃、屏幕、光学镜片等
热固性塑料	酚醛塑料	PF	具有良好的耐热性、绝缘性、化学稳定性和尺寸稳定性，蠕变值低，强度、硬度高，脆性大，价格便宜	用于制造磨损零件，如轴承、齿轮、刹车片、离合器片等，在电器工业中的应用也很广泛
	环氧塑料	EP	强度和韧性高，电绝缘性、化学稳定性及耐有机溶剂性好	用于制造塑料模具、量具、电子元件等，也是一种封装材料

除上述添加剂之外，还有发泡剂、防老化剂、抗静电剂、阻燃剂等。这些添加剂需要根据塑料的品种及使用要求有选择地进行加入，并非每种塑料都要加入这些添加剂。

2. 橡胶

橡胶是一种有机高分子材料，是工业上用途广泛的工程材料，其独特性能是高弹性，此外还具有一定的机械强度，并能缓和冲击、吸收振动以及耐磨、绝缘、密封等特性。

（1）橡胶的组成　橡胶主要由生胶（生橡胶）和配合剂组成，配合剂包括硫化剂、填充剂、防老化剂、着色剂等。

硫化是橡胶加工的一个重要工艺过程，未经硫化的生胶是没有使用价值的。所谓硫化，就是将一定量的硫化剂（硫磺）加入生胶中，在规定的温度下保温一段时间，使塑性的胶料变成具有高弹性的硫化胶。

填充剂：可增加橡胶容积，节约生胶，降低成本，一般为炭黑、氧化硅、滑石粉等。

防老化剂：可延缓老化，延长橡胶使用寿命，如防老剂A、防老剂D及防老剂4010等。

着色剂：使橡胶具有不同颜色。

其他配合剂还有硫化促进剂、软化剂、补强剂、活性剂等。

（2）橡胶的分类　橡胶的分类如下所示

橡胶
- 按来源分
  - 天然橡胶：由含胶植物中的胶汁加工而成
  - 合成橡胶：由化工原料经人工合成而得
- 按用途分
  - 通用橡胶：产量大、应用广、使用上无特殊要求的橡胶
  - 特种橡胶：用于特定场合的橡胶，如耐油、耐酸橡胶等
- 按物理状态分
  - 生橡胶：未加配合剂的原始胶料
  - 熟橡胶：加入配合剂而具有一定使用性能的橡胶
  - 硬橡胶：含有大量硫磺的生胶经硫化后制得的硬质产品
  - 混炼胶：生胶中加入配合剂半混匀后制成的半成品
  - 再生胶：以旧橡胶制品为原料制成的翻新橡胶
  - 液体橡胶：呈液态，用作粘结剂的橡胶

（3）橡胶的种类、特点及应用　较高的弹性是橡胶制品的共性，但不同的橡胶材料又有其不同的性能特点，如天然橡胶的弹力大，且具有良好的绝缘性、耐磨性、耐寒性，但容易老化变质，耐油性、耐热性、耐溶剂性不好；氯丁橡胶的耐油性、耐溶剂性、耐酸碱性及耐老化性均良好，但其耐寒性、电绝缘性不好。所以选择橡胶材料时，必须了解其性能特点，否则会降低其使用寿命。常用橡胶的种类、特点及用途见表11-5。

表11-5　常用橡胶的种类、特点及用途

类别	代号	主要特点	用途举例
天然橡胶	NR	具有良好的耐磨性、抗撕裂性和加工性能，但耐高温、耐油、耐溶剂性、耐臭氧性及耐老化性差	用于制造轮胎、胶带、铁路用防振垫、通用橡胶制品等
丁苯橡胶	SBR	具有较好的耐磨性、耐热性和耐老化性能，质地均匀，价格便宜，但耐寒性和加工性能较差	
顺丁橡胶	BR	具有良好的弹性、耐磨性和耐低温性能，但抗拉强度、抗撕裂性和加工性能较差	主要用于制造轮胎、胶带、胶管、胶鞋等
氯丁橡胶	CR	具有良好的耐油、耐溶剂、耐氧化、耐老化、耐酸、耐碱、耐热、耐燃烧等性能，但密度大、电绝缘性和加工性能较差	用于制造胶管、传送带、垫圈、油罐衬里、各种模型制品、门窗嵌条等
硅橡胶	—	具有良好的耐候性、耐臭氧性和电绝缘性，可在-100～300℃下工作，但强度低、耐油性差	用于制造航空航天工业中的密封制品、食品工业中的运输带及罐头密封圈、医药卫生行业中的橡胶制品，也可用于电子设备的电线电缆外皮等
氟橡胶	FPM	具有优良的耐蚀性，可在315℃下工作，耐油、耐高真空及抗辐射能力良好，但加工性能较差，价格较贵	用于特殊用途，如化工设备的衬里、垫圈、高级密封件、高真空橡胶件等

第二节　陶瓷材料

一、陶瓷材料的定义、特点及分类

1. 陶瓷的定义

陶瓷是指以天然矿物或人工合成的各种化合物为基本原料，经粉碎、成形和高温烧结等工序而制成的一种无机非金属固体材料。从产品的种类来讲，陶瓷是指陶类和瓷类两大类产品的总称，后来发展到泛指整个硅酸盐材料及新型无机材料。

2. 陶瓷的性能特点

陶瓷的产品种类很多，性能各异，归纳起来，其共同的特点是硬度高、抗压强度大、耐高温、耐腐蚀、隔热、绝缘、耐磨等，某些特种陶瓷还具有透明、导电、导磁、导热、超高频绝缘等特性。而陶瓷的主要缺点是质脆，经不起敲打碰撞，并且陶瓷还存在成形精度差、难修复、装配连接不良等不足。

3. 陶瓷的分类

陶瓷通常分为传统陶瓷和特种陶瓷两大类。传统陶瓷又称普通陶瓷，它是以天然的硅酸盐矿物（粘土、长石、石英等）为原料制成的，因此这类陶瓷也称硅酸盐陶瓷，主要用于日用、建筑、卫生陶瓷制品及高、低压绝缘用陶瓷制品等；特种陶瓷又称为现代陶瓷或新型陶瓷，它是为提高陶瓷的性能，以纯度较高的人工化合物为基本原料，并沿用传统陶瓷的制造工艺而制得的。常用特种陶瓷有以下几种：

（1）氧化物陶瓷　如氧化铝瓷、氧化镁瓷、氧化钛瓷等。

（2）非氧化物陶瓷　如氮化硼瓷、碳化硅瓷、氟化钙瓷等。

（3）复合陶瓷　如由氧化铝和氧化镁组合而成的镁铝尖晶石瓷，由氧化铝与氮化硅组合而成的氧氮化硅铝瓷等。

（4）金属陶瓷　如氧化物基金属陶瓷、碳化物基金属陶瓷、硼化物基金属陶瓷等。

（5）纤维增强陶瓷　在陶瓷基体中添加金属纤维或无机纤维而成的一种高强度、高韧性陶瓷。

工程中常用的陶瓷材料有普通陶瓷、氧化铝陶瓷、氮化硅陶瓷和氮化硼陶瓷四种，其特点和用途见表11-6。

表11-6　常用陶瓷的种类、特点及用途

类　别	名　称	主要特点	用途举例
普通陶瓷（粘土类陶瓷）	日用陶瓷 化工陶瓷 绝缘用陶瓷	质地坚硬、耐腐蚀、不导电，加工成形性好，价格便宜，但强度较低，耐高温性能较差	用于化工、电气、纺织、建筑等行业，如容器、反应塔、管道、绝缘子等
氧化铝陶瓷（Al_2O_3）	刚玉瓷 莫来石瓷 刚玉莫来石瓷	强度、硬度高，具有良好的电绝缘性和耐蚀性，可在1500℃下工作，但脆性大，耐急冷急热性能差	用于制作高温容器、坩埚、热电偶绝缘套筒管、内燃机火花塞、切削刀具等
氮化硅陶瓷（Si_3N_4）	反应烧结氮化硅瓷	具有良好的化学稳定性、电绝缘性和耐急冷急热性能，硬度高、耐磨性好	用于制造耐磨、耐腐蚀、耐高温、绝缘的零件，如高温轴承、阀、燃气轮机叶片、各种泵的配件等
氮化硼陶瓷（BN）	六方氮化硼陶瓷	具有良好的化学稳定性、电绝缘性、耐热性及耐急冷急热性能，热稳定性和热导率较高，可进行切削加工	用于制作刀具或磨料
	八方氮化硼陶瓷		用于制造高温轴承、玻璃制品的成形模具等

二、陶瓷的制作工艺

陶瓷的生产过程一般包括原料处理、坯料成形和窖炉烧结三个阶段。

原料处理，就是在成形前将各种原料进行粉碎、研细，并按照一定的配比及成形工艺要求制成粉料、浆料或可塑泥团。

坯料成形，就是将陶瓷坯料按要求制成各种形状的瓷坯。常用的成形方法有可塑成形、压制成形和注浆成形三种。可塑成形法是通过手工或机械对可塑泥团进行挤压、车削，使其成形；压制成形法是指将含有一定水分和添加剂的粉料放入模具中，然后施以压力使之成形；注浆成形法是指将浆料注入模具中，经过一定时间后，使其在模具内固化成形。注浆成形法一般用于形状复杂、尺寸精度要求不高的陶瓷制品。

窖炉烧结，就是将瓷坯放入窖炉里焙烧，使瓷坯定形并具有一定强度。没有经过烧结的瓷坯强度低，无光泽，不能投入使用，因此，对成形后的瓷坯必须经过干燥、涂釉，然后进行烧结，使其具有一定的强度、硬度，才能作为陶瓷制品投入使用。

第三节　复合材料

金属材料、高分子材料和陶瓷材料作为工程材料的三大支柱，在使用性能上各有其优点和不足，而工程实际中对材料的性能要求往往是多方面的，如强度、韧性、熔点、密度、耐蚀性、耐磨性、耐热性等，让一种材料同时满足多方面的性能要求是很难的，于是出现了复合材料。

所谓复合材料，就是由两种以上物理、化学性质不同的物质经人工合成而得到的一种多相固体材料。由于不同材料在使用性能上可以互补，故复合材料基本上能够满足工程实际对材料性能的多方位要求，如钢筋混凝土、钢丝轮胎、玻璃钢等都属于复合材料。

一、复合材料的特点

组成复合材料的原材料可以是金属与金属、非金属与非金属或金属与非金属。与其他单一金属或非金属材料相比，复合材料具有以下特点：

1. 比强度和比模量较高

复合材料不仅具有较高的强度和弹性模量，而且由于其密度小，故比强度（抗拉强度/密度）和比模量（弹性模量/密度）比其他单一材料高得多。表 11-7 为常用材料的性能比较。

表 11-7　常用材料性能比较

材　料	密度/($g \cdot cm^{-3}$)	抗拉强度/MPa	弹性模量/MPa	比强度/m
钢	7.8	1030	210000	13000
铝	2.8	470	75000	17000
钛	4.5	960	114000	21000
玻璃钢	2.0	1060	40000	53000
碳纤维/环氧树脂	1.45	1500	140000	103000
硼纤维/环氧树脂	2.1	1380	210000	66000

2. 抗疲劳性能好

在纤维增强复合材料中含有大量的增强纤维，载荷使部分纤维断裂后，内部应力会重新分布，载荷由未断裂的那部分纤维继续承担，从而阻止了表面裂纹的扩展，提高了材料的疲劳极限。

3. 减振性能好

由于纤维与基体的界面有较强的吸振能力，故振动阻尼很高。另外，复合材料的自振频率比一般材料高，工作时可避免产生共振。

4. 高温性能好

由于复合材料中的增强纤维软化点（或熔点）一般都在2000℃以上（表11-8），用这些纤维与金属基体组成的复合材料，在高温下即使金属基体开始软化，高熔点纤维仍可保持原有的强度和弹性模量。

表11-8　常用增强纤维软化点

纤维种类	石英玻璃纤维	Al_2O_3 纤维	碳纤维	氯化硼纤维	SiC 纤维	硼纤维	B_4C 纤维
软化点(熔点)/℃	1660	2040	2650	2980	2690	2300	2450

5. 独特的成型工艺

复合材料构件可以采取镶铸、压制等方法，使整体一次成型，减少了接头数目及相应的联接标准件，材料的利用率较高。

二、常用复合材料的种类及应用

根据增强剂种类及结构形式的不同，复合材料可分为纤维增强复合材料、层叠复合材料及细粒复合材料三大类。其中，纤维增强复合材料在工程中应用较多。

1. 纤维增强复合材料

这类复合材料是以玻璃纤维、碳纤维、硼纤维等陶瓷材料作增强剂，复合于塑料、树脂、橡胶和金属等基体材料中，如橡胶轮胎、玻璃钢、纤维增强陶瓷等都属于纤维增强复合材料。其中，玻璃纤维树脂复合材料和碳纤维树脂复合材料是应用最广的纤维增强复合材料。

（1）玻璃纤维树脂复合材料　这类复合材料是以玻璃纤维为增强剂，以合成树脂为粘结剂制成的，俗称玻璃钢。

以尼龙、聚苯乙烯等热塑性树脂为粘结剂制成的热塑性玻璃钢，具有较高的力学性能、耐热性能和抗老化性能，工艺性能也较好，主要用于轴承、齿轮、壳体等零件的制造。

以环氧树脂、酚醛树脂、有机硅树脂等热固性树脂为粘结剂制成的热固性玻璃钢，具有密度小、强度高、化学稳定性好、工艺性能好等特点，可用于汽车车身、船体等构件的制造。

（2）碳纤维树脂复合材料　这类复合材料是以碳纤维为增强剂，以环氧树脂、酚醛树脂、聚四氟乙烯等为粘结剂组成的。它不仅保持了玻璃钢的许多优点，而且许多性能优于玻璃钢。它的强度和弹性模量都超过了铝合金，接近高强度钢，而其密度仅为$1.6g/cm^2$。完全弥补了玻璃钢弹性模量小的缺点。此外还具有优良的减摩、耐磨及自润滑性能，耐蚀性、耐热性也非常好。

在工程机械中，碳纤维树脂复合材料主要用作承载零件和耐磨零件，如轴承、齿轮、连杆等，也用于制造化工设备中的耐蚀零件及飞行器中的结构件。

2. 层叠复合材料

层叠复合材料是将两种以上不同材料层叠在一起粘接、压制而成的复合材料称为层叠复合材料，如三合板、五合板、高密板及由钢、铜、塑料复合而成的无油润滑轴承材料等，都属于这类复合材料。

3. 细粒复合材料

由两种以上金属（或非金属、金属化合物）微粒经混合、压制、烧结等工序而制成的复合材料称为细粒复合材料，硬质合金就属于这类复合材料。

【小结】 本章主要介绍了高分子材料的基本知识以及塑料、橡胶、陶瓷、复合材料等工程材料的性能特点及用途。学习之后要了解：第一，高分子材料的概念及常用高分子材料（塑料、橡胶）的代号、特点及用途；第二，常用陶瓷的种类及应用；第三，复合材料的种类、组成及性能特点。

练 习 题（11）

一、填空题

1. 除金属材料外，其他常用工程材料有________、________和________三种。

2. 塑料是以________为主要成分，加入一定的________，在一定温度和压力下塑制而成的一种非金属材料。

3. 橡胶主要是由________和________组成的。

4. 陶瓷的生产过程一般包括________、________和________三个阶段。

二、简答题

1. 简述塑料的组成及分类。

2. 简述橡胶的组成、性能特点及用途。

第三篇

机械加工工艺基础

机械加工工艺是各种机械制造方法和过程的总称，它包括零件的毛坯制造、机械加工、热处理及装配过程等。本篇所要介绍的主要是机械零件的加工制造过程，即从原材料状态逐步转变为零件成品的各种加工方法。

按处理材料的方式不同，加工方法分为热加工和冷加工两种。如铸造、锻压、焊接等，这些加工方法都是将被加工材料整体或局部加热到一定温度（固态或液态），然后使其成型，对于大多数金属材料（如钢、铸铁、铜合金、铝合金等）来讲，这种使被加工材料在热态下成型的加工方法称为热加工工艺方法，简称热加工；相反地，冷冲压、冷拔及在切削机床上进行的切削加工等，都是在常温下进行的，对于大多数金属材料来讲，这种在非加热状态下（室温）对被加工材料所进行的加工称为冷加工工艺方法，简称冷加工。

热加工一般用于制造零件毛坯，例如，铸造、锻造、焊接等，都是根据成分及结构要求将原材料加工成毛坯的，相应地，这些毛坯称为铸件、锻件、焊接件等；而冷加工通常是利用一些加工设备（机床），将毛坯再加工成具有一定形状及精度要求的零件，有时还需配以适当的热处理来提高零件的使用寿命。

第十二章 铸 造

第一节 铸造概述

铸造，就是将金属熔化后注入预先造好的铸型当中，凝固后获得一定形状和性能铸件的成型方法。与其他加工方法相比，铸造具有以下几方面特点：

1. 适应性强

任何材料，只要能将其加热到熔融状态便可铸造成型，而且不受大小、形状及质量限制，因此，铸造对各种材料及结构的适应性很强。由于是液态下成型，故铸件可以做到与零件非常接近的形状和尺寸。

2. 经济性好

铸造生产所用设备及工具都比较简单，造型材料及原材料来源广泛，价格低廉，故投资较少。此外，由于铸件形状与零件比较接近，加工余量较少，有的表面甚至可以不加工，所以，降低了工艺损耗，节省了加工工时。

3. 铸件力学性能较差

铸造工艺过程包括熔炼、造型（芯）、浇注等许多环节，影响因素较多，容易产生铸造缺陷如缩孔、缩松、裂纹等，影响铸件的力学性能。另外，由于铸件材料多为合金，结晶时易产生偏析，且高温时间较长，晶粒粗大，这也是导致力学性能差的原因之一。

根据造型材料及工艺方法的不同，铸造可分为砂型铸造和特种铸造两大类。砂型铸造属于普通的铸造方法，应用较广；特种铸造是指除砂型铸造以外的其他铸造方法，包括金属型铸造、压力铸造、离心铸造、熔模铸造等，具体含义如下：

- 铸造
  - 砂型铸造：以型砂为主要造型材料的铸造方法，铸型只能使用一次
  - 特种铸造
    - 金属型铸造：铸型由金属材料加工而成，可多次使用
    - 压力铸造：金属液以高压、高速压入铸型中，并在高压下结晶
    - 离心铸造：将金属液注入高速旋转的铸型中，使其在离心力作用下结晶
    - 熔模铸造：以易熔材料制造模样，再以模样制造壳型

一般地，特种铸造多用于尺寸及质量较小，结构复杂、生产批量较大的场合，如照相机壳体、仪器仪表壳体，轻型减速机壳体等。

第二节 砂型铸造

将砂子、粘结剂等，按一定比例混合均匀，使其具有一定的强度和可塑性，这种为造型而配制的砂子称为型砂。以型砂为造型材料，借助模样及工艺装备（砂箱）来制造铸型的铸造方法称为砂型铸造，它包括造型（芯）、熔炼、浇注、落砂及清理等几个基本过程。

一、造型

1. 造型材料

制造铸型（或型芯）所用的材料统称为造型（或造芯）材料，它包括原砂、粘结剂、附加物和水等。原砂就是指石英砂（SiO_2），筛孔直径为0.1～0.45mm（40～150目）；粘结剂有很多种，铸型用的粘结剂一般为耐火粘土，而型芯用的粘结剂有的是耐火粘土，有的是化学粘结剂，如水玻璃、树脂等；附加物主要有煤粉、木屑等，目的是增加型砂透气性；加水是为了使耐火粘土附着在原砂表面并使其具有一定的可塑性。为了降低造型材料成本，还可以加入一些旧砂。

为了获得合格铸件，型砂（或芯砂）必须具有一定的强度、可塑性、耐火性、透气性、退让性和溃散性等性能。

2. 造型用工艺装备

造型用工艺装备主要包括砂箱、模样、芯盒及浇注系统、冒口等。模样多用来形成铸型型腔（含芯座部分），浇注后形成铸件的外部轮廓，但模样尺寸要比铸件的轮廓尺寸大一些，大出的部分就是铸件的收缩量；芯盒是用来制作砂芯的，砂芯多用来形成铸件的内腔或局部复杂表面。

3. 造型方法

用型砂制造铸型的过程称为造型，它包括手工造型和机器造型两种类型。手工造型就是用手工工具来完成造型的过程；而机器造型是用机器设备来完成造型的过程的所有步骤。目前，手工造型方式还在广泛应用，图12-1所示为法兰盘零件图，现以其为例介绍手工造型的几个基本步骤。

法兰盘铸型结构如图12-2所示，它由上、下两部分组成，上半部为上型，下半部为下型。该铸型的制造过程如下：

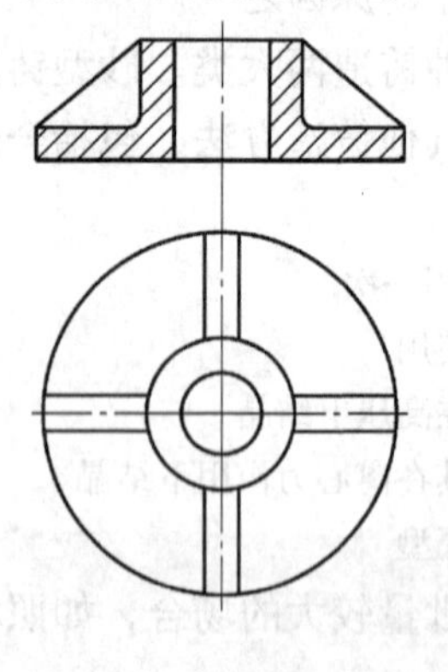

图12-1 法兰盘

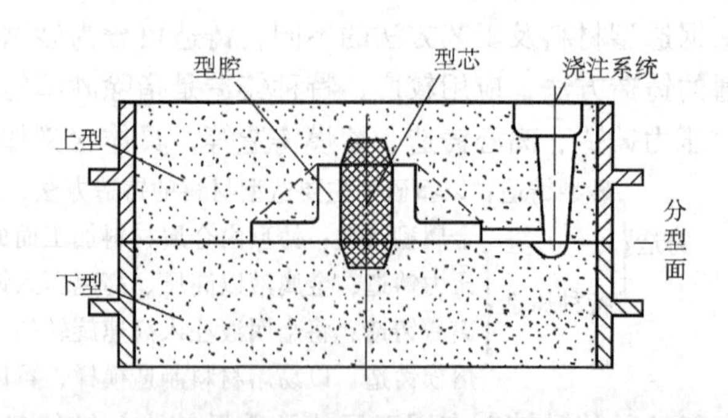

图12-2 法兰盘铸型图

(1) 造下型　下型中只有安放芯头的芯座部分，造型时只将芯头模样安放在相应位置即可，步骤如下：

填砂：就是向砂箱中填充型砂。先将芯头模样放在平垫板上套上砂箱，然后向砂箱里面填充型砂，如图12-3所示。

紧砂、刮砂：将砂箱内的型砂用手工工具夯实，并将顶部型砂刮平。

翻箱：将铸型翻转，然后拿掉垫板。

（2）造上型　造上型的步骤如下：

合模：将法兰模样与芯头模样中心对正，上型与下型边框对正，再将直浇道棒和横浇道棒置于离模样不远的位置，然后向上砂型中填充型砂，其过程与上述填砂、紧砂过程相同，如图 12-4 所示。

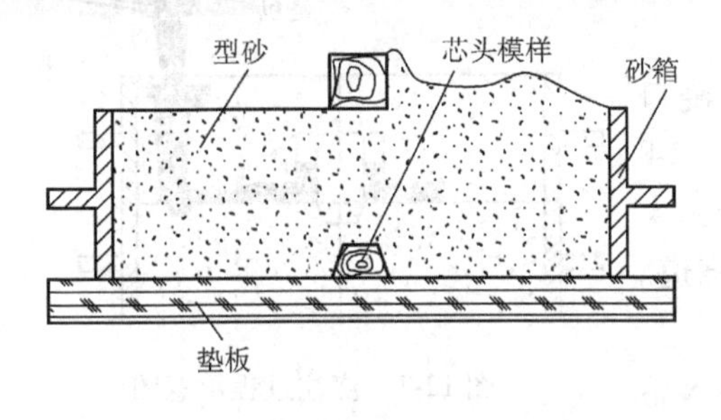

图 12-3　下砂型填砂过程示意图

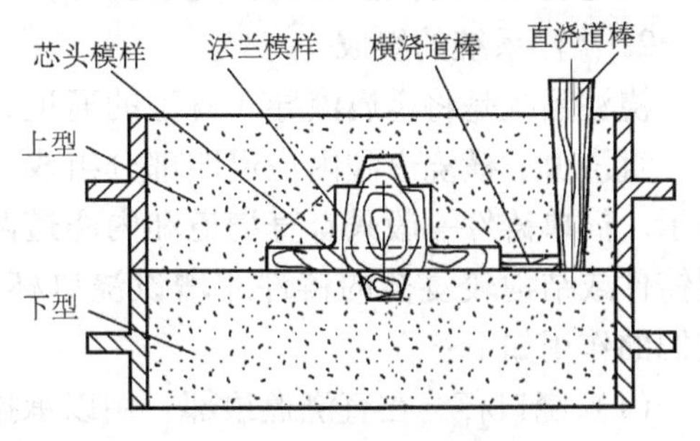

图 12-4　造上型示意图

开箱、启模：上型填砂紧实后，先将直浇道棒拔掉，再将上、下砂型慢慢分开，仰放。然后用针状物将芯头模样和法兰模样分别从铸型中轻轻取出，注意不要碰掉型腔表面的型砂，如图 12-5 所示。

补型：启模后，检查铸型型腔是否有残缺、不整齐的地方，若有则应及时予以修补。

下芯：将造好的砂芯放入下型的芯座中，如图 12-6 所示。型芯在芯座里面要稳固，对位要准确，不能左右摆动，否则铸出的孔偏心较严重。

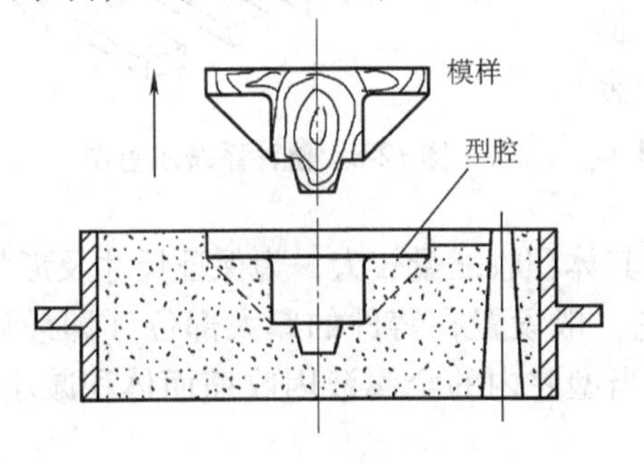

图 12-5　启模示意图

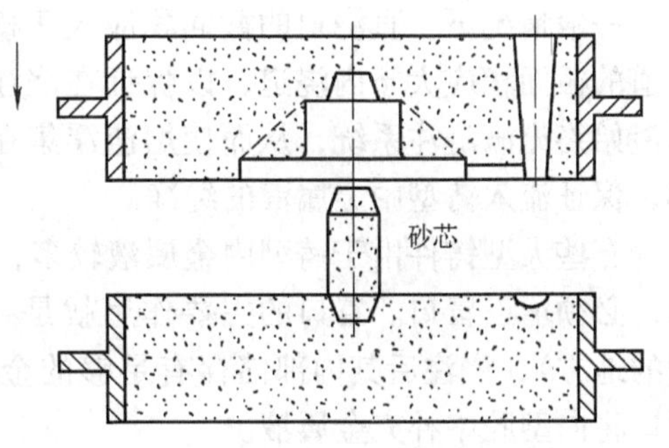

图 12-6　下芯、合型示意图

（3）合型　将含有砂芯、浇注系统（有时还需设冒口）的上型和下型对正后，合为一体并锁紧（图 12-6），使其成为一个整体铸型（图 12-2），此过程称为合型。

经过上述三个步骤，整个造型过程结束，下一步就是浇注。

二、熔炼

熔炼过程就是将金属炉料按照一定成分配比配好后，放入加热炉中加热，使其成为熔融状态。熔炼后的金属液，其成分和温度必须满足铸造工艺要求，否则，铸件质量和性能难以保证。铸铁的熔炼设备一般采用冲天炉，铸钢熔炼一般采用电弧炉（详见第五章），非铁金属的熔炼一般采用反射炉、感应炉及坩埚炉等。

三、浇注

浇注过程，就是将出炉后的金属液通过浇包注入铸型型腔的过程。浇包是一种运送金属液的容器，其容积应根据铸件大小和生产批量来定，如图 12-7 所示。

1. 对浇注过程的要求

出炉后的金属液应按规定的温度和速度注入铸型中。若浇注温度过高，则金属液吸气严重，铸件容易产生气孔，且晶粒粗大，力学性能降低；反之则金属液流动性下降，易产生浇不足、冷隔等缺陷。浇注速度过快，容易冲毁铸型型腔而产生夹砂；浇注速度过低，铸型内表面受金属液长时间烘烤而易变形脱落。

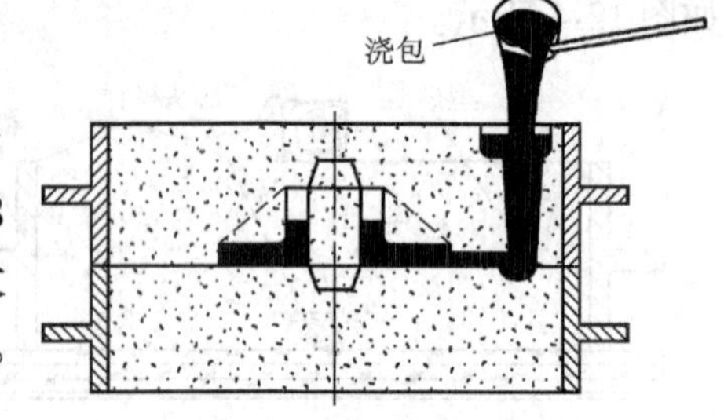

图 12-7 浇注过程示意图

2. 浇注系统的组成

浇注系统是将金属液导入铸型的通道，它由浇口杯、直浇道、横浇道和内浇道四部分组成，如图 12-8 所示。简单铸件一般只有直浇道和内浇道两部分，大型铸件或结构较复杂的铸件才增设浇口杯和横浇道。它们的作用如下：

（1）浇口杯　在直浇道顶部，用以承接并导入熔融金属，还可起到缓冲和挡渣的作用。

（2）直浇道　垂直通道，调节金属液的速度和静压力，直浇道越高，金属液的充型能力越强。

（3）横浇道　水平通道，截面多为梯形，用以分配金属液进入内浇道，并兼有挡渣作用。

（4）内浇道　直接与铸型型腔相连，用以引导金属液进入型腔。

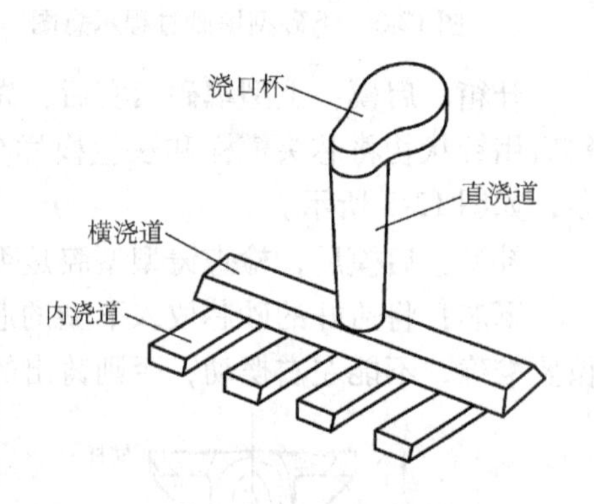

图 12-8 浇注系统示意图

一般情况下，直浇道的截面积应大于横浇道，横浇道的截面积应大于内浇道，以保证在浇注过程中金属液始终充满浇注系统，从而使熔渣浮集在横浇道上部，保证流入铸型中金属液的纯净。

有些大型铸件由于铸型内金属液较多，冷却时其体积收缩量较大，为保证尺寸及形状要求，必须增设冒口。冒口的主要作用就是补缩，它一般设置在铸件的厚大部位（即最后凝固的地方），浇注后其内部储存有足够的金属液，当型腔内的金属液因收缩而体积减小时，冒口将向型腔中补充金属液。

四、落砂、清理

浇注后，经过一段时间待铸件完全凝固后，将铸型打散，取出铸件，此过程称为落砂。落砂后将铸件上的浇冒口及表面粘砂、砂芯清除掉，这一过程称为清理。清理后的铸件即为成品铸件，清理掉的浇冒口又可作为回炉料重新投入熔炼。

应说明一点：造芯的过程与造型过程基本相同，但由于型芯被灼热的金属液包围，工作环境比砂型更恶劣，所以对芯砂的要求比对型砂的要求更高，特别是要有好的耐火性及强度，浇注后其溃散性要好，以便于落砂时容易清理。另外，砂芯使用前一般都要进行烘干，目的是增加强度，减少水分，以免浇注后产生大量气体而使铸件产生气孔。有时在砂芯表面刷一层涂料，其目的也是为了提高砂芯的耐火性能，避免铸件内壁产生粘砂。

第三节　零件结构的铸造工艺性分析

零件结构的铸造工艺性通常是指零件本身的结构应符合铸造生产的要求，既便于整个铸造工艺过程的进行，有利于保证铸件质量。分析铸件结构工艺性的原则如下所述：

一、从避免铸造缺陷方面

1. 铸件应有合理的壁厚

为避免浇不足、冷隔等铸造缺陷，铸件应有适当的壁厚。铸件的最小允许壁厚与铸造金属的流动性密切相关。此外，浇注温度、铸件尺寸大小以及铸型的热物理性能等都会影响金属对铸型的充填。在一般生产条件下，几种常用的铸造合金在砂型条件下的铸件最小允许壁厚见表 12-1。

表 12-1 砂型铸造时铸件的最小允许壁厚 （单位：mm）

铸件尺寸	铸钢	灰铸铁	球墨铸铁	可锻铸铁	铝合金	铜合金	镁合金
200×200 以下	6~8	5~6	6	4~5	3	3~5	
200×200~500×500	10~12	6~10	12	5~8	4	6~8	3
500×500 以上	18~25	15~20			5~7		

注：铸件结构复杂、合金流动性差，取上限。

2. 尽量避免阻碍收缩的死角，注意壁厚的过渡和铸造圆角

对于收缩率比较大的合金铸件尤应注意，否则容易产生裂纹，铸件厚壁和薄壁相接处、拐角部位等，都应采取逐渐过渡和转变的形式，并应采取较大的圆角相连接以免因应力集中而产生裂纹。如图 12-9 所示，图 12-9a 收缩时会受阻，图 12-9b 所示结构的铸造过程中，金属液在收缩时不会受阻，故图 12-9b 所示结构比较合理。

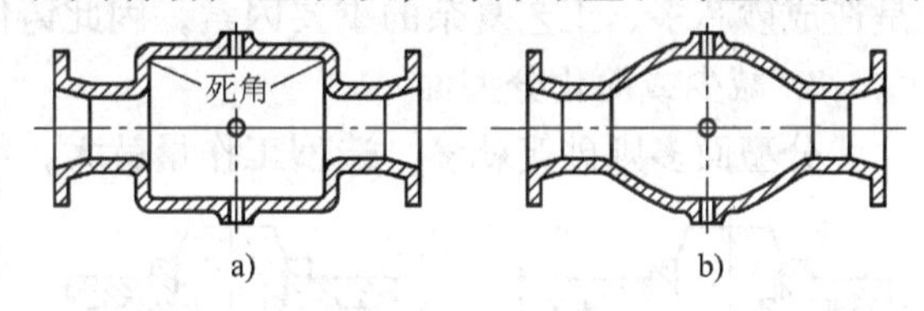

图 12-9 铸件结构
a）不合理 b）合理

3. 铸件的内壁应小于外壁

铸件内部的肋和壁等，散热条件较差，因此应比外壁薄些，这样可使铸件的内壁和外壁同步冷却，防止产生热应力和裂纹，如图 12-10 所示。

4. 壁厚力求均匀，减少厚大部位，防止形成热节

金属液较多的地方热量散失较慢，容易产生热应力及缩孔、缩松等缺陷，应尽量避免厚大部位。另外，肋板布置应尽量减少十字交叉，防止形成热节，如图 12-11 所示。

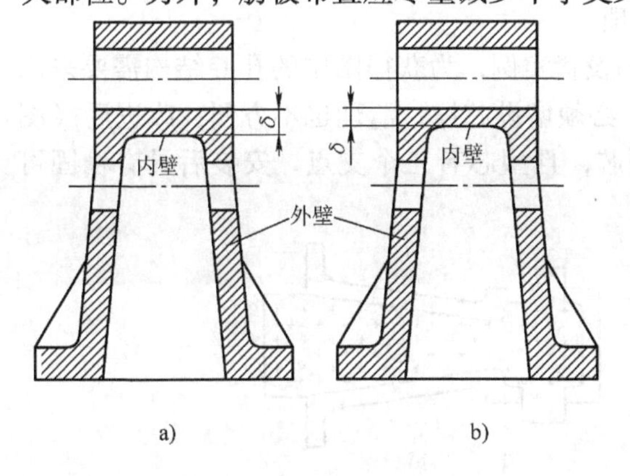

图 12-10 铸件内壁相对减薄实例
a）不合理 b）合理

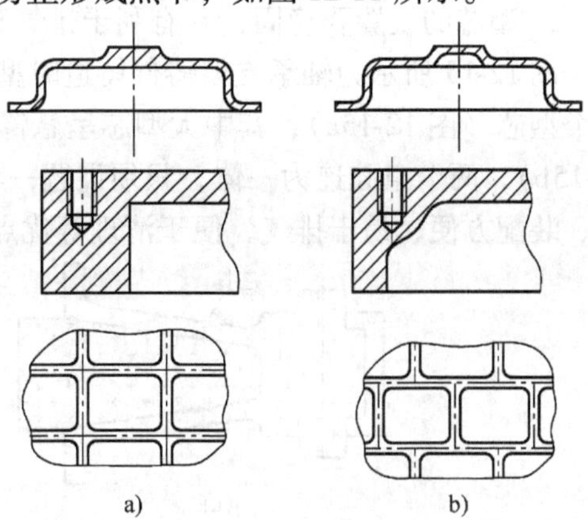

图 12-11 壁厚力求均匀的实例
a）不合理 b）合理

5. 较大型板类零件应注意防止翘曲变形

细长铸件、大面积平板铸件以及壁厚不均匀的长形箱体铸件等，都会发生翘曲变形，可用改进结构设计、人工时效、采用反变形模样等方法予以解决。板类零件尽量增设加强肋，这是减小翘曲变形的有效措施。

6. 避免水平方向出现较大平面

水平方向的大平面会使金属液上升缓慢，灼热的金属液长时间烘烤顶部型面，极易造成夹砂、浇不足等缺陷，同时也不利于气体和夹杂物的排除，因此，应尽量设计成倾斜面，如图 12-12 所示。

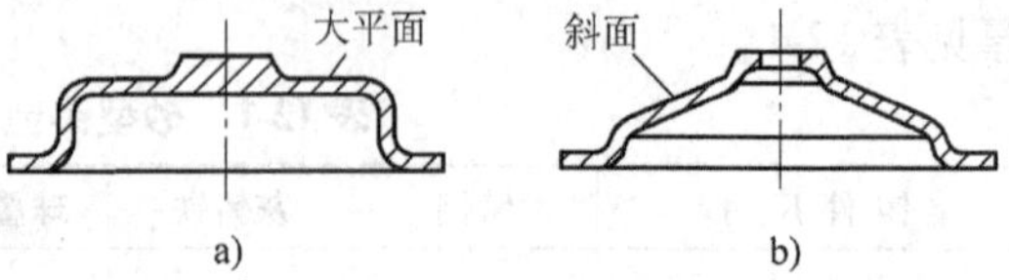

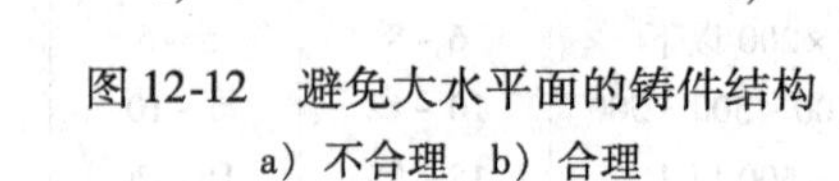

图 12-12　避免大水平面的铸件结构

a）不合理　b）合理

二、从简化铸造工艺方面

1. 铸件侧壁尽量避免外凸和内凹

铸件侧壁上的外凸和内凹会妨碍起模，需要增加砂芯才能形成外凸或内凹的表面。将其改成直面或斜面即可不用砂芯，如图 12-13 所示。

2. 尽量不用或少用砂芯

砂芯使造型过程变得复杂，而且成本增加，而铸件内腔的肋板分布、凸台、凸缘等，常是造成砂芯多、工艺复杂的重要因素，因此铸件内腔结构应尽量与铸造工艺相适应。

3. 减少或简化分型面

分型面多则砂箱就多，造型工作量就大，如图 12-14 所示。

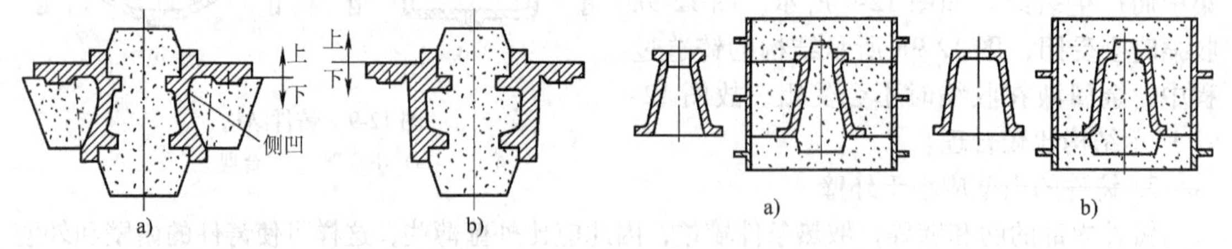

图 12-13　铸件内壁侧凹实例

a）不合理　b）合理

图 12-14　减少分型面实例

a）两个分型面，三箱造型　b）一个分型面，两箱造型

4. 铸件侧壁应留有起模斜度

铸件上垂直于分型面的侧壁应留有起模斜度，以便于起模。

5. 型芯的设置要稳固，并有利于排气和清理

图 12-15 所示为轴承支架铸件铸造时型芯的设置实例，为获得图中的孔腔结构需要采用两个型芯（图 12-15a），其中大型芯呈悬臂状，必须增设芯撑，清理也不方便；改进后（图 12-15b），两个空腔连为一体，只须设置一个型芯，且型芯有三个支点，安装后具有稳固可靠、装配方便、易于排气、便于清理等优点。

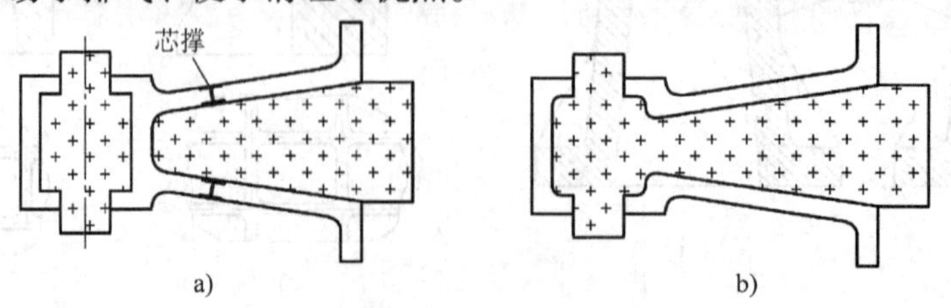

图 12-15　型芯设置实例

a）型芯不稳固，需设芯撑　b）型芯稳固，不需设芯撑

第四节 铸造工艺设计

铸造工艺的内容主要包括：铸件分型面和浇注位置的选择；型芯的数量和安放方式；铸造工艺参数（起模斜度、收缩量和机械加工余量等）及浇注系统、冒口的形式与尺寸等。在进行铸造生产之前，首先必须根据零件的结构特点、技术要求、生产批量和生产条件来确定铸造工艺，然后再根据所确定的工艺方案用文字或工艺符号在零件图上表示出来，即构成铸造工艺图。

铸造工艺图是指导模样和铸型的制造、进行生产准备和铸件验收的依据，是铸造生产的基本工艺文件。

一、分型面和浇注位置的选择

分型面是相邻两铸型的分界面，它往往也是模样的分型面。在确定铸件分型面的同时，也确定了铸件在砂箱中的位置。因此，分型面的选择对铸件的质量和生产效率影响很大。确定铸件分型面和浇注位置的原则有以下几点：

1. 应使分型面数量最少且形状简单

在可能的情况下，应尽量使铸件只有一个分型面，而且是最简单的平面，这样可大大简化造型工艺，保证铸件质量。

图 12-16 所示为一套筒铸件，有两种分型方案：方案Ⅰ以横卧位置浇注，采用分模两箱造型，生产过程较为简便；方案Ⅱ以垂直位置浇注，必须采用三箱造型，设两个分型面，造型过程比较麻烦，由此可见，从简化铸造工艺角度来讲，方案Ⅰ优于方案Ⅱ。

2. 铸件的重要表面应朝下或在侧面

浇注过程中，金属液中混杂的杂质、气体等都往上浮，因此铸件朝上的表面容易产生气孔、夹杂等缺陷。为保证铸件上重要表面的质量，应将其朝下安放或置于侧面。图 12-17 所示为床身铸件，其导轨面为重要表面，造型时应将其置于下侧。图 12-16 所示的套筒，若内孔和外圆要求较严格，则应采用方案Ⅱ。

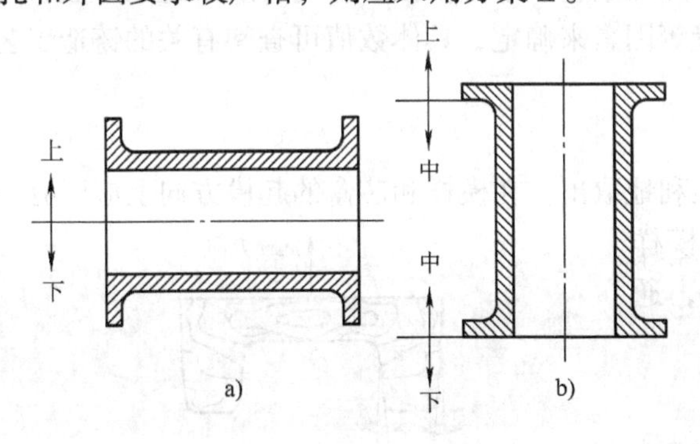

图 12-16 套筒铸件分型方案
a) 方案Ⅰ b) 方案Ⅱ

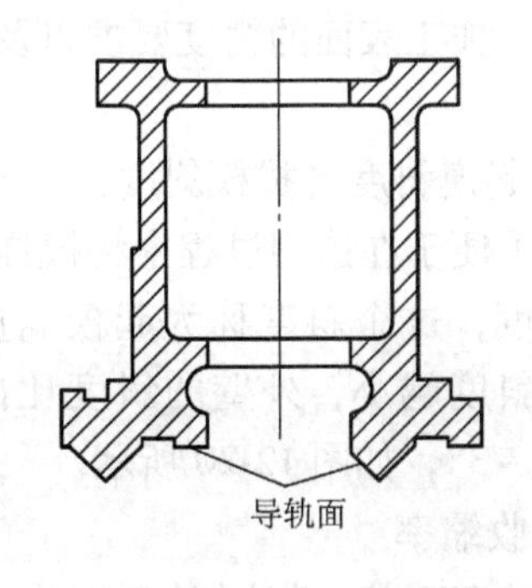

图 12-17 床身铸件浇注位置

3. 铸件上大平面、薄壁和形状复杂的部位应放在下型

浇注时，下砂型与直浇道上表面的距离较大，液态金属充型时的静压力较大，充型能力较强，将复杂、薄壁部分置于下型，可避免浇不足、冷隔等铸造缺陷的产生，这对于流动性较差的

金属尤为重要。此外，金属液在一定压力下结晶，其组织也比较致密，力学性能较高。

4. 尽量使铸件全部或大部分放在同一砂箱内

这主要是为了防止错型（即合型时上、下砂型之间的错位）而使铸件形状和尺寸产生大的误差。若铸件的加工面多，也应尽量使加工的基准面与大部分加工面放在同一砂型内。

5. 尽量减少型芯数量，保证型芯在铸件中安放牢固，通气顺利，检验方便

砂芯数量越多，造型过程就越复杂，铸件的制造成本就越高，而且铸件质量越不容易保证。图12-18所示为床腿铸件，方案Ⅰ需要一个大型芯来形成内腔，而方案Ⅱ的内腔不用砂芯来形成，造型时利用型砂直接造出砂胎，即用砂胎来形成内腔，这一方案不仅简化了造型工艺，降低了造型成本，而且铸件质量也容易保证。

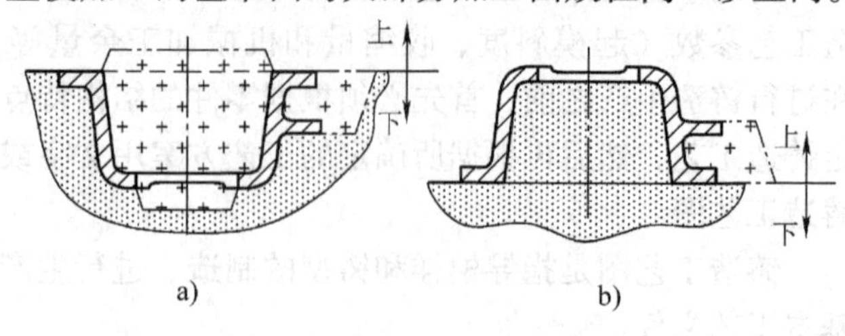

图12-18 床腿铸件

a）方案Ⅰ b）方案Ⅱ

图12-19所示为某齿轮箱的铸造方案。方案Ⅰ下端芯头尺寸过小，中心偏移而不稳，必须增设芯撑来固定砂芯，而且下芯时不便观察；方案Ⅱ芯座尺寸大，型芯安放方便且稳固牢靠，同时也便于观察下芯质量。

上述各项原则都是从保证铸件质量和简化铸造工艺为出发点的，在实际操作时应综合考虑，首先应保证主要方面，次要问题再通过其他的工艺措施加以解决。

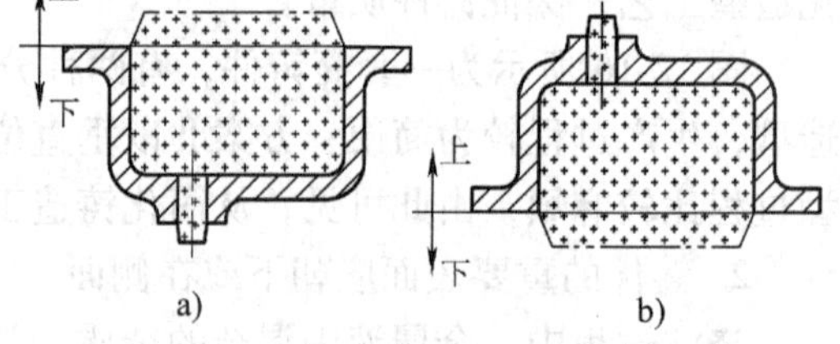

图12-19 齿轮箱的铸造方案

a）方案Ⅰ b）方案Ⅱ

二、铸造工艺参数的确定

1. 机械加工余量的确定

铸件上需要进行切削加工的表面，必须留出一定厚度的金属层，称为机械加工余量。加工余量大小应根据铸件的材质、造型方法、铸件大小、加工表面的精度要求以及浇注位置等因素来确定，具体数值可查阅有关的铸造工艺手册。

2. 起模斜度（拔模斜度）

为了便于在造型过程中将模样和砂芯顺利地取出，在模样和芯盒的起模方向上应留有一定的斜度，这个斜度称为起模斜度。一般模样越高，斜度越小，外壁的斜度比内壁要小，通常0.3°~3°，如图12-20所示。

3. 收缩率

铸件在冷却、凝固时要产生收缩，为保证铸件的有效尺寸，模样和芯盒的相关尺寸应比铸件放大一个线收缩量，这个收缩量和金属本身的收缩率有关。影响铸件收缩率大小的因素有合金的种类及铸件的结构、尺寸、形状、铸型条件等。

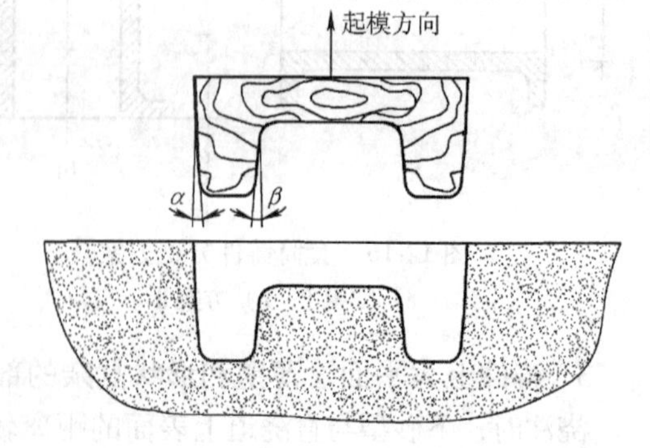

图12-20 起模斜度

4. 芯头

芯头是指砂芯的外伸部分，它不形成铸件的轮廓，其作用是保证型芯在铸型中的定位、固定和通气。制作模样和造芯时都应留出芯头位置，以便在型腔中形成芯座，固定型芯，如图 12-21 所示。

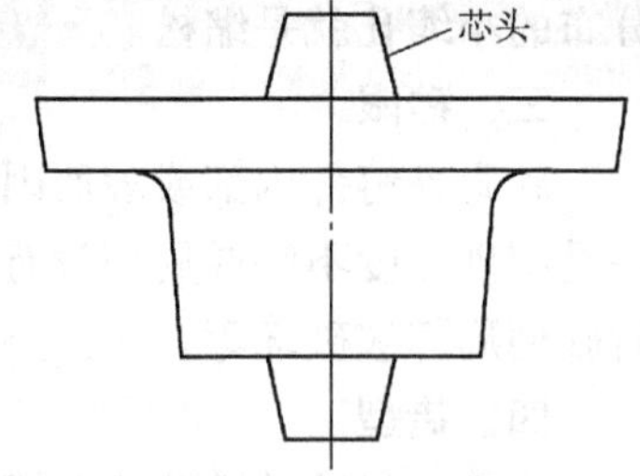

图 12-21　模样上的芯头形状

三、铸造工艺图

铸造工艺图是指包括浇注位置、分型面、铸造工艺参数、砂芯结构、浇冒口系统及控制凝固顺序等内容的图样，这些内容在零件图纸上用红、蓝色铅笔按规定符号画出，并加注必要的文字说明。铸造工艺图是铸造生产中制造工艺装备（模样、砂箱、芯盒等）、造型及铸件质量检验的依据，是直接指导铸造生产的技术性文件。

绘制铸造工艺图的步骤如下：

1）分析零件的结构与技术条件。

2）选择造型方法。

3）确定浇注位置及分型面。

4）确定铸造工艺参数。

5）设计砂芯。

6）设计浇注系统及冒口。

7）确定控制凝固顺序的具体措施。

图 12-22 所示为零件图、铸件图和铸造工艺图（未标铸造工艺参数）的对比。

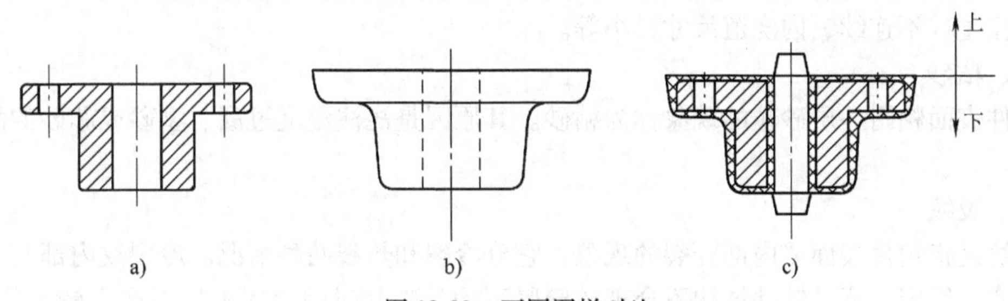

图 12-22　不同图样对比

a）零件图　b）铸件图　c）铸造工艺图

第五节　铸件常见缺陷

铸造生产工艺复杂，环节较多，每一环节都会影响铸件质量，使铸件产生缺陷。常见的铸件缺陷有以下几种：

一、气孔

气孔是铸件内出现的圆形或梨形空洞，有时也出现在表面，孔的内壁光滑。形成原因主要是砂型的透气性不好、型砂太湿、砂芯未烘干等。

二、缩孔、缩松

缩孔是铸件最后凝固处出现的集中空洞，缩松是铸件内弥散分布的小孔洞。缩孔、缩松的内壁比较粗糙，不像气孔那样光滑。缩孔的形成原因主要是铸件结构及浇冒口设置不合理，铸件收缩时得不到及时补缩；缩松的形成原因主要是合金本身的因素，一般结晶范围大的合金在结晶时，晶粒呈树枝状生长，被枝晶包围的小部分金属液最后结晶时，其体积会收缩但得不到其他地方的液体补充，于是就形成一个个细小的“缩孔”，这些细小的、呈弥散分布的小缩孔就是缩松。

三、砂眼

砂眼是铸件内部或表面因裹入型砂而造成的空洞。砂眼内部一般都含有砂粒，形成原因一是型砂强度不够或局部没有紧实；二是型腔或浇注系统内的散砂没有清理干净；三是合型时砂型局部被破坏等。

四、错型

错型是指铸件沿分型面错开的现象。形成原因一是合型时对位不准，二是浇注后金属液浮力过大而铸型上没有放压铁，金属液靠浮力将上型顶起并错开。

五、偏芯

空心零件铸造后，其内腔和外圆不同心或局部偏移、歪斜的现象称为偏芯。其原因一是砂芯的安放位置不正确；二是砂芯安装得不够稳固，浇注后在金属液的冲击力和浮力作用下发生偏移。

六、浇不足

浇不足是指浇注时金属液没有完全充满铸型，铸件轮廓残缺的现象。其原因是金属液流动性差或浇注温度低、铸件壁太薄、铸型导热过快或透气性差等。

七、冷隔

冷隔是指铸件上存在未完全融合的缝隙。形成原因主要是浇注温度过低、浇注速度过慢、浇注过程不连续、内浇道尺寸过小等。

八、粘砂

铸件表面粘附一层砂粒的现象称为粘砂。其原因是浇注温度过高、型砂或芯砂的耐火度不够等。

九、裂纹

裂纹是指铸件表面或内部开裂的现象，它分冷裂和热裂两种情况。冷裂纹内部有金属光泽，其产生原因主要是铸件结构不合理或壁厚不均，冷却时因冷速不均而产生较大热应力，热应力超过了材料的强度极限而造成的。热裂纹内部无金属光泽，呈氧化色，因它是在高温下产生的，裂开后其表面迅速被氧化。热裂纹主要是铸型的退让性不好，合金在凝固期收缩量较大且收缩受阻而造成的。

第六节　金属的铸造性能

铸造性能，主要是指金属在铸造成型过程中，获得组织致密、外形准确、无内外缺陷铸件的能力。简单地讲，铸造性能就是金属对铸造成型过程的适应能力，它主要包括流动性和收缩性两个指标，此外还有吸气性、偏析性、氧化性等。流动性是影响金属充型能力的主要因素。

一、流动性

流动性就是指金属的充型能力，即在正常生产条件下，液态金属充满铸型型腔，获得形状完整、轮廓清晰铸件的能力。金属的流动性好，就容易获得形状完整的铸件；反之，则容易产生冷隔、浇不足等铸造缺陷。

生产中常用螺旋型浇注试样来评价金属流动性的高低，液态金属在螺旋形试样里流动的距离越长，表明该金属的流动能力就越强。常用铸造合金的流动性见表12-2。

表12-2　常用铸造合金的流动性

铸造合金	铸型材料	浇注温度/℃	螺旋线长度/mm
灰铸铁	砂型	1300	600～800
铸钢	砂型	1640	200
铝硅合金	金属型	700	750
硅黄铜	砂型	1100	1000
锡青铜	砂型	1040	420

影响金属流动性的因素主要有以下几个方面：

1. 金属自身的性质

纯金属和共晶成分的合金流动性比较好，这是因为纯金属和共晶成分的合金都是在恒温下结晶的，结晶时有结晶潜热释放，它能使金属在较长时间内保持较好的充型能力。另外，纯金属和共晶成分合金的结晶前沿较平滑，对金属液的阻力较小，因而具有较好的流动性。

非共晶成分的合金流动性较差，而且结晶温度范围越大，其流动性相对就越差。这是因为，非共晶成分的合金结晶过程是在一定温度范围内进行的，先结晶的晶粒以树枝状向内部延伸，阻碍金属液的流动，增大了金属液流动的阻力，而且其结晶潜热得不到发挥，所以其流动相较差。

2. 铸型的性质

铸型的阻力大小影响金属液的流动性。阻力大，则金属液流动速度慢，流动性就差；反之则流动速度快，充型能力就强。

铸型的导热、蓄热能力也是影响金属液流动性的重要因素。铸型的热导率大（如金属型）或蓄热能力强，金属液降温快，其流动性下降就快。对铸型预热可适当提高金属液的流动性。

3. 浇注条件

（1）浇注温度　浇注温度高，金属液的粘度低，液态保持时间也较长，流动性就好。但浇注温度过高会使金属液吸气增多、氧化加剧、收缩增加，所以在保证金属充型能力的前提下，浇注温度不宜过高。

（2）充型压头（即直浇道高度）　充型压头越高，金属液在流动方向上所受的压力就越大，充型能力就越强。但压头过高会使金属氧化和产生“铁豆”缺陷，而且飞溅严重，故在保证金属液充满铸型的前提下，压头（直浇道）不宜设得太高。

（3）浇注系统的结构　结构越复杂金属的流动阻力就越大，其充型能力就越低。在设计浇注系统时，要合理地布置内浇道的位置，并使各浇道的截面积合理搭配。

二、收缩性

收缩性是指金属从液态凝固并冷却至室温过程中产生的尺寸和体积减小的现象，它包括液态收缩、凝固收缩和固态收缩三个阶段。其中，液态收缩和凝固收缩表现为体积的减小；

固态收缩则表现为铸件轮廓尺寸的变化。

缩孔、缩松等铸造缺陷主要是由液态收缩和凝固收缩造成的。

变形、开裂等铸造缺陷主要是由固态收缩造成的。

铸件收缩性越小，越容易获得形状和尺寸接近于铸型的铸件，反之则容易产生铸造缺陷。影响金属收缩性的因素有以下几个方面：

1. 化学成分

金属的收缩性属于金属本身的物理性质，每种金属材料都有其固定的收缩率。常用铸造合金的线收缩率见表 12-3。

表 12-3 常用铸造合金的线收缩率

类　别	灰铸铁	球墨铸铁	可锻铸铁	铸钢	铝硅合金	普通黄铜	锡青铜
线收缩率(%)	0.7～1.0	1.0	0.75～1.0	1.6～2.0	1.0～1.2	1.8～2.0	1.4

2. 浇注温度

金属液浇注温度越高，与室温的温差就越大，液态收缩量也就越大。

3. 铸型结构和铸型条件

铸型结构越复杂，铸型材料的退让性越差，对铸件收缩的阻力越大，收缩量相对越小。

第七节　特种铸造

砂型铸造作为最基本的铸造方法，虽然有许多优点，如适应性强、成本低等，但其生产率较低，铸件表面粗糙，力学性能不高，劳动条件差等，为此，人们在生产中又总结出许多新型的、先进的铸造方法，如金属型铸造、压力铸造、离心铸造、熔模铸造等。这些砂型铸造以外的铸造方法统称为特种铸造。

一、金属型铸造

将液态金属浇入用金属材料制成的铸型中而获得铸件的方法称为金属型铸造。这种铸型由于是由金属制成的，故可以“一型多用”，生产率较高；金属型冷速快，液态金属结晶时过冷度较大，晶粒较细，故铸件的力学性能比砂型铸造的高；金属型内腔比砂型光洁，所以铸件表面质量好。此外，金属型铸造劳动环境也比砂型铸造好。但金属型铸造易产生冷隔、浇不足、气孔、裂纹等缺陷。

按金属型的分型面布置形式不同，金属型有垂直分型、水平分型和组合分型三种结构形式，其中以垂直分型应用较多，如图 12-23 所示，它主要由左半型、右半型、金属芯及定位元件等组成。合型后从上面注入金属液，凝固后将两个半型分开，取出铸件。垂直分型金属型的浇注系统一般设在分型面上，这样做一使模具加工方便；二使铸件凝固后容易提取。

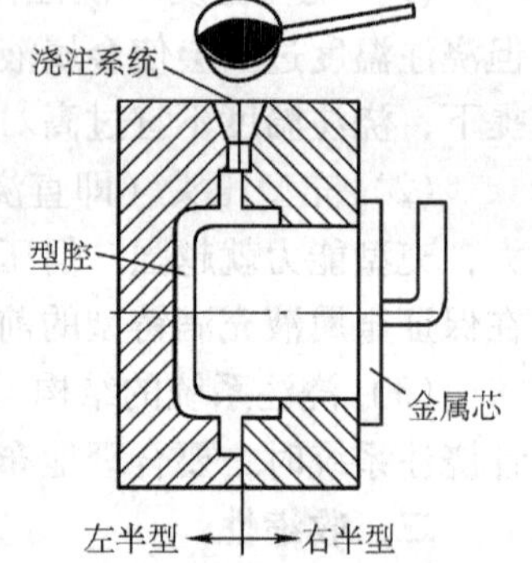

图 12-23　垂直分型

金属型铸造周期较长，模具加工费用较高，不能生产大型、薄壁、形状复杂的零件，常用于生产熔点较低的中小型非铁金属铸件，如内燃机活塞、气缸体、轻型减速机壳体等。

二、压力铸造

压力铸造就是将金属液在高压下以很高的速度注射到铸型中，并在压力下结晶的铸造方法。压力铸造的常用压力为5～70MPa，充型速度为5～100m/s。所以，高速高压是压力铸造的突出特点，图12-24所示为卧式冷压室压力铸造的工作原理图。

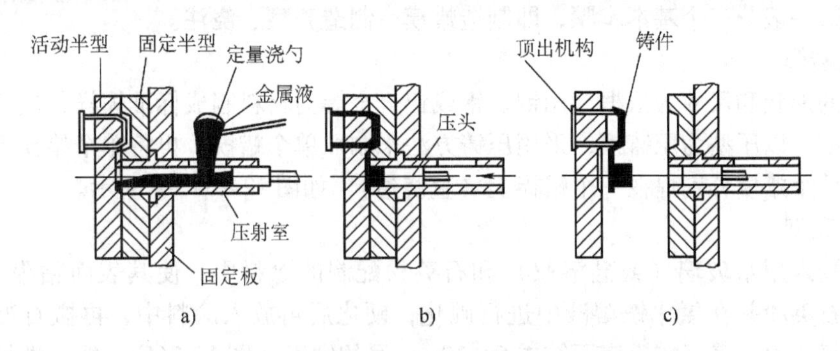

图12-24　卧式冷压室压力铸造工作原理
a）合型、浇注　b）压射、持压　c）开模取件

由于在压力下高速充填铸型型腔，并在压力下结晶，故压力铸造时金属液充型能力强，所获得的铸件力学性能比其他铸造方法高，而且效率高。但铸件易产生缩松和气孔，这是由于充型速度过快，型腔中的气体来不及排出而被裹在铸件中所造成的。另外，压力铸造投资较大，铸型制造周期较长且费用较高。因此，压力铸造适合于大量生产薄壁、复杂、熔点较低的非铁金属中小型铸件，如照相机壳体、仪器仪表壳体等。

三、离心铸造

离心铸造是将金属液注入高速旋转的铸型中，并在离心力作用下结晶的铸造方法。离心铸造是在离心铸造机上进行的，离心铸造机的旋转轴线可根据需要来调节，既可以水平布置，也可以垂直布置。

离心铸造机的工作原理如图12-25所示。铸型在电动机带动下高速旋转，金属液注入铸型后随铸型一起作高速旋转，在离心力作用下结晶成所需铸件。因此，离心铸造所获得的铸件组织比较致密，基本无铸造缺陷，力学性能较高，同时省去了造型、造芯等工序，故生产效率也比较高。但离心铸造内表面粗糙，容易产生比重偏析，尺寸精度低，加工余量大。

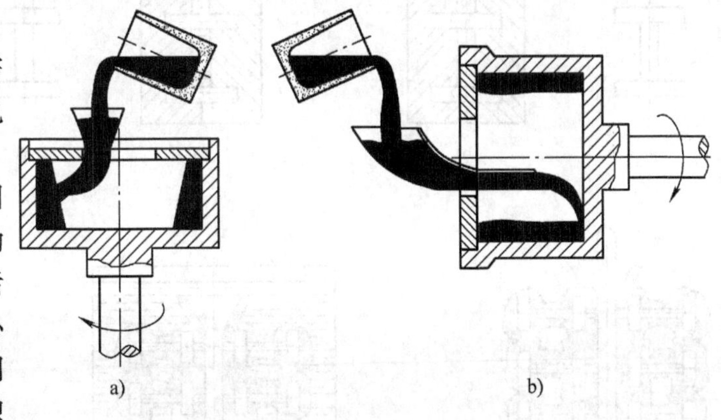

图12-25　离心铸造工作原理图
a）绕垂直轴旋转　b）绕水平轴旋转

离心铸造主要用于回转体零件的铸造。一般地，立式离心铸造适合铸造圆环类零件，卧式离心铸造适合铸造管类、套类零件，如滑动轴承套、大直径铸铁管等。

四、熔模铸造

用易熔材料（如蜡料）制作模样，在模样表面包覆若干层耐火材料制成型壳，再以温水使模样熔化并从壳型中流出，将空的壳型经高温烧结后即可作为铸型腔进行浇注，这种用熔化模样的方法来获得铸型型腔的铸造方式称为熔模铸造，如图12-26所示。

熔模铸造一般分三个基本步骤，即制造蜡模、制造壳型、浇注。

1. 制造蜡模

以铸件的形状和尺寸为依据，用铜、钢或铝合金等为材料制成标准模样；然后根据标准模样制造压型；以压型为压铸模，采用压铸方法来制取单个蜡模；再将单个蜡模组焊成组合蜡模，即将单个蜡模分别焊在一个蜡棒上（直浇道），如图12-26a～e所示。

2. 制造壳型

将蜡模浸入用水玻璃（或硅溶胶）和石英粉配制的涂料中，使其表面粘附一层涂料，取出后撒上石英粉并在氯化铵溶液中进行硬化；硬化后再放入涂料中，再撒石英粉，再硬化。如此重复多次，直至蜡模表面结成5～10mm厚的硬壳（图12-26f），然后进行烘干或晾干；干燥后放入85～95℃的热水中浸泡（图12-26g），使蜡模熔化流出，从而获得所需铸型（空壳）。为提高铸型的强度并除去残余蜡料和水分，可将其置于850～950℃的炉内进行焙烧。

3. 浇注

为防止在浇注过程中壳型倾倒、变形和破裂，同时也为了保证金属液的充型能力，通常将焙烧后的壳型趁热置于砂箱中进行浇注（图12-26h）。凝固后击碎壳体，取出铸件。

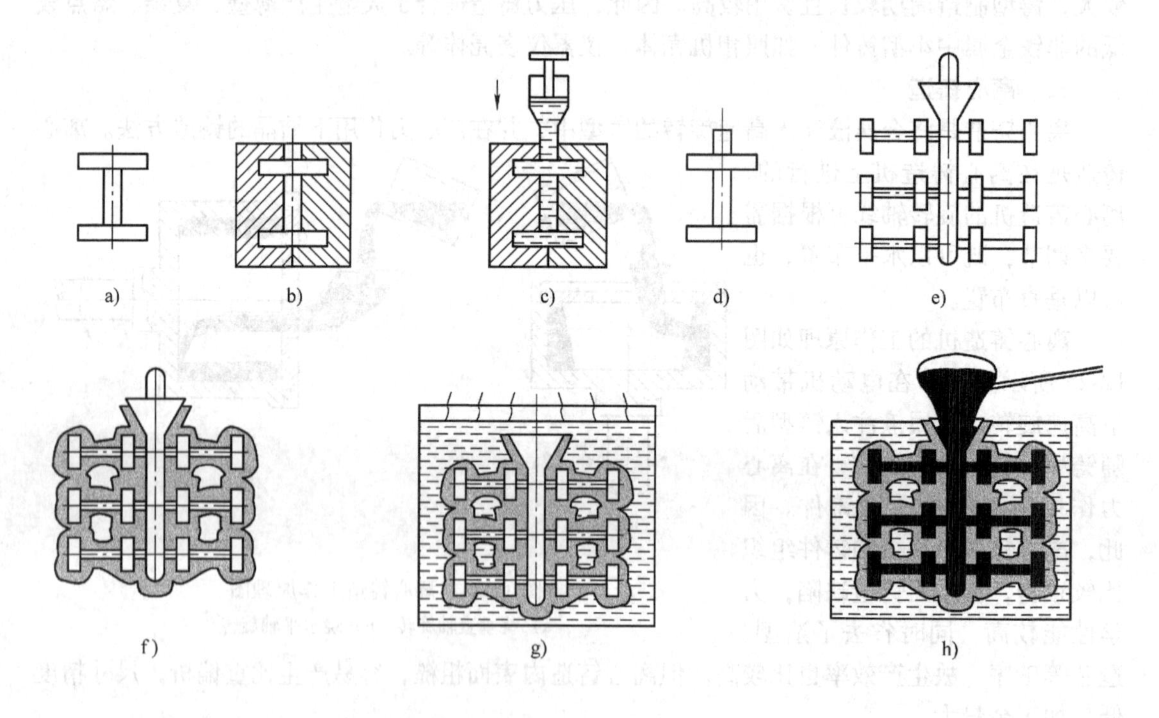

图12-26　熔模铸造

a）母模　b）压模　c）压制蜡模　d）单个蜡模　e）组合蜡模　f）涂制型壳

g）熔化蜡模　h）浇注

熔模铸造的特点是：铸型是一个整体，无分型面，所以可以铸造各种小而复杂的铸件及工艺品；铸件表面光洁，尺寸精确，加工余量小。但熔模铸造工艺过程复杂，生产周期较长。考虑到蜡模强度，熔模铸造的铸件尺寸不宜过大。

熔模铸造主要用于高熔点、难加工金属的中小型精密铸件。

第八节　铸造新技术简介

机械工业的不断进步对铸造生产提出了更高要求，目前，铸造技术正朝着优质、高效、节能、低耗、自动化和污染小的方向发展，许多新的、先进的铸造技术不断涌现。下面介绍几种成熟的铸造新技术。

一、实型铸造

实型铸造又称为气化模铸造或泡沫塑料模铸造。它是以泡沫塑料（聚苯乙烯）为材料制取模样和浇注系统，造型后不需取出模样，故称实型。浇注时，高温金属液将浇注系统及模样立即汽化并蒸发，于是金属液占据其空间，冷却后形成铸件。

实型铸造具有造型过程简单，不需要模板和分型，不需起模，不用砂芯等优点。但模样制造周期较长，成本较高，且模样只能使用一次；浇注时汽化蒸发的泡沫塑料产生大量烟雾还会污染环境。

二、低压铸造

使金属液在较低的压力下充型，并在较低的压力下凝固的铸造方法称为低压铸造，其工作原理如图 12-27 所示。

将熔炼好的金属液注入坩埚中，通入干燥的压缩空气（气体压力为 0.02～0.08MPa），金属液在压力作用下沿升液管上升进入铸型型腔，持压一段时间使金属液在压力下完全凝固后再卸压，卸压后升液管中的金属液自动流回坩埚，然后开启铸型，取出铸件。

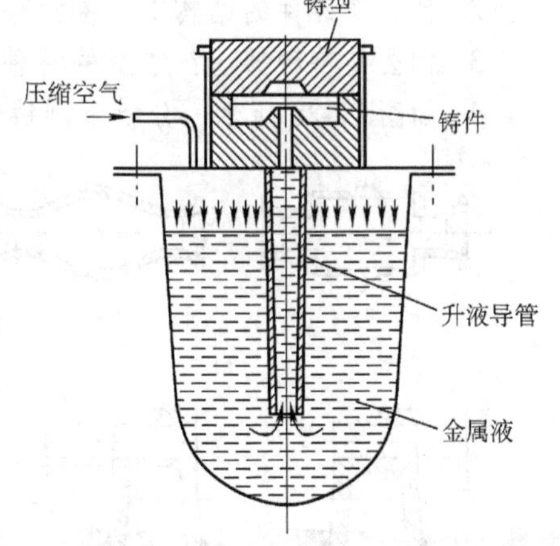

图 12-27　低压铸造工作原理图

低压铸造是介于金属型铸造和压力铸造之间的一种铸造方法，适合于金属型、砂型、熔模型等多种铸型。浇注时能避免金属液的冲刷和飞溅，铸件质量较好。

三、计算机在铸造生产中的应用

计算机在铸造生产中的应用越来越广泛，如铸件的结构及工艺性设计、铸件的三维实体造型及模拟金属液的浇注、凝固、铸件缺陷的形成过程等；利用数控设备加工模样和金属型，不仅大幅度提高了加工效率，表面质量和精度也有了保证；利用计算机控制型砂的配比及混制过程，可提高型砂的使用性能；利用计算机对金属熔炼过程进行监控和检测，可有效提高金属液的熔炼质量。总之，计算机在铸造生产方面的应用，最大限度地消除了人为因素带来的不利影响，使铸造生产过程从工艺设计、试制、工艺编制及参数修订等一系列工作大大简化，进一步缩短了生产周期，质量也得到了有效的控制。

【小结】　本章以砂型铸造为主，介绍了铸造生产中造型、熔炼、浇注、清理等基本过程及铸件的结构工艺性和常见缺陷。通过学习本章内容可以了解：第一，铸造生产的特点及应用；第二，造型的基本过程；第三，铸铁及钢、非铁金属等常用的熔炼设备；第四，浇注系统的组成和作用；第五，根据铸件的结构和成分特点进行工艺性分析；第六，铸件中的常见缺陷及产生原因；第七，金属的铸造性能与成分的关系。

练　习　题（12）

一、填空题

1. 砂型铸造主要包括________、________、________、________和________五个基本步骤。

2. 浇注系统是金属液导入铸型的通道，它由________、________、________和________四部分组成。

3. 影响铸造流动性的因素主要有____________、____________和____________三个方面。

4. 特种铸造是指砂型铸造以外的其他铸造方法，常见的有________、________、________和________等。

二、判断题

1. 铸件上冒口的主要作用就是补缩。（　）

2. 对芯砂的性能要求比对型砂应该低一些。（　）

3. 由于铸造时液态成型，所以铸件的壁厚对铸件的成型过程没有影响。（　）

4. 提高浇注温度可提高金属液的充型能力，所以金属液的温度越高越好。（　）

三、简答题

1. 常见的铸造缺陷有哪些？分析其产生原因。

2. 什么是铸件的结构工艺性？分析铸件结构工艺性的原则有哪些？

3. 什么是特种铸造？常用的特种铸造方法有哪些？

4. 如图12-28所示，分析下列铸件结构的合理性，说明原因。

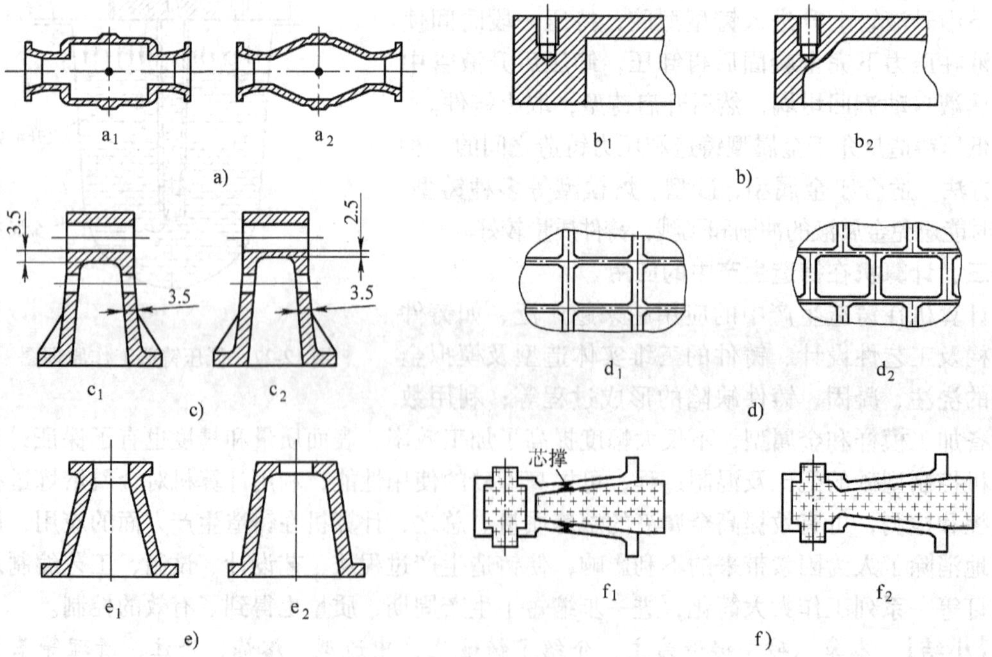

图12-28　铸件结构工艺性分析

第十三章　锻　压

第一节　锻压概述

锻压是对坯料施加外力，使其产生塑性变形或分离，以改变形状、尺寸和改善性能，从而获得零件、工件或毛坯的加工方法。锻压包括锻造和冲压两层含义，它们都属于压力加工工艺。通常情况下，锻造需要将坯料加热后进行，而冲压多在常温下进行。常见的金属压力加工方法有锻造、冲压、挤压、轧制、拉拔等，如图 13-1 所示。

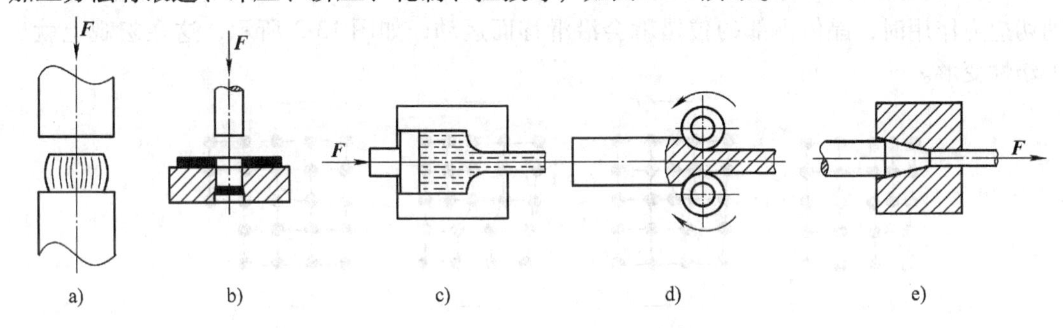

图 13-1　压力加工方法示意图

a）锻压　b）冲压　c）挤压　d）轧制　e）拉拔

锻造，是指在加压设备及工（模）具作用下，使坯料或铸锭产生局部的或全部的塑性变形，以便获得一定尺寸、形状和质量的锻件的加工方法，如图 13-1a 所示。

冲压，是指通过设备及工（模）具使金属坯料变形或分离而获得制件的加工方法，如图 13-1b 所示。

挤压，是指将金属坯料（多为半固态）在压力作用下通过封闭模腔的模口，使之成为截面形状与模口截面形状相同的制件的加工方法，如图 13-1c 所示。

轧制，是指金属材料（或非金属材料）在旋转轧辊的压力作用下，产生连续的塑性变形，获得所要求的截面形状并改变其性能的加工方法，如图 13-1d 所示。

拉拔，是指金属坯料在牵引力作用下通过模口拉出，产生塑性变形而得到截面缩小、长度增加制件（金属丝）的加工方法，如图 13-1e 所示。

无论是锻造还是冲压加工，都是以被加工材料的塑性变形为基础的。各种钢和大多数非铁金属在常温或加热后都具有一定的塑性，故它们可在冷态或热态下进行锻压加工，脆性材料（如铸铁、铸造铜合金、铸造铝合金等）则不能进行锻压加工。

锻压加工可改善金属内部组织，使内部组织细化、纤维化并能消除部分铸态缺陷，故可提高金属的力学性能。另外，材料经锻压加工后，其外形和尺寸与零件很接近，减少了加工余量，故可节省金属材料。但锻压加工由于金属材料是在固态或半固态下进行的，流动性较差，故不能获得形状复杂的制件，而且生产现场温度高、粉尘大，劳动条件较差。

第二节 金属的塑性变形、加热对组织和性能的影响

金属的锻造性能是以其塑性和变形抗力两个指标来衡量的。金属的塑性越好，在承受较大变形情况下就越不易开裂，其锻造性就越好；变形抗力越小，锻造时消耗的冲击功就越少，设备越省力，故锻造性也越好。

一、金属的塑性变形及其对组织、性能的影响

金属在外力作用下所发生的变形分两个阶段，即弹性变形阶段和塑性变形阶段。在弹性变形阶段，外力去除后金属将恢复原状，故不能用于成型加工；而塑性变形属于永久性的变形，故可用于成型加工。

1. 金属塑性变形的实质

晶体在切应力作用下才会发生塑性变形。对于单晶体来讲，由于内部存在大量位错，当受到切应力作用时，晶体内部的位错就会沿滑移面运动，如图 13-2 所示，这在宏观上就出现了塑性变形。

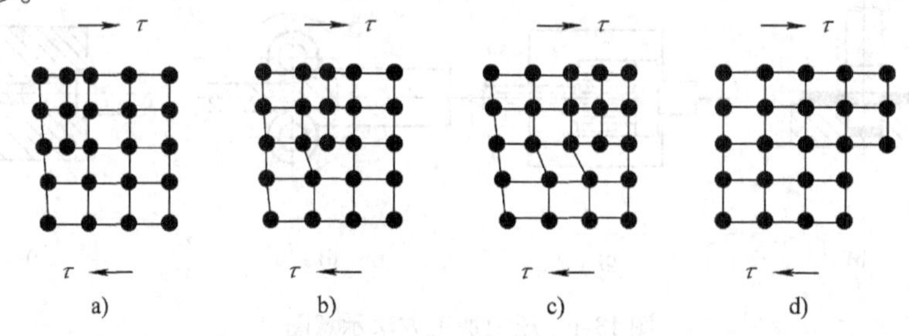

图 13-2 位错滑移示意图

实际金属属于多晶体，多晶体是由许多单个晶粒杂乱组合而成的，其塑性变形的过程可看成为许多单个晶粒塑性变形的总和。另外，多晶体塑性变形还存在着晶粒与晶粒之间的滑移与转动，即晶间变形，如图 13-3 所示。但多晶体的塑性变形以晶内变形为主，晶间变形很小，这是由于晶界处原子排列较为紊乱，各个晶粒的位向不同，使位错运动在晶界处较为困难。所以，晶粒越细，晶界越多，位错运行阻力就越大，变形抗力就越大，金属的强度也就越高；晶粒越细，金属的塑性变形可分散到更多的晶粒中进行，其塑性变形能力就越好。因此，生产中一般希望获得细晶粒组织。

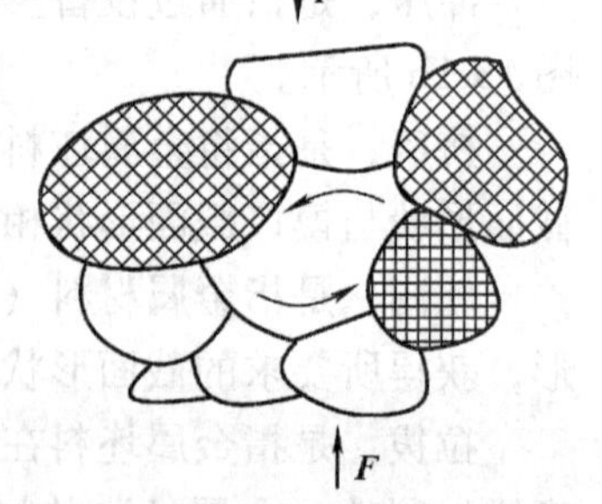

图 13-3 多晶体塑性变形示意图

综上所述，金属塑性变形的实质就是位错沿滑移面的运动。

2. 冷塑性变形对金属组织和性能的影响

金属发生塑性变形时，会使一部分位错消失，但同时又会产生许多新的位错（即大量原子错排现象），总的位错数量是增加的。这些位错在滑移过程中会互相纠缠，使其运动阻力增大，也就是说，随着塑性变形量的增大，晶粒内位错密度增加，位错运动阻力也随之增大，宏观上就体现出金属的强度、硬度提高。这种在冷态下发生塑性变形时，导致金属强度、硬度提高的现象叫做冷变形强化（也叫加工硬化）。

金属发生塑性变形后，其晶格将会严重畸变，原晶粒会被压扁或拉长，形成纤维组织，

如图 13-4 所示。冷变形强化将会使金属材料的塑性、韧性降低，可锻性恶化。图 13-5 所示为低碳钢的冷变形强化曲线。

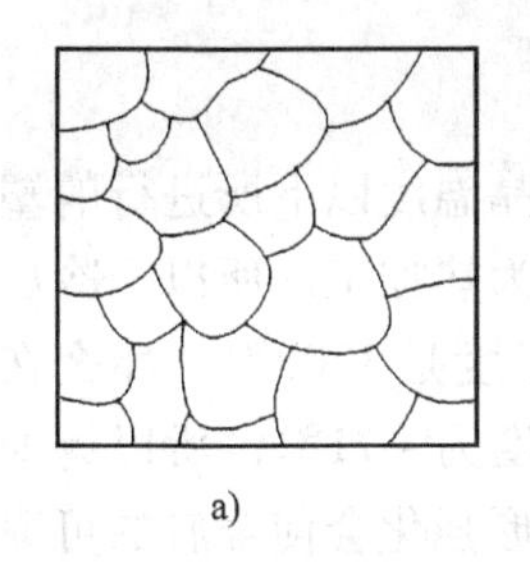

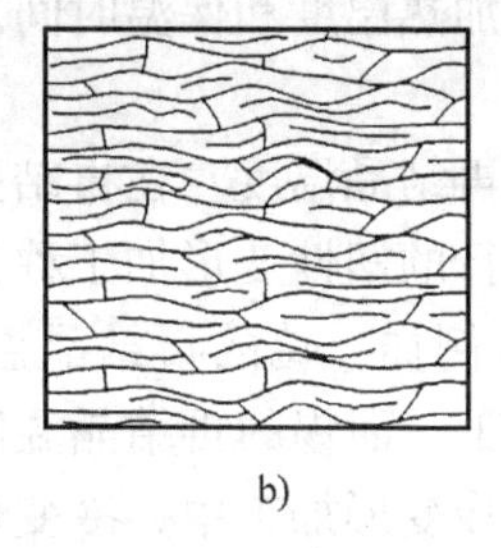

图 13-4　冷轧前后多晶体晶粒形状的变化

a）冷轧前组织　b）冷轧后纤维组织

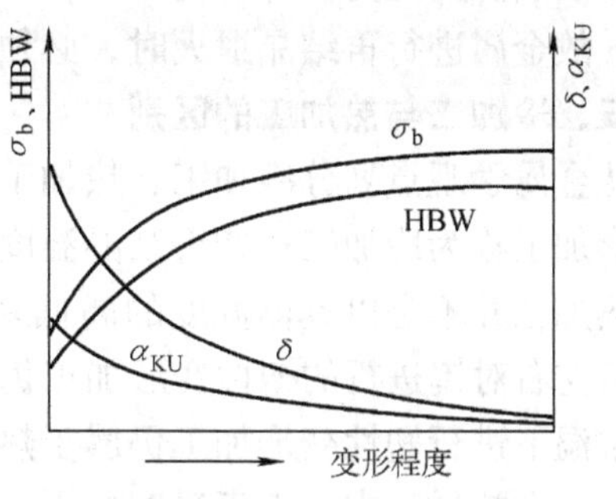

图 13-5　低碳钢的冷变形强化曲线

二、加热对冷塑性变形后的组织和性能的影响

金属发生冷塑性变形后将产生强化现象，对冷变形强化后的金属进行加热，其组织将发生三个阶段的变化，即回复、再结晶和晶粒长大。

1. 回复

冷塑性变形使许多原子偏离平衡位置，当加热温度不高时，一些原子获得能量会回复到平衡位置，晶内残余应力大大减少但不改变晶粒形状，这个阶段称为回复。回复的作用是消除冷变形时产生的残余应力。例如，冷拔弹簧钢丝成型后须进行低温退火（也称定型处理），其实质就是回复，这样做既可保持弹簧钢丝的高强度，又能消除冷煨变形时带来的残余应力。

2. 再结晶

当加热温度较高时，被拉长成纤维状的金属晶粒会重新形核，变为均匀、细小的等轴晶粒，这个阶段称为再结晶。再结晶阶段可使金属恢复到原来的性能状态，即再结晶恢复了金属的可锻性。

再结晶是在一定温度范围内进行的，开始产生再结晶现象的最低温度称为再结晶温度，它与金属的熔点有关。纯金属的再结晶温度为

$$T_{再} \approx 0.4 T_{熔}$$

式中　$T_{熔}$——纯金属的热力学温度熔点（K）。

金属中的合金元素可显著提高其再结晶温度。经过冷塑性变形的金属，加热到再结晶温度以上，使其发生再结晶的处理称为再结晶退火。冷塑性变形使得金属塑性下降，继续变形困难，经再结晶退火后，可恢复其塑性，继续进行锻压加工。如冷拉、冷轧过程中，经过几道工序后需进行一次“焖火”，其实质就是通过再结晶退火来恢复其塑性，便于继续进行加工，否则就会断丝、开裂。

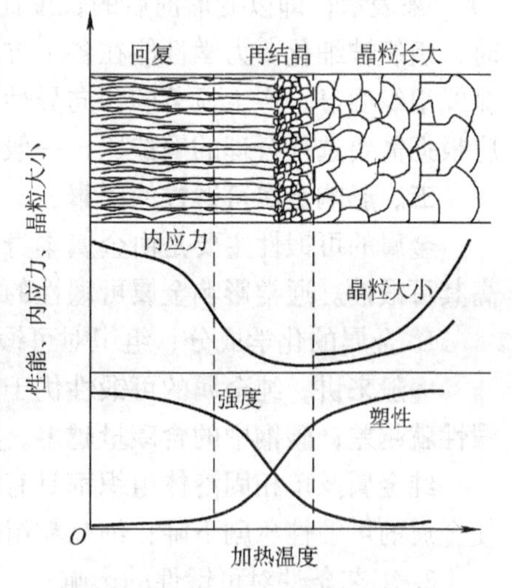

图 13-6　冷塑性变形金属加热后组织和性能的变化

3. 晶粒长大

金属经过冷塑性变形后形成的纤维组织，通过再结晶处理可获得均匀细小的等轴晶粒。但如果加热温度过高或时间过长，则晶粒会明显长大，从而使金属的可锻性恶化，如图13-6所示。故金属进行再结晶退火时，必须严格控制加热温度和保温时间。

三、冷加工与热加工的区别

从金属学观点划分冷加工、热加工的界限是再结晶温度。在再结晶温度以下所进行的塑性变形加工称为冷加工；在再结晶温度以上所进行的塑性变形加工称为热加工。所以，冷加工和热加工并不是以具体温度的高低来划分的。例如，钨的再结晶温度是1200℃，那么在1000℃左右对钨进行的塑性变形加工仍属于冷加工；而锡的再结晶温度为－71℃，所以锡即使在常温下进行塑性变形加工仍属于热加工。在冷变形加工中，冷变形强化会使金属的可锻性恶化；在热加工中，由于温度在再结晶以上，塑性变形带来的强化会立即被再结晶消除，故金属始终保持良好的可锻性。

四、锻造流线与锻造比

1. 锻造流线

金属热锻后会形成纤维组织，即塑性杂质延伸长方向呈纤维状分布，使金属组织呈一定的方向性，这种因锻造而使金属形成的具有一定方向性的组织称为锻造流线，如图13-7所示。锻造流线使金属的性能呈各向异性，在与流线平行的方向上抗拉强度较高而抗剪强度较低；在与流线垂直的方向上抗拉强度较低而抗剪强度较高。因此，在设计和制造机器零件时，必须考虑锻造流线的合理分布，使零件工作时的正应力与流线方向一致，切应力与流线方向垂直，这样才能充分发挥材料的潜力。

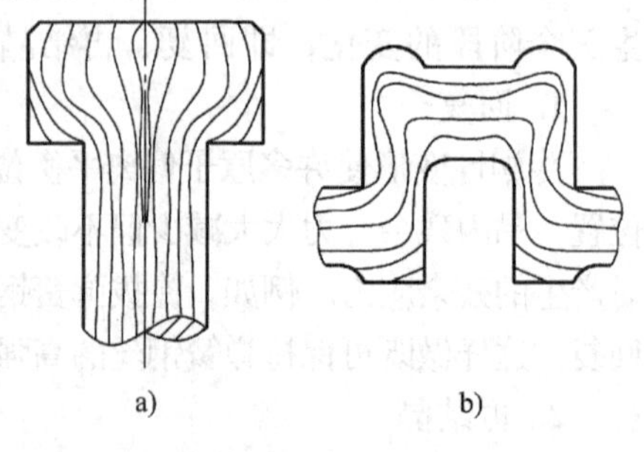

图13-7 锻造流线
a）螺栓头 b）曲轴

2. 锻造比

在锻造生产中，金属变形程度的大小常以锻造比“Y”来表示，即以变形前后的长度比、截面积比或高度比来反映金属的变形程度。当$Y<2$时，组织被细化，力学性能在各个方向上均有显著提高，各向异性不明显；当$Y=2\sim5$时，流线组织明显，产生显著的各向异性；当$Y>5$时，性能恶化。故在锻造零件毛坯或钢锭时，应根据需要选择合理的锻造比，一般钢制锻件的锻造比为$Y=1.1\sim1.3$。

五、影响金属可锻性的因素

金属的可锻性主要是由金属本身塑性决定的，因此，凡能提高金属塑性的因素，均可提高其可锻性。通常影响金属可锻性的因素有化学成分、组织及工艺条件。

1. 金属的化学成分、组织对可锻性的影响

一般来讲，纯金属的可锻性优于其合金；合金中合金元素越多，化学成分越复杂，其可锻性就越差；碳钢中的含碳量越多，其可锻性也越差。

纯金属及单相固溶体组织都具有良好的可锻性；合金组织中金属化合物的含量增加，会使金属的可锻性急剧下降；细晶粒组织的可锻性优于粗晶粒组织。

2. 工艺条件对可锻性的影响

对同一种金属来讲，在一定温度范围内，随变形温度的提高，再结晶过程加剧，金属的塑性增加，变形抗力降低，从而提高了金属的可锻性。

第三节　锻造工艺

金属的锻造工艺过程主要包括坯料的加热过程和锻造成型过程。加热是为了提高金属的可锻性，降低变形抗力。成型过程则需根据生产批量和材料性质选择相应的成型方法，常用的成型方法有三种，即自由锻、模锻和胎模锻。

一、坯料的加热

1. 加热目的

将坯料加热，其目的是改善金属的可锻性，使金属在较小的锻打能量下获得较大的变形，并获得良好的锻后组织。对于钢制锻坯，其锻造温度一般都选择在单相奥氏体区，这是因为单相奥氏体具有良好的塑性和均匀一致的组织。

2. 锻造温度范围

从锻坯出炉到锻打过程结束这一过程的温度间隔，即始锻温度和终锻温度之差，称为锻造温度范围。

（1）始锻温度　始锻温度是指开始锻造时坯料的温度。此温度不能过低，否则金属塑性较差且会增大变形抗力；但过高容易造成过热或烧损。碳钢的始锻温度一般低于固相线200℃左右。

（2）终锻温度　随着锻造过程的进行，锻件温度在降低，其可锻性在变差。当低到一定程度时，应停止锻造，否则容易锻裂。停止锻造时锻件的温度称为终锻温度。对于多数金属材料来讲，终锻温度一般在再结晶温度以上 100～200℃。碳钢的终锻温度一般在 750～800℃，如图 13-8 所示。常用金属的锻造温度范围见表 13-1。

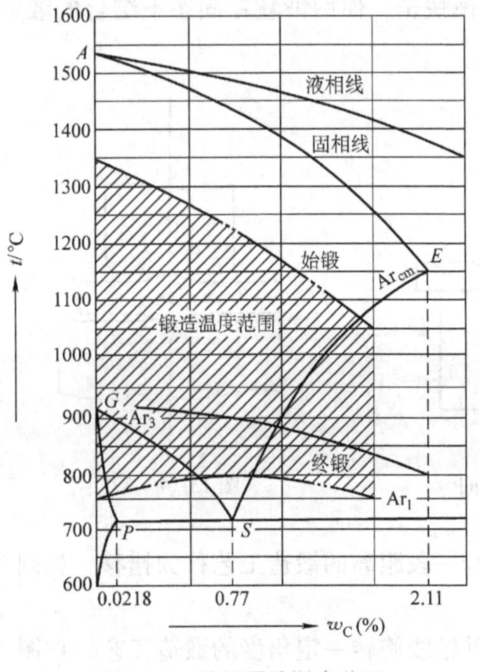

图 13-8　碳钢锻造温度范围

表 13-1　常用金属的锻造温度范围

类　别	始锻温度/℃	终锻温度/℃
碳素结构钢	1280	700
优质碳素结构钢	1200	800
碳素工具钢	1100	770
合金结构钢	1150～1200	800～850
合金工具钢	1050～1150	800～850
高速钢	1100～1150	900～950
不锈钢	1150～1180	825～850
耐热钢	1100～1150	850
铝合金	450～480	380
铜及铜合金	850～900	650～700

二、锻造成型

1. 自由锻

不采用模具，只用简单工具在锻造设备上对坯料进行的锻造加工称为自由锻。其基本工艺包括：镦粗、拔长、冲孔、切割、弯曲、扭转、错移和锻接等。

（1）镦粗　使锻坯高度减小，横截面增大的锻造工艺称为镦粗。镦粗分完全镦粗和局部镦粗两种类型，如图 13-9 所示。

（2）拔长　与镦粗相反，使锻坯高度增加，截面缩小的锻造工艺称为拔长，如图 13-10 所示。

（3）冲孔　在坯料上冲出通孔或不通孔的锻造工艺称为冲孔，如图 13-11 所示。

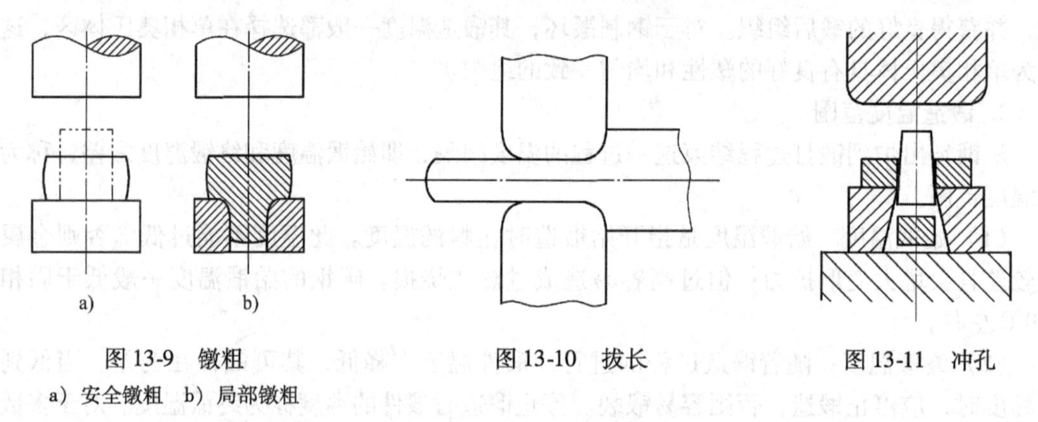

图 13-9　镦粗

a）安全镦粗　b）局部镦粗

图 13-10　拔长

图 13-11　冲孔

（4）切割　将锻件分离或切口的锻造工艺称为切割，如图 13-12 所示。

（5）弯曲　将坯料弯成所规定外形的锻造工艺称为弯曲，如图 13-13 所示。

（6）锻接　将两锻坯在炉内加热至高温后用锤快击，使两锻坯在固态下结合的锻造工艺称为锻接，如图 13-14 所示。

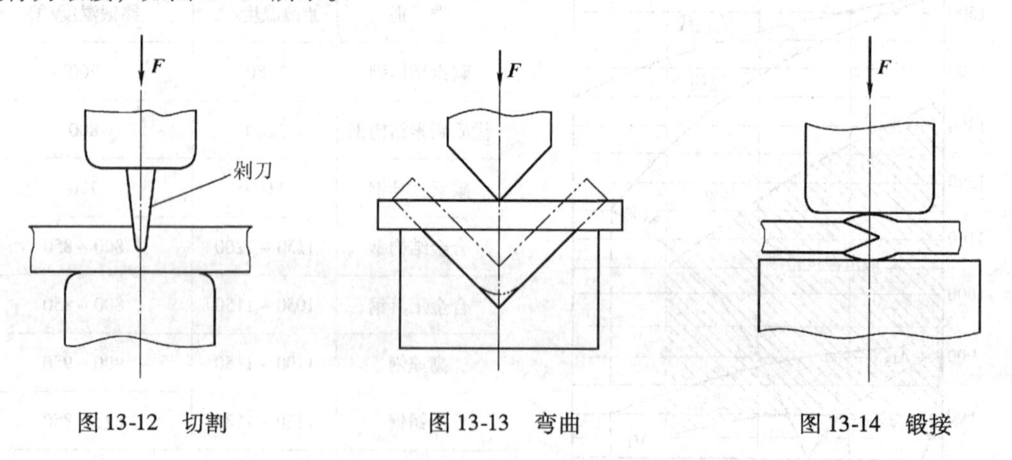

图 13-12　切割　　图 13-13　弯曲　　图 13-14　锻接

（7）错移　将锻坯的一部分相对另一部分错开一段距离的锻造工艺称为错移，如图 13-15 所示。

（8）扭转　将锻坯的一部分相对另一部分绕其轴线旋转一定角度的锻造工艺，如图 13-16 所示。

自由锻是一种比较传统的锻造方法，其工艺灵活，设备通用性强，锻造成本低廉，是目前大型锻件唯一的锻造方法。但自由锻精度较低，劳动强度大，生产效率不高，故多用于单件或小批生产形状比较简单的锻件。

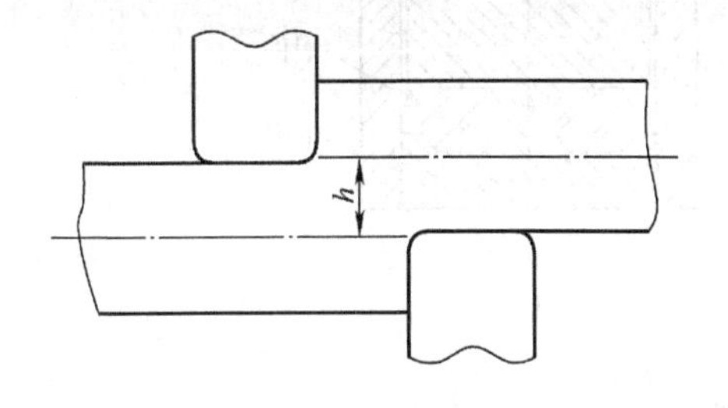

图 13-15　错移

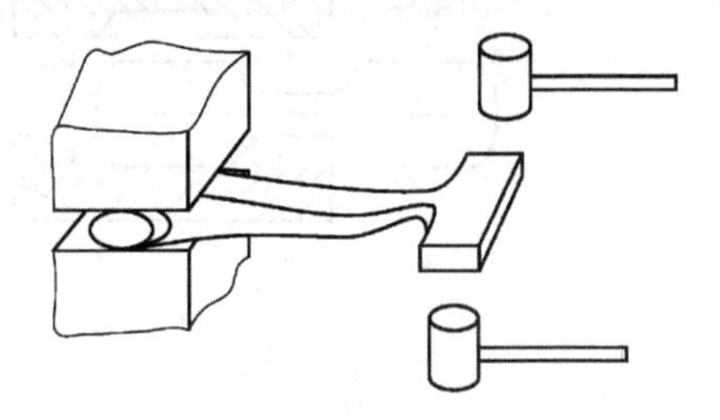
图 13-16　扭转

2. 模锻

模锻就是在锻造设备上辅之以模具，将锻坯置于模具中使其沿模具膛腔的形状来变形的锻造方法。由于锻坯在模膛中的变形是受到限制的，故模锻所需变形力较大。

根据所用锻造设备的不同，模锻可分为锤上模锻、曲柄压力机上模锻和摩擦压力机上模锻三种形式。图 13-17 所示为锤上模锻示意图，锻模由上锻模和下锻模两部分组成，分别安装在锤头和模垫上。工作时，上锻模随锤头一起上下移动以扣击锻坯，使锻坯沿上下模膛的膛腔成型，从而获得所需锻件。

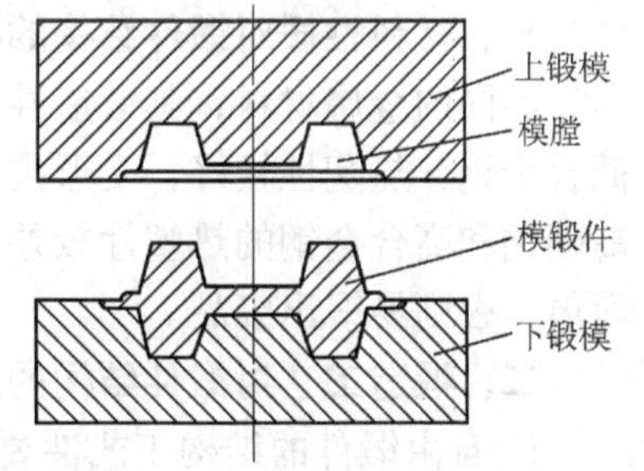

图 13-17　锤上模锻示意图

在一个锻模上可以出现若干个模膛，根据模膛的功用不同可分为制坯模膛和模锻模膛两大类。制坯模膛主要用于将原始毛坯加工成接近锻件的形状，它包括拔长模膛、滚压模膛、弯曲模膛、切断模膛等；模锻模膛主要用于将经过制坯模膛加工过的毛坯再进行整形，使其成为具有所要求的形状和尺寸的模锻件，它包括预锻模膛和终锻模膛两种。

模锻的特点是效率高，锻件尺寸精确，节省金属材料，并且能锻造形状比较复杂的锻件。但模锻所需变形力较大，受设备限制，模锻件质量一般不能太大（低于 150kg），且锻模制造成本较高，制造周期也较长。

模锻主要用于大量生产形状较复杂、精度要求较高的中小型锻件。

3. 胎模锻

在自由锻设备上（空气锤、压力机等）利用可移动模具限制坯料成型，从而获得模锻件的锻造方法称为胎模锻，它是一种介于自由锻和模锻之间的锻造方法。胎模是一种可移动模具，只有一个模膛。锻造前一般先通过自由锻获得接近胎模形状的毛坯，再将此毛坯置于胎模中进行终锻成型。胎模不固定在锤头或砧座上，只有用的时候才放上去。常用的胎模种类有扣模、套模、摔模、弯曲模、合模和冲切模等，图 13-18 所示为扣模和套模。

胎模锻锻件精度较高，且不需专用锻造设备，工艺简单，成本较低。但胎模锻劳动强度大，模具寿命短，故只适用于批量不大的中小型锻件的生产。

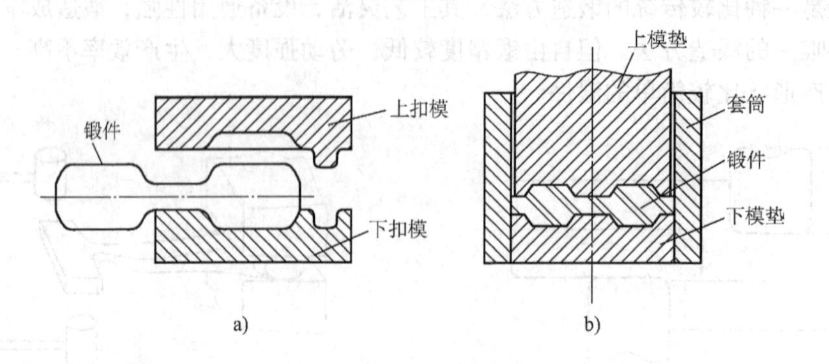

图 13-18　胎模锻
a）扣模　b）套模

第四节　锻件的结构工艺性

锻件的结构工艺性是指锻件结构对锻造工艺的适应能力，也就是在正常锻造生产条件下获得优质锻件的难易程度。设计锻件结构时应充分考虑金属的可锻性和锻造工艺，尽量使锻造过程简单。

一、材料性质对锻件结构的要求

不同的金属材料，其锻造性能也不相同。对于碳的质量分数低于 0.65% 的低中碳钢及低合金钢，热塑性较好，变形抗力小，锻造温度范围大，因此其锻件形状可设计得复杂些；高碳钢和高合金钢的热塑性较差，变形抗力大，锻造温度范围小，因此其锻件的形状应力求简单，否则易锻出废品。

二、锻造工艺对锻件结构的要求

1. 自由锻件的结构工艺性要求

1）尽量避免圆锥面、斜面过渡，而改用圆柱面、平面过渡，如图 13-19 所示。

2）避免两曲面截交，至少保证有一平面，如图 13-20 所示。

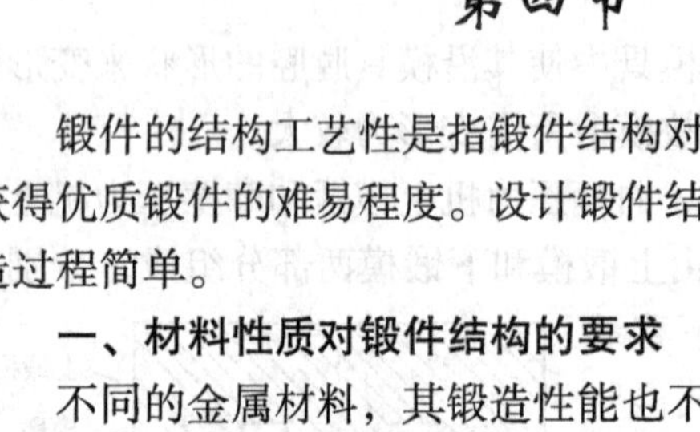

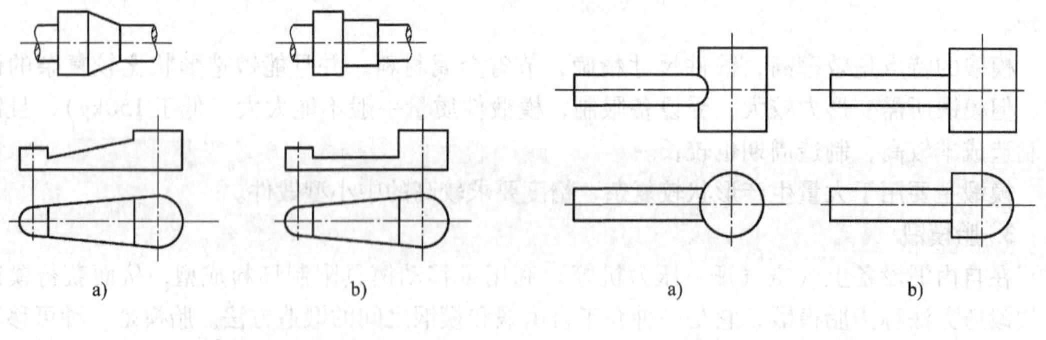

图 13-19　避免圆锥面、斜面
a）不合理　b）合理

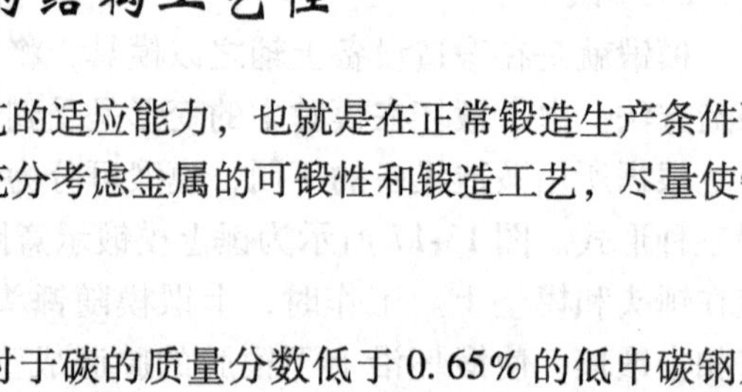

图 13-20　避免曲面截交
a）不合理　b）合理

3）尽量避免内侧出现凹凸表面，应改为整体实心，如图 13-21 所示。

4）避免出现加强肋，采用其他加固方法，如图 13-22 所示。

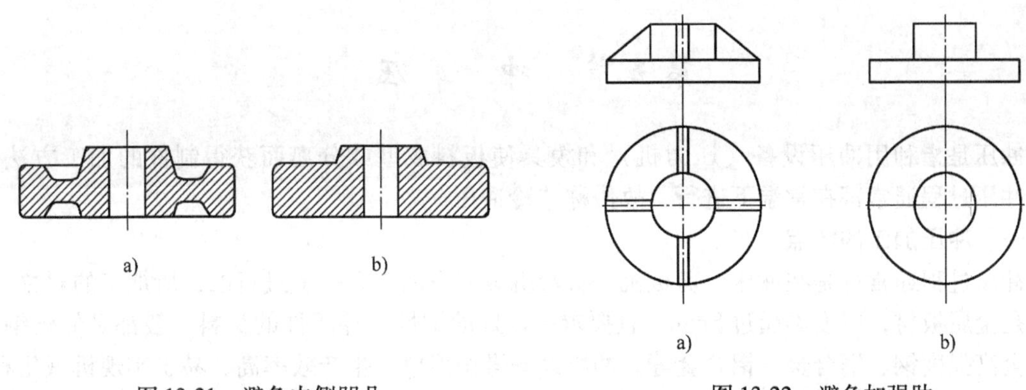

图 13-21　避免内侧凹凸
a）不合理　b）合理

图 13-22　避免加强肋
a）不合理　b）合理

2. 模锻件的结构工艺性要求

模锻件是在模具的模膛内成型的，其成型过程受到模膛内腔的制约，因此在设计模锻件结构时应注意以下几点：

1）模锻件的形状应能使锻件容易地充满模膛并从模膛中顺利地取出。这需要充分考虑分模面、模锻斜度及圆角等问题，分模面应是模膛深度最小，截面积最大，敷料最少的平面。如图 13-23 所示，图中涂黑处为敷料，目的是便于出模和固态金属的流动。

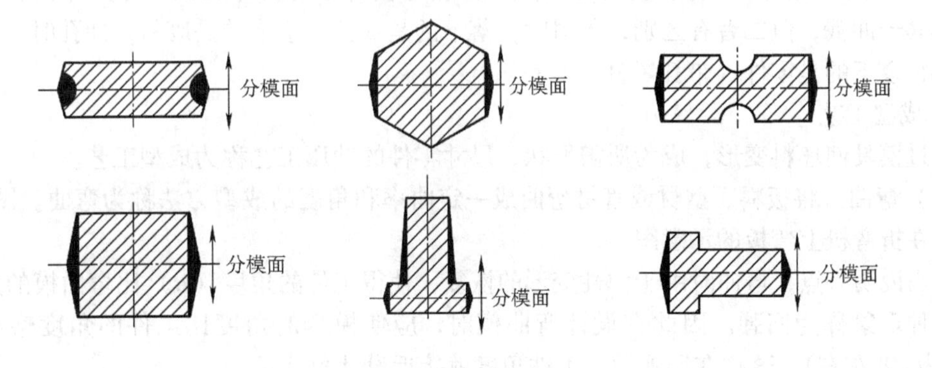

图 13-23　合理的分模面

2）模锻件应尽量避免有高的突起、薄壁以及深的凹陷。如图 13-24a 所示的锻件上有高而薄的凸缘，如图 13-24b 所示的锻件中部扁而薄，锻造时，薄壁处不仅冷却快，而且不易充型，流动性受影响。

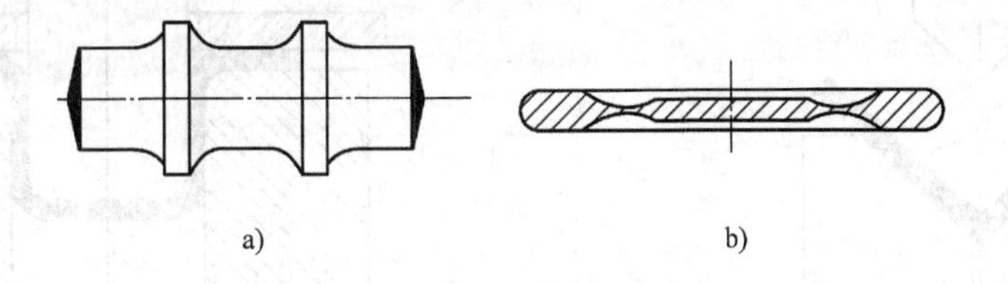

图 13-24　避免过高或过薄
a）凸缘高而薄　b）中部过薄

第五节　冲　　压

冲压是指利用冲压设备（压力机）和模具使板料成型或分离而获得制件的加工方法。由于冲压过程通常都在常温下进行，故俗称“冷冲压”。

一、冲压加工的特点

冲压过程通常都是在冲床、剪板机、折弯机等压力加工设备上进行的，所加工的对象一般都是金属板材，厚度不超过8mm，且要求有良好的塑性。冲压件的材料一般都是低碳钢、低合金高强度钢、铜合金、铝合金等。冲压设备操作简单，生产效率高，易于实现机械化和自动化，但模具加工周期较长，成本较高，故冲压加工多用于大批量生产。

二、冲压加工基本工艺

冲压加工的基本工艺可分为分离和成型两大类。分离工艺中根据轮廓是否封闭又可分为剪切、切口、冲裁等；成型工艺中包括弯曲、拉深、翻边、卷边等。

1. 分离工艺

分离是使坯料的一部分相对于另一部分彼此分离的工艺。

（1）剪切　将板料沿不封闭的曲线分离的冲压工艺称为剪切。剪切通常在剪板机上进行，剪切后将材料分为两部分，其切口为一直线。

（2）冲裁　利用冲模将板料沿封闭曲线轮廓与坯料分离的冲压工艺称为冲裁。落料和冲孔都属于冲裁，但二者有区别，落料时，落下的是零件，余下的是废料；冲孔时，落下的是废料，余下的是零件（带孔零件）。

2. 成型工艺

通过模具使坯料变形，成为所需形状、尺寸零件的冲压工艺称为成型工艺。

（1）弯曲　将板料、型材或管材弯曲成一定曲率和角度的成型方法称为弯曲。图13-25所示为在折弯机上弯板的示意图。

应当说明一点，弯曲时由于弹性变形的恢复，使得工件的角度（α）比弯曲模的角度略大，这种现象称为回弹。因此在设计弯曲模时，应使模具的角度比工件的角度略小一些（一般为10°左右），这样在回弹后，工件角度就接近设计角度了。

（2）拉深　将平面板料转变为空心件（容器）的成型工艺称为拉深，如图13-26所示。拉深时，由于板料边缘受到压应力的作用，很可能产生波浪状变形裂纹。板料厚度越小，拉深的深度越大，就越容易产生折皱，为此，必须采用压边圈将板料压住。

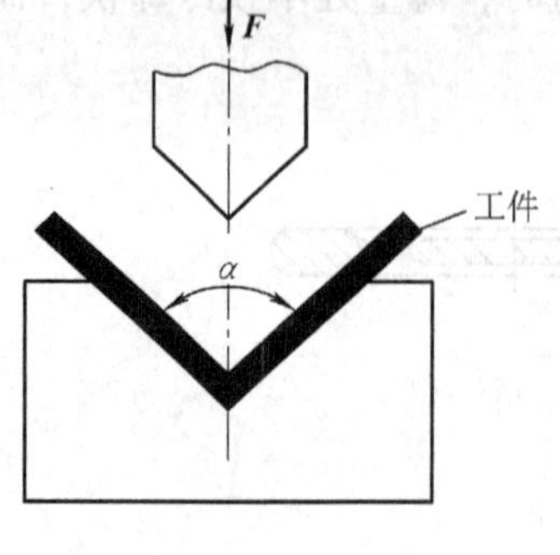

图13-25　弯曲

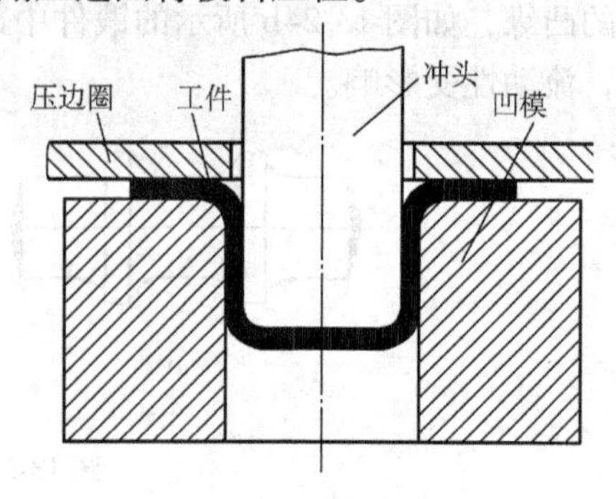

图13-26　拉深

三、冲压工艺对冲压件结构的要求

1. 对冲裁件的结构要求

1）要便于排样，以减少废料，降低成本。

2）凹槽、凸臂、孔、孔距、孔边距、轮廓圆角半径等要素，尺寸均不宜过小，以免造成模具强度过低而不能使用。

3）冲孔的孔径不宜过小，应大于或等于板的厚度。

2. 对弯曲件的结构要求

1）弯曲件的弯曲半径不能小于材料许可的最小弯曲半径（r_{min}），否则易煨裂。

2）直边高度不应小于板厚的两倍。

3. 对拉深件的结构要求

1）外形应尽量简单，以减少拉深难度。

2）尽可能减小拉深的深度，否则会使拉深次数过多，成品率降低。

3）拉深件的拐角处必须是圆角过渡，且圆角尽量大些，否则易拉裂。

第六节 锻压新技术简介

锻压属于基础工艺，在工业生产中占有十分重要的地位。提高锻件的性能和质量，使锻件的外形尺寸接近零件尺寸，实现少、无切削加工和污染，做到清洁生产，提高自动化程度，提高零件的生产效率，降低生产成本，是现代锻压生产的发展趋势。下面介绍部分成熟的锻压新技术。

一、超塑性成型技术

超塑性是指金属在特定的组织、温度和变形速度下成型时，塑性比常态大大提高而变形抗力大大降低的性质，如纯钛的断后伸长率可达300%以上，锌铝合金的伸长率可达1000%以上。超塑性分为细晶超塑性（又称恒温超塑性）和相变超塑性等。

细晶超塑性是利用变形和热处理方法获得0.5～5μm左右的超细等轴晶粒而具有超塑性的。它在$0.5T_K$（T_K为金属的熔点，以热力学温度计算）温度和很小的变形速率（10^{-5}～10^{-2}m/s）下进行锻压加工，其伸长率可成倍增长。相变超塑性是金属材料在相变温度附近进行反复加热、冷却并使其在一定的变形速率下变形时，呈现出的高塑性、低变形抗力和高扩散能力等超塑性特点。利用金属材料在特定条件下所具有的超塑性来进行塑性加工的方法，称为超塑性成型。超塑性变形主要是由晶粒边界的滑动和转动所引起的，与一般金属的变形方式不同。

目前常用的超塑性成型材料主要有铝锌合金、钛合金及高温合金等，常用的超塑性成型方法有超塑性模锻和超塑性挤压等。金属在超塑性状态下不产生缩颈现象，变形抗力很小，因此利用金属材料在特定条件下所具有的超塑性来进行塑性加工，可以加工出复杂的零件。超塑性成型加工具有金属填充模膛性能好、锻件尺寸精度高、机械加工余量小、锻件组织细小均匀的特点。

二、液态模锻

液态模锻是指对定量浇入铸型型腔中的金属液施加较大的机械压力，使其成型、结晶凝固而获得铸件的一种加工方法。它是一种介于铸造和锻造之间的新工艺，并具有这两种加工工艺的优点，也称为“挤压铸造”。由于结晶过程是在压力下进行的，改变了常态下结晶的组织特征，可以获得细小的等轴晶粒。液态模锻的工件尺寸精度高、力学性能好，可用于各种类型的合金，如铝合金、铜合金、灰铸铁、不锈钢等，工艺过程简单，容易实现自动化。

三、摆动碾压

摆动碾压是指上模的轴线与被碾压工件（放在下模）的轴线倾斜一个角度，模具一面绕轴心旋转，一面对坯料进行压缩（每一瞬时仅压缩坯料横截面的一部分）的加工方法，如图13-27所示。摆动碾压时，瞬时变形是在坯料上的某一小区域里进行的，而且整个坯料的变形是逐渐进行的。这种方法可以用较小的设备碾压出大锻件，而且噪声低、振动小，锻件质量高。摆动碾压主要用于制造具有回转体的轮盘类锻件，如齿轮毛坯和铣刀毛坯等。

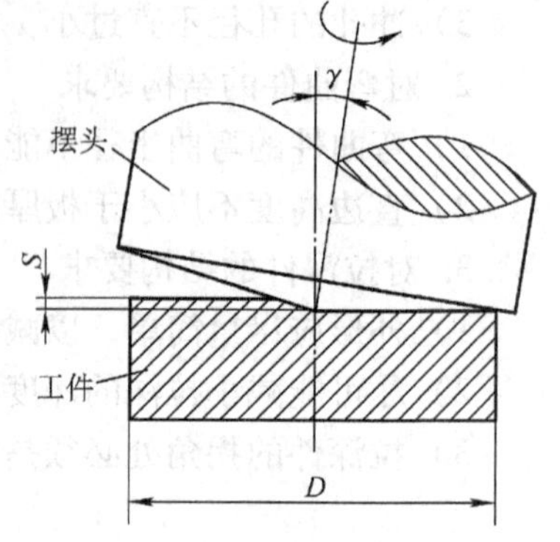

图13-27 摆动碾压示意图

四、计算机在锻压技术中的应用

计算机在锻压技术中的应用主要体现在模锻工艺方法上。可利用计算机辅助设计（CAD）和计算机辅助制造（CAM）程序，通过人机对话，借助有关资料，对模具、坯料、工序安排等内容进行优化设计，借以获得最佳模锻工艺设计方案，达到减少设计周期、提高模具精度和寿命、提高锻件质量、降低生产成本的目的。

【小结】 本章主要介绍了锻压的原理、方法、应用及锻件的结构工艺性等内容。在学习之后：第一，要了解锻压加工的基本原理，如变形的实质、冷变形强化、回复、再结晶等；第二，认识自由锻和模锻的基本工艺过程及锻件结构工艺性的一般原则，要做到一般原则与灵活应用相结合，不要生搬硬套；第三，了解冲压件的结构工艺性，结合实际加深理解。

练 习 题（13）

一、名词解释

1. 冷变形强化 2. 再结晶 3. 热加工 4. 可锻性 5. 锻造流线 6. 锻造比

二、填空

1. 常见的压力加工方法有________、________、________、________、________等。
2. 锻压加工是以金属的________为基础的。
3. 金属塑性变形的过程实质上就是________沿滑移面的运动过程。
4. 锻造温度范围是指________和________之间的温度间隔。
5. 模锻时，根据模膛的功用不同可将其分为________和________两大类。
6. 弯曲件弯曲后，由于存在________现象，故弯曲模的角度比被弯曲件的角度应________一个回弹角。

三、判断题

1. 一般金属材料经过加热后都能进行锻压加工。 （ ）
2. 金属的塑性越好，变形抗力越小，其可锻性就越好。 （ ）
3. 常温下进行的变形为冷变形，加热后进行的变形为热变形。 （ ）

4. 锻造时，将金属加热的目的是提高金属的塑性和降低变形抗力。 ( )
5. 模锻比自由锻所需的变形抗力要小。 ( )
6. 就碳钢来讲，随着含碳量的增加，其可锻性变差。 ( )
7. 冲压件材料必须具有良好的塑性。 ( )
8. 弯曲模的角度必须与被弯曲件的角度相同。 ( )
9. 落料和冲孔的工序方法相同，只是目的不同。 ( )

四、简答题

1. 为什么金属的晶粒越细，其锻造性能就越好？
2. 如何选择始锻温度和终锻温度？
3. 冷变形强化对锻压加工有何不利影响？如何消除？
4. 为什么要“趁热打铁”？
5. 自由锻零件的结构工艺性有哪些基本要求？

五、分析如图 13-28 所示的自由锻件的结构是否合理？

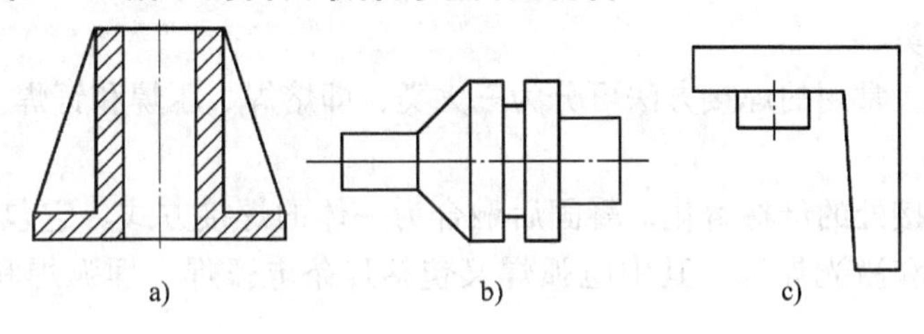

图 13-28 自由锻件结构工艺性分析

第十四章 焊 接

第一节 焊接概述

焊接是一种应用很广的金属连接方法，其实质就是通过加热或加压（或两者并用），并且用（或不用）填充材料，使焊件达到原子间的结合。

加热可使被焊金属接头处熔化，形成共同的熔池，凝固后连接为一体。金属在固态下连接时则需要加热和加压并用，加压可使金属接头处产生塑性变形，以增大接头处的实际接触面积；加热可增加金属的塑性及原子的扩散能力，实现原子间结合。

一、焊接的分类

焊接方法很多，常用的焊接方法可分为三大类，即熔焊、压焊和钎焊。

1. 熔焊

熔焊是将被连接处的母材熔化，凝固后融合为一体的焊接方式。它包括电弧焊、气焊、电渣焊、电子束焊和激光焊等，其中电弧焊又包括焊条电弧焊、埋弧焊和气体保护电弧焊等。

2. 压焊

压焊是指对焊接接头施加压力，并辅助加热（或不加热）使接头处融合为一体的焊接方式。它包括爆炸焊、冷压焊、摩擦焊、电阻焊、超声波焊、扩散焊和锻焊等，其中，电阻焊有点焊、缝焊和对焊等。

3. 钎焊

钎焊是以低于母材熔点的金属材料作钎料，将接头处加热到高于钎料熔点、低于焊件熔点的温度，利用液态钎料润湿母材，填充接头间隙并与母材相互扩散来实现连接的焊接方法。它包括硬钎焊和软钎焊等。

二、焊接的特点

焊接广泛用于桥梁、船舶、锅炉、压力容器及其他大型钢结构，在机械制造中常用来制造那些结构复杂、受力较大的箱体类、支座类毛坯。与其他加工方法相比，焊接具有以下几方面特点：

1. 节省金属，产品密封性好

制造同样金属构件，焊接与铆接相比可节省材料15%～20%。另外，采用焊接结构可保证压力容器密封性要求。

2. 焊接工艺相对简单

焊接设备小巧，搬运灵活，焊接工序简单，生产周期短，工艺成本低，不像铸造、锻造那样工艺复杂，设备庞大。对于大型的结构件或铸钢件可采用拼焊的方式，这样既可保证使用性能，又能节省那些优质、昂贵的金属材料。

3. 结构强度高，产品质量好

多数情况下，焊接接头都能与母材等强度（或接近），因此，焊接结构的产品质量比铆接的要好。对于大尺寸的型材（如大型工字钢等），采用钢板组焊比采用轧制成本要低。

由于焊接是局部加热，快速熔合，故焊件的性能不够均匀，焊后会产生较大的焊接应力，容易引起结构的变形甚至开裂，需采取一定的工艺措施予以消除。

三、金属的焊接性

金属的焊接性是指金属材料对焊接加工的适应性，即在一定工艺条件下，焊接材料获得优质焊接接头的难易程度，这与焊件的化学成分、焊接方法、焊接的结构及使用要求等因素有关。

1. 钢的焊接性

化学成分是影响钢焊接性的主要因素，其中碳的影响最明显。钢中除碳之外还有锰、铬、钼、钒等元素，它们对钢焊接性的影响比碳要小。将这些元素的含量按其对焊接性能的影响程度折合成碳的相当含量，与碳含量之和称之为碳当量，用 C_E 表示，即

$$C_E = w_C + \frac{w_{Mn}}{6} + \frac{w_{Cr} + w_{Mo} + w_V}{5} + \frac{w_{Ni} + w_{Cu}}{15}$$

一般地，碳当量的数值越大，钢的焊接性越差，即高碳钢的焊接性比低碳钢差。

当 $C_E < 0.4\%$ 时，钢的焊接性良好，一般不需采取任何工艺措施即可获得优质焊接接头。

当 $C_E = 0.4\% \sim 0.6\%$ 时，钢的焊接性较差，焊接时接头处容易产生裂纹，故焊接时宜采取焊前预热、焊后缓冷的工艺措施。如中碳钢焊接时，一般需加热到 150～250℃。

当 $C_E > 0.6\%$ 时，钢的焊接性差，焊接时易产生裂纹和硬脆倾向，故焊前应采取预热、焊后应进行缓冷并进行去应力退火处理的工艺措施。如高碳钢焊接前应预热到 250～350℃。

2. 铸铁的焊接性

铸铁属于脆性材料，焊接时的急冷、急热所产生的热应力很容易使接头处产生裂纹，而且由于焊接过程中熔池金属碳、硅元素烧损较多，很容易产生白口组织，故铸铁的焊接性能很差，焊接只是用于修补铸铁件。

3. 铝及铝合金的焊接性

铝的表面有一层高熔点的氧化铝薄膜，致密地覆盖于铝基体的表面，严重阻碍铝及铝合金的熔合，并且氧化铝密度较大，熔融状态时，很容易残存在熔池中形成夹渣。

高温下铝对氢的溶解度较大，容易吸附大量的氢，低温下这些氢又会析出而形成氢气，若铝液凝固前这些氢气没有完全释放掉，就会形成氢气孔。

因此，铝及铝合金的焊接性不好。

4. 铜及铜合金的焊接性

铜及铜合金的焊接性不好。因为铜的热导率大，热量散失快，所以焊接时，焊件和填充金属熔合较困难，需采用大功率热源，并且焊前和焊接过程中需预热。

高温时铜能溶解大量的氢，氢在低温时析出后形成氢气，这些氢气若不能及时释放掉就会形成氢气孔。

一般地，纯铜（即紫铜）、黄铜、青铜及白铜常用氩弧焊进行焊接；黄铜还可采用气焊、钎焊及等离子弧焊。

第二节 常用焊接方法

一、焊条电弧焊

焊条电弧焊是通过焊条引发电弧，用电弧热来熔化焊件而实现焊接的一种熔焊方法，它是目前应用最多、最普遍的焊接方法。

1. 焊接原理

电弧是一种空气导电现象。焊接电弧，就是在焊条与工件之间的气体介质中产生的强烈而持久的放电现象。在焊接过程中，焊条、焊件分别连接在焊接电源的两个电极上，当焊条的焊芯接触到焊件表面时，电路被接通，同时产生很大的短路电流。由于接触处存在一定电阻，根据 $Q = I^2Rt$ 可知，该处将产生大量的热量，这些热量使接触处迅速升温并熔化。当焊条提起 2 ~ 4mm 时，焊条与焊件间的气体介质被电离，产生能导电的电子和正离子。在电场力作用下，电子向阳极运动，正离子向阴极运动，它们不断发生碰撞与复合，使动能转化为热能，从而产生强光和高热量，在焊条端部与焊件之间形成电弧，如图 14-1 所示。

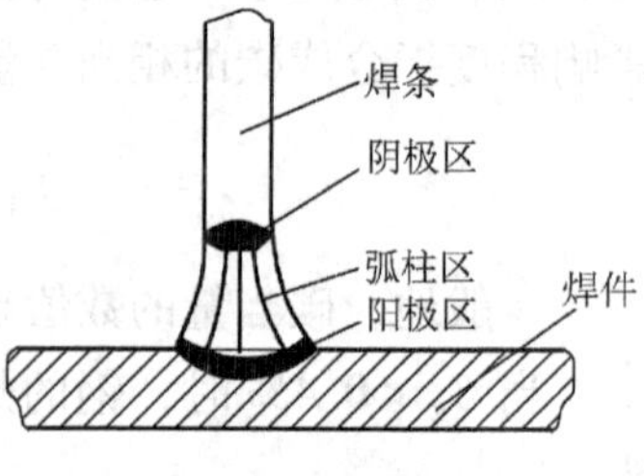

图 14-1 焊接电弧

电弧使焊条端部及对应焊件部位同时熔化。焊件金属熔化后形成熔池，焊条金属熔化后形成熔滴。熔滴在重力及电弧吹力作用下进入熔池，与焊件金属熔为一体，凝固后形成焊缝。在焊接过程中，药皮熔化形成熔渣同时产生大量气体，对熔池金属起保护和冶金处理作用。

焊接电弧由阴极区、阳极区和弧柱区三部分组成。阴极区发射电子，温度较低，约为 2400K；阳极区接受电子，温度较高，约为 2600K；弧柱区中心温度最高，约为 6000 ~ 8000K。

采用直流弧焊电源（如弧焊整流器）进行焊接时，有正接、反接两种连接方法。正接是焊条接负极，工件接正极的连接方法。由于正极接受电子，产生的热量较多，焊件容易焊透，故这种接法常用于较厚工件的焊接。反接是焊条接正极，工件接负极的连接方法。由于负极发射电子产生的热量较少，焊件不易烧穿，故这种接法常用于焊接较薄的工件。

焊接电弧产生的热量与电弧电压和焊接电流的乘积成正比（即 $Q = IUt$）。通常将电弧稳定燃烧时焊件与焊条之间的电压，称为电弧电压，通常电弧电压在 20 ~ 35V 范围内。由于电弧电压变化较小，故生产中主要是通过调节焊接电流来调节电弧热量的，焊接电流越大，则电弧产生的总热量就越多，反之，总热量就越少。

2. 焊接设备和工具

焊条电弧焊的常用设备有两种，一种是交流弧焊机，一种是直流弧焊机。交流弧焊机为焊接电弧提供交流电源，结构比较简单、维修方便、噪声小、使用广泛，但电弧燃烧时稳定性较差，常用于焊接一般结构件；直流弧焊机为焊接电弧提供直流电，电弧燃烧稳定，焊接质量较高，但直流弧焊机结构复杂、维修不便、噪声大、损耗大、焊接成本较高，故常用于焊接较重要的结构件。

焊接过程中常用的工具有焊钳、电缆、面罩及其他辅助工具。焊钳用于夹持焊条和传导电流；电缆用于将电源的电极分别与焊件、焊条相连并传导电流；面罩用于遮挡电弧的强光和飞溅的火花，保护操作者眼睛和面部不受伤害。

3. 焊接材料

焊条电弧焊所用焊接材料主要是指焊条，它由焊芯和药皮两部分组成。

焊芯在焊接过程中作为电弧的电极，熔化后作为填充金属进入熔池，而成为焊缝的一部分，所以焊芯的化学成分和质量将直接影响焊缝的质量。焊芯一般由低碳钢制作，且多为优质钢。常用牌号有 H08A、H08E、H08MnA、H10Mn2 等，“H”为“焊”字的拼音字头，表示焊接材料用钢。选用低碳钢制作焊芯，主要是为了减小焊缝中的气孔及裂纹倾向，降低飞溅，稳定电弧。

药皮是指涂覆在焊芯表面的涂料层，焊接过程中药皮将分解、熔化，形成气体和熔渣，对熔池金属起到机械保护、冶金处理和改善工艺性能的作用。药皮组成物比较复杂，按原材料的来源可分为矿物类、铁合金及金属粉类、有机物类和化工产品类共四大类。

焊条的种类很多，按用途可分为碳钢焊条、低合金钢焊条、不锈钢焊条、铸铁焊条等；按药皮熔化后所产生熔渣的性质分为酸性焊条和碱性焊条两大类。

酸性焊条是指药皮中含有多量酸性氧化物，施焊后熔渣呈酸性的焊条。这种焊条的工艺性能好，电弧稳定，熔渣流动性好，飞溅小，焊缝成形美观，脱渣容易，可交直流两用，适应性强，但焊缝的力学性能及抗裂性较差，常用于一般焊件。碱性焊条是指药皮中含有多量碱性氧化物，施焊后熔渣呈碱性的焊条。这类焊条施焊时，焊缝的力学性能及抗裂能力较高，但电弧稳定性较差，对铁锈、水分比较敏感。焊接过程中烟尘较大，表面亦较粗糙，常用于重要结构件的连接。

焊条的型号主要用来反映熔敷金属的力学性能、焊接位置、药皮类型及焊接电流种类，一般以“E”开头，其结构为“E××××”，如常用碳钢焊条 E4303。E 表示焊条，前两位数字表示熔敷金属抗拉强度最小值，如“43”，表示熔敷金属的抗拉强度不低于 $43kgf/mm^2$（约 420MPa）。第三位数字表示焊条的焊接位置（平、立、横、仰），“0”和“1”表示全位置，“2”表示焊条用于平焊及平角焊，“4”表示焊条适合于向下立焊接。第三、第四位数字组合表示焊接电流种类及药皮类型。如 E4303，表示熔敷金属最低抗拉强度为 420MPa，全位置、交直流两用、钛钙型、碳钢用酸性焊条。常用碳钢焊条的型号及用途见表 14-1。

表 14-1 常用碳钢焊条的型号及用途

型 号	药皮类型	焊接电流	焊接位置	适用范围	牌 号
E4301	钛铁矿型	交、直流	全位置	低碳钢结构	J423
E4303	钛钙型	交、直流	全位置	低碳钢结构	J422
E4313	高钛钾型	交、直流	全位置	低碳钢薄板结构	J421
E4315	低氢钠型	直流反接	全位置	重要低碳钢结构	J427
E4316	低氢钾型	交、直流	全位置	重要低碳钢结构	J426
E5003	钛钙型	交、直流	全位置	低合金钢结构	J502
E5015	低氢钠型	直流反接	全位置	中碳钢结构	J507
E7015	低氢钠型	直流反接	全位置	高碳钢结构	J707

选用焊条时应从以下几方面考虑：

1）焊件的力学性能。低碳钢、低合金结构钢主要用于制造各种受力构件，选择焊条时要求焊缝的力学性能不低于被焊材料，这个原则称为等强度原则。为此，可按被焊材料的抗拉强度等级来选择相应等级的焊条，如 Q235-A 钢，其抗拉强度为 420MPa，则应选择 E43 系列的焊条。对于高强度结构件的焊接，也可选用强度等级稍低的焊条。

2）焊件的结构复杂程度。结构复杂、刚性较大的焊件，宜选用抗裂性好的碱性焊条。

3）焊件的材质。不锈钢、耐热钢焊接时宜选用化学成分相匹配的焊条。

此外，还应考虑劳动效率、生产条件、焊接成本、焊接质量等因素。

4. 焊条电弧焊工艺

使用焊条电弧焊时，由于结构形式、工件厚度及对焊接质量的要求不同，故接头形式及坡口形式也不一样。

（1）接头形式　焊接接头的基本形式有对接、搭接、角接和 T 形接四种，如图 14-2 所示。其中对接接头节省材料，应力集中小，施焊时容易焊透，能承受较大载荷，重要结构均采用此接头方式；其他接头方式在承受载荷时，内部应力分布不均，存在附加力矩而容易变形，工程结构的焊接一般采用搭接接头、角接接头和 T 形接头。

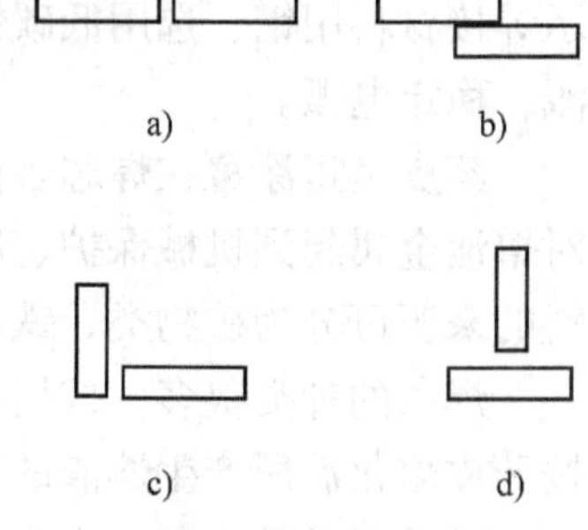

图 14-2　焊接接头形式

a）对接　b）搭接　c）角接　d）T 形接

（2）坡口形式　坡口形式一般是根据被焊材料的厚度及结构要求来定的，常用的坡口形式有卷边坡口、I 形坡口（即不开坡口）、单边 V 形坡口、V 形坡口、双 V 形坡口、U 形坡口和双 U 形坡口等。常用坡口形式及适宜板厚 δ 如图 14-3 所示。

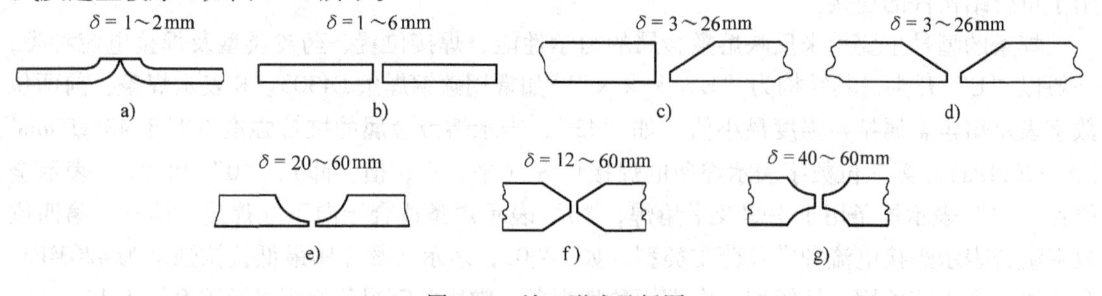

图 14-3　坡口形式及板厚

a）卷边坡口　b）I 形坡口　c）单边 V 形坡口　d）V 形坡口　e）U 形坡口　f）双 V 形坡口　g）双 U 形坡口

另外，为保证焊接时焊件受热均匀，焊接接头两侧的焊件厚度最好相同或接近。若厚度相差悬殊，则应将较厚的焊件减薄，并采取逐渐过渡的方式，如图 14-4 所示。

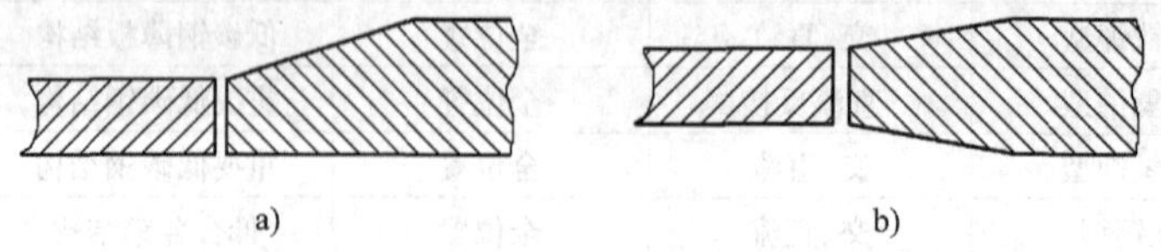

图 14-4　焊接件厚度不同时的接头形式

a）单边减薄　b）双边减薄

（3）焊接位置　焊接位置是指焊缝在空间所处的位置，焊接位置有四种方式，即平焊、横焊、立焊和仰焊，如图 14-5 所示。其中平焊操作起来最方便，劳动条件好，生产率高，焊件质量容易保证。其他几种焊接位置操作起来比较困难，尤其是仰焊最不利于操作，熔池金属在重力作用下很容易滴落，劳动条件差，生产率低，焊接质量不易控制。所以，在条件许可的情况下尽量不采用仰焊。

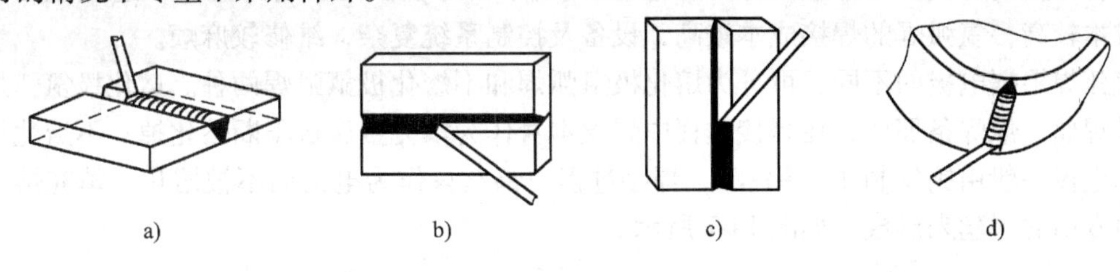

图 14-5 焊接位置示意图
a）平焊 b）横焊 c）立焊 d）仰焊

（4）焊接参数的选择 为保证焊接质量，施焊时所选择的有关物理量总称为焊接参数，它包括焊接电流、焊条直径、焊接层数、电弧长度及焊接速度等。

焊条直径通常根据焊件厚度、焊接位置及焊接层数等因素进行选择。一般情况下，焊件厚度大时，焊条直径也应该选大些。另外，焊接同样厚度的焊件时，与其他焊接方式相比，平焊可选择较大直径的焊条；多层焊打底时，可选择直径较小的焊条。对于一般焊接结构，其焊接规范可参照表 14-2 来确定。

表 14-2 焊条直径、焊接电流与焊件厚度的关系

焊件厚度/mm	1.5~2	2.5~3	3.5~4.5	5~8	10~12	13
焊条直径/mm	1.6~2	2.5	3.2	3.2~4	4~5	5~6
焊接电流/A	25~65	50~80	100~130	160~200	200~250	250~300

焊接电流的选择也是以焊件厚度为主要依据的。在保证焊件不被烧穿的情况下，尽量选择较大的焊接电流以提高生产效率，但电流过大会造成飞溅严重，且易产生气孔、咬边等缺陷。一般地，平焊、角焊或焊件厚度大时，可选择较大的焊接电流；立焊、横焊、仰焊或不锈钢焊接时，应选用较小的焊接电流。焊接电流与焊条直径的关系见表 14-2。

焊件厚度大时，焊前必须开坡口，并进行多层焊接。

电弧长度和焊接速度多由操作者凭经验来进行控制。一般情况下，电弧不宜过长，否则燃烧不稳定，熔深减小，还会使空气中的氧、氮等侵入熔池中，降低焊缝质量。如图 14-6 所示，h 为电弧长度，通常 $h=2\sim4$mm。

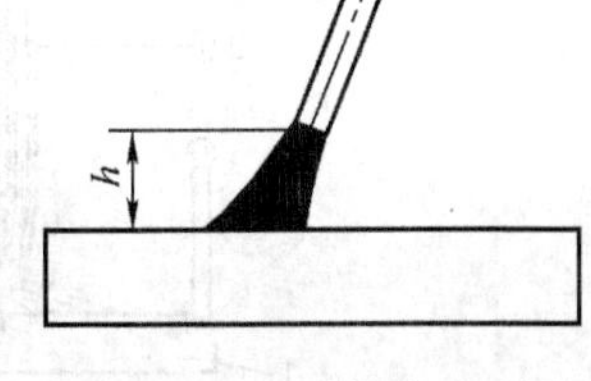

图 14-6 电弧长度示意图

二、气体保护电弧焊

气体保护电弧焊是利用外加气体作为电弧介质并保护焊接区的电弧焊，简称气体保护焊。根据所用保护气体的不同，气体保护焊常用的有氩弧焊和 CO_2 气体保护焊两种。

1. 氩弧焊

氩弧焊是利用氩气作为保护气体的气体保护焊。氩气是一种惰性气体，不与金属发生化学反应，也不溶于液态金属，焊接时能在焊接区形成一个气罩，有效地保护熔合区的金属不吸气和被氧化。

氩弧焊的特点是：电弧稳定、飞溅小，焊后无熔渣，焊缝美观、成形性好，操作灵活，适于各种位置的焊接。另外氩弧焊可焊接1mm以下的薄板及某些特殊金属，适应性强。但氩气成本较高，氩弧焊的焊接成本较高，设备及控制系统复杂，维修较麻烦。

氩弧焊根据电极的不同，可分为熔化极氩弧焊和不熔化极氩弧焊两种。熔化极氩弧焊的电极是焊丝，像焊条那样，在焊接过程中焊丝本身作为填充金属被不断熔化掉；不熔化极氩弧焊的电极一般由钨丝制作（钨极），焊接过程中钨丝只作为电极而不被熔化，填充熔池的金属由专用的焊丝来形成，如图14-7所示。

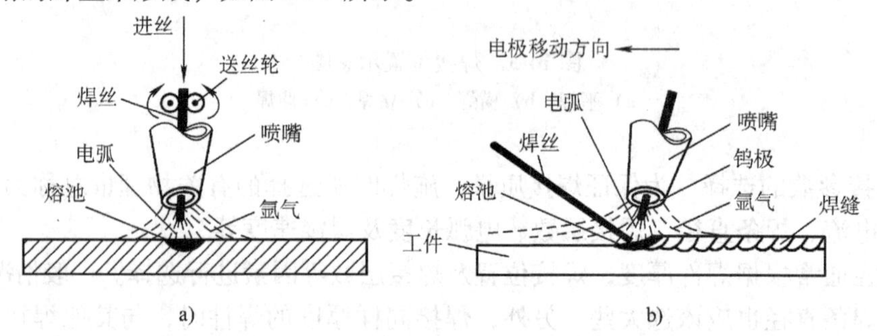

图14-7　氩弧焊示意图

a）熔化极氩弧焊　b）钨极氩弧焊

氩弧焊应用范围很广，对所有钢材、非铁金属及其合金基本上都适用，通常用于焊接低合金钢、耐热钢、不锈钢及铝合金、镁合金、钛合金等。

2. CO_2 气体保护焊

CO_2 气体保护焊是以二氧化碳（CO_2）为保护气体的气体保护焊，如图14-8所示。

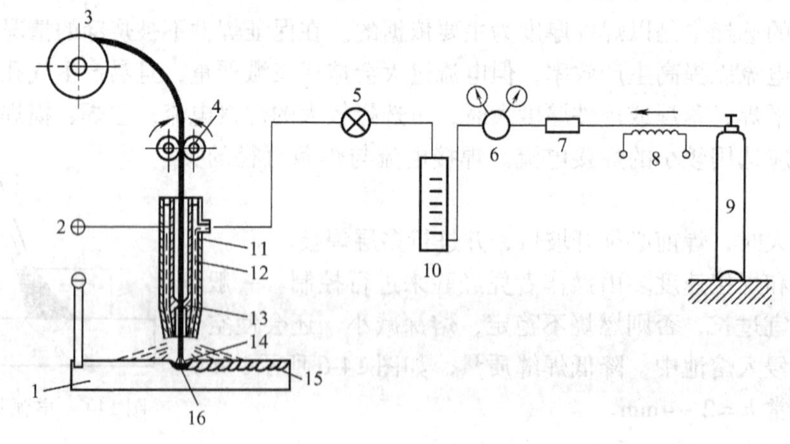

图14-8　CO_2 气体保护焊示意图

1—焊件　2—直流电源　3—焊丝　4—送丝轮　5—控制阀　6—减压阀　7—干燥器　8—预热器
9—液态 CO_2　10—流量计　11—喷嘴　12—CO_2 气体　13—导电嘴　14—电弧　15—焊缝　16—熔池

焊接过程中，焊丝作为电极被连续送进，CO_2 气体以一定流量从喷嘴中喷出。电弧引燃后，焊丝端部与熔池被 CO_2 气体包围，防止了空气对熔池金属的有害作用。由于 CO_2 是氧化性气体，在高温下能使钢中的合金元素产生烧损，所以必须选用具有脱氧能力的合金钢焊丝，如 H08Mn2Si 等。CO_2 气体保护焊具有以下特点：

1）电弧穿透能力强，熔池深，焊速快，生产率比焊条电弧焊高 2～4 倍。

2）热影响区小，焊件变形小，焊缝质量高。

3）CO_2 气体来源广，价格低，焊接成本比氩弧焊、埋弧焊都低。

CO_2 气体保护焊需要直流电源，设备较为复杂。另外，焊接时弧光较强，飞溅较大，室外作业时受风的影响较大。CO_2 气体保护焊主要用于以低碳钢、低碳合金钢为材料的薄板类零件。

三、气焊与气割

气焊（或气割）是以可燃性气体燃烧时的火焰为热源对焊件进行焊接（或切割）的加工方法。其特点是：火焰易于控制，灵活性强，不需电源，但火焰温度较低，加热缓慢，热影响区大，焊件易变形等。可燃性气体通常是指乙炔气、氢气、液化石油气等，其中应用最多的是乙炔气。

1. 气焊与气割的设备和工具

气焊与气割所用设备基本相同，所不同的是：气焊用的工具是焊炬，而气割用的工具是割炬，二者在结构上有区别，如图 14-9 所示。

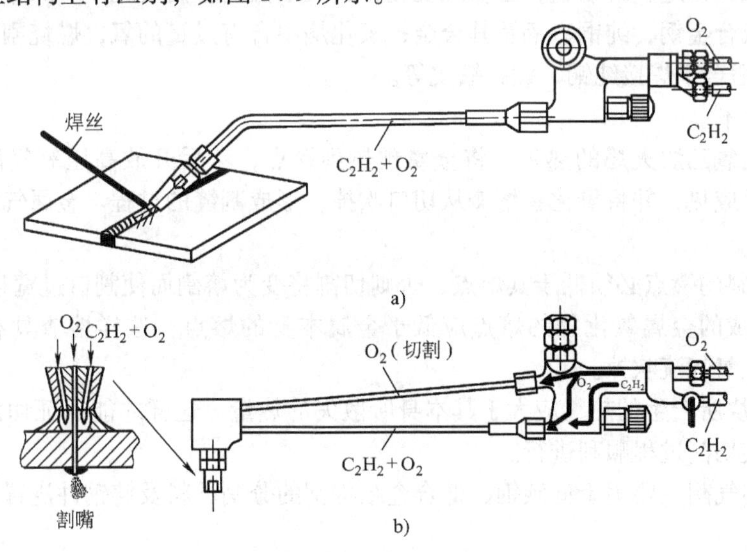

图 14-9 焊炬与割炬示意图

a）焊炬 b）割炬

按可燃气体与氧气混合方式的不同，焊炬（或割炬）有射吸式、等压式两种，使用较多的是射吸式。射吸式焊炬是将可燃气体与氧气按一定比例混合，并以一定的速度喷出，点燃后形成稳定燃烧的火焰；射吸式割炬是将可燃气体与氧气按一定比例混合，点燃后形成稳定燃烧并具有一定热能和形状的火焰，并在预热火焰的中心喷射切割氧气流，进行切割。

除以上基本工具外，气焊与气割所用设备还有氧气瓶、氧气减压阀、乙炔气瓶、乙炔减压阀、回火防止器及胶管等。

1）氧气瓶，用于储存氧气，表面为天蓝色，用黑色字标明“氧气”，容积一般为 40L。

瓶口上装有开闭氧气的阀门，并套有保护瓶阀的瓶帽。氧气瓶不许暴晒、火烤、振荡或敲打，并要定期进行压力试验。

2）乙炔气瓶，储存高压乙炔气，表面为白色，用红色字标明“乙炔”、“不可近火”字样。瓶口装有阀门并套有保护帽。

3）减压阀，其作用是将高压气体调节成工作所需压力，并在工作中保持压力与流量稳定不变。氧气瓶和乙炔气瓶分别配有减压阀。

4）回火防止器，在气焊与气割过程中，有时会出现气体供应不足或焊嘴阻塞等问题，这是由于乙炔火焰会沿导管向内逆燃，这种逆燃现象叫做回火。回火将导致乙炔气瓶或乙炔发生器爆炸，发生回火时，回火防止器会自动切断气路，防止重大事故发生。

用气焊焊接时应注意按如下步骤操作：第一步，先调节好氧气和乙炔气压力；第二步，打开氧气阀门；第三步，打开乙炔气阀门；第四步，点火并调节成所需火焰。焊接完毕需要关掉火焰时，应先关乙炔气阀门，再关氧气阀门，否则将会引起回火。

2. 气焊火焰

气焊火焰有三种，即碳化焰、中性焰、氧化焰。碳化焰中乙炔气的比例较大，火焰中含有游离碳，温度较低（约3000℃），适合于焊接高碳钢、高速钢、铸铁基硬质合金等；中性焰中即无过量氧又无过量游离碳，乙炔燃烧充分，火焰温度较高（约3150℃），适合于焊接低、中碳钢、低合金钢、纯铜、铝及其合金；氧化焰中含有过量的氧，燃烧剧烈，温度最高（约3300℃），适合于焊接纯铜、镀锌铁皮等。

3. 气割的条件

气割是利用氧乙炔火焰的热量，将金属预热到燃点，然后开放高压氧气使金属氧化燃烧，产生大量反应热，并将氧化物熔渣从切口吹掉，形成割缝的过程。金属气割必须具备以下条件：

1）金属材料的燃点必须低于其熔点，否则切割将变为熔割而使割口过宽且不整齐。

2）燃烧生成的金属氧化物的熔点应低于金属本身的熔点，这样熔渣具有一定的流动性，便于被高压氧气流吹掉。

3）金属燃烧所产生的热量应大于其本身所散失的热量，这样才能保证切割区有足够高的预热温度，使切割过程顺利进行。

氧乙炔火焰气割主要用于低碳钢、低合金结构钢的分割下料及铸钢件浇冒口的清理。

第三节　其他焊接方法

一、埋弧焊

埋弧焊是指电弧在焊剂层下燃烧，来进行焊接的一种熔焊方法，它分为自动和半自动两种方式。焊接时，电弧在颗粒状的焊剂下燃烧，焊丝由送丝机构自动送入焊接区，同时，焊剂从焊车的漏斗中不断流出，堆在焊件表面的焊接区及电弧周围。焊车沿焊缝平行方向缓慢移动，从而完成整个焊缝焊接过程，如图14-10所示。

埋弧焊的特点是：焊接电流较大，生产率高，节省焊接材料和电能，焊缝质量高。但由于电弧不可见，不能及时发现问题，另外焊前准备时间较长。

埋弧焊适于焊接直线焊缝、大直径环形焊缝，主要用于碳钢、低合金高强度结构钢的大结构件的焊接。

二、电阻焊

电阻焊是指将工件组合后，通过电极施加压力，利用电流流过接头的接触面及邻近区域时产生的电阻热来进行焊接的一种熔焊方法。根据接头形式不同，电阻焊可分为点焊、缝焊和对焊等方式，如图 14-11 所示。

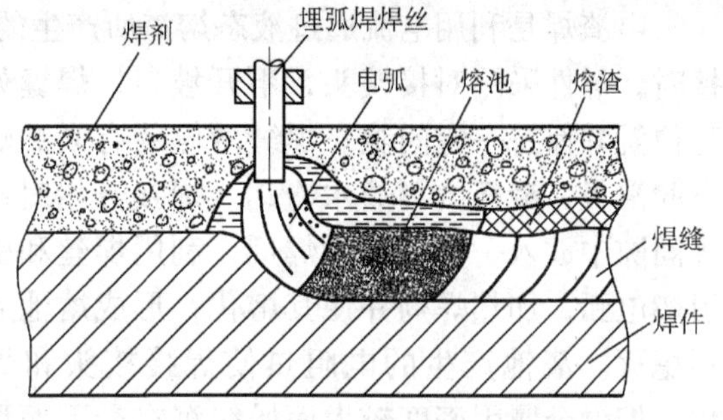

图 14-10 埋弧焊焊接区示意图

点焊是指将焊件装配成搭接接头，并用两电极压紧，利用电阻热熔化焊件金属，使接触点熔为一体（焊点）的焊接方法，如图 14-11a 所示。点焊主要用于薄板的连接。

缝焊是指将焊件装配成搭接接头，用两滚轮电极压紧接头并沿接头方向滚动，连续或断续送电，形成一条（或一段）连续焊缝的焊接方式，如图 14-11b 所示。缝焊主要用于 3mm 以下、有密封性要求的薄板结构，如油箱、水箱、易拉罐等。

对焊是指将焊件装配成对接接头，使其端面紧密接触，通电后利用电阻热加热至塑性状态，然后断电并迅速施加顶锻力，使两焊件连为一体的焊接方式，如图 14-11c 所示。对焊一般用于截面形状简单、直径小于 20mm、强度要求不高的焊件，如钻头、铣刀等。

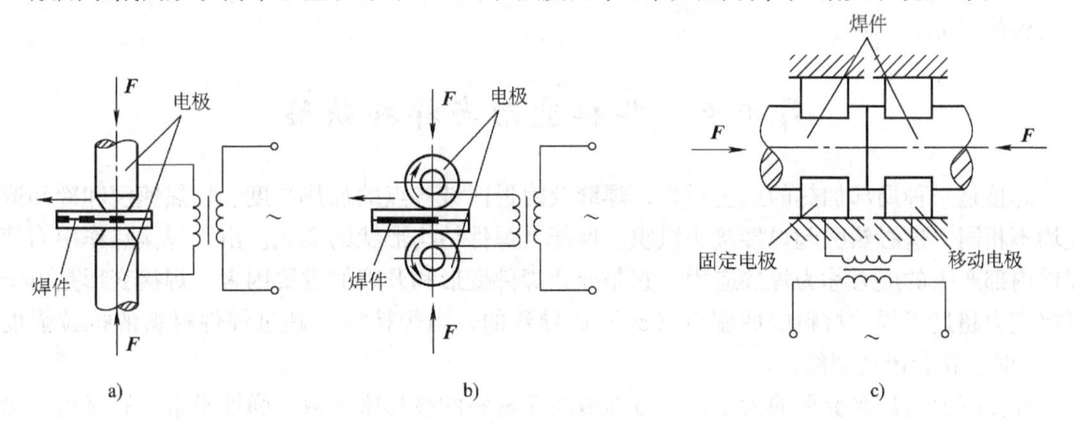

图 14-11 电阻焊
a）点焊 b）缝焊 c）对焊

电阻焊的特点是：生产率较高，成本较低；劳动条件好，焊接变形较小；易于实现机械化和自动化。由于焊接过程极快，因而电阻焊设备需要相当大的电功率和机械功率。

三、钎焊

钎焊是用熔点较低的钎料将熔点较高的两个以上焊件连为一体的焊接方法。钎焊时加热温度较低，焊件不易变形，既可焊接同种材料，也可焊接异种材料。钎焊过程可一次完成整个结构全部焊缝的焊接，故生产效率较高。但钎焊接头的强度较低，焊前准备要求较高。

钎焊时通常需要使用钎剂，它是一种焊接助熔剂，其作用是去除焊件表面的氧化物和油污、保护待焊表面和钎料、增加钎料的润湿性和流动性。

根据钎料熔点不同，钎焊分为软钎焊和硬钎焊两种。用熔点低于 450℃的钎料进行的钎焊称为软钎焊，主要用于受力较小的焊件，如电子元件的焊接等；用熔点高于450℃的钎料进行的钎焊称为硬钎焊，主要用于工作温度较高或受力较大的焊件，如机床刀具的焊接等。

四、电渣焊

电渣焊是利用电流通过液态熔渣所产生的电阻热进行焊接的方法，如图14-12所示。焊接时，焊件采用对接接头，不开坡口，焊缝处于垂直位置并保持一定间隙。焊缝两侧装有紧贴焊件的空腔滑板，滑板内可通水冷却。焊接开始时，在接头间隙中放入一定数量的焊剂，利用焊丝和引弧板引燃电弧，加热焊剂并使其熔化，形成熔池后将电弧熄灭。渣池产生的电阻热使焊接接头和焊丝熔化，熔融金属因密度较大而始终沉在最下面形成熔池，并推动渣池缓慢向上移动，直至整个接头高度，下面的熔池凝固后便成为焊缝。

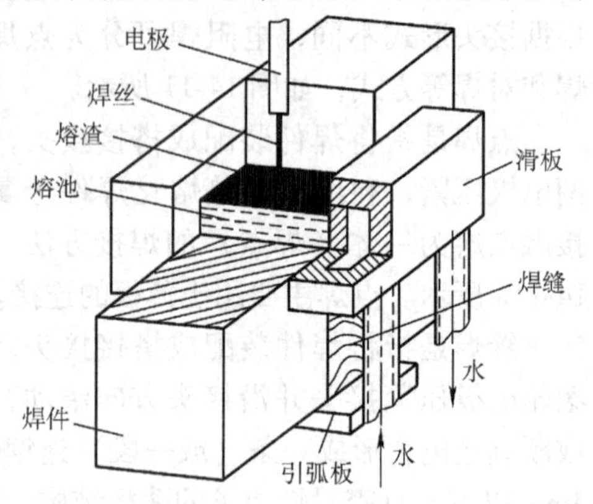

图14-12 电渣焊示意图

电渣焊焊缝金属纯净，焊缝质量好，生产效率高。但由于高温保持时间长，导致焊缝组织粗大，焊后必须进行正火处理。

电渣焊主要用于大厚度结构件的直焊缝、环焊缝的焊接，以及大型铸焊、锻焊或厚板拼焊结构的制造。

第四节 焊接变形与焊接缺陷

焊接是一种局部加热的工艺过程，焊缝及附近区域各点的加热温度、加热速度和冷却速度均不相同，这必然引起焊接接头组织、性能及焊件结构形状的变化。由于焊接热作用而使焊件内部产生的应力称为焊接应力，它是导致焊件变形和开裂的主要因素。焊接变形是由于焊接应力超过了焊件材料的屈服点（σ_s）而导致的，当焊接应力超过焊件材料的抗拉强度（σ_b）时，就会出现裂纹。

焊接应力与焊接变形的大小，一方面取决于材料的线膨胀系数、弹性模量、屈服点、热导率、比热容、密度等，另一方面还取决于工件的形状、尺寸和焊接工艺。

一、焊接变形

焊接后，焊件都会出现不同程度的变形。归纳起来，焊接变形的基本形式有以下几种：收缩变形、角变形、扭曲变形、波浪变形和弯曲变形等，如图14-13所示。

为防止焊接应力及焊接变形，在设计及工艺方面应采取以下几方面措施：

1）设计焊件结构时，在满足使用要求前提下，尽量采用较小的焊缝尺寸；尽可能地减少焊缝数量；合理安排焊缝位置，尽量避免焊缝集中或十字交叉，尽可能使焊缝对称；采用刚性较小的接头形式。

2）采取合理的焊接顺序和方向，尽量使焊缝能自由地收缩。一般先焊收缩量较大或较短的焊缝，后焊收缩量较小或较长的焊缝，如图14-14所示。

3）采用反变形法，即在焊接前将焊件按照与变形方向相反的方向进行组装，焊接变形产生后，焊件恢复正常形状，从而达到消除焊接变形的目的（图14-15）。

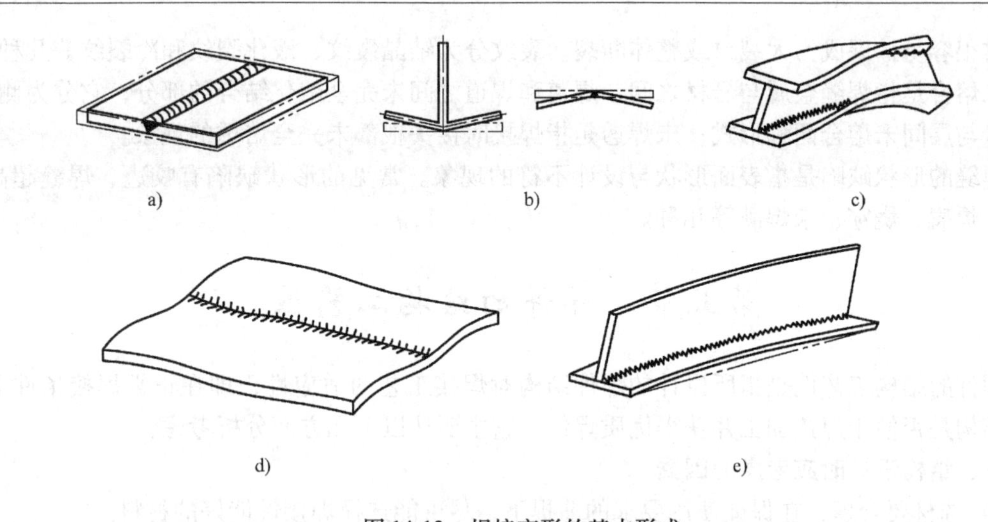

图 14-13　焊接变形的基本形式

a）收缩变形　b）角变形　c）扭曲变形　d）波浪变形　e）弯曲变形

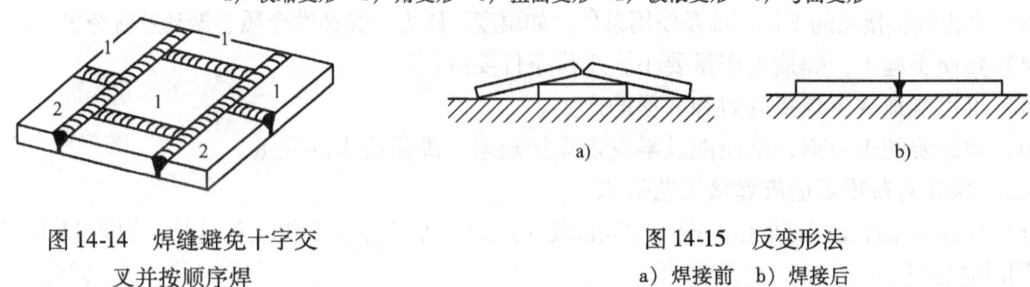

图 14-14　焊缝避免十字交叉并按顺序焊

图 14-15　反变形法

a）焊接前　b）焊接后

4）利用夹具将具有良好塑性的焊件固定，防止其产生焊接变形。

5）焊前对焊件进行预热，以减小焊缝与其他部位的温差，降低焊缝的冷却速度；焊后及时进行热处理或采用机械方法，防止产生焊接应力与变形。

焊接变形一旦产生，必须及时矫正，矫正方法有机械矫正法和火焰矫正法两种。机械矫正法就是用外力强迫焊件产生塑性变形以抵消焊接变形的方法，如锤击、用千斤顶或专用矫正机矫正等。火焰矫正法是指用火焰烘烤焊件适当部位（一般是凸起的那一侧），使焊件产生反向变形，从而恢复原状的方法。

二、焊接缺陷

焊接缺陷是在焊接接头中存在的不连续、不致密或连接不良的现象。接头中存在焊接缺陷将直接影响焊件的使用性能，特别是承载能力和致密性。常见的焊接缺陷有气孔、固体夹杂、裂纹、未熔合与未焊透及形状缺陷等几种。

焊缝中的气孔主要是氢气孔和一氧化碳气孔。气孔存在的影响，一是影响焊缝的紧密性（气密性和水密性）；二是缩减焊缝有效截面积，降低焊缝承载能力。其产生原因比较复杂，焊接方法、焊材的成分、接头质量、焊接工艺参数及焊接环境等都会对气孔的产生带来影响。

固体夹杂是指残留在焊缝中的焊渣，它会使焊缝金属的塑性和韧性下降，还会增加裂纹倾向。

裂纹是焊接缺陷中危害最大的缺陷之一，其两端的尖锐缺口将会造成严重的应力集中，使裂纹很容易扩展成为大裂口或整体断裂。裂纹分为结晶裂纹、液化裂纹和冷裂纹等几种。

未熔合是指焊缝金属与母材之间、焊道和焊道之间未完全熔化结合的部分，它分为侧壁未熔合与层间未熔合两种形式；未焊透是指焊接时接头根部未完全熔透的现象。

焊缝的形状缺陷是指表面形状与设计不符的现象。常见的形状缺陷有咬边、焊缝超高、下塌、焊瘤、烧穿、未焊满等几种。

第五节 焊件的结构工艺性

焊件的结构工艺性是指所设计的焊件结构对焊接工艺的适应性，即在正常焊接条件下，焊件结构是否便于焊接加工并获得优质焊件。它主要从以下几方面分析考虑：

一、结构设计时应考虑的因素

1）选材要合理，在保证使用要求的前提下，尽可能选择焊接性能好的材料。

2）要保证焊件结构有足够的强度、刚度及使用寿命。

3）考虑焊接接头的工作环境及使用条件，如温度、压力、腐蚀性介质、振动及疲劳等。

4）要便于施工，焊接工作量要小，工作条件要好。

5）尽可能地减少焊接应力和变形的产生。

6）焊缝要便于检查，以便能及早发现焊接缺陷，确保接头的质量。

二、焊缝的布置要适应焊接工艺要求

1）焊缝的布置要留有足够的操作空间以便于施焊，保证焊接工作顺利进行，如图 14-16 所示。同时应尽量采用平焊，避免仰焊。

2）焊缝应避开应力最大或应力集中的部位。如图 14-17 所示钢梁，这样可提高构件安全性。

3）焊缝应尽量采取对称布置，避免密集和交叉，焊缝之间要保持一定距离，如图 14-18 所示。

4）尽量减少焊缝的数量和长度，以减小焊接应力和变形，如图 14-19 所示。

5）焊缝应尽量远离已加工表面，以免焊接热对加工表面造成氧化和尺寸变化，如图 14-20 所示。

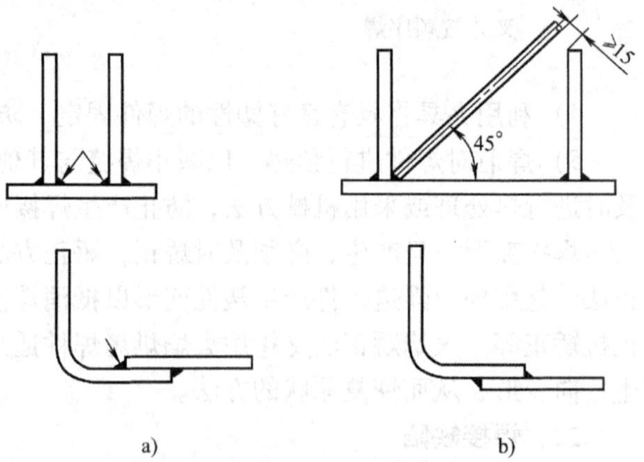

≥15
45°
a)
b)

图 14-16 焊缝布置要便于施焊
a）不便于施焊 b）便于施焊

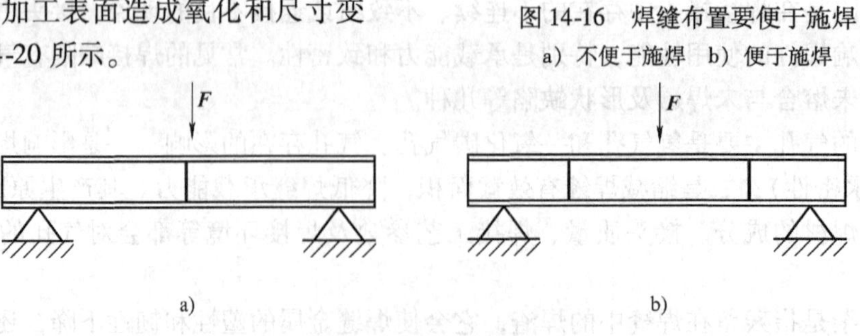

图 14-17 焊缝应避开应力最大部位
a）不合理 b）合理

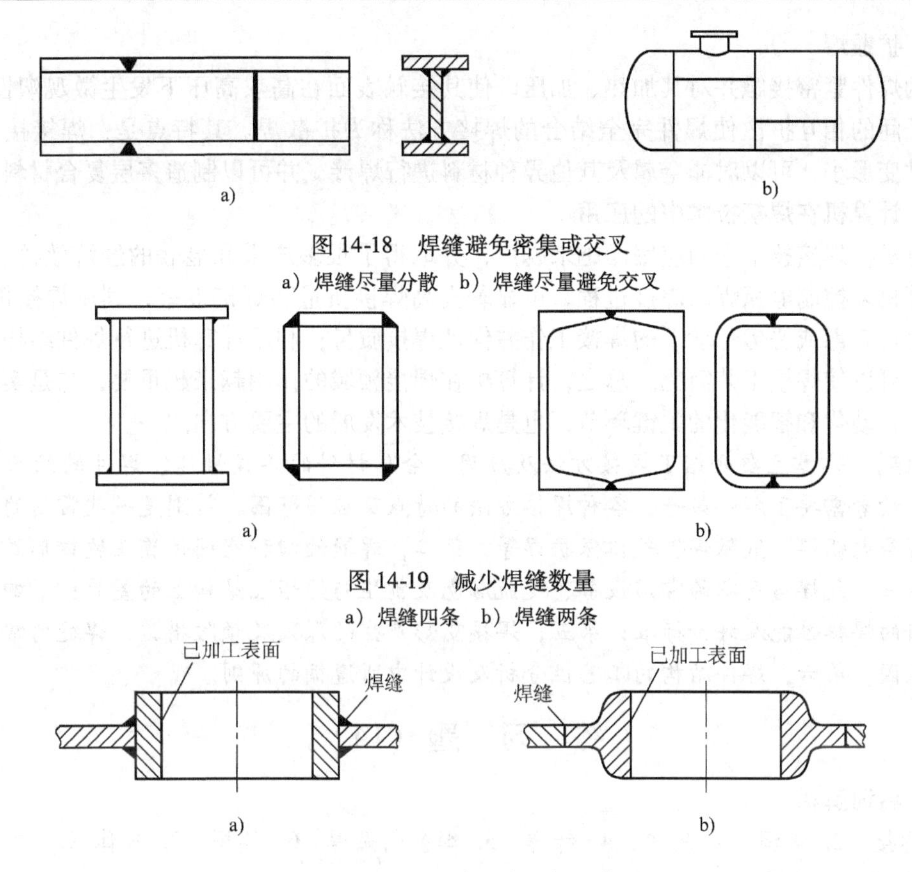

图 14-18　焊缝避免密集或交叉

a）焊缝尽量分散　b）焊缝尽量避免交叉

图 14-19　减少焊缝数量

a）焊缝四条　b）焊缝两条

图 14-20　焊缝应远离已加工表面

a）离加工表面太近　b）离加工表面较远

除以上原则外，焊缝布置还应保证焊接装配工作能够顺利进行，不能存在妨碍观察和施焊的盲点，以确保焊接质量。

第六节　焊接新技术简介

一、摩擦焊

利用焊件表面相互摩擦产生的热，使端部达到热塑性状态，然后迅速使焊件连为一体的焊接方式称为摩擦焊，如图 14-21 所示。摩擦焊主要适用于异种材料的焊接，如铜-铝焊接、铜-不锈钢焊接等，两焊件的截面形状应都为回转体且面积相等。

二、激光焊

以聚焦的激光束轰击焊件所产生的热量来进行焊接的方法称为激光焊。其特点是：能量密度大、焊接速度快、焊缝窄、热影响区小，既可焊接同种金属材料，也可焊接异种金属材料，还可焊接某些非金属材料等。此外，激光还可用来对金属材料或非金属材料进行切割。

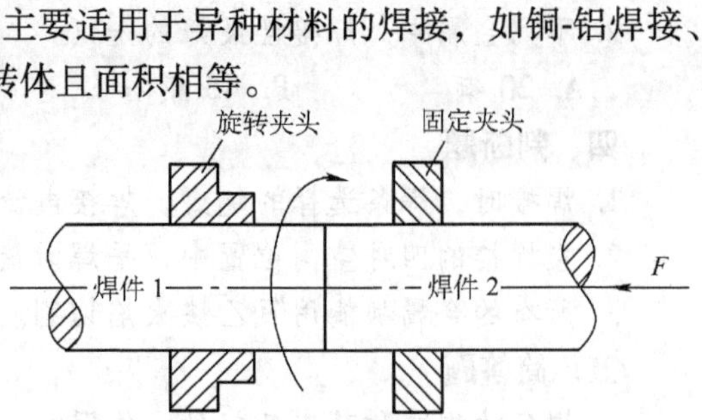

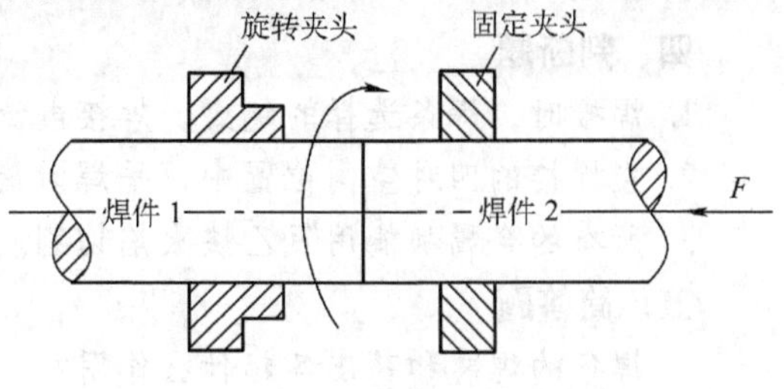

图 14-21　摩擦焊示意图

三、扩散焊

将两焊件紧密接触并对其加热、加压，使其接触表面在高热高压下发生微观塑性流变，通过原子间的相互扩散使焊件完全结合的焊接方法称为扩散焊。其特点是：焊接接头质量高，焊件变形小，可以对非金属及其他异种材料进行焊接，并可以制造多层复合材料。

四、计算机在焊接技术中的应用

计算机在焊接技术中的应用已越来越广，并取得了很多成果和显著的经济效益。例如，利用计算机来控制电弧焊的焊接过程，可显著提高焊接质量和焊接效率；利用焊接机器人，可以完成在有毒或恶劣环境下的焊接工作并保证焊接质量；利用计算机进行焊件结构的设计或优化，可以使焊接工艺简化。总之，计算机在焊接领域的作用越来越重要，它是实现焊接机械化、自动化和智能化的关键环节，也是焊接技术发展的主要方向之一。

【小结】 本章主要介绍了焊接方法及应用、金属材料的焊接性能、焊件的结构工艺性等内容。读者需要了解：第一，各种焊接方法的特点及应用范围，特别是一些常用的焊接方法，如焊条电弧焊、氩弧焊、气体保护焊等；第二，焊缝的四种空间位置及坡口形式、适用范围；第三，气焊与气割的常用设备、气瓶颜色及割炬与焊炬在结构上的差异；第四，常用金属材料的焊接性能及评价标准；第五，焊接变形产生的原因及预防措施，焊缝的常见缺陷及产生原因；第六，焊件结构的工艺性分析及设计中所遵循的原则。

练　习　题（14）

一、名词解释

1. 焊接　2. 熔焊　3. 压焊　4. 钎焊　5. 焊条电弧焊　6. 气焊　7. 气体保护焊　8. 等离子弧焊　9. 电阻焊

二、填空题

1. 正接法是指焊条接________极，焊件接________极的接法，这种接法一般用于壁厚较________的焊件。

2. 焊条由________和________两部分组成。

3. 焊缝的空间位置有________、________、________、________四种。

三、选择题

1. 阴极区的温度大约为（　　），阳极区的温度大约为（　　），弧柱区的温度大约为（　　）。

A. 2400K　　B. 2600K　　C. 6000～8000K

2. 下列金属中，焊接性最好的是（　　），焊接性最差的是（　　）。

A. 20 钢　　B. 45 钢　　C. 65Mn　　D. W18Cr4V

四、判断题

1. 焊接时，焊条选择的越大，焊接电流也应越大。（　　）

2. 在焊接的四种空间位置中，平焊时最容易操作的。（　　）

3. 所有的金属都能用氧乙炔火焰切割。（　　）

五、简答题

1. 焊条的焊芯和药皮各起什么作用？

2. 预防和减少焊接应力与变形的工艺措施有哪些？

第十五章　切削加工基础知识

第一节　切削加工概述

一、切削加工的实质和分类

切削加工的实质是利用切削工具（或设备）从工件上切除多余材料，以获得几何形状、尺寸精度和表面质量等都符合要求的零件或半成品的加工方法。切削加工是在材料的常温状态下进行的，它包括机械加工和钳工加工两种。机械加工是利用切削加工设备（机床）及相应工具对工件所进行的加工；钳工加工是指利用手工工具或简单的加工设备对零件所进行的加工。切削加工的主要形式有：车削、钻削、刨削、铣削、磨削、齿形加工及锉削、錾削、锯割等。本章所要介绍的是以机械加工为主的切削加工。

二、切削加工在工业生产中的地位及特点

任何机械产品都是由不同形状的零件组合而成的。在这些零件中，除了极少数的零件采用精密铸造或精密锻造等方法直接获得外，绝大部分零件都要经过切削加工的方法获得。在机械制造行业中，切削加工所担负的加工量约占机器制造总工作量的40%～60%。由此可以看出，切削加工在机械制造过程中具有举足轻重的地位。

切削加工之所以能够得到广泛地应用，是因为与其他一些加工方法相比较，它具有如下突出的优点：

1）切削加工可获得相当高的尺寸精度和较小的表面粗糙度值。磨削外圆精度可达IT6～IT5级，表面粗糙度值为0.8～0.1μm；镜面磨削的表面粗糙度值甚至可达0.006μm。这样的精度用其他加工方法很难实现。

2）切削加工适应性较强，几乎不受零件的材料、尺寸和质量的限制。目前尚未发现不能切削加工的金属材料，就连橡胶、塑料、木材等非金属材料也都可以进行切削加工。其加工尺寸小至不到0.1mm，大至数十米，质量可达数百吨。目前世界上最大的立式车床可加工直径26 m的工件，并且可获得相当高的尺寸精度和较小的表面粗糙度值。

第二节　切削运动与切削用量

一、切削运动

在切削过程中，加工刀具与工件间的相对运动就是切削运动。它是直接形成工件表面轮廓的运动，如图15-1所示。切削运动包括主运动和进给运动两个基本运动。

1. 主运动

主运动是由机床或人力提供的主要运动，它促使刀具和工件之间产生相对运动，从而使刀具接近工件。主运动是直接切削所需要的基本运动，在切削运动中形成机床切削速度，消耗主要动力。图15-1所示的车床上工件的旋转运动即为主运动，机床主运动的线速度可达

每分钟数百米至数千米。

主运动可以是旋转运动，也可以是直线运动。多数机床的主运动为旋转运动，如车削、钻削、铣削、磨削中的主运动均为旋转运动。

2. 进给运动

进给运动是由机床或人力提供的运动，它使刀具与工件之间产生附加的相对运动，加上主运动，即可连续地切削，并获得具有所需几何特性的加工表面。图 15-1 所示的车刀的轴向移动即为进给运动。进给运动的速度一般都小于主运动，而且消耗的功率也较少。进给运动有直线、圆周及曲线进给之分。直线进给运动又有纵向、横向、斜向三种。

任何切削过程中必须有一个，也只有一个主运动，进给运动则可能有一个或几个。主运动和进给运动可以由刀具、工件分别来完成，也可以由刀具单独完成。

二、切削用量

切削用量包括切削速度、进给量和背吃刀量，要完成切削加工三者缺一不可，故切削用量又称为切削三要素。

以车削为例，在每次切削中工件上都形成三个表面（图 15-2）：待加工表面——工件上有待切除的表面；已加工表面——工件上经刀具切削后产生的表面；过渡表面——工件上由于切削而形成的那部分表面，它是待加工表面和已加工表面之间的过渡表面。

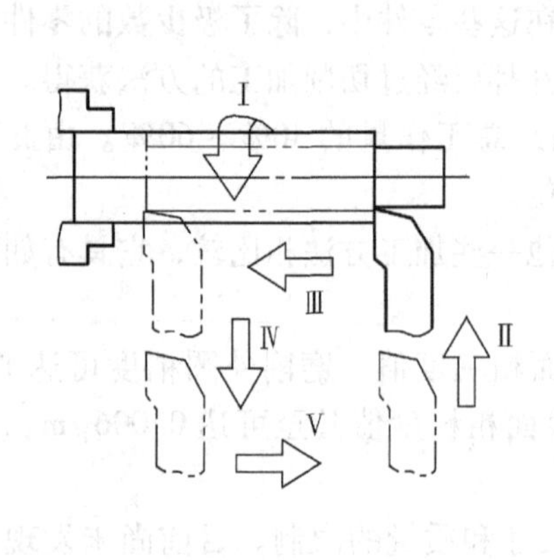

图 15-1 车床的运动

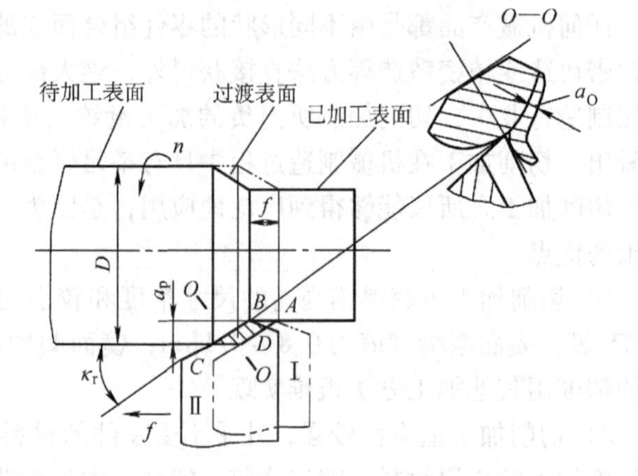

图 15-2 切削用量

1. 切削速度 v_c

切削速度是指切削刃上选定点相对于工件主运动的瞬时速度，单位为 m/s。当主运动是旋转运动时，切削速度是指圆周运动的最大线速度，即

$$v_c = \frac{\pi D n}{60 \times 1000}$$

式中 D——工件或刀具在切削表面上的最大回转直径（mm）；

n——主运动的转速（r/min）。

当主运动为往复直线运动时，则其平均切削速度为

$$v_c = \frac{2L_m n_r}{60 \times 1000}$$

式中　L_m——刀具或工件往复直线运动的行程长度（mm）；

n_r——主运动每分钟的往复次数。

2. 进给量f

进给量是指主运动的一个循环内（一转或一次往复行程）刀具在进给方向上相对工件的位移量，如图15-2所示的AB或CD。

3. 背吃刀量a_p

刀具切入工件时，工件上已加工表面与待加工表面之间的垂直距离称为背吃刀量，也称切削深度，单位为mm。车外圆时的背吃刀量如图15-2所示。

切削用量三要素是调整机床运动的依据。

第三节　切削刀具

在切削加工过程中，要保证工件加工质量，提高切削效率，降低切削加工费用，正确选择刀具材料及其几何角度是非常重要的一环。

一、刀具材料

切削刀具种类很多，其结构一般都是由刀柄与刀体两部分组成的。刀柄是刀具的夹持部分，一般只要求具有足够的强度和刚度，普通材料即可满足这些要求。刀体（刀头）则是直接参与切削工作的部分，所以又称为切削部分，由于刀体工作时切削速度高，切削力大，摩擦剧烈，因而必须用特殊材料制造。生产中为降低刀具制造成本，常将刀片用焊接（钎焊）或用机械夹固的方法固定在刀柄上，但也有因工艺上的原因，而用同一种材料制成整体式的。通常所说的刀具材料实际上仅指切削部分的材料。

1. 刀具材料应具备的基本性能

1）高的硬度。刀具材料的硬度必须大于被切削的工件材料的硬度，常温下一般要求60~65HRC。

2）高的热硬性。刀具在高温下保持其高硬度和高耐磨性的能力要好。

3）较好的化学稳定性。刀具在切削过程中不发生粘结磨损及高温下不发生扩散磨损的能力要好。

4）足够的强度和韧性。刀具材料在承受冲击和振动时不被破坏的能力要好。

除上述基本性能外，刀具材料还应具备良好的热塑性、焊接性、热处理工艺性等，以便于制造。

2. 常用刀具材料的种类及选用

目前用于生产上的刀具材料有：碳素工具钢、合金工具钢、高速钢、硬质合金、陶瓷、金刚石、立方氮化硼等。

（1）碳素工具钢　碳素工具钢淬火后有较高的硬度（59~64HRC），容易磨得锋利，价格低，但它的热硬性差，在200~250℃时硬度就明显下降，所以它允许的切削速度较低（v_c<10m/min）。碳素工具钢主要用于手工用刀具及低速简单刀具，如手工用铰刀、丝锥、板牙等。因其淬透性较差，热处理时变形大，不宜用来制造形状复杂的刀具。

（2）合金工具钢　合金工具钢比碳素工具钢有更高的热硬性和韧性，其热硬性温度约为300~350℃，故允许的切削速度比碳素工具钢高10%~14%。合金工具钢淬透性较好，因此热处理变形小，多用来制造形状比较复杂、要求淬火后变形小、切削速度低的机用刀具，如铰刀、拉刀等。

（3）高速钢　高速钢最突出的优点是硬度较高，韧性好，易于加工和成形，刃口可磨得十分锋利，热硬性较好，在550～650℃时仍保持较高的硬度，所以适用于制作切削速度较高的精加工刀具和各种形状复杂的刀具，如铣刀、铰刀、宽刃精刨刀、钻头、车刀、齿轮刀具等。使用的高速钢牌号是W18Cr4V和W6Mo5Cr4V2。

（4）硬质合金　硬质合金与高速钢比较，具有很高的硬度（86～93HRA），其热硬性温度高达800～1000℃，因而允许的切削速度约为高速钢的4～10倍。但硬质合金的韧性较差，怕振动和冲击，成形困难，主要用于高速切削、要求耐磨性很高的刀具，如车刀、铣刀等。

二、刀具角度

为使切削运动顺利地进行，刀具切削部分必须具有适宜的几何形状，即组成刀具切削部分的各表面之间都应有正确的相对位置，这些位置是靠刀具角度来保证的。

刀具的种类繁多，尺寸大小和几何形状的差别也较大，但刀具角度却有很多共同之处，其中以普通外圆车刀最具有代表性，它是最简单、最常用的切削刀具，其他刀具都可看作是该车刀的演变和组合。因此认识了外圆车刀，也就初步了解了其他切削刀具的共性。

1. 外圆车刀切削部分的组成

如图15-3所示，最常用的外圆车刀切削部分由三个刀面、两个切削刃和一个刀尖组成，简称三面、两刃、一尖。

（1）前面　刀具上切屑流过的表面。可为平面，也可为曲面，以使切屑顺利流出。

（2）后面　与工件上过渡表面相对的表面，又称后刀面，它倾斜一定角度以减小与工件的摩擦。

（3）副后面　刀具上与已加工表面相对的表面，它倾斜一定角度以免擦伤已加工表面。

（4）主切削刃　刀具前面与后面的交线，担负主要切削任务。

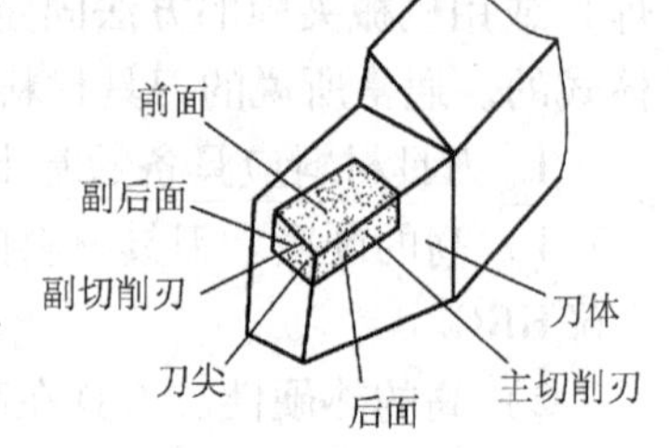

图15-3　外圆车刀的结构

（5）副切削刃　刀具前面与副后面的交线，仅担负少量切削任务。

（6）刀尖　主切削刃与副切削刃的交点，它并非绝对尖锐，一般都呈圆弧状，以保证刀尖有足够的强度和耐磨性。

2. 车刀切削部分的几何参数

（1）坐标平面的组成　为了确定车刀各刀面及切削刃的空间位置，必须选定一些坐标平面作为参考系。

1）基面：过切削刃选定点的平面，它平行或垂直于刀具在制造、刃磨及测量时适合于安装或定位的一个平面或轴线，一般来说其方位要垂直于假定的主运动方向。

2）主切削平面：通过主切削刃选定点与主切削刃相切并垂直于基面的平面，称为主切削平面。过切削刃上任一点的切削平面与基面都互相垂直，如图15-4所示。

3）正交平面：正交平面是指通过切削刃选定点并同时垂直于基面和切削平面的平面。刀具的正交平面包括主切削刃正交平面（简称正交平面）和副切削刃正交平面，如图15-5

所示。

车刀的基面、切削平面、正交平面在空间互相垂直，如图 15-6 所示。

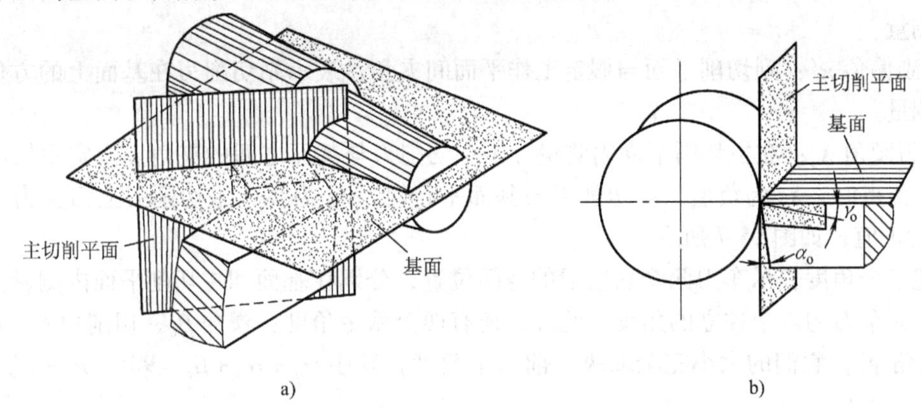

图 15-4　基面与主切削平面的空间位置

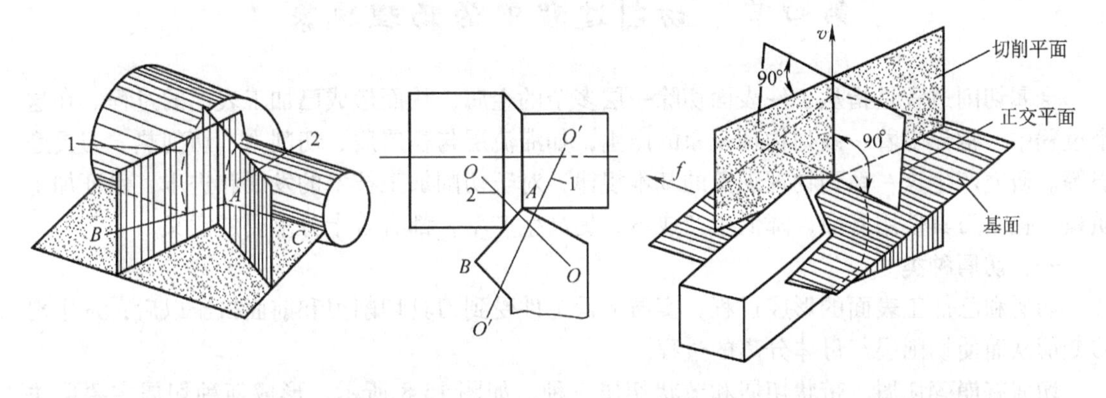

图 15-5　正交平面
1—副切削刃正交平面　2—主切削刃正交平面

图 15-6　基面、切削平面和正交平面的空间关系

4）假定工作平面：通过切削刃选定点并垂直于基面，它平行或垂直于刀具在制造、刃磨及测量时适合于安装或定位的一个平面或轴线，一般说来其方位要平行于假定的进给运动方向。

（2）刀具角度的基本定义　普通外圆车刀一般有十个角度要素，如图 15-7 所示。

1）前角 γ_o：在正交平面中测量的由前面与基面构成的夹角，表示前面的倾斜程度。

2）后角 α_o：在正交平面中测量的由后面与切削平面构成的夹角，表示后面的倾斜程度。

3）副后角 α'_o：在副切削刃正交平面中测量的由副后面与副切削平面之间构成的夹角，表示副后面的倾斜程度。

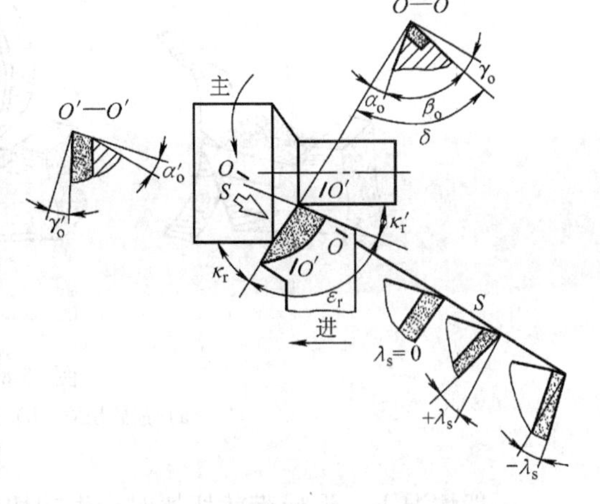

图 15-7　外圆车刀的十个角度要素

以上三个角度表示车刀三个刀面的空间位置，都是两平面之间的夹角。

4）主偏角 κ_r：主切削平面与假定工作平面间夹角，表示主切削刃在基面上的方位，在基面中测量。

5）副偏角 κ'_r：副切削平面与假定工作平面间夹角，表示副切削刃在基面上的方位，在基面中测量。

6）刃倾角 λ_s：在主切削平面内测量，由主切削刃与基面之间的夹角。规定主切削刃上刀尖为最低点时，λ_s 为负值；主切削刃与基面平行时，λ_s 为零；主切削刃上刀尖为最高点时，λ_s 为正值，如图 15-7 所示。

上述三个角度表示车刀两个切削刃的空间位置，分别在基面和主切削平面内测量。

以上为车刀的六个独立的角度，此外，还有四个派生角度：楔角 β_o、切削角 δ、刀尖角 ε_r、副前角 γ'_o，它们的大小完全取决于前六个角度，其中 $\gamma_o+\alpha_o+\beta_o=90°$；$\kappa_r+\kappa'_r+\varepsilon_r=180°$。

第四节　切削过程中的物理现象

金属切削过程是指从工件表面切除一层多余的金属，从而形成已加工表面的过程。在这个过程中，常伴随着一系列物理现象的产生，如滞流层与积屑瘤、切削力、切削热、刀具磨损等。研究产生这一系列物理现象的基本规律，对于切削加工技术的发展和进步，保证加工质量，提高刀具使用寿命，降低生产成本，提高生产率，都有着十分重要的意义。

一、切屑种类

切屑和已加工表面的形成过程，实质上是工件受到刀具切削刃和前面挤压以后，发生滑移变形从而使切削层与母体分离的过程。

切屑有崩碎切屑、带状切屑和节状切屑三种，如图 15-8 所示。形成何种切屑主要取决于工件材料的塑性、刀具前角和切削用量。切削脆性材料时易形成崩碎切屑；切削塑性材料或切削速度高、刀具前角大时易形成带状切屑；采用较低的切削速度和较大的进给量切削中等硬度的材料时，容易形成节状切屑。

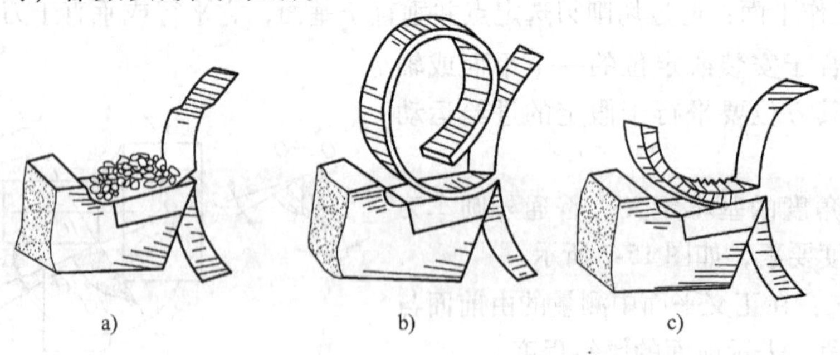

图 15-8　切屑种类

a）崩碎切屑　b）带状切屑　c）节状切屑

一般情况下，形成带状切屑时产生的切削力和切削热都较小，而且切削过程平稳，表面粗糙度值小，刀具刃口不容易损坏，所以带状切屑是一种较为理想的切屑。但形成带状切屑时必须采取断屑措施，否则切屑连绵不断，会缠绕在工件和刀具上，严重地影响工作，甚至会造成事故。形成崩碎切屑时，切削力波动大，对工件表面粗糙度和刀具刃口强度均不利。加工脆性材料，如铸铁、黄铜等时会形成崩碎切屑。形成节状切屑时，切削情况介于形成带状切屑和崩碎切屑之间。

二、滞流层与积屑瘤

在一定的切削速度范围内切削塑性材料时，经常发现在刀尖附近的前面上牢牢地粘附着一小块很硬的金属，这就是积屑瘤，又称刀瘤，如图 15-9 所示。

积屑瘤的产生过程是：切屑与母体分离后，沿前面排出，这时切屑与前面之间产生高温高压作用，切削刃附近的底层金属与刀具前面产生很大的摩擦阻力，使得该层金属流动速度很低，此层称为滞流层。当滞流层金属与刀具前面的外摩擦阻力超过切屑本身的分子结合力时，有一部分金属会发生剧烈变形而脱离切屑，停留在刀具前面上形成积屑瘤，随后切屑底层金属在最初形成的积屑瘤上逐层积累，积屑瘤也就随之长大。研究表明，刀具前面的温度在 200～600℃范围内才会产生积屑瘤，而且积屑瘤的高度、大小也是不同的。

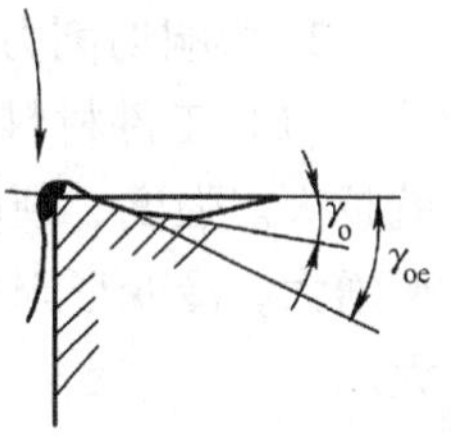

积屑瘤 γ_o γ_{oe}

图 15-9　积屑瘤示意图

积屑瘤经过强烈的塑性变形，有明显的加工硬化现象，硬度比工件硬度高 1.5～2.5 倍。积屑瘤与前面粘结在一起，具有相对的稳定性，因此可代替主切削刃进行切削，起到了保护切削刃、减少刀具磨损的作用。同时从图 15-9 中可以看出，积屑瘤又能使刀具的实际前角 γ 增大，因而可使切削力降低。但积屑瘤又是时有时无、时大时小的，这样将使背吃刀量时深时浅，加上积屑瘤脱落时将有一部分镶嵌在已加工表面上，形成许多毛刺，所以积屑瘤又会使已加工表面表面粗糙度值增大。总之，粗加工时可利用积屑瘤降低切削力，保护切削刃；精加工时为了提高工件的表面质量，则必须避免积屑瘤的产生。

采用高速切削（$v_c > 100\text{m/min}$，使前面温度超过 600℃）或低速切削（$v_c < 5\text{m/min}$，使前面温度低于 200℃）、增大刀具的前角、研磨刀具的前角、使用冷却润滑液等措施，均可以避免刀具产生积屑瘤。

三、切削力

刀具在切削工件时必须克服材料的变形抗力，克服刀具与工件及刀具与切屑之间的摩擦力，才能切下切屑。刀具总切削力是刀具上所有参与切削的各切削部分所产生的各切削力的合力。在研究时可以根据需要，或者选择作用于刀具上的力，或者选择作用于工件上的力作为研究对象。

1. 总切削力 $\boldsymbol{F}$

为了便于测量和研究，一般不直接讨论总切削力 $\boldsymbol{F}$，而是将它分解成三个相互垂直的分力 $\boldsymbol{F}_C$、$\boldsymbol{F}_f$、$\boldsymbol{F}_p$，如图 15-10 所示，其值为

$$F = \sqrt{F_C^2 + F_f^2 + F_p^2}$$

（1）主切削力 $\boldsymbol{F}_C$　是总切削力在主运动方向上的正投影，在三个分力中最大，它大约占总切削力的 80%～90%，消耗机床功率最多。它作用在刀具上，使刀体受压，刀柄受弯曲，因此在实际应用中 $\boldsymbol{F}_c$ 最重要，是计算机床功率、机床刚度、刀柄和刀体强度的主要依据，也是选择切削用量时考虑的主要因素。

（2）进给力 $\boldsymbol{F}_f$　是总切削力在进给运动方向上的正投影。由于进给方向速度很小，因

此，进给力做的功也很小，只占总功率的1% ~5%，它是校验机床进给机构强度的依据。

(3) 背向力 $\boldsymbol{F}_p$ 是总切削力在垂直于工作平面并与背吃刀量方向平行的分力，作用在工件的半径方向。背向力在车或磨内、外圆时都不做功，但会引起工件轴线产生纵向弯曲变形，使轴与孔在长度方向上切除的余量不均匀，使轴与孔各处直径不相同而变成腰鼓形。另外，背向力还容易引起工件振动。增大主偏角可以减小背向力。

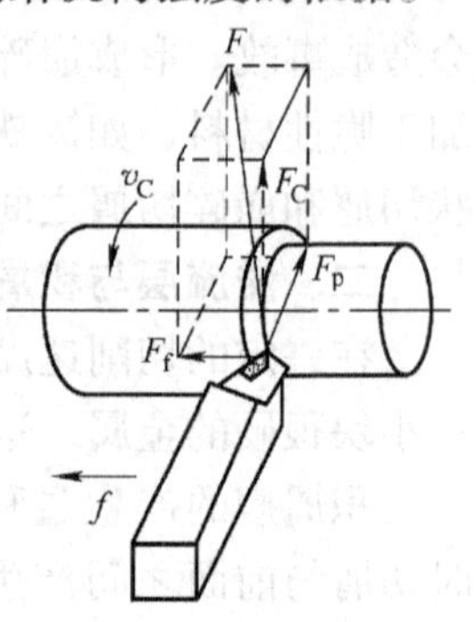

图 15-10 切削分力

2. 影响切削力的因素与减小切削力的措施

(1) 工件材料 材料强度、硬度越高，变形抗力越大，切削力就越大。强度、硬度相近的材料，塑性、韧性较大时，由于切削变形增大，冷变形强化强烈，而且摩擦系数增大，因此造成切削力增大。

(2) 切削用量 背吃刀量 a_p 和进给量 f 决定了切削面积的大小，当两者加大时，切削力就明显增大。但背吃刀量的影响比进给量大，背吃刀量增大一倍，切削力也增大一倍；进给量增大一倍，切削力只增加70% ~80%。由此看来，减小背吃刀量可有效地降低切削力。但减小背吃刀量会使生产率降低，所以单纯地靠减小背吃刀量来减小切削力并不是十分理想的措施。从减小切削力而又不降低生产率的角度考虑，取大的进给量和小的背吃刀量是合适的。切削速度 v_c 对切削力的影响较小。

(3) 刀具几何角度 增大前角可有效地减小切削力（γ_o 每增加 1°，F_c 约降低 1%，F_f 与 F_p 则降低更多）；改变主偏角 κ_r 的大小，可改变 F_f 与 F_p 的比值。

(4) 冷却润滑条件 充分的冷却润滑，可使切削力减小5% ~20%，同时还有利于减少刀具与工件的切削热。

四、切削热

切削时所消耗的功几乎全部转化为热能，所以切削热的大小反映了切削时所消耗的功的大小。切削热的直接来源有两个：

1) 内摩擦热。由切削层金属的弹性、塑性变形产生的热。

2) 外摩擦热。由切屑与刀具前面、过渡表面与刀具后面、已加工表面与刀具副后面之间的摩擦产生的热。

切削热对加工过程的影响：

1) 使刀具的硬度降低，磨损加快。

2) 温度过高时可改变工件材料的金相组织，严重影响零件的使用性能。

3) 使工件膨胀变形从而影响测量及加工精度。

由此可见，减小切削热并降低切削温度是十分重要的。一般说来，所有减小切削力的方法都可减少切削热，如合理选择切削用量、合理选择刀具材料和刀具几何角度等，但冷却润滑尤为重要，实验证明，充分的冷却润滑可使切削区的平均温度降低 100 ~150℃。

五、刀具的磨损与刀具的耐用度

在切削过程中，由于刀具前、后面都处在摩擦和切削热的作用下，致使刀具本身产生磨损。一把新刀具使用几十分钟，最多十几小时就会变钝而不能使用，必须重新刃磨，否则，将影响切削质量与切削效率。刀具两次刃磨中间的实际切削时间叫做刀具的耐用度（单位为 min）。

影响刀具耐用度的因素很多，如刀具材料、刀具角度、切削用量和冷却润滑情况等，其中以切削速度影响最大，因此生产中常常限定切削速度，以保证刀具的耐用度。

【小结】 本章主要介绍了切削过程中的一些基本常识和基本要素，包括切削运动、切削用量、刀具材料、刀具角度及切削过程中的物理现象等内容。在学习本章之后：第一，要理解切削运动、切削用量等基本概念；第二，了解各种刀具材料的特性和选择；第三；结合生活和实习中的感性认识，了解刀具的组成部分及相关几何角度，加深对切削过程中的各种物理现象的理解。

练　习　题（15）

一、基本术语解释

1. 切削运动　2. 切削用量　3. 刀具的前面、后面、副后面　4. 积屑瘤　5. 切削力　6. 刀具的耐用度

二、填空题

1. 切削运动是由__________和__________两个基本运动组成的。

2. 切削过程中的三要素是指__________、__________和__________。

3. 目前切削加工常用的刀具材料有__________、__________、__________和__________四种。

4. 外圆车刀的切削部分由__________面、__________面、__________面、__________刃、__________刃、__________尖组成。

5. 车刀切削部分的几何角度包括__________、__________、__________、__________、__________和__________。

三、选择题

1. 刀具材料中，耐磨性、热硬性最好的材料是（　　）。

　A. 碳素工具钢　B. 合金工具钢　C. 高速钢　D. 硬质合金

2. 在切削运动中，主运动的速度是（　　）。

　A. 最大的　B. 最小的　C. 不一定

3. 切削塑性材料时易形成（　　），而切削脆性材料时易形成（　　）。

　A. 崩碎切屑　B. 带状切屑　C. 节状切屑

4. 切削力由三个分力组成，其中最大的是（　　）。

　A. 进给力 F_C　B. 主切削力 F_f　C. 背向力 F_p

四、判断题

1. 切削运动中的主运动只能有一个，它可以是旋转运动，也可以是直线运动。（　　）

2. 在切削过程中，刀具的前角越大，切削越轻快。（　　）

3. 减小刀具的后角，可适当降低后面与加工表面的摩擦。（　　）

五、简答题

1. 刀具材料应具备哪些基本性能？

2. 影响切削力的因素和降低切削力的措施有哪些？

第十六章　常用切削加工设备及功用

切削加工设备通常称为机床，它是利用刀具对工件进行切削加工的机器，是机械制造的主要加工设备。

第一节　机床的分类与型号

一、机床的分类

为了满足机械加工的需要，机床的类型正逐步增多，其结构和应用范围也各不相同。机床按其基本结构和工作原理划分为车床、钻床、镗床、刨插床、铣床、磨床、拉床、齿轮加工机床、螺纹加工机床、锯床和其他机床 11 类。

二、机床的型号

机床的型号是用来表示机床的类别、主要参数和主要特征的代号，由大写汉语拼音字母和阿拉伯数字组成。机床型号的表示方法包括：

1. 机床的类代号

按机床加工性质和使用刀具的不同，目前我国机床分为 11 大类，见表 16-1。机床型号的第一个字母表示机床的类，采用汉语拼音第一个大写字母，并按名称读音。

表 16-1　机床的类和分类代号

类	车床	钻床	镗床	磨床			齿轮加工机床	螺纹加工机床	铣床	刨插床	拉床	锯床	其它车床
代号	C	Z	T	M	2M	3M	Y	S	X	B	L	G	Q
读音	车	钻	镗	磨	二磨	三磨	牙	丝	铣	刨	拉	割	其

2. 机床的通用特性代号和结构特性代号

机床的通用特性代号和结构特性代号是在代表机床类的字母后面，加一个汉语拼音字母表示。机床的通用特性代号见表 16-2。结构特性代号是除通用特性代号使用过的字母及“I”和“O”以外的其他字母。

表 16-2　机床的通用特性代号

通用特性	高精度	精密	自动	半自动	数控	加工中心（自动换刀）	仿形	轻型	加重型	简式或经济型	柔性加工单元	数显	高速
代号	G	M	Z	B	K	H	F	Q	C	J	R	X	S
读音	高	密	自	半	控	换	仿	轻	重	简	柔	显	速

3. 机床的组、系代号

每类机床按其用途、性能、结构相近或有派生关系分为10个组，每个组又分为10个系列。在机床型号中，字母后面的两个数字分别表示机床的组和系。

4. 机床的主参数

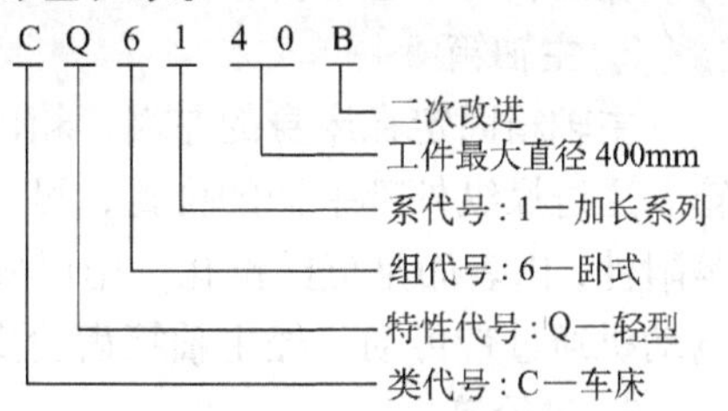

图16-1　机床代号

机床的主参数表示机床规格的大小和工作能力。在机床型号中，表示机床组和系的两个数字后面的数字表示机床的主参数或主参数的折算值。

5. 机床的重大改进

规格相同的机床经改进设计，其性能和结构有了重大改进后，按改进设计的次序，分别用字母“A、B、C…”（但不得用字母I、O）表示，并写在机床型号的末尾。例如：CQ6140B，表示工件最大回转直径为400mm的经第二次重大改进的轻型卧式车床，如图16-1所示。

第二节　车床及其功用

根据车床主轴布置方式的不同，车床分为立式车床和卧式车床两大类，其中以卧式车床应用较为广泛。而在卧式车床中，尤以CQ6140车床应用最为普及，也比较典型，其基本结构如图16-2所示。下面以CQ6140车床为例介绍车床的基本构造及其配套的附件。

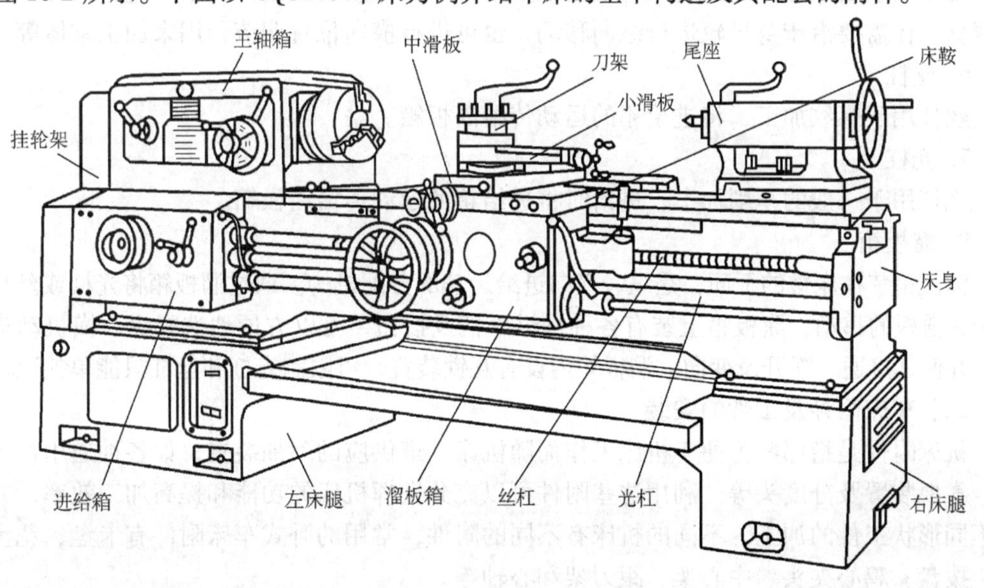

图16-2　CQ6140卧式车床结构示意图

一、车床的组成

CQ6140卧式车床主要由左右床腿、床身、主轴箱、进给箱、刀架。小滑板、中滑板、床鞍、尾座、丝杠、光杠和溜板箱等部分构成。

1. 床身

床身是车床的基础零件，用来支承和连接其他部件。车床上所有的部件均利用床身来获得准确的相对位置和位移，例如刀架和尾座可沿床身上的导轨移动。

2. 主轴箱

主轴箱固定在床身的左端，箱内装有主轴部件和主运动变速机构，又称床头箱或主变速箱。通过操纵外部手柄的位置，可以使主轴有不同的转速。主轴右端有外螺纹用以安装卡盘等附件，内表面是莫氏锥孔，用以安装顶尖，支持轴类零件。变速机构安装在主轴箱内部，电动机通过带传动，经主轴箱齿轮变速带动主轴转动。

3. 进给箱

进给箱安装在床身的左前侧，是改变进给量、传递进给运动的变速机构。改变进给箱外面手柄的位置，可以使光杠或丝杠得到不同的转速，再分别通过光杠或丝杠将运动传递给刀架。

4. 刀架

刀架用来夹持车刀，并使其作纵向、横向或斜向移动。刀架安装在小滑板上，用来夹持车刀；小滑板装在转盘上，可沿转盘上的导轨作短距离移动；转盘可带动刀架在中滑板上顺时针或逆时针转动一定的角度；中滑板可在床鞍（大拖板）的横向导轨上作垂直于床身的横向移动；床鞍可沿床身的导轨作纵向移动。

5. 尾座

尾座安装在床身导轨的右端，装上顶尖可支承工件或装夹钻头、铰刀进行孔加工。尾座可根据工作需要沿床身导轨进行纵向移动，也可进行横向位置调节，用来加工锥体等。

6. 丝杠

丝杠用于螺纹加工，将进给箱的运动传给溜板箱。

7. 光杠

光杠用于一般的车削加工，进给时将进给箱的运动传给溜板箱。

8. 溜板箱

溜板箱装在床鞍的下面，是纵、横向进给运动的分配机构。通过溜板箱将光杠或丝杠的转动变为滑板的移动，溜板箱上装有各种操纵手柄及按钮，可以方便地选择纵、横机动进给运动，并使其接通、断开及变向。溜板箱内设有互锁装置，可限制光杠和丝杠只能单独运转。

二、车床附件及工件的安装

机床附件是指那些为便于机床工作而随机床一道供应的附加装置，如各种通用机床的夹具、靠模装置及分度头等。利用这些附件可以充分发挥机床的功能和提高加工效率，完成各种不同形状工件的加工。不同的机床有不同的附件，常用的卧式车床附件有卡盘、花盘、顶尖、拨盘、鸡心夹头、中心架、跟刀架和心轴等。

1. 卡盘

卡盘是应用最多的车床夹具，它是利用其背面法兰盘上的螺纹直接装在车床主轴上的，卡盘分三爪自定心卡盘和四爪单动卡盘，如图 16-3 和图 16-4 所示。

三爪自定心卡盘的夹紧力较小，装夹工件方便、迅速，不需找正，具有较高的自动定心精度，特别适合于装夹轴类、盘类、套类等工件，方便可靠，但不适合于装夹形状不规则的工件。

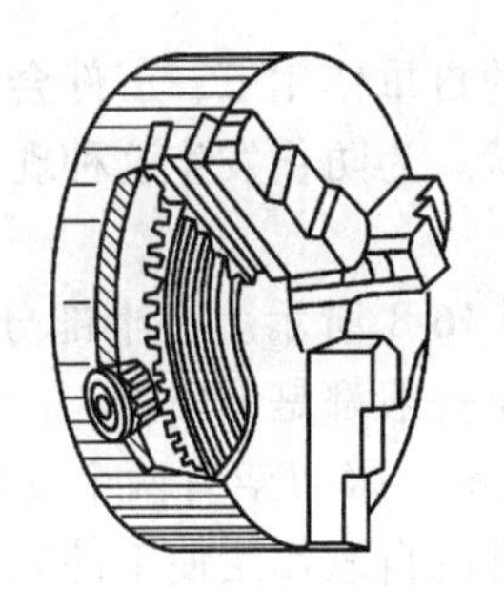

图 16-3　三爪子定心卡盘

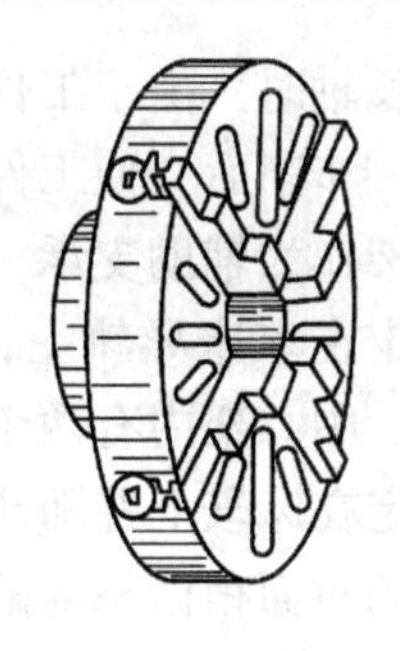

图 16-4　四爪单动卡盘

四爪单动卡盘有很大的夹紧力，其卡爪可以单独调整，因此特别适合于装夹形状不规则的工件。但装夹工件较慢，需要找正，而且找正的精度主要取决于操作人员的技术水平。

2. 花盘

对于一些形状不规则的工件，不能使用三爪自定心卡盘和四爪单动卡盘装夹时，可使用花盘进行装夹，如图 16-5 所示。

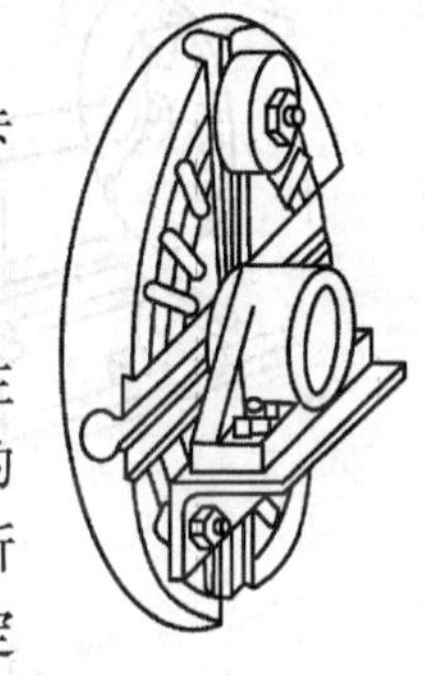

图 16-5　花盘

3. 顶尖、拨盘和鸡心夹头

对于细长的轴类工件一般可以用两种方法进行装夹：其一是用车床主轴的卡盘和车床尾座上的后顶尖装夹工件，如图 16-6 所示；其二是工件的两端均用顶尖装夹定位，利用拨盘和鸡心夹头带动工件旋转，如图 16-7 所示。前一种方法仅适合于一次性装夹，进行多次装夹时很难保证工件的定心精度；后一种方法可用于多次装夹，并且不会影响工件的定心精度。

通用顶尖按结构可分为死顶尖和活顶尖；按安装位置可分为前顶尖（安装在主轴锥孔内）和后顶尖（安装在尾座锥孔内）；前顶尖总是死顶尖，后顶尖可以是死顶尖，也可以是活顶尖。

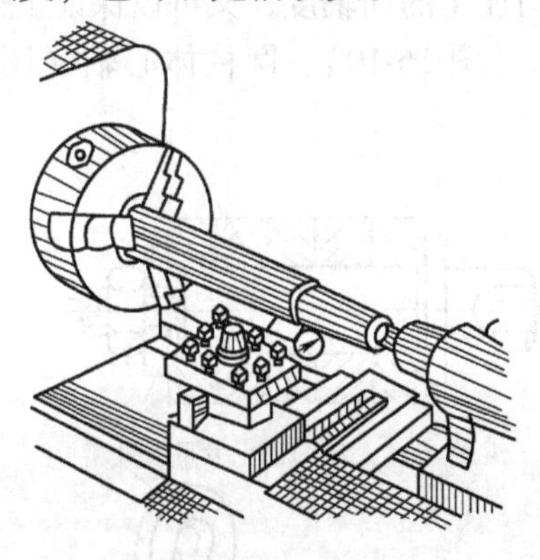

图 16-6　使用卡盘和顶尖装夹工件

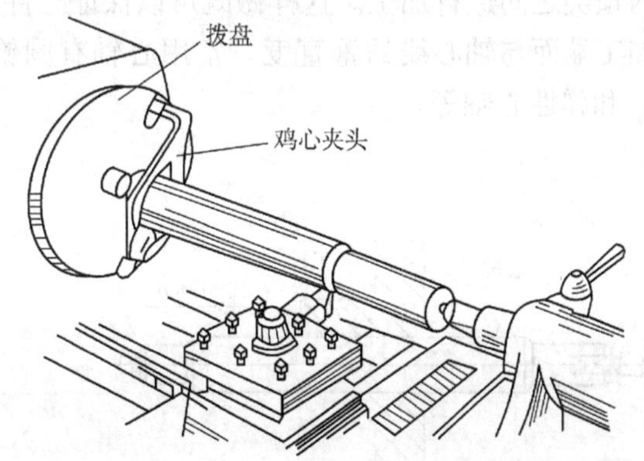

图 16-7　使用前顶尖和尾座顶尖装夹工件

拨盘与鸡心夹头的作用是当工件用两顶尖装夹时带动工件旋转，如图 16-7 所示。拨盘靠其上的螺纹装在车床的主轴上，带动鸡心夹头旋转；鸡心夹头则依靠其上的紧固螺钉拧紧在工件上，并一起带动工件旋转。

4. 中心架与跟刀架

在车削细长轴时，由于工件刚度差，在背向力及工件的自重作用下，工件会发生弯曲变形，产生振动，车削后会使工件形成两头细、中间粗的形状。为防止发生这种现象，常使用中心架或跟刀架作为辅助支承，以增加工件的刚性。

中心架固定在车床导轨上，由上下两部分组成，如图 16-8 所示。上半部分可以翻转，以便装入工件。中心架内有两个可以调节的径向支爪，支爪一般都是铜质的。

跟刀架固定在床鞍上并随床鞍一起移动，如图 16-9 所示。跟刀架有两个支爪，车刀装在这两个支爪的对面稍微靠前的位置，并依靠背向力及工件的自重作用使工件紧靠在两个支爪上。

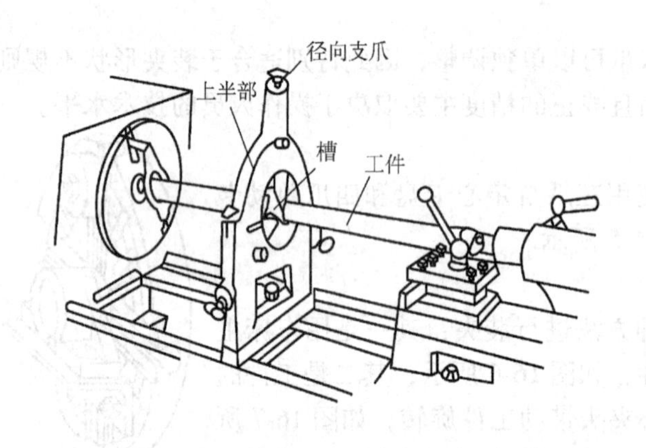

图 16-8　使用中心架车削细长轴

图 16-9　使用跟刀架车削细长轴

5. 心轴

精加工盘套类零件时，常以工件的内孔作为定位基准，工件安装在心轴上，再把心轴装在两顶尖之间进行加工。这样做既可以保证工件的内外圆加工的同轴度，又可以保证工件的被加工端面与轴心线的垂直度。常用心轴有圆锥体心轴（图 16-10）、圆柱体心轴（图 16-11）和弹性心轴等。

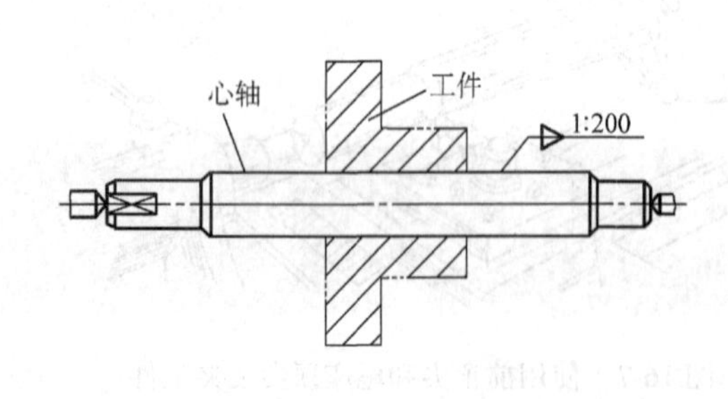

图 16-10　利用圆锥体心轴加工零件

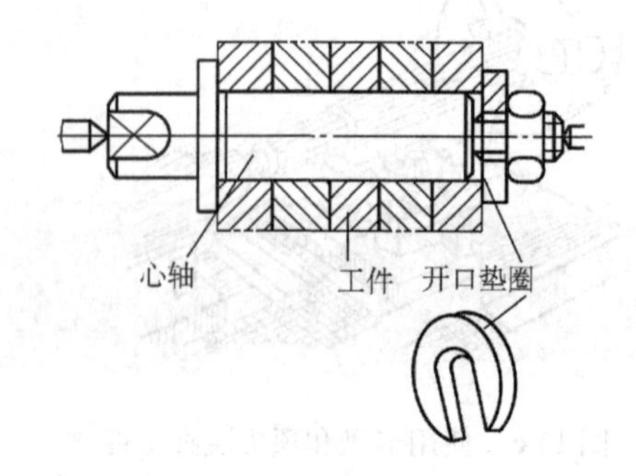

图 16-11　利用圆柱体心轴加工零件

三、车床的功用和运动

工件旋转，车刀进给，这种切削方式称为车削加工。车削加工主要是在车床上进行的，车床的主要功用就是利用车刀来加工回转体的内外表面。其中，工件随主轴的旋转运动为主运动，车刀随刀架的移动为进给运动。

1. 车刀的种类及用途

国际上通用的9种主要车刀名称、形状和工作位置如图16-12所示。1号切断刀适于切口、切断工件；2号、3号右偏刀适于加工外圆；4号90°右偏刀适于修正外圆和直角台阶；5号宽刃光刀适于精加工外圆；6号90°端面车刀适于加工端面；7号90°右偏刀适于加工外圆和直角台阶；8号内孔车刀适于加工透孔；9号内孔端面车刀适于加工不透孔及其端面。

车床主要用于加工各种回转体表面，如内外圆柱面、内外圆锥面、轴端表面、轴肩表面、沟槽、切断、螺纹及成形表面等。

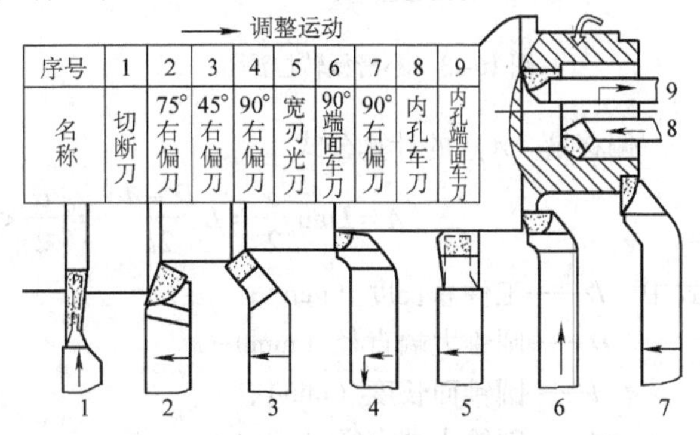

图16-12　9种主要车刀名称、形状和工作位置

2. 常见回转表面的加工方法

（1）外圆柱面的车削加工　外圆表面车削通常分三步：粗车、半精车、精车，个别零件表面精度要求特别高时，还需进行精细车。车外圆时，长轴类工件一般都用两顶尖装夹，短轴及盘类工件常用卡盘装夹。

粗车：粗车属于低精度外圆表面加工，其目的主要是迅速地切去毛坯的硬皮和大部分加工余量。为此，必须充分发挥刀具和机床的切削能力，以利于生产率的提高。粗车加工精度为IT13～IT11，表面粗糙度值 R_a 为50～12.5μm。

半精车：半精车在粗车基础上进行，属于中等精度的外圆表面加工，对加工表面一般需二次加工才能达到精度要求。半精车的加工精度为IT10～IT9，表面粗糙度 R_a 为6.3～3.2μm。

精车：精车是在半精车的基础上进行的，属于较高精度的外圆表面加工。精车时一般取较大的切削速度和较小的进给量与背吃刀量。精车的加工精度为IT7～IT6，表面粗糙度 R_a 为1.6～0.8μm。

精细车：精细车是用高精密车床，在高切削速度、小进给量及小背吃刀量的条件下，用经过仔细刃磨的人造金刚石或细颗粒硬质合金车刀进行车削的。精细车的加工精度为IT6～IT5，表面粗糙度 R_a 为0.4～0.2μm。

（2）外圆锥面的车削加工　工件上所形成的圆锥表面是通过车刀相对于工件轴线斜向进给得到的。根据这一原理，常用的车圆锥面的方法有以下几种：

1）小滑板转位法。如图16-13所示，使刀架小滑板绕转盘轴线转动一个圆锥斜角 $\alpha/2$ 后加以固定，然后用手转动小滑板手柄实现斜向进给。这种方法调整方便，操作简单，但不能自动进给，加工后表面较粗糙。另外，小滑板丝杠的长度有限，多用于加工长度小于100mm的大锥度圆锥面。

2）偏移尾座法。工件装夹在双顶尖间，车削圆锥面时，尾座在机床导轨上横向调整偏移 A 距离，使工件旋转轴线与刀具纵向进给方向的夹角，等于锥面的斜角 $\alpha/2$，利用车刀纵向进给，车出所需要的锥面，如图16-14所示。

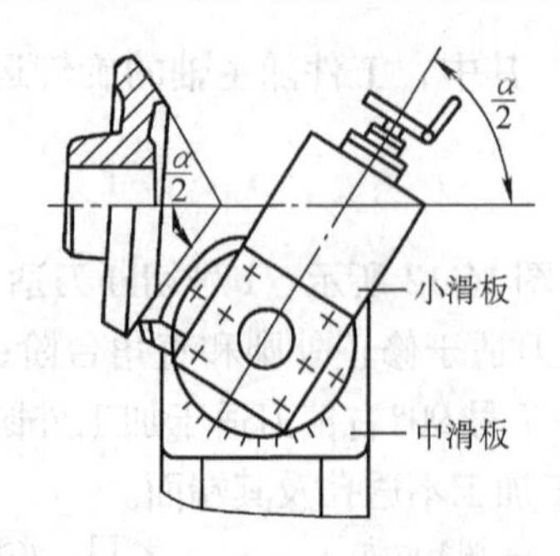

图 16-13　小滑板转位法

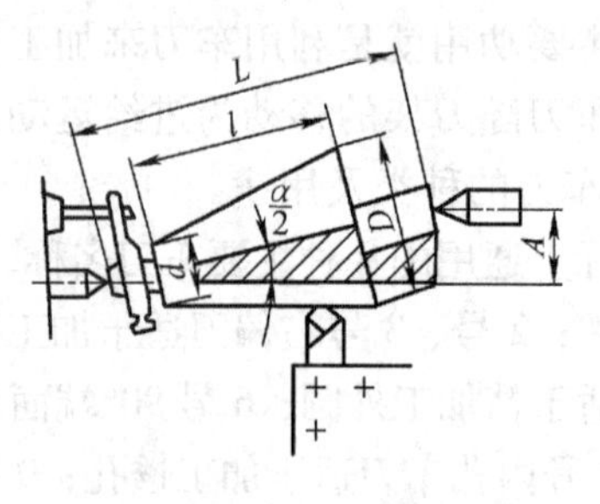

图 16-14　偏移尾座法

偏移量（A）的计算公式

$$A = L\tan\frac{\alpha}{2} = L\frac{D-d}{2l} \quad 当\frac{\alpha}{2} < 8°时，\sin\frac{\alpha}{2} \approx \tan\frac{\alpha}{2}$$

式中　L——工件总长度（mm）；

D——圆锥大端直径（mm）；

l——圆锥面长度（mm）；

d——圆锥小端直径（mm）。

这种方法能自动进给加工较长的锥面，但不能加工斜度较大的工件。车削时，由于顶尖与工件的中心孔接触不良，工件不稳定，故常用球形顶尖来改善接触状况。

3）靠模法。锥度靠模装在床身上，可以方便地调整圆锥斜角。加工时卸下中滑板的丝杠与螺母，使中滑板能横向自由滑动，中滑板的接长杆用滑块铰链与锥度靠模连接。当床鞍纵向进给时，中滑板带动刀架一面纵向移动，一面横向移动，从而使车刀运动的方向平行于锥度靠模，加工成所要求的圆锥面，如图 16-15 所示。

用靠模法能加工较长的锥度，精度较高，并能实现自动进给，但不能加工锥度较大的表面。

4）宽刀法。使用与工件轴线成 $\alpha/2$ 角的宽刃车刀加工较短的圆锥面（$L = 20 \sim 25$mm），如图 16-16 所示。切削时车刀作横向或纵向进给即可车出所需的圆锥面。由于容易引起振动，使加工表面产生波纹，所以较长的圆锥面不适于采用此法。

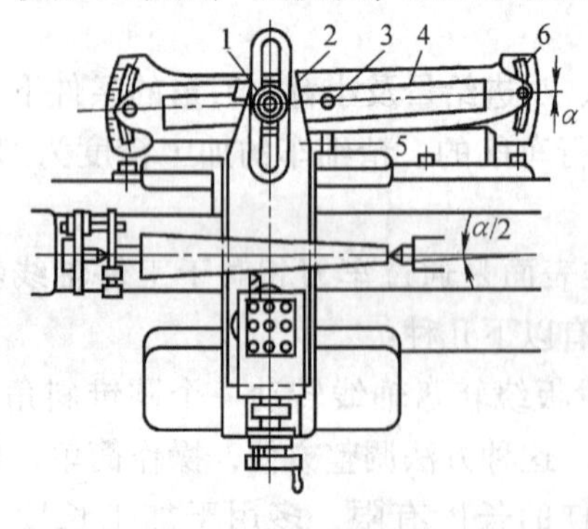

图 16-15　靠模法

1—压板　2—滑板　3—中心轴

4—靠模板　5—中滑板辅助块　6—底座

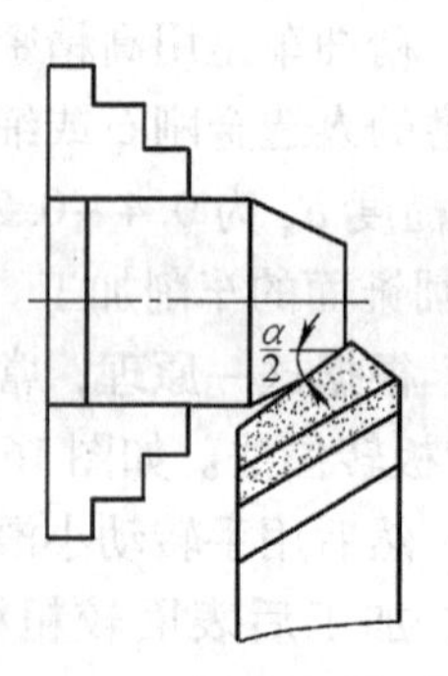

图 16-16　宽刀法

（3）螺纹的车削加工　螺纹的种类较多，常用的有普通螺纹（牙型角为60°）和梯形螺纹（牙型角为30°）等。螺纹车刀属于成形刀具，车削普通螺纹时，其刀尖角约为59°。为保证工件每旋转一圈，车刀沿轴向移动一个螺距或导程，必须使车床丝杠转速 $n_{丝}$ 与工件转速 $n_{工}$ 的比值等于工件螺距 $P_{工}$（或导程 $P_{Z工}$）与丝杠螺距 $P_{丝}$ 的比值，即

$$i=\frac{n_{丝}}{n_{工}}=\frac{P_{工}}{P_{丝}}\quad\left(\text{或}\frac{P_{Z工}}{P_{丝}}\right)$$

车削时，需要多次进给和重复进给才能完成，因此，每次进给时，必须保证车刀刀尖对准已车出的螺旋槽，否则，已车出的牙型就有可能被切掉而使螺纹损坏报废，这种现象称为“乱牙”。常用的进给方法有种：

1）每次进给终了时，横向退刀，同时提起丝杠上的开合螺母，手动将溜板箱返回到起始位置，调整背吃刀量后，压下开合螺母重新进给。这种方法只有在丝杠螺距是工件螺距的整数倍时才可使用。

2）每次进给终了时，先横向进刀，然后开反车使工件和丝杠都反转，丝杠驱动溜板箱返回起始位置，然后调整背吃刀量，改成整车，重复进给。这种方法对任何螺距的螺纹都适用，但效率低，丝杠易磨损。

第三节　钻床、镗床及其功用

钻床和镗床均为孔加工机床。钻床一般用于加工那些精度、位置度要求不高的中小型孔；而镗床则不仅可以加工小孔，还可以加工直径很大、尺寸精度和位置精度要求较高的孔或孔系。

一、钻床

钻床的主轴多数都沿竖直方向布置，故都属于立式钻床。在钻床上主要进行钻削加工，即用钻头、扩孔钻或铰刀等在工件上进行孔加工。钻床的种类很多，常用的有台式钻床（图16-17）、立式钻床（图16-18）和摇臂钻床（图16-19）等。

1. 钻床的组成

图16-17所示为台式钻床，主要用于钻削小型工件上直径小于20mm的孔。其结构简单，主要由底盘、立柱、主轴箱三部分组成。工作前，通过变换V带在塔形带轮上的位置来实现调速，切削过程中只能手动进给，效率较低，故只用于单件或小批量生产。

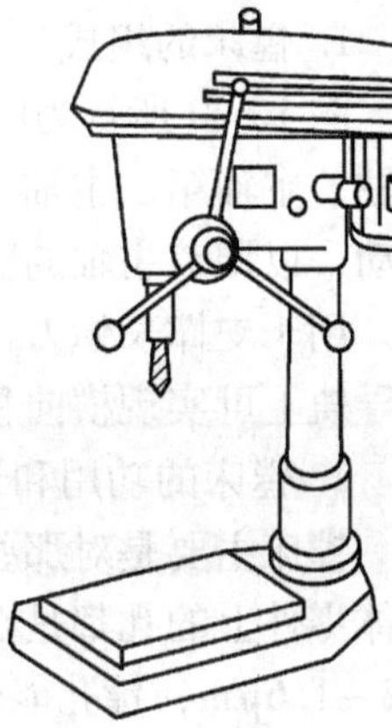

图16-18所示为Z5135立式钻床。立式钻床主要由主轴、主轴箱、进给箱、立柱、工作台和底座等组成。电动机的运动通过主轴箱使主轴获得所需的转速。加工时，工件固定在工作台上不动，由主轴连同钻头一边旋转，一边向下进给进行钻削。立式钻床适合于加工中小型工件上的孔。

图16-17　台式钻床

图16-19所示为Z3080摇臂钻床。摇臂钻床有一个能绕立柱旋转的摇臂，其上装有主轴箱，主轴箱可沿摇臂作水平运动。钻孔时，工件装夹在工作台上，摇臂钻可很方便地调整钻头位置，而不需移动工件进行加工，所以，摇臂钻床适用于对笨重的大工件和多孔工件进行钻孔加工。

2. 钻床的功用和运动

钻床的主要工作是用钻头钻孔。工作时，工件固定不动，钻头的旋转为主运动，钻头沿轴线方向的移动为进给运动，其加工范围通常是直径在80mm以内的孔。用钻头钻孔为孔的粗加工，为了获得精度较高的孔，钻孔后还可进一步进行扩孔、铰孔及磨孔等加工。除此之外，钻床还可利用攻丝夹头进行内螺纹加工。

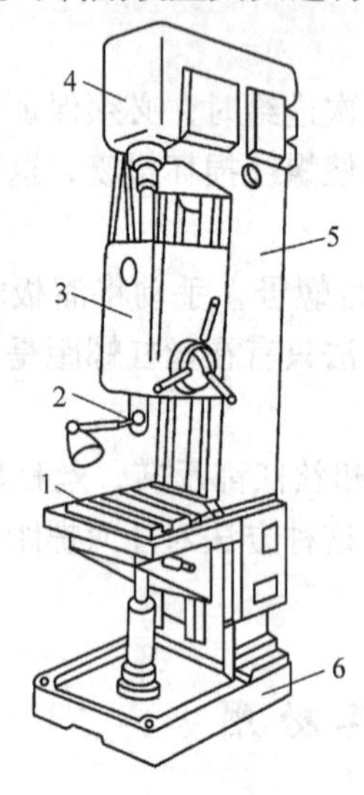

图16-18 立式钻床

1—工作台 2—主轴 3—进给箱

4—主轴箱 5—立柱 6—底座

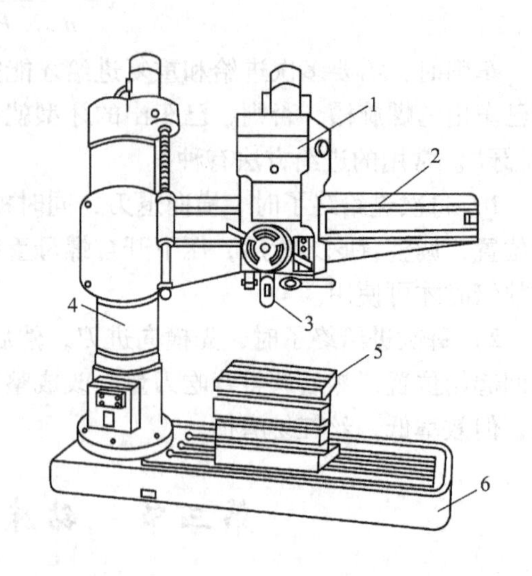

图16-19 摇臂钻床

1—主轴箱 2—摇臂 3—主轴

4—立柱 5—工作台 6—底座

二、镗床

镗床按其主轴的布置方式不同分为立式镗床和卧式镗床两大类，生产上应用较多的是卧式镗床。

1. 镗床的组成

图16-20所示为卧式镗床各部件的位置关系和运动情况简图。卧式镗床主要由床身、前立柱、主轴箱、主轴、后立柱、尾座及工作台等部件组成。主轴箱可沿前立柱上的导轨上下移动，以调节主轴的竖直位置和实现沿前立柱方向的上下进给运动；后立柱上有镗刀杆支撑座，用于支撑长镗刀杆的尾端以进行镗刀杆跨越工作台的镗孔；工作台用于安放工件，在床身导轨上可实现横向移动、纵向移动和转动。

2. 镗床的功用和运动

镗床主要是对那些精度、位置度要求较高的孔或孔系进行镗削加工的机床，形状复杂的箱体零件上的孔都是在镗床上加工的。镗孔的一般加工精度为IT9 ~ IT8，表面粗糙度 R_a 为3.2 ~ 1.6μm，镗孔能较好地修正前工序加工所造成的几何形状误差和相互位置误差。

镗床的主要工艺范围有钻孔、攻螺纹、镗孔、镗同轴孔（如图16-21所示 *A—B* 孔）、镗大孔、镗平行孔（*A—C* 孔）、镗垂直孔（*A—E* 孔）及镗箱体垂直表面上的圆柱面等，如图16-21所示。

镗削加工时镗刀的回转是主运动，工件或镗刀作进给运动。主运动由主轴回转完成，靠主轴箱进行变速与换向。主轴前端带锥孔，以便插入装有镗刀的镗杆或钻头。进给运动可以由主轴完成，也可由工作台带动工件来完成。由于工作台可绕上滑板的圆导轨在水平面内转动，因此工作台上的工件可旋转任意角度；下滑板又可沿床身的纵向导轨移动，所以在镗床上镗削任意方向垂直面上的孔都十分方便。主轴箱和尾座可分别沿前、后立柱自动升降，以加工不同高度的孔。

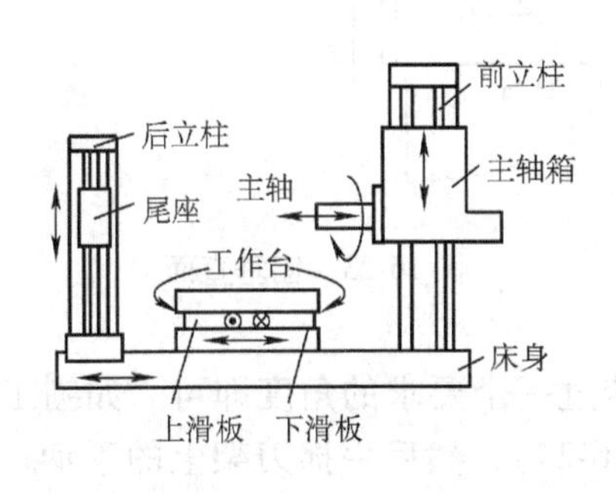

图 16-20　卧式镗床简图

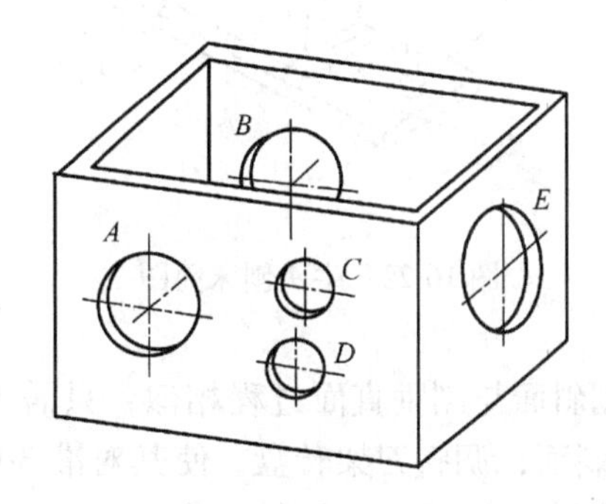

图 16-21　镗床加工孔系示意图

第四节　刨床和插床

刨床与插床属同一类机床，即刨插床类，它们的共同特点是主运动为直线往复运动，进给运动为间歇运动，即在主运动的空行程时间内作一次送进。刨床与插床的区别是：刨床的主运动是水平方向，而插床的主运动是垂直方向。它们都是平面加工机床，但刨床主要用于加工外表面，而插床主要用于加工内表面（如孔内键槽等）。

一、刨床

1. 刨床的组成

图 16-22 所示为牛头刨床各部件的位置关系与运动情况简图。牛头刨床主要由床身、滑枕、刀架、横梁、工作台等部件组成。滑枕带动刀架作直线往复主运动，工作台带动工件作间歇进给运动，横梁可沿床身上的垂直导轨移动，以调整刀具与工件在垂直方向上的相互位置。床身安装在底座上。

2. 刨床的功用和运动

刨床的主要功用是刨削平面（水平面、垂直面、斜面等）和沟槽（直槽、T 形槽、V 形槽、燕尾槽等），也可以加工成形表面。

（1）刀具与工件的安装　工件的装夹应根据工件的大小、形状及加工面的位置进行正确选择。对于小型工件，一般都选用机床用平口虎钳装夹；对于大中型工件可用螺钉压板直接安装在工作台上。

（2）垂直面及斜面的刨削　刨垂直面是用刨刀垂直进给加工平面，如图 16-23 所示。刨削时把刀架转盘对准零线，调整刀座使刨刀相对于加工表面偏转一个角度，让刀具上端离开加工表面，减小切削刃对加工面的摩擦，手摇刀架上的手柄作垂直间歇进给，即可加工垂直表面。

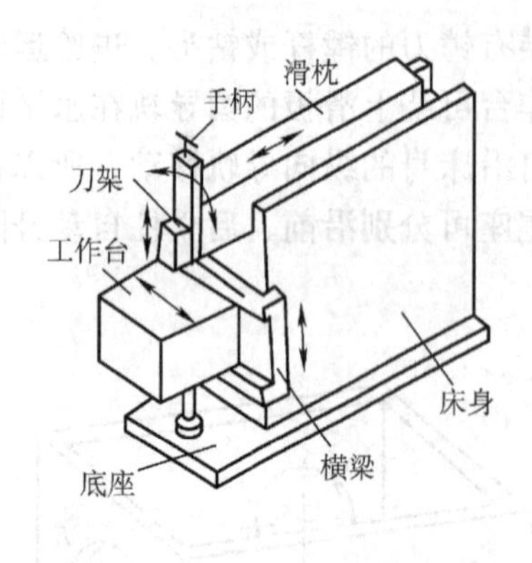

图 16-22　牛头刨床简图

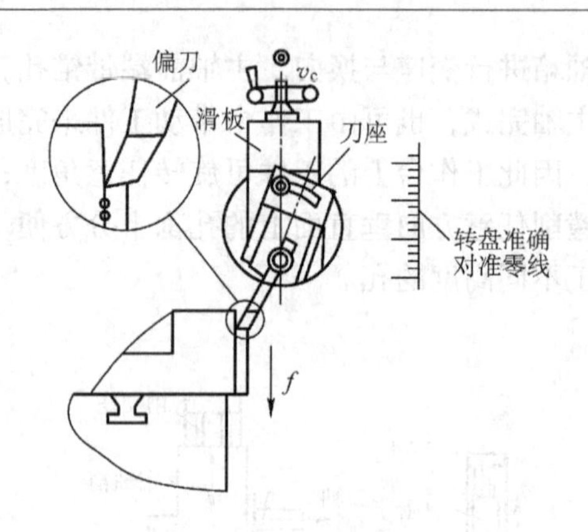

图 16-23　刨垂直面

刨斜面与刨垂直面过程相似，只需把刀架转盘转过一个要求的角度即可。如刨工件上60°的斜面，调整刀架转盘，使其对准30°刻线（图 16-24），然后手摇刀架上的手柄，即可加工出斜面。

（3）刨削的工艺特点　刨削加工可以获得的公差等级为 IT9 ~ IT7，表面粗糙度 R_a 为6.3 ~ 1.6μm，加工成本低，生产率低。

二、插床

1. 插床的组成

图 16-25 所示为插床外观简图。插床是由牛头刨床演变而来的，它主要由床身、滑枕、回转工作台、及上下滑座等组成。插床与刨床不同的是：插床的滑枕向下移动为工作行程，向上为空行程；滑枕可以在小范围内调整角度，以便加工倾斜面及沟槽；工作台由下滑座、上滑座及回转工作台组成；下滑座及上滑座可带动回转工作台分别作横向及纵向进给；回转工作台可回转完成圆周进给和进行圆周分度。

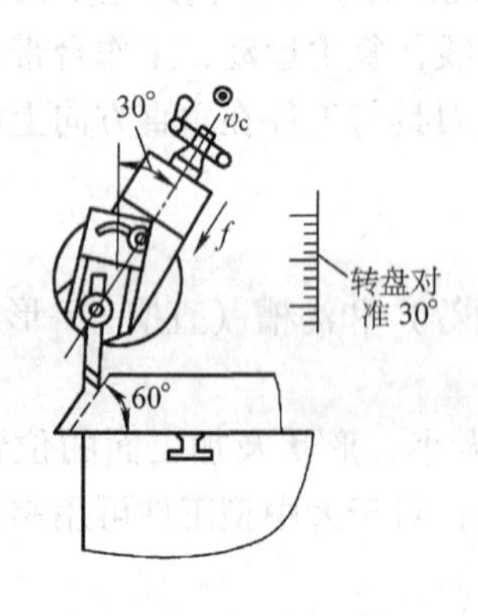

图 16-24　刨斜面

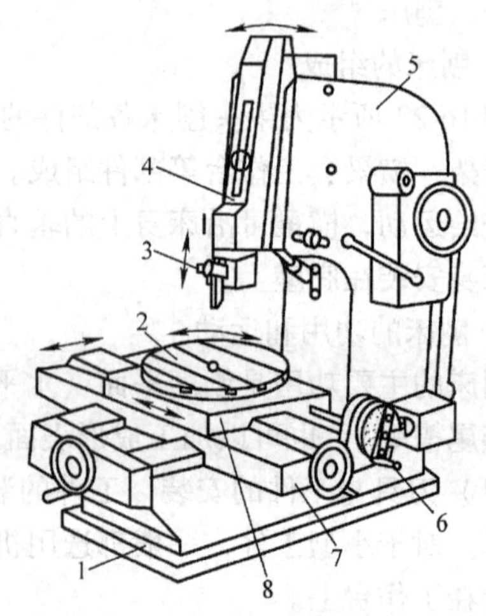

图 16-25　插床简图

1—底座　2—回转工作台　3—刀架
4—滑枕　5—床身　6—分度装置
7—下滑座　8—上滑座

2. 插床的功用和运动

插床主要用来插削孔内键槽、花键槽及方形孔、多边形孔等内表面。插床的实质是立式牛头刨床，它与牛头刨床的主要区别在于滑枕是直立的，插刀沿垂直方向作直线往复主运动，工件可以沿纵向、横向、圆周三个方向之一作间歇的进给运动。

插削的加工精度为 IT9 ~ IT7，表面粗糙度 R_a 为 6.3 ~ 1.6μm。

第五节　铣　　床

铣床是用铣刀进行加工的机床。铣床的种类很多，其中以卧式铣床、立式铣床、龙门铣床及双柱铣床应用最广。

一、铣床的组成

图 16-26 所示为 X6132 型万能升降台卧式铣床。它的主轴是水平的，与工作台平行；床身用来固定和支承铣床上的其他部件和结构；横梁可沿床身的水平导轨移动，以调整其伸出长度；升降台可沿床身的垂直导轨上下移动，以调整工作台到铣刀的距离；工作台用来安装工件、夹具、分度头等，工作台位于回转台上，可沿回转台上的导轨作纵向进给；床鞍位于升降台上面的水平导轨上，可带动工作台一起作横向移动；主轴为空心轴，用来安装铣刀刀杆并带动铣刀回转。工作台的纵向、横向进给及升降，可以自动也可以手动完成。

图 16-27 所示为立式铣床。立式铣床与卧式升降台铣床的主要区别在于它的主轴是直立的并与工作台面相垂直。

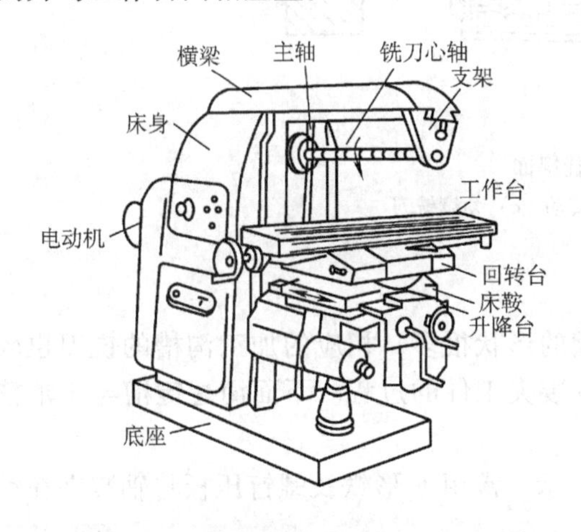

图 16-26　卧式铣床

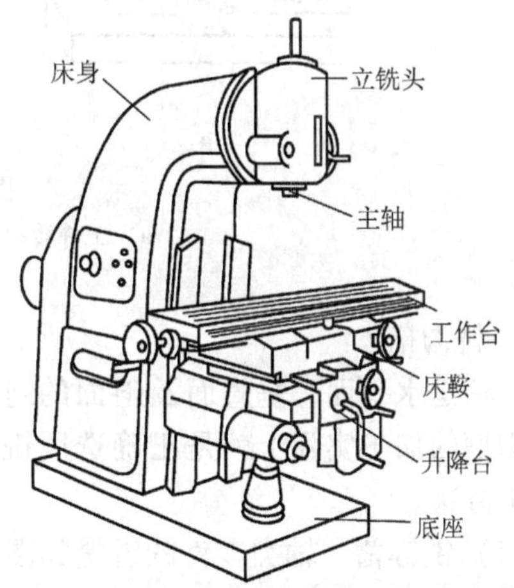

图 16-27　立式铣床

二、铣床的功用和运动

铣床的主要工作是铣削平面和沟槽。铣削加工时，主运动是铣刀的旋转运动，进给运动是工件随工作台的移动。与刨削加工相比，铣削加工以回转运动代替了刨削加工中的直线往复运动；以连续进给代替了间歇进给；以多齿铣刀代替了刨刀。所以铣削加工的生产率较高，其应用范围也要比刨削加工广泛得多。

1. 铣水平面

铣水平面用圆柱铣刀在卧式铣床上铣削。铣削时圆柱铣刀刀齿逐渐切入、切离工件，切削力变化小，因此切削过程平稳，加工质量较高，如图 16-28 所示。

2. 铣垂直面

加工小垂直平面也可用圆柱铣刀在立式铣床上铣削，如图 16-29 所示。

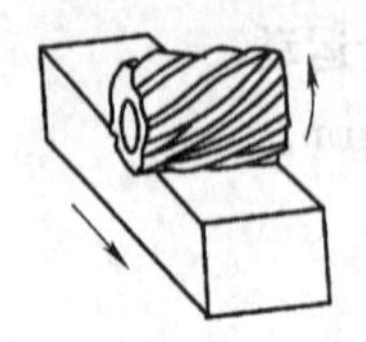

图 16-28 铣水平面

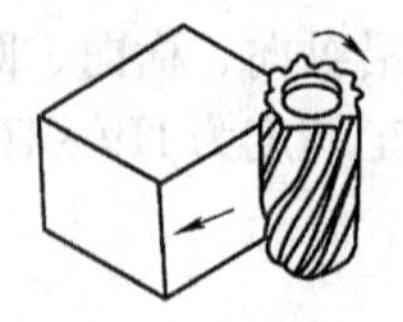

图 16-29 铣垂直面

3. 铣斜面

铣斜面常用的方法有三种：

1）把工件转动成所需要的角度铣斜面（图 16-30a）。

2）把铣刀转动成所需要的角度铣斜面（图 16-30b）。

3）用角度铣刀铣斜面（图 16-30c）。

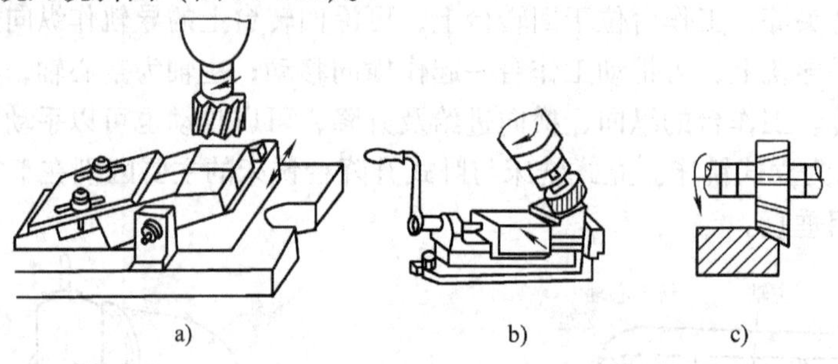

图 16-30 铣斜面

a）工件转动 b）铣刀转动 c）角度铣刀

4. 铣沟槽

沟槽是水平面、垂直面及斜面的组合。沟槽的形状很多，相应的加工沟槽的铣刀也较多。沟槽的加工实际上就是正确选用铣刀、合理装夹工件的过程。下面简述键槽与 T 形槽的加工方法。

（1）铣键槽 轴类零件的键槽如图 16-31a 所示，常用 V 形铁及螺钉压板将轴装夹在铣床工作台上（图 16-31b），然后选用合适的键槽铣刀在立式铣床上铣削（图 16-31c）。

（2）铣 T 形槽 为了使工件安放紧固，需用螺栓将工件装夹在开有 T 形槽的工作台上，铣削 T 形槽的步骤如图 16-32 所示。

铣削加工质量同刨削加工相当，精铣后，尺寸公差等级可达 IT9 ~ IT7，

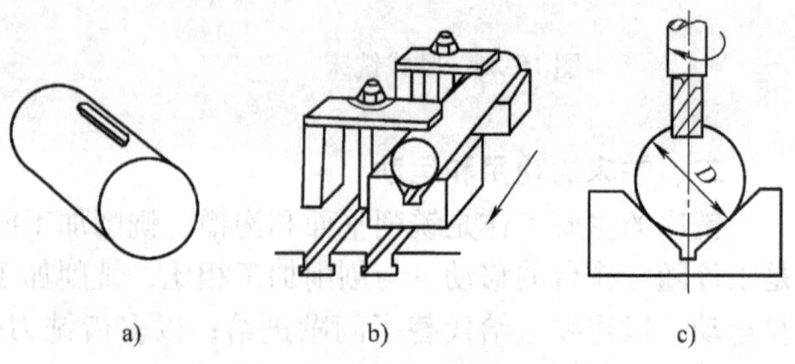

图 16-31 铣键槽

a）轴 b）装夹 c）铣削

表面粗糙度参数 R_a 为6.3～1.6μm。由于铣床的结构复杂，铣刀的制造和刃磨困难，因而铣削加工成本高于刨削加工。

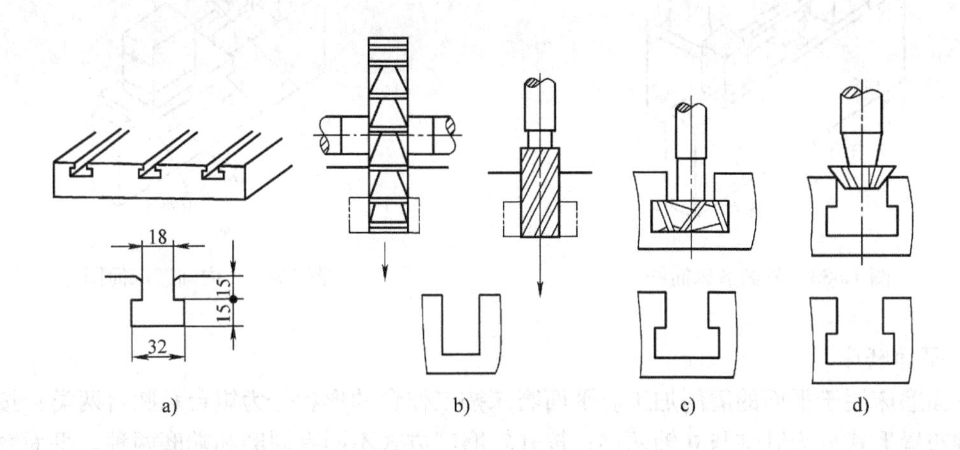

图16-32　铣T形槽

a）T形槽　b）先铣直沟槽　c）次铣底槽　d）最后槽口倒角

第六节　磨　　床

磨床是用砂轮进行磨削加工的机床，它是机器零件精密加工的主要设备之一，可以加工其他机床不能加工或很难加工的高硬度材料。磨床的种类很多，目前生产中应用最多的是外圆磨床、内圆磨床、平面磨床、无心磨床和工具磨床等。

一、磨床的类型和组成

1. 外圆磨床

在外圆磨床中以普通外圆磨床和万能外圆磨床应用最广。普通外圆磨床主要用于磨削外圆柱面、外圆锥面及台阶端面等，由砂轮架、头架、尾座、工作台及床身等部件组成，如图16-33所示。砂轮装在砂轮架主轴的前端，由单独的电动机驱动作高速旋转主运动。工件装夹在头架及尾座顶尖之间，由头架主轴带动作圆周进给运动。头架与尾座均装在工作台上，工作台由液压传动系统带动沿床身导轨作轴向（纵向）往复直线进给运动。砂轮架可以通过液压系统或横向进给手轮使其作机动或手动横向进给。为了磨削外圆锥面，工作台由上下两部分组成，上层工作台可在水平面内摆动±8°。

2. 内圆磨床

内圆磨床用于磨削各种圆柱孔和圆锥孔，如图16-34所示。内圆磨床主要由头架、砂轮架、工作台、滑鞍和内磨头、床身等部件组成。头架固定在床身上，工件装夹在头架主轴前端的卡盘中，由头架主轴带动作圆周进给运动。砂轮安装在砂轮架中的内磨头主轴上，单独由电动机直接驱动作高速旋转主运动。砂轮架安装在滑鞍上，当工作台由液压传动系统带动作往复直线运动一次后，砂轮架作横向进给。为了便于磨削锥孔，头架还可以绕垂直轴线转动一定角度。

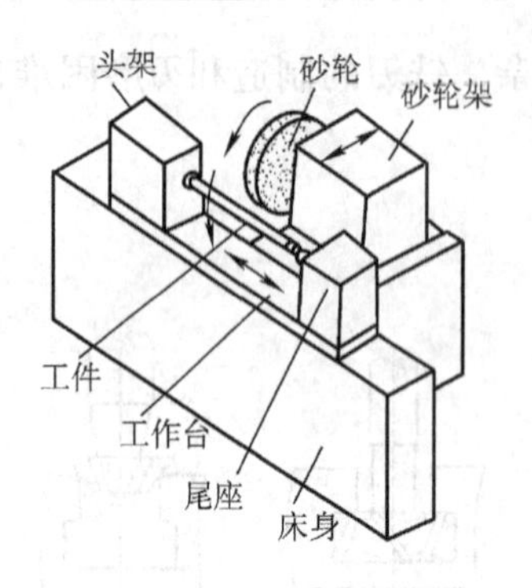

图 16-33　外圆磨床简图

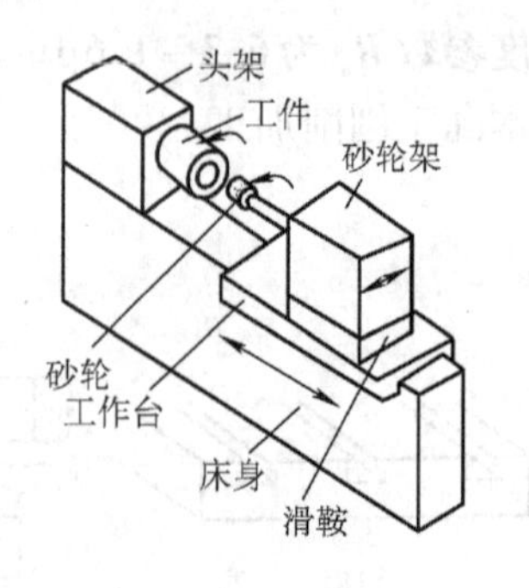

图 16-34　内圆磨床简图

3. 平面磨床

平面磨床用于平面的磨削加工。平面磨床按工作台的形状分为矩台和圆台两类；按砂轮架主轴布置形式分为卧轴与立轴两类；按砂轮磨削方式不同有周磨和端磨两种。平面磨床主要用来对各种零件的平面作精加工。常用的平面磨床有卧轴矩台平面磨床及立轴圆台平面磨床。

（1）卧轴矩台平面磨床　图 16-35 所示为卧轴矩台平面磨床。卧轴矩台平面磨床的砂轮轴处于水平位置，磨削时砂轮的周边与工件的表面接触，磨床的工作台为矩形。

卧轴矩台平面磨床主要由砂轮架、立柱、工作台及床身等部件组成。砂轮安装在砂轮架的主轴上，砂轮主轴由电动机直接驱动。主轴高速旋转为主运动；砂轮架沿燕尾形导轨移动实现周期性横向进给；砂轮架沿立柱导轨移动实现周期性的垂直进给；工件一般直接放置在电磁工作台上，靠电磁铁的吸力把工件吸紧；电磁吸盘随机床工作台一起安装在床身上，沿床身导轨作纵向往复进给运动。磨床的纵向往复运动和砂轮架的横向周期进给运动一般都采用液压传动，砂轮架的垂直进给运动通常用手动。为了减轻操作者的劳动强度和节省辅助时间，磨床还备有快速升降机构。

卧轴矩台平面磨床的加工范围较广，除了磨削水平面外，还可以用砂轮的端面磨削沟槽、台阶面等。磨削加工的尺寸精度较高，表面粗糙度值较小。

（2）立轴圆台平面磨床　图 16-36 所示为立轴圆台平面磨床。立轴圆台平面磨床的砂轮轴处于垂直位置，磨床的工作台为圆形，由砂轮的端面进行磨削。

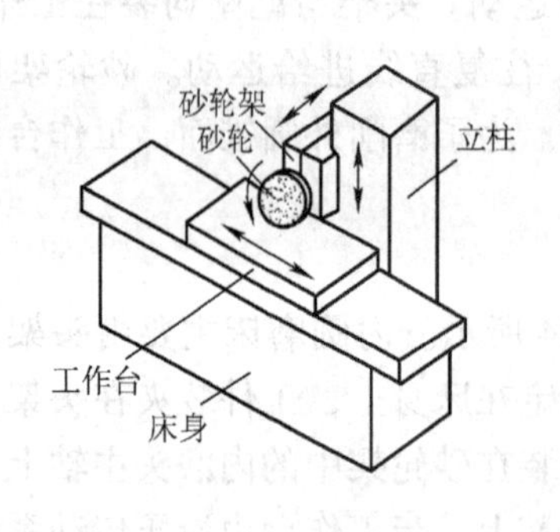

图 16-35　卧轴矩台平面磨床

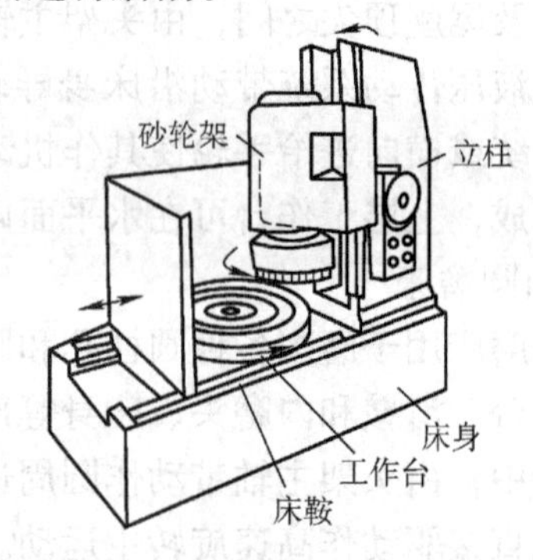

图 16-36　立轴圆台平面磨床

立轴圆台平面磨床主要由砂轮架、立柱、工作台及床鞍等部件组成。圆形工作台装在床鞍上，它除了作旋转运动实现圆周进给外，还可随同床鞍一起沿床身导轨快速趋进或退离砂轮，以便装卸工件；砂轮架可沿立柱导轨移动实现砂轮的垂直周期进给，还可作垂直快速调整以适应磨削不同高度工件的需要；砂轮的高速旋转为主运动。

立轴圆台平面磨床采用端面磨削，圆工作台的旋转为圆周进给运动，砂轮与工件的接触面积大。由于连续磨削时没有卧轴矩台平面磨床工作台的换向时间损失，故生产效率较高，但尺寸精度较低，表面粗糙度值较大，工艺范围也比较窄。立轴圆台平面磨床常在成批、大量生产中磨削一般精度的工件或粗磨铸、锻毛坯件。

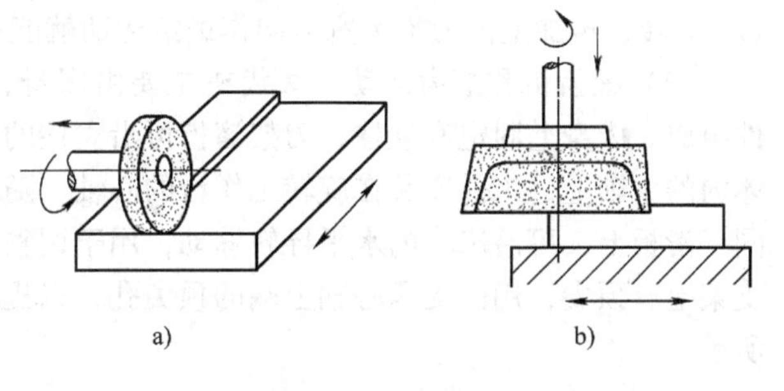

图 16-37　平面磨削
a）周边磨削　b）端面磨削

二、磨床的功用和运动

磨床可用来磨削各种内、外圆柱面，内、外圆锥面，平面，成形表面等，它是以砂轮回转主运动和各项进给运动作为成形运动的。图 16-37 所示为平面磨削，图 16-38 所示为外圆磨削，图 16-39 所示为外圆锥面磨削，其中，主运动均为砂轮的高速旋转运动；进给运动分别为工件的圆周运动、工件的纵向运动和砂轮的横向运动。

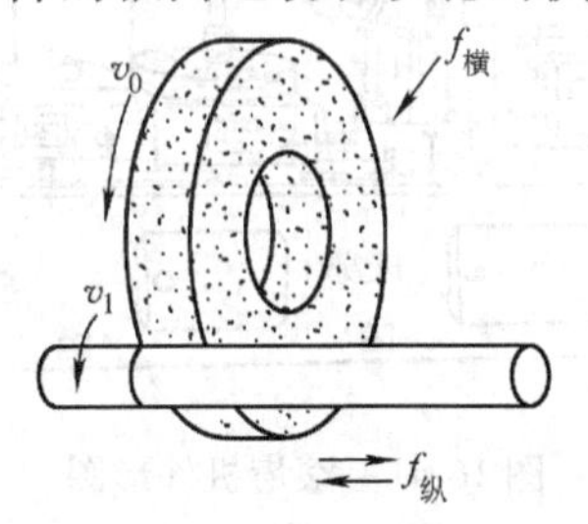

图 16-38　外圆磨削

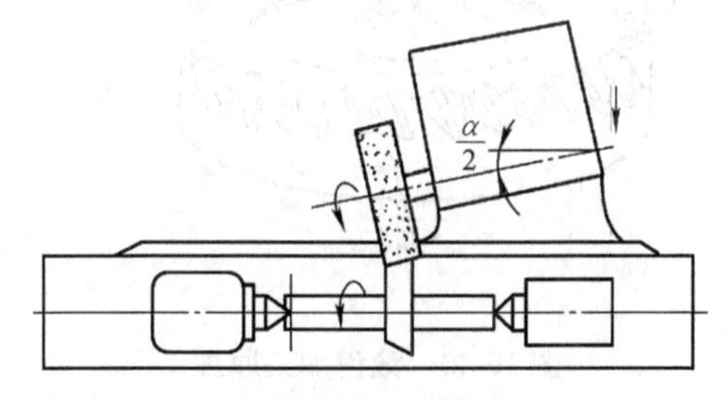

图 16-39　外圆锥面磨削

第七节　齿轮加工设备

一、圆柱齿轮齿形的加工

齿形加工的方法很多，按加工过程中有无切屑，可分为有切屑加工和无切屑加工。无切屑加工是近年来发展起来的一种新工艺，具有广阔的发展前景。目前有切屑加工仍是齿形加工的主要方法。根据加工原理，齿形加工又可分为仿形法和展成法两种。仿形法是在卧式铣床上利用刀刃形状和齿槽形状相同的齿轮铣刀来切制齿形；展成法（滚齿、插齿、剃齿、形齿）是根据齿轮啮合原理，在专用机床上利用刀具和工件间具有严格传动比的相对运动来切制齿形。

渐开线圆柱齿轮的加工精度共有 12 个等级，其中 1 级精度最高，12 级精度最低，应用最多的是 6 ~9 级。

1. 滚齿

（1）滚齿加工原理　滚齿是根据展成法原理，用齿轮滚刀加工齿形的一种方法。齿轮滚刀的形状与蜗杆相似，它是在蜗杆的基础上开槽，铲齿后形成刀齿的，并将每个刀齿都磨成一定的前角和后角，经淬硬后形成具有切削刃的刀具。用滚刀加工齿轮的过程，相当于蜗杆传动的过程，齿轮滚刀相当于头数极少的蜗杆（通常 $z=1$）。滚齿时只要滚刀与齿坯转速能保持相啮合的运动关系，即当滚刀的头数为 z、工件的齿数为 k 时，滚刀转一转，齿坯转过 z/k 转，再加上滚刀沿齿宽方向作进给运动就能完成整个切齿工作，如图 16-40 所示。

（2）滚齿机和滚齿运动　滚齿机主要由床身、立柱、刀架溜板、后立柱、工作台等部件组成。床身上固定有立柱，刀架溜板可沿立柱的导轨作垂直移动。滚刀用刀杆安装在刀架体内的主轴上，工件安装在旋转工作台的心轴上随同工作台一起回转。后立柱和工作台装在同一滑板上，可沿床身的水平导轨移动，用于调整工件的径向位置或径向进给运动。后立柱支架上有顶尖，用以支承心轴上端的顶尖孔，以提高心轴的刚度。滚齿机的外形如图 16-41 所示。

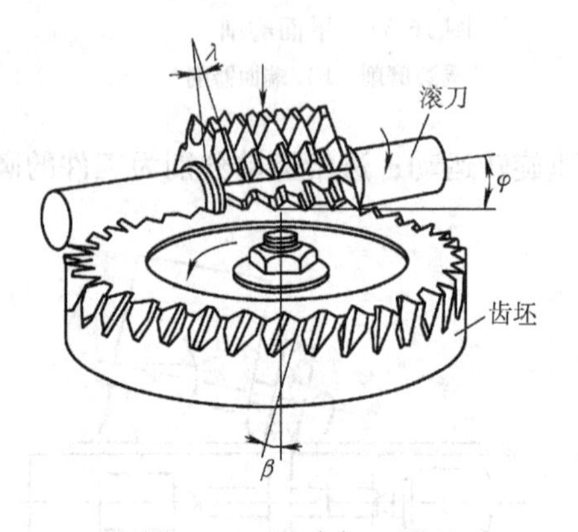

图 16-40　滚齿加工原理

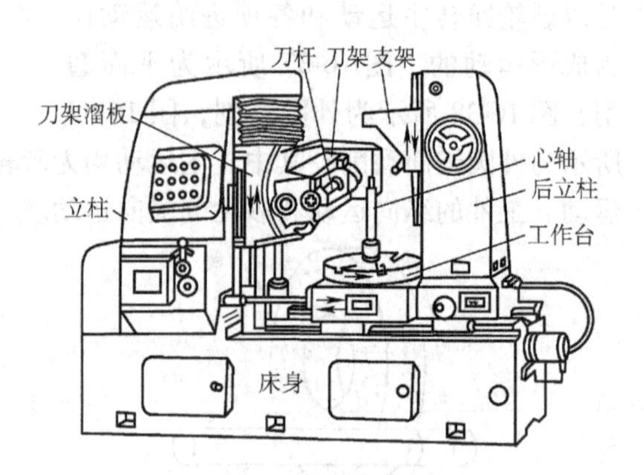

图 16-41　滚齿机外形图

滚齿时，滚刀的旋转运动为主运动，滚刀与齿坯之间的啮合运动为展成运动，再加上滚刀沿工件轴向的进给运动即构成滚齿成形的基本运动。

（3）滚齿加工的特点及应用　滚齿为连续分齿切削，同时在切削过程中无空回程，所以，在一般情况下滚齿生产效率高于铣齿和插齿，其加工精度一般可达 6～10 级，常用于加工直齿、斜齿圆柱齿轮及蜗轮，但不能加工内齿轮及齿轮间距太近的多联齿轮。

2. 插齿

（1）插齿加工原理和插齿刀　插齿也是根据展成法原理，用插齿刀在插齿机上加工齿形的一种方法，其加工原理如图 16-42 所示。加工时插齿刀与相啮合的齿坯之间按恒定的传动比 $i=n_w/n_o=z_o/z_w$ 回转（n_o、n_w 分别为插齿刀及工件的转速，z_o、z_w 分别为插齿刀及工件的齿数）。插齿刀沿工件齿宽方向作往复切削运动，从而插出齿形。插齿刀实质上是一个在端面磨有前角 γ_o，齿顶及齿侧均磨有后角 α_o 的“齿轮”。

（2）插齿机和插齿运动　插齿机主要由床身、立柱、主轴及工作台等部件组成。床身上固定有立柱，插齿刀装在主轴上，工件安装在回转工作台上，回转工作台下面的横向滑板可沿床身导轨作径向切入进给运动及快速接近或退出运动。

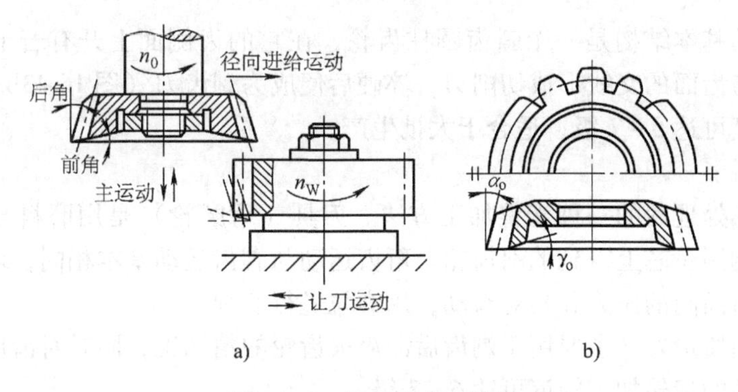

图 16-42　插齿原理和插齿刀

a）插齿加工原理　b）插齿刀

插齿时，插齿刀沿着齿宽方向的往复切削运动为主运动；在插齿刀转过一个齿时，工件也准确地转过一齿；为了切出齿轮的全齿高，插齿刀还要向齿轮坯的中心作径向进给运动；插齿刀向上作回程运动时，工件相对插齿刀作让刀运动，以免擦伤已加工齿面。

（3）插齿加工的特点及应用　同一模数的插齿刀可以加工各种齿数的齿轮，生产效率高于铣齿而低于滚齿。插齿的加工精度略高于滚齿，可达 7 ~ 9 级，常用于加工内、外直齿圆柱齿轮和多联齿轮，加上附件还可以加工齿条及斜齿轮等。

二、齿轮齿形的精加工

为了获得高精度齿轮，用滚齿、插齿等方法加工后还需进行齿轮齿形的精加工。常用的齿轮齿形的精加工方法有剃齿、珩齿和磨齿等。

1. 剃齿

剃齿是由剃齿刀在剃齿机上对未淬火齿轮进行精加工的一种齿形加工方法（图16-43a）。剃齿刀与被加工齿轮的轴线在空间交叉成一个角度，这个角度就是剃齿刀的螺旋角β。当剃齿刀旋转时，啮合点 A 的圆周速度 v_A 可以分解为两个分速度：一个是切向分速度 v_{An}，它带动工件作旋转运动；另一个是轴向分速度 v_{At}，它使得两个啮合齿产生相对滑移，v_{At} 为剃削速度。为了能沿齿轮全宽进行剃削，工件由工作台带动作往复直线运动，工作台往复行程终了时，工件还要对剃齿刀作垂直进给，以便从齿面上剃去 0.007 ~ 0.08mm 的金属层。

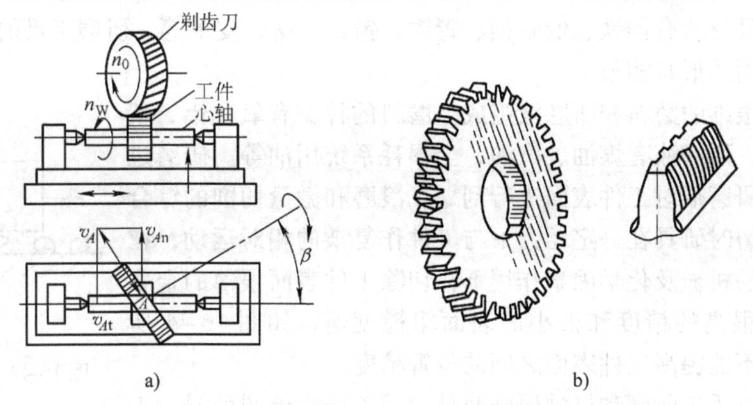

图 16-43　剃齿运动及剃齿刀

a）剃齿运动　b）剃齿刀

盘形剃齿刀的基本结构是一个斜齿圆柱齿轮，在它的齿侧面上开有若干个狭窄的容屑槽。这些容屑槽与齿面的交线形成切削刃，淬硬后便成为剃齿刀（图16-43b）。

剃齿加工精度可达5~7级，适合于大批生产。

2. 珩齿

珩齿是齿轮热处理后的一种光整加工方法。刀具（珩磨轮）是用磨料与环氧树脂等材料浇铸或热压在钢制轮芯上得到的斜齿轮。珩齿运动与剃齿运动基本相同，珩磨轮在与工件的自由传动中靠齿面间的压力和相对滑动，用磨粒进行切削。

珩磨加工表面质量好，主要用于剃齿后需淬火齿轮的精加工，同时对齿形的预加工有较高的要求。珩磨后的齿轮加工精度可达6~7级。

3. 磨齿

磨齿是齿轮的一种精加工方法。磨齿对齿轮误差或热处理变形具有较强的修正能力，齿轮表面加工精度可达3~7级。

生产中常用的锥形砂轮和碟形砂轮磨齿法都是利用齿条与齿轮的啮合原理进行磨齿的。其中碟形砂轮刚性较差、切削深度小、生产率较低，但磨削精度高，适用于单件小批磨制高精度的直、斜齿圆柱齿轮。

第八节 精密加工简介

精密加工在当前机电设备制造技术中占有十分重要的地位。所谓精密加工是指在一定发展时期相对而言的，加工精度和表面质量都达到较高程度的加工。

一、光整加工

光整加工是指精加工后，对工件表面不切除或切除极薄金属层，从而使工件获得很高的表面质量（表面粗糙度 R_a 为0.2μm以下）或强化其表面的加工，如研磨、珩磨、超级光磨、抛光和滚压等。

1. 研磨

研磨是指用研磨工具和研磨剂从工件上研去一层极薄金属的精加工方法。研磨工具一般都采用比工件软的材料制成，以便部分磨粒在研磨中嵌入研磨工具表面，对工件进行研磨。常用的研磨工具材料有铸铁、低碳钢、青铜、铅、木材、皮革等。研磨工具的表面形状应与被研磨工件表面的形状相似。

研磨剂由很细的磨料和研磨液组成。磨料的种类有氧化铝、碳化硅等细颗粒，研磨液有煤油、汽油、全损耗系统用油等。研磨过程实质上是用研磨剂对工件表面进行刮划、滚磨和微量切削的综合加工过程。研磨时研具在一定压力下与工件作复杂的相对运动，在磨料或研磨剂的机械及化学因素作用下，切除工件表面很薄的金属层，从而得到很高的精度和很小的表面粗糙度值，如图16-44所示。研磨一般不能提高工件表面之间的位置精度。

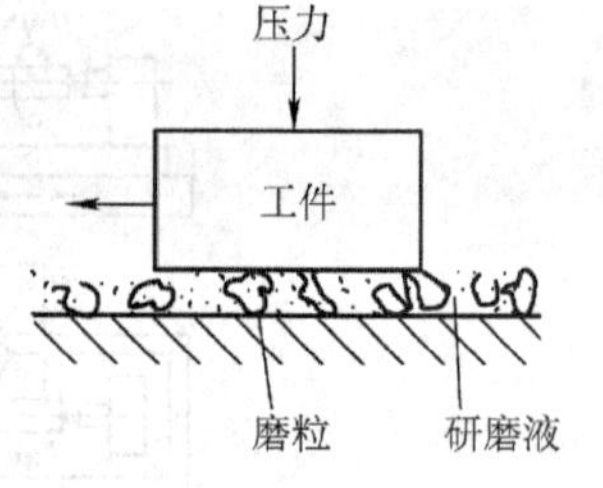

图16-44 研磨示意图

研磨方法有手工研磨和机械研磨两种。手工研磨外圆面时，工件装夹在车床上作低速旋转运动（图16-45），研具套在工件上，手持研具并加少许压力，使研具与工件表面均匀接触，研具沿轴向往复移动进行研磨。手工研磨适合于单件小批量生产。图16-46所示为机械研磨滚柱零件，研具由铸铁制成的上下两个研磨盘1、2组成，工件3斜置于夹盘4的空格内。研磨时，通过加压杆6在上研磨盘上加工作压力，下研磨盘旋转，同时由偏心轴5带动夹盘作偏心运动，使工件具有滚动与滑动两种运动。研磨作用的强弱主要取决于工件与研磨盘的相对滑动速度的大小，同时研磨质量在很大程度上取决于前一道工序的加工质量。

研磨设备简单，成本低，操作方法简便，容易保证质量，但生产率较低。研磨应用范围很广，常见的表面如平面、圆柱面、圆锥面、螺纹、齿轮等都可用研磨进行光整加工。另外，对于精密零件的配合面以及密封件的密封面等，采用研磨是最好的光整加工方法。

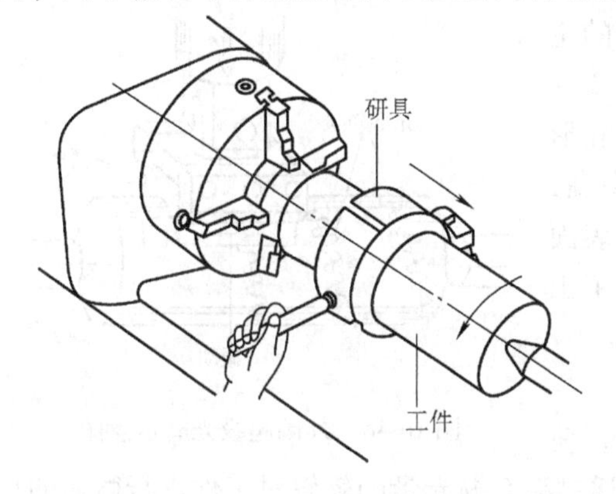

图16-45　手工研磨

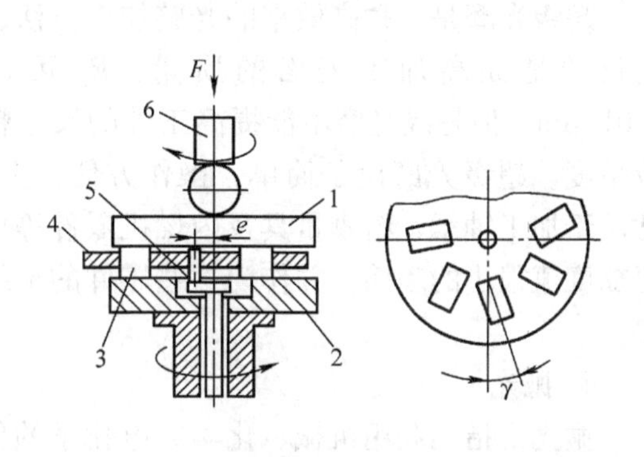

图16-46　机械研磨

2. 珩磨

珩磨是利用珩磨头对孔进行光整加工的方法，如图16-47所示。珩磨时，珩磨头由机床主轴带动，在低速旋转的同时作上下往复运动，珩磨头上装有若干磨条，以一定压力压在工件被加工表面上，在珩磨头运动时，磨条便从工件上切去极薄的一层金属。磨条在工件表面上的切削轨迹是交叉而不重复的网纹。

珩磨时应加入大量切削液，以进行冷却润滑，降低切削温度，并冲走破碎的磨粒和磨屑。一般珩磨用煤油加少量全系统损耗用油作切削液。珩磨具有以下特点：

1）珩磨可提高孔的表面质量、尺寸和形状精度，但是因为珩磨头与主轴是浮动连接，故珩磨不能提高孔的位置精度。

2）珩磨表面有交叉网纹，有利于形成油膜，润滑性能好，工件耐磨损。

3）历磨过程中同时工作的磨条较多，生产率高。磨条切削方向经常变化，能较长时间保持磨条锋利。

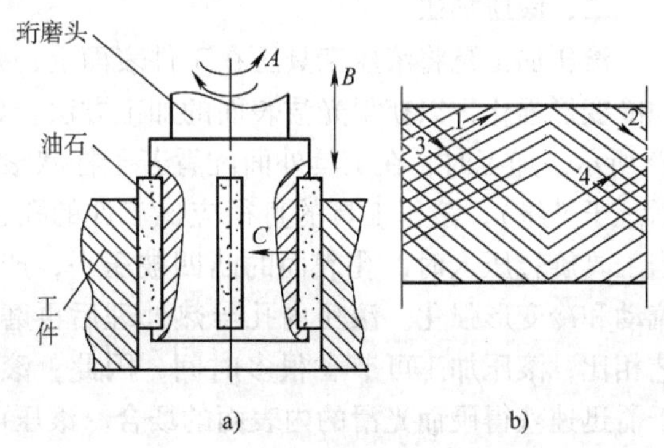

图16-47　珩磨及其运动轨迹
a）珩磨原理　b）珩磨轨迹

4）珩磨不宜加工塑性高的非铁金属，因为这些非铁金属珩磨时常常堵塞磨条，降低磨削效率和加工质量。

珩磨主要用于孔的光整加工，其尺寸精度可达 IT6 ~ IT4，表面粗糙度 R_a 为 0.2 ~ 0.05μm，主要用于大批量加工油缸筒、气缸等工件。

3. 超级光磨

超级光磨是用极细磨粒的油石进行光磨的一种光整加工方法，又称超精加工。超级光磨外圆面如图 16-48 所示。加工时，工件作旋转运动，装有油石条的磨头以一定的压力压在工件表面上，磨头作往复运动，并沿工件轴线作缓慢的进给运动，从而磨去工件表面的微观凸峰。加工时油石条与工件之间加切削液，以清除磨屑并形成油膜。切削液一般为煤油加锭子油。

超级光磨是一种高效率的光整加工方法，它的主要目的是提高加工表面的质量，R_a 可达 0.2 ~ 0.012μm，但超级光磨不能提高工件的尺寸精度和形位精度。超级光磨设备简单，操作方便，生产率高，常用于加工轴承、精密量具及内燃机零件等要求表面粗糙度值很小的表面，并作为这些零件的最终加工工序。

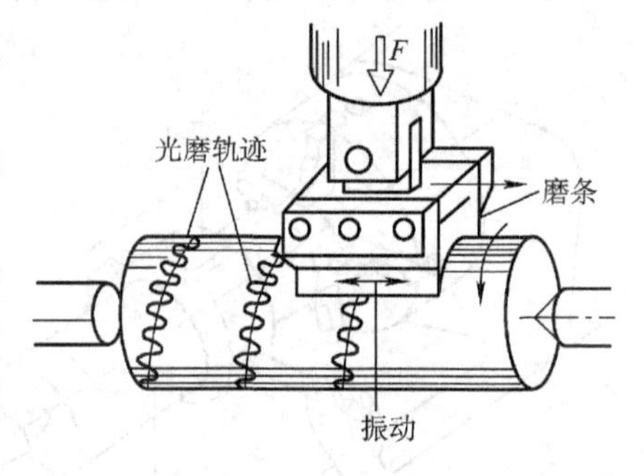

图 16-48 外圆超级光磨示意图

4. 抛光

抛光是指用利用机械、化学或电化学的作用，使工件获得光亮平整表面的光整加工方法。抛光时通过涂有抛光膏的软轮对工件进行微弱的切削，以降低工件表面粗糙度值，提高其光亮度。软轮是用皮革、毛毡、帆布等材料叠制而成的，具有一定的弹性。抛光膏用磨料与油脂（包括硬脂酸、石油、煤油等）调制而成。抛光时将工件压在软轮上，抛光轮高速旋转，靠抛光膏的机械刮擦和化学作用去掉表面上的凸凹不平。通过抛光加工，工件的表面粗糙度 R_a 可达 0.1 ~ 0.012μm。

抛光后的工件表面非常光洁，但抛光不能提高工件的尺寸精度和形状精度。抛光主要用作表面的修饰加工及电镀前的预加工。

二、滚压加工

滚压加工是将滚压工具压在工件表面上，并沿工件表面移动，使工件表面产生塑性变形和冷变形强化，以获得光洁表面的加工方法，如图 16-49 所示。加工时，在工具外面配置若干柱状滚子（包括滚子外缘），滚压工具的直径应比工件的孔径稍大。当工具旋转压入时，孔表面的凸凹被压平，产生塑性流动和冷变形强化。滚压内孔与热处理后再磨孔的工艺相比，滚压加工可节省很多时间，因此，滚压常用于需迅速获得硬而光滑的内表面的场合。滚压可用于轴的外圆柱面、孔表面加工。

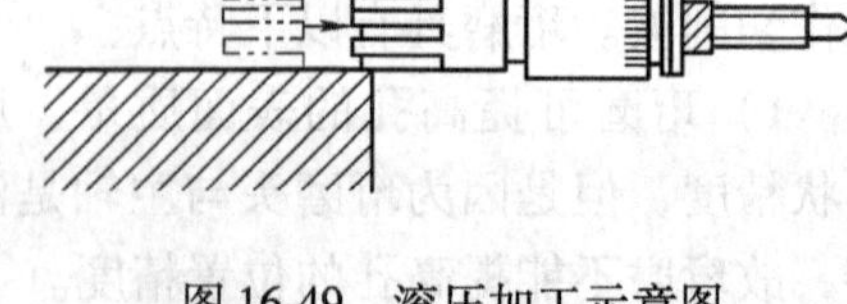
图 16-49 滚压加工示意图

第九节 切削加工零件的结构工艺性

切削加工零件的结构工艺性是指零件进行切削加工的难易程度。所设计的零件应在满足使用性能要求的前提下，尽量作到使切削加工（车、铣、刨、钻、磨等）具有可行性和经济性。因为在整个制造过程中，切削加工是目前用来获得零件最后尺寸、形状和精度的主要方法，因此，合理分析零件结构的切削加工工艺性就显得特别重要。

确定零件结构切削加工工艺性一般原则是：

（1）工件便于装夹　切削加工时，工件应在机床上便于装夹，并使其安装稳定。

（2）减少工件装夹次数　切削加工时，减少工件的装夹次数有利于提高切削效率和保证一次装夹中各加工表面的位置精度。如图 16-50a 所示零件的不通孔若改成通孔，孔加工可以在一次装夹中完成；如图 16-50b 所示台阶轴的键槽如位于同一侧，便可在一次装夹中全部铣削出。

（3）减少刀具调整次数　减少刀具调整次数有利于提高生产率。

（4）减少刀具种类　设计时应使零件尺寸要尽量适合标准刀具的尺寸并减少刀具的种类，以利于提高切削加工的效率和降低加工成本。

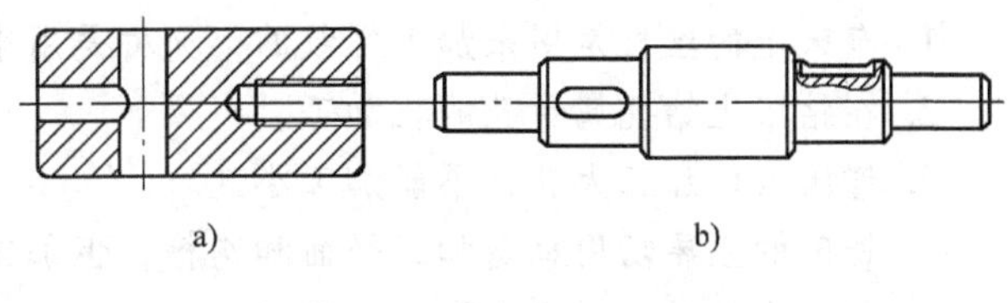

图 16-50　装夹次数示例

a）交插孔零件　b）阶梯轴零件

（5）工件应便于进刀与退刀　如图 16-51 所示的零件既未设计螺纹退刀槽（*A* 处），又未设计表面过渡部位的砂轮越程槽（*B*、*C* 处），所以这两种结构不合理。

（6）增强刀具刚度　增强刀具的刚度有利于提高加工精度，减少变形。如图 16-52a 所示的零件需用加长钻头钻孔，使钻头刚度变差，另外螺纹刀具（丝锥）长度也不够。如图 16-52b 所示的零件钻孔时须从斜边切入，单边切削容易使钻头变形甚至折断，因此孔端面应与钻头轴线垂直。

（7）减少加工面的数量及面积。

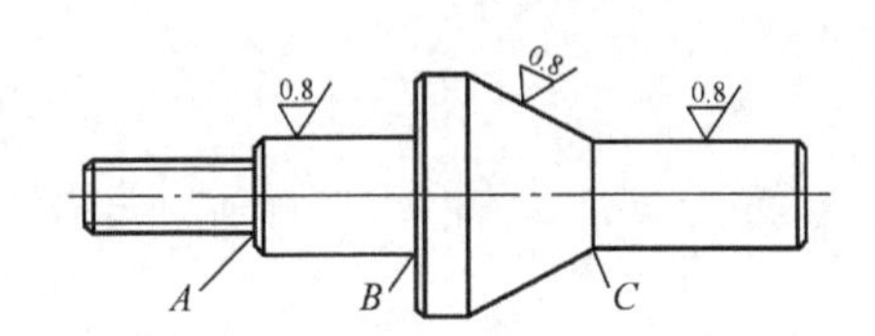

图 16-51　不合理的零件结构

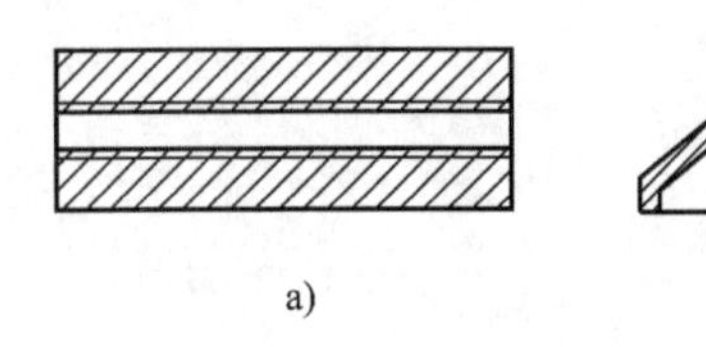

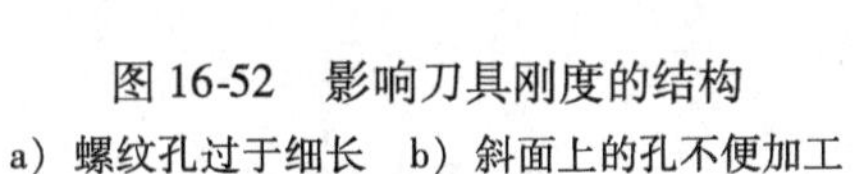

图 16-52　影响刀具刚度的结构

a）螺纹孔过于细长　b）斜面上的孔不便加工

【小结】　本章主要介绍了机械加工中常用的切削机床的分类、组成、切削运动特点、切削加工结构工艺性及精密加工方法等内容。在学习之后：第一，要熟悉各类常用机床的代号、基本功能和特性；第二，了解各类机床的基本组成和切削运动特点；第三，要了解各类表面切削加工方法的特点，尤其是外圆表面和圆锥表面的车削加工要作为重点内容认真学习；第四，要了解零件结构切削加工工艺性的一般原则，要学会灵活运用，并且结合实习中遇到的工件进行综合分析。

练　习　题（16）

一、填空题

1. 常用的卧式车床附件有__________、__________、__________、__________、__________、__________、__________和__________等。

2. 生产中常用的钻床有________、________和________三种。

3. 镗床主要是对那些精度、位置度要求较高的________和________进行切削加工。

4. 刨床和插床属于同一类机床，其共同特点是：主运动是________，进给运动是________。

5. 铣床的主要功用是________，其主运动是________，进给运动是________。

6. 齿轮轮齿的加工方法有________和________两种，其中________应用较多。

二、判断题

1. 车床上的丝杠是用来加工螺纹的，光杠是用来进刀的。 ( )

2. 在钻床上钻孔属于孔的粗加工。 ( )

3. 镗床只能加工大孔，不能加工小孔。 ( )

4. 铣床的主要功用也是加工平面和沟槽，但加工效率不如刨床。 ( )

5. 加工齿轮时，插齿比滚齿效率高。 ( )

三、解释下列机床型号的含义

1. C6132 2. Z5135 3. Z3040 4. T6113 5. B6050 6. X6132 7. X5040

四、简答题

1. 车床的主要功用是什么？

2. 铣床的主要功用有哪些？为什么它比刨床生产效率高？

3. 试比较刨削和铣削平面的工艺特点及应用场合。

第十七章　特种加工简介

第一节　特种加工概述

对于超精密加工、难切削材料加工、超小型零件加工等，传统的切削加工方法已远远不能满足要求，因此需要使用特种加工技术来解决上述问题。所谓特种加工是将电能、磁能、化学能、光能、声能、热能等或其组合施加在工件的被加工部位上，从而使材料被去除、变形、改变性能或被镀盖的非传统的加工方法。特种加工方法是现代科学技术与切削加工相互结合的新型加工方法。

一、特种加工的特点

特种加工与传统的机械加工方法相比，具有以下特点：

1）“以柔克刚”，即加工工具材料的硬度可低于被加工工件材料的硬度。某些特种加工的工具与被加工零件基本不接触，加工时不受工件强度和硬度的限制，可加工超硬脆材料和精密微细零件。

2）不存在切削力。由于加工时主要用电能、化学能、电化学能、声能、光能、热能等去除工件的多余材料，而不是主要靠机械能量切除多余材料，故加工过程不存在切削力。

3）不产生宏观切屑，不产生强烈的弹性和塑性变形，故可获得较好的表面粗糙度，其加工后的残余应力、冷变形强化、热影响等也远比一般切削加工小。

4）加工能量易于控制和转换，加工范围广，适应性强。

由于特种加工具有传统的机械加工无法比拟的优点，因此它已成为机械制造中一个新的重要领域，在现代加工技术中占有越来越重要的地位。

二、特种加工的分类

特种加工一般都按所利用的能量形式进行分类：

特种加工
- 电能、热能——电火花加工、电子束加工、等离子弧加工
- 电能、机械能——离子束加工
- 电能、化学能——电解加工、电解抛光
- 电能、化学能、机械能——电解磨削、电解珩磨、阳极机械磨削
- 光能、热能——激光加工
- 化学能——化学加工、化学抛光
- 声能、机械能——超声波加工
- 机械能——磨料喷射加工、磨料流加工、液体喷射加工

将两种以上的不同能量和加工方法结合在一起，可以取长补短，获得很好的加工效果。近年来一些新的复合加工方法正在不断涌现，并且其技术也日趋完善和成熟。

第二节 特种加工方法简介

一、电火花加工

电火花加工是指在一定介质中，通过工具电极和工件电极之间脉冲放电的电蚀作用，对工件进行加工的方法，又称电蚀加工。

1. 电火花加工的基本原理

其加工原理如图 17-1 所示，加工时，将工具电极和被加工工件放入绝缘液体介质中，在两者之间加上 100V 左右的直流电压，因为工具电极和工件电极的微观表面不是完全光滑的，存在着许多凹凸不平，所以当两者逐渐接近、间隙变小时，在工具电极和工件表面的某些微小区域，电场强度急剧增大，引起绝缘液体的局部电离，从而通过这些间隙发生火花放电。

电火花加工时，火花的温度高达 5000 ~ 12000℃，在火花发生的微小区域（称为放电点）内，工件材料被熔化和汽化，同时该处的绝缘液体也被局部加热，急速地汽化，体积发生膨胀，随之产生很高的压力。在这种高压力的作用下，已经熔化、汽化的材料就从工件的表面迅速地被除去。每次放电后工件表面上都会产生微小的放电痕，这些放电痕的大量积累就实现了工件的加工。最终工具电极的形状相当精确地被"复印"在工件上，从而完成加工。

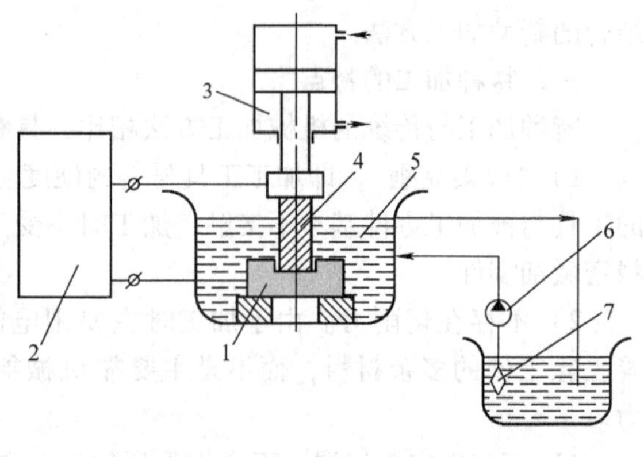

图 17-1 电火花加工原理

1—工件电极 2—脉冲电源 3—间隙自动调节器 4—工具电极 5—液体介质 6—液压泵 7—过滤器

电火花加工具有放电间隙小、温度高、放电点电流密度大等特点。生产中可以通过控制极性和脉冲的长短（放电持续时间的长短）控制加工过程。

2. 电火花加工的特点及应用

电火花加工的适应性强，可以加工任何硬、脆、韧、软、高熔点的导电材料；加工时"无切削力"，工件装夹十分方便；当脉冲宽度不大时，对整个工件而言，几乎没有热变形的影响，因此可以提高加工后的表面质量；电火花加工的脉冲参数可以任意调节，因此在一台电火花加工机床上可以连续进行粗加工、半精加工和精加工。

电火花加工适用于加工圆孔、方孔、多边形孔、异形孔等型孔；适合于加工各类锻模、压铸模、复合模、挤压模、塑料模等型腔；适合于加工叶轮、叶片等各种曲面；适合于切断、切割各类复杂的工件；还可以进行工件表面强化，如表面涂覆特殊材料等。

二、电解加工

电解加工是利用金属工件在电解液中所产生的阳极溶解作用而进行的加工方法，又称电化学加工。电解加工是继电火花加工之后发展较快、应用较广的一种新工艺，生产效率比电火花加工高 5 ~ 10 倍。

1. 电解加工的基本原理

电解加工原理如图 17-2 所示，在工件和工具电极之间接上低电压（6～24V）、大电流（500～20000A）的稳压直流电源，工件接正极（阳极），工具接负极（阴极），两者之间保持较小的间隙（通常为 0.02～0.7mm），在间隙中间通过高速流动的导电电解液。当工件和工具之间施加一定的电压时，工件（阳极）表面的金属就逐渐地按阴极工具型面的形状溶解，溶解的产物被高速流动的电解液不断冲走，使阳极溶解能够连续进行。

电解加工开始时，工件的形状与工具阴极形状不同，工件上各点距工具表面的距离不相等，因而各点的电流密度不一样，距离近的地方电流密度大，阳极溶解的速度快；距离远的地方电流密度小，阳极溶解的速度慢，这样，当工具不断进给时，工件表面上的各点就以不同的溶解速度进行溶解，工件的型面就逐渐地接近于工具阴极的型面。加工完毕时，即得到与工具型面相似的工件型面。

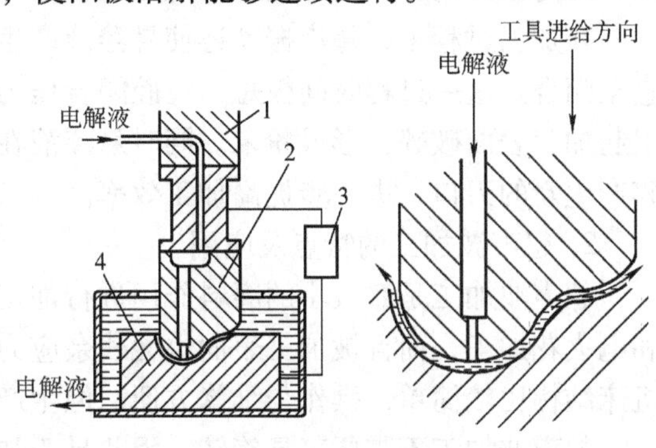

图 17-2 电解加工原理

1—送进机构 2—工具电极 3—直流电源 4—工件

2. 电解加工的特点及应用

1）进给运动简单，加工速度快，可一次加工出形状复杂的型面或型腔。

2）能加工高硬度、高强度和高韧性的难切削材料，并且不产生加工毛刺。

3）工具电极无损耗，可长期使用，但工具电极的制造需要熟练的技术，一般采用纯铜、黄铜、不锈钢等材料。

4）电解加工中无机械力和切削热的作用，所以在加工面上不存在应力和变形。

5）由于影响电解加工的因素很多，故较难实现高精度的稳定加工。

6）电解液一般都有腐蚀性，电解产物有污染，因此对机床要采取防腐、防污染等措施。

电解加工主要用于加工各种形状复杂的型面，如汽轮机、航空发动机叶片；各种型腔模具，如锻模、冲压模；各种型孔、深孔，套料、膛线，如炮管、枪管内的来复线等；此外还可用于电解抛光、去毛刺、切割、雕刻和刻印。电解加工适用于成批和大量生产，多用于粗加工和半精加工。

三、超声波加工

超声波加工是利用工具作超声波振动，带动工件和工具间的磨料悬浮液冲击和抛磨工件被加工部位，使工件局部材料破碎成粉末，以进行穿孔、切割和研磨等加工的方法。超声波是指频率超过 20kHz 的振动波，其能量远比普通声波大。超声波加工的实质是利用其能量对工件进行成形加工。

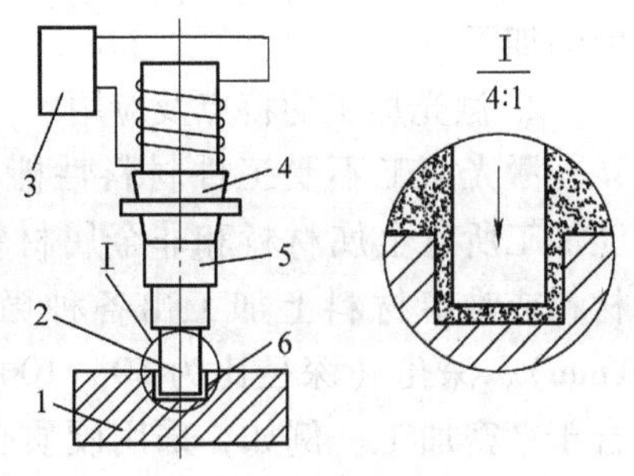

图 17-3 超声波加工原理

1—工件 2—工具 3—超声波发生器 4—换能器 5—变幅杆 6—磨料悬浮液

1. 超声波加工的基本原理

超声波加工的原理如图 17-3 所示。加工时在工具和工件之间注入液体（水或煤油等）和磨料混合的悬浮液，工具对工件保持一定的进给压力，并作高频振荡，频率为16～30kHz，振幅为0.01～0.05mm。磨料在工具的超声振荡作用下，以极高的速度不断地撞击工件表面，其冲击加速度可达重力加速度的一万倍左右，使材料在瞬时高压下产生局部破碎。由于悬浮液的高速搅动，又使磨料不断抛磨工件表面，随着悬浮液的循环流动，磨料不断得到更新，同时带走被粉碎下来的材料微粒。在加工过程中工具逐渐地伸入到工件中，最终工具的形状便“复印”在工件上。

在加工过程中，超声振动还使悬浮液产生空腔，空腔不断扩大直至破裂，或不断被压缩直至闭合。这一过程时间极短，空腔闭合压力可达几千个大气压，爆炸时可产生水压冲击，引起加工表面破碎，形成粉末。同时悬浮液在超声振动下，形成的冲击波还使钝化的磨料崩碎产生新的刃口，进一步提高加工效率。

2. 超声波加工的特点及应用

超声波加工是靠极小的磨料作用进行加工的，因此其加工精度较高，质量优于电解加工和电火花加工，而且被加工表面也无残余应力、组织改变及烧伤等现象。另外，超声波加工机床结构比较简单，操作与维修方便，但生产效率较低。

超声波加工不需要工具旋转，因此易于加工各种复杂形状的孔、型腔、成形表面等，可用于切割、雕刻、研磨、清洗、焊接和探伤等。超声波加工更适于加工硬脆材料，特别是不导电的非金属材料，如玻璃、陶瓷、石英、锗、硅、石墨、玛瑙、宝石、金刚石等。

四、激光加工

激光是一种能量高度集中、亮度高、方向性好、单色性好的相干光。激光加工是利用能量密度极高的激光束照射工件被加工部位，使材料瞬间熔化或蒸发，并在冲击波作用下将熔融物质喷射出去，从而实现对工件进行穿孔、蚀刻和切割，或采用较小的能量密度，使加工区域材料熔融粘合，对工件进行焊接加工的方法。

1. 激光加工的基本原理

激光加工的原理如图17-4所示。当激光工作物质2受到光泵3的激发后，会有少量激发粒子自发发射出光子，于是所有其他激发粒子受感应将产生受激发射，造成光放大。放大的光通过谐振腔7(由两个反射镜组成) 的反馈作用产生振荡，并从谐振腔的一端输出激光。激光通过透镜聚焦到工件6的待加工表面，由于聚焦区域很小、亮度高，其焦点处的功率密度可达10^{8}～10^{10}W/mm^{2}，温度可达10000℃以上，在此高温下，任何坚硬的材料都将瞬时急剧熔化和蒸发，并产生很强的冲击波，使熔化物质爆炸式地喷射出去，从而实现对所需表面的加工。

2. 激光加工的特点及应用

激光加工不受工件材料性能和加工形状的限制，能加工所有金属材料和非金属材料，特别是能在坚硬材料或难熔材料上加工出各种微孔（直径为0.01～1mm）、深孔（深径比为50～100）、窄缝等，并且适合于精密加工。例如，采用硬质合金材料制造的化纤喷丝头的直径为100mm，在喷丝头上可加工出12000个直径0.06mm的孔，再如对仪表中的宝石轴承打孔，对金刚石拉丝模具、火箭发动机和柴油机的喷油嘴等进行加工。

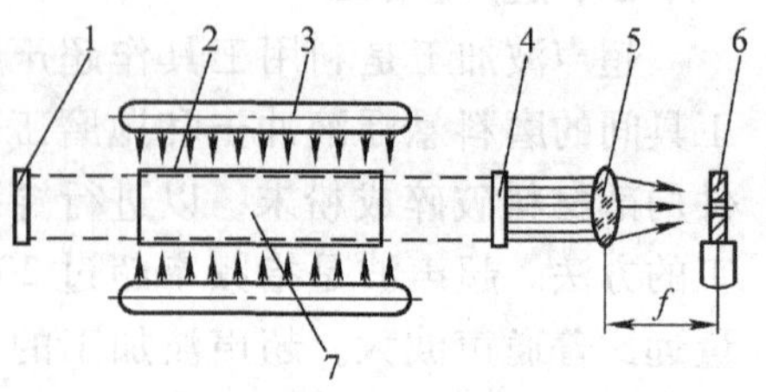

图17-4　激光加工原理

1—全反射镜　2—激光工作物质　3—光泵　4—部分反射镜　5—透镜　6—工件　7—谐振腔

激光加工具有速度快、效率高、热影响区小、工件几乎无变形的特点，如打一个孔只需0.001s，并且不使用任何工具，可以通过透明介质进行加工。与电子束、离子束加工相比，不需要高电压、真空环境及射线保护装置等。

激光还可用于切割和焊接。激光切割可以在任何方向上进行，切割时激光束与工件作相对移动，即可将工件分割开。激光焊接常用于微型工件的精密焊，并且能焊接各种金属与非金属材料。

五、电子束加工

电子束加工是在真空条件下，使电子枪中产生的电子经加速、聚集，形成高能量大密度的电子束并轰击工件被加工部位，使该部位的材料熔化和蒸发，从而进行加工，或利用电子束照射引起的化学变化进行加工的方法。

1. 电子束加工的基本原理

在真空条件下，阴极发射的电子束经加速阳极加速后，通过电磁透镜聚焦，能量密度高度集中，可以把1000W或更高的功率集中到直径为5～10μm的斑点上，获得高达10^9W/cm^{2}左右的功率密度。高速电子撞击工件材料时，因电子质量小、速度大，动能几乎全部转化为热能，使工件材料被冲击部分的温度在百万分之一秒的时间内升高到几千摄氏度以上，在热量还来不及向周围扩散时，就已把局部材料瞬时熔化、汽化，直到将材料蒸发去除。其工作原理如图17-5所示。

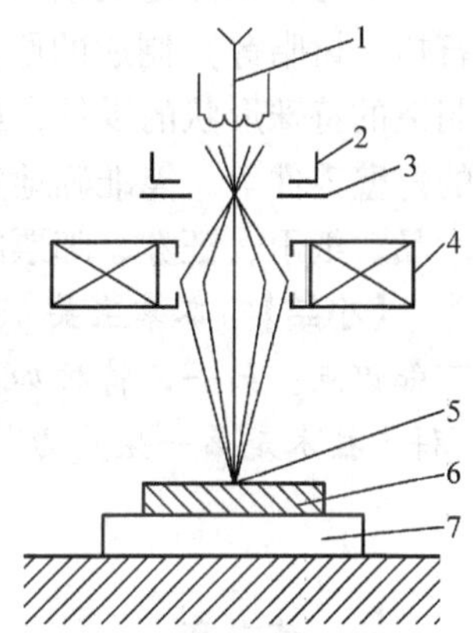

图17-5　电子束加工原理
1—电子枪　2—控制栅极
3—加速阳极　4—聚焦系统
5—集束斑点　6—工件
7—移动台

2. 电子束加工的特点及应用

电子束能量密度高、聚焦点范围小、加工速度快，电子束的强度和位置均可利用电、磁的方法直接控制，生产效率高。

电子束加工主要依靠瞬时蒸发过程进行加工，工件很少产生应力和变形，并且加工是在真空室内进行的，熔化时没有空气的氧化作用，所以加工点上化学纯度高。

电子束加工的适应范围广，各种金属和非金属都可以采用此方法进行加工，常用于加工精微深孔和窄缝，还用于焊接、切割、热处理、蚀刻等方面。

六、电铸加工

电铸加工是指在原模上电解沉积金属，然后分离，以制造或复制金属制品的加工方法。

1. 电铸加工的基本原理

电铸加工的基本原理与电镀加工原理相同。不同之处是：电镀时要求得到与基体结合牢固的金属镀层，以达到防护、装饰等目的，而电铸层要求与原模分离，其厚度也远大于电镀层。

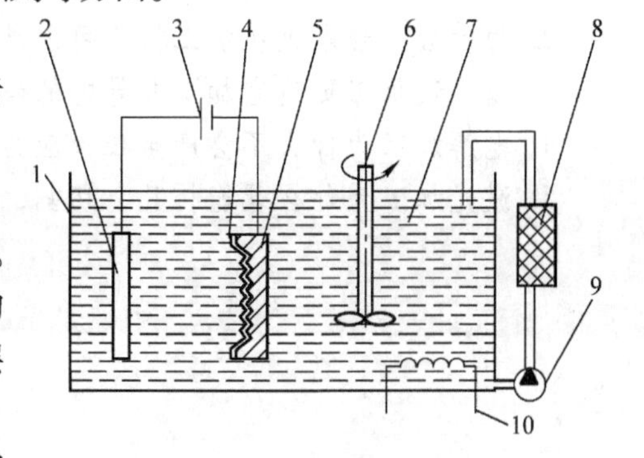

图17-6　电铸加工原理
1—电铸槽　2—阳极　3—直流电源　4—电铸层
5—原膜（阴极）　6—搅拌器　7—电铸液
8—过滤器　9—泵　10—加热器

电铸加工的原理如图17-6所示。用可导电的原模作阴极，用于电铸的金属作阳极，金属盐溶液作电铸液，金属盐溶液中金属离子的种类要与阳极金属材料相同。在直流电源作用下，电铸溶液中金属离子在阴极被还原成金属，沉积于原模表面，而阳极金属则源源不断地变成离子溶解到电铸液中进行补充，使溶液中金属离子的浓度保持不变。当阴极原模电铸层逐渐加厚达到要求的厚度时，与原模分离，即获得与原模型相反的电铸件。

2. 电铸加工的特点及应用

电铸加工能获得尺寸精度高、表面粗糙度值小的产品，如表面粗糙度标准样块。此外，电铸加工还能获得高纯度金属制品，可以制造多层结构的构件，并能把多种金属、非金属拼铸成一个整体，而且同一原模生产的电铸件一致性较好。

电铸加工的缺点是生产周期长，尖角或凹槽部分铸层不均匀，铸层存在一定的内应力，原模上的伤痕会带到产品上。

电铸加工能把机械加工较困难的零件内表面转化为原模外表面，通过易成形材料（如石蜡、树脂等）制成的原模来得到难成形金属材料零件，因而能制造其他方法不能或很难制造的特殊形状的零件，如形状复杂、精度高的空心零件，注塑用的模具，厚度仅几十微米的薄壁零件等；能准确地复制表面轮廓和微细纹路，如复制精细的表面轮廓（唱片模、艺术品、纸币、证券、邮票的印刷版等）。

【小结】 本章主要介绍了特种加工的原理、特点和应用等内容。学习本章后应掌握以下知识点：第一，特种加工所依据的科学原理及其应用场合；第二，通过学习，进一步了解“科学技术是第一生产力”这一科学论断，树立科技创新意识及严肃认真的科学态度。

练 习 题（17）

一、填空题

1. 利用化学能进行特种加工的方法有__________和__________等。
2. 超声波加工是利用__________能和__________能进行的特种加工。
3. 利用光能和热能进行的特种加工称为__________。
4. 电火花加工是利用__________能和__________能进行的特种加工。
5. 超声波加工所利用的超声波，其频率一般为__________ kHz。

二、简答题

1. 为什么特种加工能解决用常规切削方法无法解决的问题？
2. 为什么一台电火花加工机床可以连续地对工件进行粗加工、半精加工和精加工？
3. 超声波加工更适宜加工非导电的硬脆材料，请解释原因。
4. 电解加工为什么不会产生残余应力、冷作硬化层、烧伤层、退火层等缺陷？
5. 激光加工为什么既能打孔、切割，又能用于焊接？

第十八章　机械制造工艺过程概述

将原材料转变为成品的全过程称为生产过程，它分为工艺过程和辅助过程两部分。

生产过程包括原材料购买、运输、管理、生产准备、毛坯制造、机械加工、热处理、检验、装配、试车、涂装、包装等环节。其中，工艺过程是指改变生产对象的形状、尺寸、相对位置和性能等，使其变为成品或半成品的过程，例如，铸造、锻压、焊接、热处理、机械加工、装配等，均属于工艺过程。如果是采用机械加工方法直接改变毛坯的形状、尺寸和表面质量，使之成为产品零件，则此过程称为机械加工工艺过程。辅助过程是指与原材料改变为成品间接有关的过程，如运输、保管、检验、设备维修、购销等。

机械零件是由毛坯通过切削加工及热处理而获得的，因此，制造合格的机械零件必须先获得合格的毛坯件。一般来讲，得到机械零件毛坯的方法有：铸造、锻压、焊接、粉末冶金、利用现有的型材等方法。

第一节　材料及加工方法的选择

机械制造过程中，材料及加工方法的选择是关键的一环，它关系到零件的寿命和成本。但是为产品筛选制造材料是一个比较复杂的系统工程，需要从多个方面进行综合考虑。下面介绍材料选择的一般原则和程序。

一、材料选用的一般原则

在机械产品中，金属材料的使用量最大，选用时应从材料的实用性、工艺性及经济性等多个方面进行考虑，以使金属材料发挥出最大潜力。

1. 材料的实用性

实用性，即材料的使用性能，主要是指在工作条件下，材料应具有的力学性能、物理性能和化学性能，这是选材时应首先予保证的。对于机器零件和工程构件，最重要的是力学性能。如何才能准确地了解具体零件对材料力学性能的要求，这就要求能正确地分析零件的工作条件，包括受力状态、载荷性质、工作温度、环境条件等方面因素。受力状态有拉、压、弯、扭等；载荷性质有静载、冲击、交变等；工作温度可分为高温、室温和低温；环境条件有加润滑剂的，有接触酸、碱、盐、海水、粉尘、磨粒的等。此外，有时还需考虑导电性、磁性、膨胀、导热等特殊要求。根据上述分析，确定该零件的失效方式，再根据零件的形状、尺寸、载荷，确定性能指标的具体数值。有时通过改进强化方法，可以将廉价材料制成性能更好的零件。所以选材时要把材料成分与强化手段紧密结合起来综合考虑。

2. 材料的工艺性

工艺性是指材料通过一系列冷、热加工方法获得零件的难易程度。材料工艺性的好坏将直接影响零件的质量、生产效率和加工成本。

金属材料的加工比较复杂，若选用的加工方法是铸造，最好选用铸造性好的合金，以保证其有较好的流动性；若设计的是锻件、冲压件，最好选择塑性较好的金属材料；若设计的是焊接结构件，最适宜的材料是低碳钢或低合金高强度结构钢。

工艺性能中最突出的问题是切削加工性和热处理工艺性，因为绝大部分材料需经过切削加工和热处理。为了便于切削，一般都希望钢铁材料的硬度控制在170～260HBW之间。在化学成分确定后，即可借助于热处理来改善材料的加工性能和使用性能。

3. 材料的经济性

在满足使用性能的前提下，选用材料时应注意降低零件的总成本。零件的总成本包括材料本身的价格、加工费及其他费用，有时甚至还要包括运费与安装费用。

在金属材料中，碳钢和铸铁的价格都比较低廉，而且加工方便，因此在能满足零件力学性能与工艺性能的前提下，选用碳钢和铸铁可降低成本。对于一些只要求表面性能高的零件，可选用廉价钢种进行表面强化处理来达到。另外，在考虑材料的经济性时不宜单纯地以单价来比较材料的优劣，而应以综合经济效益来评价材料的经济性。

此外，在选材时应立足于我国或本地区的资源条件及供应情况。对企业来说，所选材料种类、规格，应尽量少而集中，以便于采购和管理。

二、零件毛坯成型方法的选择

铸造是利用熔融金属的流动性来充填型腔以获得零件毛坯（铸件）的一种热加工方法，其成型能力较强，主要用来获得箱体类、支座类及大型零件（如大型齿轮、机床床身等）、结构复杂零件的毛坯。

锻造是利用金属固态下的塑性变形来获得零件毛坯（锻件）的一种热加工方法。由于金属在固态下的流动能力比液态差得多，故锻造只能用于获得结构比较简单、工作应力较大的零件毛坯，如重载荷作用下的轴类、齿轮类、凸轮、连杆等。

焊接是利用热源使金属局部熔化，从而将金属焊件连接为一体的热加工方法。一些结构复杂、受力较大的箱体类、支座类零件，当采用铸造方法不能满足其力学性能要求时，常用焊接方式来获得毛坯。

此外，对于轴类、中小型齿轮类及盘类、板类零件，也可直接从型材上截取一部分材料来充当其毛坯，如在棒料上截取一部分可作轴类零件的毛坯，在板料上截取一部分可作为板类、盘类零件的毛坯等。

第二节　材料的合理使用

一、铸铁与钢的合理使用

铸铁是在钢的基体（铁素体和珠光体）上分布着各种形状的石墨，石墨本身是润滑剂，石墨坑又能贮油，所以铸铁在耐磨性方面优于钢，气缸体、活塞环多采用铸铁制造。而钢在强度、塑性、韧性等方面均优于铸铁，故轴类、齿轮类零件多采用钢材制造。各种材料都有自己的优点，关键在于是否使用得当。

此外，铸铁还有良好的工艺性，如几何形状复杂，中空的壳体零件、气缸盖、气缸体、变速箱体等，用锻造或拼焊都有困难，而采用铸铁材料进行铸造则较为容易。

二、碳钢、低合金钢和合金钢的合理使用

碳钢价格低廉，某些性能与合金钢接近，故世界各国的钢号中至今仍保留一定数量的碳钢。在使用性能能够满足要求的前提下应优先选用碳钢，尽量不采用合金钢。

1）小截面零件，因易淬透，无须用低合金钢或合金钢。

2）在退火或正火状态下使用的钢，尽量选择碳钢，因合金元素在此情况下作用不大。

3）承受纯弯曲或纯扭转的零件，选用碳钢即可满足使用要求而无须采用合金钢。

三、非全属材料的合理使用

非金属材料具有多种特殊的性能，如塑料的密度小、易成型、耐磨、隔热、隔声，有优良的耐蚀性与电绝缘性等；橡胶的高弹性、良好的耐磨性与密封性等；陶瓷的高硬度、高耐磨性、优良的耐蚀性与耐高温性等。而且它们的原料来源广泛，自然资源丰富，成型工艺简便，因此，最近十年来非金属材料正越来越多地应用于各类机械和工程结构中。另外，用非金属材料替代部分金属材料，不仅可以节约有限的金属矿产资源，而且还可以取得巨大的经济效益及超乎寻常的效果。因此，非金属材料已经成为机械制造、汽车、航空、农业、国防中不可缺少的重要组成部分。

第三节　典型零件选材实例

一、齿轮类零件的选材

齿轮在机器中的主要作用是传递功率、动力，改变运动速度和方向。在工作时，齿轮通过齿面的接触传递动力，周期性地受弯曲应力和接触应力。在啮合的齿面上，还承受强烈的摩擦，有些齿轮在换挡、起动或啮合不均匀时还承受冲击力等。因此要求齿轮材料具有：较高的弯曲疲劳强度和接触疲劳强度；齿面有较高的硬度和耐磨性；齿轮心部要有足够的强度和韧性。齿轮毛坯通常用钢材锻制，采用的主要钢种是调质钢和渗碳钢。

1. 调质钢

调质钢主要用于制造两种齿轮：一种是对耐磨性要求较高而对冲击韧度要求一般的硬齿面（>40HRC）齿轮，如车床、钻床、铣床等机床的主轴箱齿轮；另一种是对齿面硬度要求不高的软齿面（≤350HBW）齿轮，这类齿轮一般都在低速、低载荷下工作，如车床滑板上的齿轮、车床挂轮架齿轮等。这两种齿轮所用金属材料基本相同或相近，一般都选用中碳钢或中碳合金钢制造，如45 钢、40Cr、42SiMn、35SiMn 等，只是热处理的方式有所不同。硬齿面齿轮经调质处理后表面还需高频淬火，再回火；而软齿面齿轮经调质或正火处理后直接使用，不再进行其他热处理。

2. 渗碳钢

渗碳钢主要用于制造高速、重载、冲击比较大的硬齿面（>55HRC）齿轮．如汽车变速箱齿轮、汽车驱动桥齿轮等，常用20CrMnTi、20CrMnMo、20CrMo 等钢，经渗碳、淬火和低温回火后（得到表面硬而耐磨、心部强韧耐冲击的组织）使用。

二、轴类零件的选材

轴是机器中最基本、最关键的零件之一，其主要作用是支承传动零件并传递运动和动力。轴类零件具有以下几个共同特点：都要传递一定的转矩，可能还承受一定的弯曲应力或拉压应力；都需要用轴承支持，在轴颈处应有较高的耐磨性；大多都要承受一定程度的冲击载荷。

因此，用于制造轴类零件的材料有一系列性能要求：应具有优良的综合力学性能，以防变形和断裂；具有高的疲劳抗力，以防疲劳断裂；具有良好的耐磨性。在具体选材时，应根据轴的不同受力情况进行选材。具体的选材分类情况如下：

1）承受交变应力和动载荷的轴类零件，如船用推进器轴、锻锤锤杆等，应选用淬透性好的调质钢，如30CrMnSi、40MnVB、40CrMn等。

2）主要承受弯曲和扭转应力的轴类零件，如主轴箱传动轴、发动机曲轴、机床主轴等，这类轴在整个截面上所受的应力分布不均匀，表层应力较大，心部应力较小，不需选用淬透性很高的钢种，可选用合金调质钢，如汽车主轴常采用40Cr、45Mn2等。

3）高精度、高速传动的轴类零件，如镗床主轴常选用氮化钢38CrMoAlA等，并进行调质及氮化处理。

4）对中低速内燃机曲轴以及连杆、凸轮轴，可以用球墨铸铁，不仅满足了力学性能要求，而且制造工艺简单，成本低。

三、箱体类零件的选材

主轴箱、变速箱、进给箱、滑板箱、缸体、缸盖、机床床身等都可视为箱体类零件。由于箱体零件大多结构复杂，一般都是用铸造方法来生产的。对于一些受力较大，要求高强度、高韧性甚至在高温高压下工作的箱体类零件，如汽轮机机壳，可选用铸钢；对于一些受冲击力不大，而且主要承受静压力的箱体可选用灰铸铁；对于受力不大，要求自重轻或导热性良好的箱体，要选用铸造铝合金，如汽车发动机的缸盖；对于尺寸和受力较小、要求自重轻和耐腐蚀的箱体类零件，可选用工程塑料；对于受力较大，但形状简单的箱体，可采用钢材焊接而成。

四、常用工具的选材

1. 锉刀

锉刀是钳工工具，要求有高的硬度（刃部为64～67HRC）和耐磨性，常用材料牌号T12。

2. 手用钢锯条

手用钢锯条要求高硬度、高耐磨性、较好的韧性和弹性，常用材料的牌号T10。其热处理一般采用淬火加低温回火，对销孔处单独进行处理以降低该处硬度。大批量生产时，可采用高频感应加热淬火，使锯齿淬硬而保证锯条整体的韧性和弹性。

3. 刀具

刀具是金属切削加工的主要工具，切削加工时，刀具与工件之间产生强烈的摩擦并磨损，且刀具经受高温作用。这就要求刀具材料应该具有高硬度、高耐磨性和热硬性。通常刀具的硬度应达到62HRC以上。一般刀具的制造都选用合金工具钢，如W18Cr4V、CrWMn、9SiCr等，其热处理工艺为淬火加低温回火。

4. 五金和木工工具

常用五金和木工工具见表18-1。

表18-1 常用五金和木工工具的选材

工具名称	材料	硬度(HRC)	工具名称	材料	硬度(HRC)
钢丝钳	T7、T8	52～60	活扳手	45、40Cr	41～47
锤子	50、T7、T8	49～56	木工手锯	T10	42～47
旋具	50、60、T7、T8	48～52	木工刨刀片	T8	57～62
呆扳手	50、40Cr	41～47	台虎钳垫片	50	48～54

第四节 机械加工工艺过程概述

一、机械加工工艺过程的组成

为了便于分析说明机械加工的情况和制定工艺规程，必须了解机械加工工艺过程的组成。零件的机械加工工艺过程是由一系列工序、工步、安装和工位等单元组成的。

1. 工序

工序是指一个或一组工人，在一个工作地点，对一个或同时对几个工件加工所连续完成的那一部分工艺过程。划分工序的主要依据是零件在加工过程中的工作地点（机床）是否变动，或该工序的工艺过程是否连续完成。工件的工艺过程是由若干个工序组成的，工序是生产管理和经济核算的基本依据。

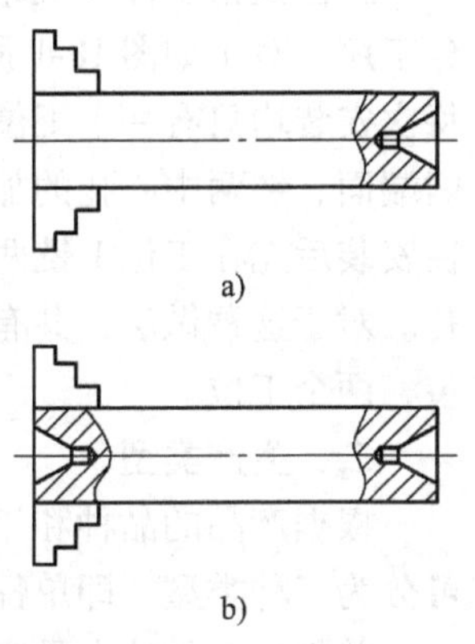

图 18-1 小轴钻中心孔工序

以加工小轴为例，通常是先车端面和钻中心孔（图 18-1），其加工过程有两种做法：做法一，在卧式车床上逐件车一端面，钻一中心孔，放在一边，加工一批后，在另一个车床再逐件调头安装，车另一端面，钻另一中心孔，直至加工完毕，这是两道工序，如图 18-1a 所示；做法二，逐件车一端面，钻一中心孔，立即调头安装，车另一端面，钻另一中心孔，如此加工完一件再继续加工第二件，这是一道工序，如图 18-1b 所示。

2. 工步

工步是指在被加工表面（或装配时的连接表面）和加工（或装配）工具都不变的情况下，所连续完成的那一部分工序。划分工步的目的是为了合理安排工艺过程。一道工序可由多个工步组成。如图 18-2 所示，在钻床上进行台阶孔的加工工序由 3 个工步组成，即钻孔工步、扩孔工步和锪平工步。多次重复进行的工步，例如在法兰上依次钻 4 个 ϕ18mm 的孔（图 18-3），习惯上算作一个工步。

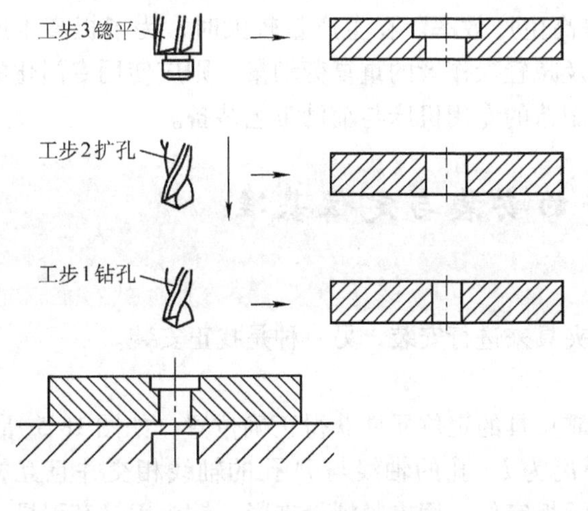

图 18-2 钻台阶孔工步

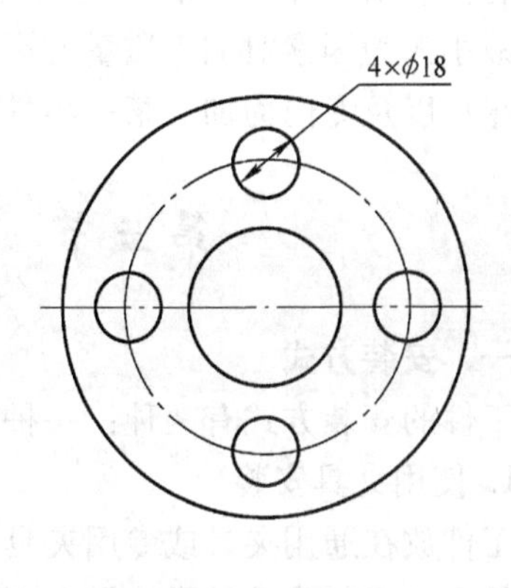

图 18-3 连续钻孔

3. 安装

安装包括定位和夹紧两项内容。定位是在加工前使工件在机床上（或在夹具中）处于某一正确的位置。工件定位之后还需要夹紧，使其位置不因切削力、重力或其他外力的作用而变动。工件（或装配单元）经一次装夹后所完成的那一部分工序称为安装。对于加工如图 18-1 所示的小轴，做法一是每道工序安装一次，做法二则是一道工序内有两次安装。

4. 工位

工位是指工件在机床上一个工作位置所完成的那部分工序。对于如图 18-1 所示的小轴，做法一和做法二的每次安装均只有一个工位。在生产批量较大时多采用铣两端面、钻两中心孔的加工方法，如图 18-4 所示。工件在安装后先在工位 1 铣两端面，然后在工位 2 钻两中心孔。对于这种做法，共有一道工序，两个工步，一次安装，两个工位。

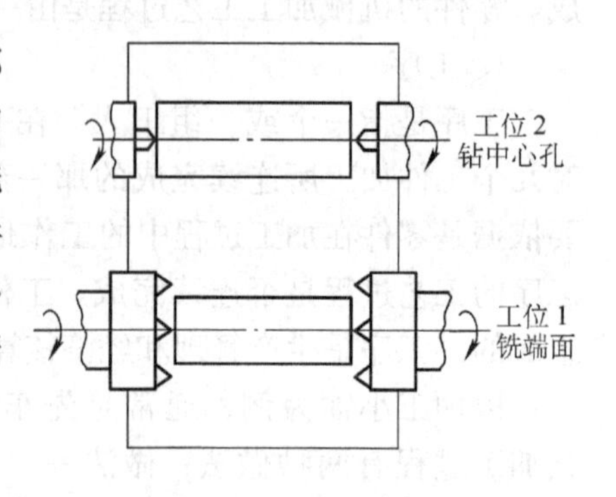

图 18-4　工位示意图

二、生产类型

根据产品的品种和年产量的不同，机械产品的生产可分为三种类型，即单件生产、成批生产和大量生产。

单件生产的特点是产品品种多而数量少，例如新产品试制、专用工艺装备的制造及重型机器制造等，一般属于单件生产；大量生产的特点是产品品种单一而且数量极大，例如滚动轴承、标准件、汽车和拖拉机、某些轻工产品及常规军工产品的生产等，一般都属于大量生产；成批生产的特点是几种产品品种轮番制造，大多数机械产品的生产均属于成批生产。按照一次投入生产的工件数量（批量）的多少，成批生产又可分为小批生产、中批生产和大批生产三种情况。

提高毛坯的精度，可在后续的机械加工中节省大量人力和物力，并且生产量越大，要求毛坯的精度越高。但是提高毛坯精度需要较大的设备投资。

在生产量较小时，一般都使用工艺范围较广的机床附件，如三爪自定心卡盘、四爪单动卡盘，机床用平口虎钳、分度头及通用刀具和量具等。它们具有适应加工对象变换的柔性，但只有依靠增加操作者的劳动强度才能提高生产效率。在生产量较大时，为了提高生产效率，减小人为因素对加工质量的影响，以及减轻操作者的重复劳动量，则应使用专门化的自动机床，以及专门为加工某一零件设计和制造的专用机床与辅助工艺装备。

第五节　工件的安装与定位基准

一、安装方式

工件的安装方式有两种：一种是利用夹具来进行安装，另一种是找正安装。

1. 使用夹具安装

工件放在通用夹具或专用夹具中，依靠夹具的定位元件获得正确位置，如图 18-5 所示。在工件上钻直径为 d 的孔，孔与端面的距离为 l，孔的轴线与 D 孔的轴线相交并且互相垂直。工件安装在夹具中，用定位心轴和支承板定位，用夹紧螺母夹紧，钻头用钻套引导，这样安装能够方便迅速地保证工件的技术要求，适于生产量较大的加工。

2. 找正安装

以工件待加工表面上划出的线痕或以工件实际表面作为定位依据，用划线盘或百分表找正工件的位置的方法称为找正安装（图 18-6），这种方法的定位精度不高，位置公差约为 0.2～0.5mm，多用于批量较小、位置精度较低及大型零件等不便使用夹具的粗加工。用百分表找正，则适用于定位精度要求较高的工件。

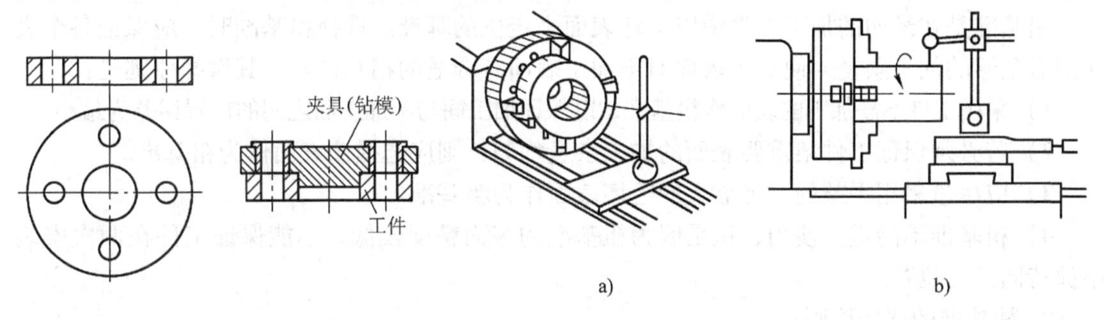

图 18-5 用夹具安装工件

图 18-6 找正安装

a）用划线盘找正 b）用百分表找正

二、基准的种类

基准是指用来确定生产对象上几何要素间的几何关系所依据的那些点、线、面。根据基准的作用不同，可将基准分为设计基准和工艺基准两大类。

1. 设计基准

设计图样上所采用的基准称为设计基准。如图 18-7 所示的箱体，*A*、*B* 为孔中心位置的尺寸，其设计基准为①、②面，它们在图上反映出来的是线。孔径 *D* 的设计基准为轴线，在图上反映出来的是点。

2. 工艺基准

在零件加工过程中用作定位、检测及组装的基准称为工艺基准，它包括定位基准、测量基准和装配基准三种。例如镗削如图 18-7a 所示的箱体，一种安装方法是以①、②面作为定位基准，定位基准与设计基准重合（图 18-7b）；另一种方法是以①、③面作为定位基准，此时定位基准与设计基准不重合（图 18-7c）。

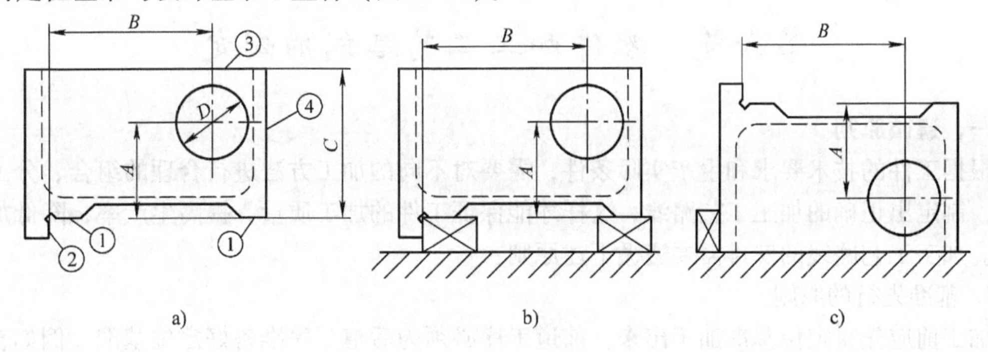

图 18-7 箱体的设计基准与定位基准

a）设计基准 b）定位基准与设计基准重合 c）定位基准与设计基准不重合

第一道工序用毛坯面作为定位基准，这种未曾经过切削加工的定位基准称为粗基准，粗基准只使用一次。继续加工时就用已加工面作为定位基准，这种经过切削加工的定位基准称为精基准。

三、基准的选择

1. 粗基准的选择原则

粗基准是在最初的加工工序中以毛坯表面来定位的基准。选择粗基准时，应保证各个表面都有足够的加工余量，使加工表面对不加工表面有合适的相互位置，其选择原则是：

1）采用工件不需加工的表面作粗基准，以保证加工面与不加工面之间的位置误差为最小。

2）若必须保证工件某重要表面的加工余量均匀，则应选择该表面作为粗基准。

3）应尽量采用平整的、足够大的毛坯表面作为粗基准。

4）粗基准不能重复使用，这是因为粗基准的表面精度较低，不能保证工件在两次安装中保持同样的位置。

2. 精基准的选择原则

在以后的各工序中必须使用已经加工过的表面作为定位基准，这种定位基准称为精基准。精基准的选择直接影响着零件各表面的相互位置精度，因而在选择精基准时，要保证工件的加工精度和装夹方便、可靠。选择精基准的原则是：

1）基准重合原则：尽可能使用设计基准作为精基准，以免产生基准不重合带来的定位误差。

2）基准同一原则：应使尽可能多的表面加工都用同一个精基准，以减少变换定位基准带来的误差，并使夹具结构统一。例如，加工轴类零件用中心孔作精基准，在车、铣、磨等工序中始终都以它作为精基准，这样既可保证各段轴颈之间的同轴度，又可提高生产率。又如齿轮加工时通常先把内孔加工好，然后再以内孔作为精基准。

3）互为基准原则：使用工件上两个有相互位置精度要求的表面交替作为定位基准。例如加工短套筒，为了保证孔与外圆的同轴度，应先以外圆作为定位基准磨孔，再以磨过的孔作为定位基准磨外圆。

4）便于安装，并且使夹具的结构简单。

5）尽量选择形状简单、尺寸较大的表面作为精基准，以提高安装的稳定性和精确性。

第六节　零件加工工艺路线的制定

一、遵循原则

根据工件的技术要求和生产实际条件，需要对不同的加工方法进行合理的组合、分工与安排，制定出正确的加工工艺路线，这样才能保证工件的加工质量，提高生产率，降低加工成本。加工工艺路线的安排需要遵循下述原则：

1. 基准先行的原则

加工前应先将定位基准加工出来，前道工序必须为后道工序准备好定位基准。例如轴类零件，在车削和磨削之前都要先加工中心孔；对于支架和箱体类零件，一般都是先加工平面，再以平面作为孔加工的定位基准，这样便于安装和保证孔与平面之间的位置精度要求；对于短套筒类零件，应先加工孔后加工外圆，在加工外圆时以孔作为定位基准，安装在心轴上；对于长套筒类零件则相反，应先加工外圆后再加工孔，因为此时不便使用细长的心轴。

2. 粗精分开的原则

这是因为加工误差需要一步一步地减小。粗加工时由于切除的余量较大，切削力和切削热所引起的变形也较大，对于零件上具有较高精度要求的表面，在全部粗加工完成后再进行精加工才能保证质量。

二、工艺阶段的划分

对于加工精度要求较高的零件，为了保证加工质量，便于组织生产，合理安排人力物力，合理使用设备，合理安排热处理工序，需要将零件加工的工艺路线划分成若干阶段，每个加工阶段都包含若干个加工工序。

概括地讲，大多数零件的加工工艺阶段都可分为四个，即毛坯制造、粗加工、半精加工、精加工，个别有特殊要求的零件表面还需进行光整加工。

加工质量要求不同的零件具有不同的加工工艺阶段。粗加工阶段的任务是切除大部分毛坯余量，做到提高生产率。半精加工阶段的任务是完成零件次要表面的加工，并为主要表面的精加工作准备（为主要表面精加工准备好定位基准）。对于加工质量要求不高的零件，到半精加工阶段就可全部加工完毕。精加工阶段的任务是完成零件主要表面的加工，目的在于保证质量，一般零件的加工到此阶段完毕，只有精密零件，其上面的个别表面还需要经过光整加工阶段才能达到技术要求。

三、辅助工序的安排

辅助工序指检验、去毛刺、清洗等工序。

为了及时发现废品，工件在粗加工后，从一个车间转入到另一个车间之前，或重要加工工序之后，或成品入库之前，一般都要安排检验工序，目的在于查明废品或次品产生的原因和保证获得质量合格的产品。

钢制零件在镗孔和铣削之后，一般都要安排去毛刺工序，如在孔内键槽加工后要安排槽口倒角的钳工工序，这主要是为后面的装配工作带来方便。

在零件成品入库之前（或组装之前，或工件精密加工之前），一般都还要安排清洗工序。

四、零件加工工艺路线举例

图 18-8 所示为套筒零件图，其主要表面为外圆柱面和孔，而且两者之间有同轴度要求。考虑到安装方便和节省材料，毛坯可按多件进行下料，但受车床主轴孔径限制，下料尺寸不宜过长，现取三件合一。从生产数量看，该套筒零件的加工属小批生产。套筒零件的加工工艺路线见表 18-2。

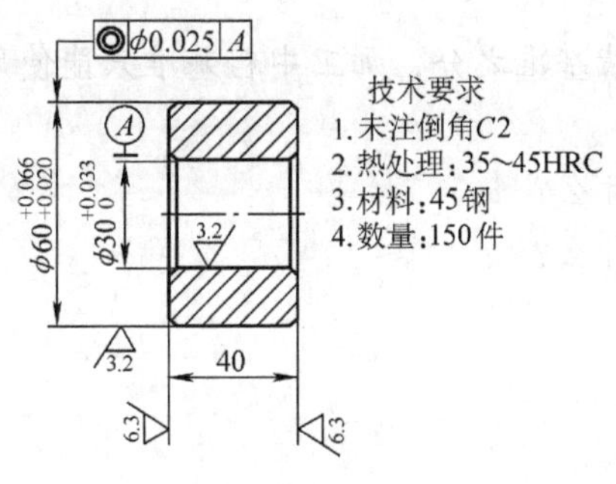

图 18-8 套筒

表 18-2 套筒加工工艺路线

工序号	工序名称	工 序 内 容
1	下料	ϕ50mm×130mm(每坯三件)
2	车削	车端面、钻孔、车孔至 ϕ29.7mm、车外圆至 ϕ60.3mm、倒内外角 $C2$、切断长 41mm；调头车端面、倒内外角 $C2$
3	热处理	淬火、回火，保证 35～45HRC
4	内圆磨削	磨孔至 $\phi30^{+0.033}_{0}$mm
5	外圆磨削	芯轴定位，磨外圆至 $\phi60^{+0.066}_{+0.020}$mm
6	检验	检查入库

【小结】 本章主要介绍了零件毛坯选择的一般原则及途径，并介绍了对零件毛坯进行机械加工的工序、工步、工位、定位基准、装夹及工艺路线确定等内容。在学习之后应了解：第一，选择零件毛坯的基本原则；第二，工序、工步、工位的区分及三者之间的关系；第三，基准的概念及其在设计及加工中的作用；第四，通过典型实例的学习，熟悉典型零件的加工工艺路线。

练 习 题（18）

一、名词解释

1. 生产过程 2. 工艺过程 3. 机械加工工艺过程 4. 工序、工步、工位 5. 基准

二、填空题

1. 选择金属材料时主要从__________、__________和__________三个方面考虑。

2. 零件的机械加工工艺过程是由一系列__________、__________、__________和__________等单元组合而成的。

3. 工艺基准包括__________、__________和__________三种。

4. 加工长轴类零件上各表面时，一般都以中心孔作为定位基准，这主要是运用了__________原则。

5. 零件加工过程中，尽量以设计基准作为定位基准，这主要是遵循__________原则。

三、选择题

1. 碳素工具钢的热硬性比合金工具钢差，故手工工具多选用碳素工具钢而机夹刀具多选用合金工具钢。 （ ）

2. 定位基准有粗基准和精基准之分，加工中粗基准只能使用一次。 （ ）

四、简答题

1. 粗基准的选择原则是什么？

2. 精基准的选择原则是什么？

附录　布氏硬度换算表

球直径 D/mm					$\frac{F}{D^2}$/(kgf·mm^{-2})						
					30	15	10	5	2.5	1.25	1
					试验载荷 F/kgf						
10					3000	1500	1000	500	250	125	100
	5				750	—	250	125	62.5	31.25	25
		2.5			187.5	—	62.5	31.25	15.625	7.813	6.25
			2		120	—	40	20	10	5	4
				1	30	—	10	5	2.5	1.25	1
压痕直径 d/mm					布氏硬度 HBW						
2.40	1.200	0.600	0.480	0.240	653	327	218	109	54.5	27.2	21.8
2.42	1.210	0.605	0.484	0.242	643	321	214	107	53.5	26.8	21.4
2.44	1.220	0.610	0.488	0.244	632	316	211	105	52.7	26.3	21.1
2.46	1.230	0.615	0.492	0.246	621	311	207	104	51.8	25.9	20.7
2.48	1.240	0.620	0.496	0.248	611	306	204	102	50.9	25.5	20.4
2.50	1.250	0.625	0.500	0.250	601	301	200	100	50.1	25.1	20.0
2.52	1.260	0.630	0.504	0.252	592	296	197	98.6	49.3	24.7	19.7
2.54	1.270	0.635	0.508	0.254	582	291	194	97.1	48.5	24.3	19.4
2.56	1.280	0.640	0.512	0.256	573	287	191	95.5	47.8	23.9	19.1
2.58	1.290	0.645	0.516	0.258	564	282	188	94.0	47.0	23.5	18.8
2.60	1.300	0.650	0.520	0.260	555	278	185	92.6	46.3	23.1	18.5
2.62	1.310	0.655	0.524	0.262	547	273	182	91.1	45.6	22.8	18.2
2.64	1.320	0.660	0.528	0.264	538	269	179	89.7	44.9	22.4	17.9
2.66	1.330	0.665	0.532	0.266	530	265	177	88.4	44.2	22.1	17.7
2.68	1.340	0.670	0.536	0.268	522	261	174	87.0	43.5	21.8	17.4
2.70	1.350	0.675	0.540	0.270	514	257	171	85.7	42.9	21.4	17.1
2.72	1.360	0.680	0.544	0.272	507	253	169	84.4	42.2	21.1	16.9
2.74	1.370	0.685	0.548	0.274	499	250	166	83.2	41.6	20.8	16.6
2.76	1.380	0.690	0.552	0.276	492	246	164	81.9	41.0	20.5	16.4
2.78	1.390	0.695	0.556	0.278	485	242	162	80.8	40.4	20.2	16.2
2.80	1.400	0.700	0.560	0.280	477	239	159	79.6	39.8	19.9	15.9
2.82	1.410	0.705	0.564	0.282	471	235	157	78.4	39.2	19.6	15.7
2.84	1.420	0.710	0.568	0.284	464	232	155	77.3	38.7	19.3	15.5
2.86	1.430	0.715	0.572	0.286	457	229	152	76.2	38.1	19.1	15.2
2.88	1.440	0.720	0.576	0.288	451	225	150	75.1	37.6	18.8	15.0

（续）

球直径 D/mm					$\frac{F}{D^2}$/(kgf · mm^{-2})						
					30	15	10	5	2.5	1.25	1
					试验载荷 F/kgf						
10					3000	1500	1000	500	250	125	100
	5				750	—	250	125	62.5	31.25	25
		2.5			187.5	—	62.5	31.25	15.625	7.813	6.25
			2		120	—	40	20	10	5	4
				1	30	—	10	5	2.5	1.25	1
压痕直径 d/mm					布氏硬度 HBW						
2.90	1.450	0.725	0.580	0.290	444	222	148	74.1	37.0	18.5	14.8
2.92	1.460	0.730	0.584	0.292	438	219	146	73.0	36.5	18.3	14.6
2.94	1.470	0.735	0.588	0.294	432	216	144	72.0	36.0	18.0	14.4
2.96	1.480	0.740	0.592	0.296	426	213	142	71.0	35.5	17.8	14.2
2.98	1.490	0.745	0.596	0.298	420	210	140	70.1	35.0	17.5	14.0
3.00	1.500	0.750	0.600	0.300	415	207	138	69.1	34.6	17.3	13.8
3.02	1.510	0.755	0.604	0.302	409	205	136	68.2	34.1	17.0	13.6
3.04	1.520	0.760	0.608	0.304	404	202	135	67.3	33.6	16.8	13.5
3.06	1.530	0.765	0.612	0.306	398	199	133	66.4	33.2	16.6	13.3
3.08	1.540	0.770	0.616	0.308	393	196	131	65.5	32.7	16.4	13.1
3.10	1.550	0.775	0.620	0.310	388	194	129	64.6	32.3	16.2	12.9
3.12	1.560	0.780	0.624	0.312	383	191	128	63.8	31.9	15.9	12.8
3.14	1.570	0.785	0.628	0.314	378	189	126	62.9	31.5	15.7	12.6
3.16	1.580	0.790	0.632	0.316	373	186	124	62.1	31.1	15.5	12.4
3.18	1.590	0.795	0.636	0.318	368	184	123	61.3	30.7	15.3	12.3
3.20	1.600	0.800	0.640	0.320	363	182	121	60.5	30.3	15.1	12.1
3.22	1.610	0.805	0.644	0.322	359	179	120	59.8	29.9	14.9	12.0
3.24	1.620	0.810	0.648	0.324	354	177	118	59.0	29.5	14.8	11.8
3.26	1.630	0.815	0.652	0.326	350	175	117	58.3	29.1	14.6	11.7
3.28	1.640	0.820	0.656	0.328	345	173	115	57.3	28.8	14.4	11.5
3.30	1.650	0.825	0.660	0.330	341	170	114	56.8	28.4	14.2	11.4
3.32	1.660	0.830	0.664	0.332	337	168	112	56.1	28.1	14.0	11.2
3.34	1.670	0.835	0.668	0.334	333	166	111	55.4	27.7	13.9	11.1
3.36	1.680	0.840	0.672	0.336	329	164	110	54.8	27.4	13.7	11.0
3.38	1.690	0.845	0.676	0.338	325	162	108	54.1	27.0	13.5	10.8
3.40	1.700	0.850	0.680	0.340	321	160	107	53.4	26.7	13.4	10.7
3.42	1.710	0.855	0.684	0.342	317	158	106	52.8	26.4	13.2	10.6
3.44	1.720	0.860	0.688	0.344	313	156	104	52.2	26.1	13.0	10.4
3.46	1.730	0.865	0.692	0.346	309	155	103	51.5	25.8	12.9	10.3
3.48	1.740	0.870	0.696	0.348	306	153	102	50.9	25.5	12.7	10.2

（续）

球直径 D/mm					$\frac{F}{D^2}$/(kgf·mm^{-2})						
					30	15	10	5	2.5	1.25	1
					试验载荷 F/kgf						
10					3000	1500	1000	500	250	125	100
	5				750	—	250	125	62.5	31.25	25
		2.5			187.5	—	62.5	31.25	15.625	7.813	6.25
			2		120	—	40	20	10	5	4
				1	30	—	10	5	2.5	1.25	1
压痕直径 d/mm					布氏硬度 HBW						
3.50	1.750	0.875	0.700	0.350	302	151	101	50.3	25.2	12.6	10.1
3.52	1.760	0.880	0.704	0.352	298	149	99.5	49.7	24.9	12.4	9.95
3.54	1.770	0.885	0.708	0.354	295	147	98.3	49.2	24.6	12.3	9.83
3.56	1.780	0.890	0.712	0.356	292	146	97.2	48.6	24.3	12.1	9.72
3.58	1.790	0.895	0.716	0.358	288	144	96.1	48.0	24.0	12.0	9.61
3.60	1.800	0.900	0.720	0.360	285	142	95.0	47.5	23.7	11.9	9.50
3.62	1.810	0.905	0.724	0.362	282	141	93.9	46.9	23.5	11.7	9.39
3.64	1.820	0.910	0.728	0.364	278	139	92.8	46.4	23.2	11.6	9.28
3.66	1.830	0.915	0.732	0.366	275	138	91.8	45.9	22.9	11.5	9.18
3.68	1.840	0.920	0.736	0.368	272	136	90.7	45.4	22.7	11.3	9.07
3.70	1.850	0.925	0.740	0.370	269	135	89.7	44.9	22.4	11.2	8.97
3.72	1.860	0.930	0.744	0.372	266	133	88.7	44.4	22.2	11.1	8.87
3.74	1.870	0.935	0.748	0.374	263	132	87.7	43.9	21.9	11.0	8.77
3.76	1.880	0.940	0.752	0.376	260	130	86.8	43.4	21.7	10.8	8.68
3.78	1.890	0.945	0.756	0.378	257	129	85.8	42.9	21.5	10.7	8.58
3.80	1.900	0.950	0.760	0.380	255	127	84.9	42.4	21.2	10.6	8.49
3.82	1.910	0.955	0.764	0.382	252	126	83.9	42.0	21.0	10.5	8.39
3.84	1.920	0.960	0.768	0.384	249	125	83.0	41.5	20.8	10.4	8.30
3.86	1.930	0.965	0.772	0.386	246	123	82.1	41.1	20.5	10.3	8.21
3.88	1.940	0.970	0.776	0.388	244	122	81.3	40.6	20.3	10.2	8.13
3.90	1.950	0.975	0.780	0.390	241	121	80.4	40.2	20.1	10.0	8.04
3.92	1.960	0.980	0.784	0.392	239	119	79.5	39.8	19.9	9.94	7.95
3.94	1.970	0.985	0.788	0.394	236	118	78.7	39.4	19.7	9.84	7.87
3.96	1.980	0.990	0.792	0.396	234	117	77.9	38.9	19.5	9.73	7.79
3.98	1.990	0.995	0.796	0.398	231	116	77.1	38.5	19.3	9.63	7.71
4.00	2.000	1.000	0.800	0.400	229	114	76.3	38.1	19.1	9.53	7.60
4.02	2.010	1.005	0.804	0.402	226	113	75.5	37.7	18.9	9.43	7.54
4.04	2.020	1.010	0.808	0.404	224	112	74.7	37.3	18.7	9.34	7.30
4.06	2.030	1.015	0.812	0.406	222	111	73.9	37.0	18.5	9.24	
4.08	2.040	1.020	0.816	0.408	219	110	73.2	36.6	18.3	9.14	

（续）

球直径 D/mm					$\frac{F}{D^2}$/（kgf·mm^{-2}）						
					30	15	10	5	2.5	1.25	1
					试验载荷 F/kgf						
10					3000	1500	1000	500	250	125	100
	5				750	—	250	125	62.5	31.25	25
		2.5			187.5	—	62.5	31.25	15.625	7.813	6.25
			2		120	—	40	20	10	5	4
				1	30	—	10	5	2.5	1.25	1
压痕直径 d/mm					布氏硬度 HBW						
4.10	2.050	1.025	0.820	0.410	217	109	72.4	36.2	18.1	9.05	7.24
4.12	2.060	1.030	0.824	0.412	215	108	71.7	35.8	18.0	8.00	7.20
4.14	2.070	1.035	0.828	0.414	213	106	71.0	35.5	17.7	8.87	7.10
4.16	2.080	1.040	0.832	0.416	211	105	70.2	35.1	17.6	8.78	7.02
4.18	2.090	1.045	0.836	0.418	209	104	69.5	34.8	17.4	8.69	6.95
4.20	2.100	1.050	0.840	0.420	207	103	68.8	34.4	17.2	8.61	6.88
4.22	2.110	1.055	0.844	0.422	204	102	68.2	34.1	17.0	8.52	6.82
4.24	2.120	1.060	0.848	0.424	202	101	67.5	33.7	16.9	8.44	6.75
4.26	2.130	1.065	0.852	0.426	200	100	66.8	33.4	16.7	8.35	6.68
4.28	2.140	1.070	0.856	0.428	198	99.2	66.2	33.1	16.5	8.27	6.62
4.30	2.150	1.075	0.860	0.430	197	98.3	65.5	32.8	16.4	8.19	6.55
4.32	2.160	1.080	0.864	0.432	195	97.3	64.9	32.4	16.2	8.11	6.49
4.34	2.170	1.085	0.868	0.434	193	96.4	64.2	32.1	16.1	8.03	6.42
4.36	2.180	1.090	0.872	0.436	191	95.4	63.6	31.8	15.9	7.95	6.36
4.38	2.190	1.095	0.876	0.438	189	94.5	63.0	31.5	15.8	7.88	6.30
4.40	2.200	1.100	0.880	0.440	187	93.6	62.4	31.2	15.6	7.80	6.24
4.42	2.210	1.105	0.884	0.442	185	92.7	61.8	30.9	15.5	7.73	6.18
4.44	2.220	1.110	0.888	0.444	184	91.8	61.2	30.6	15.3	7.65	6.12
4.46	2.230	1.115	0.892	0.446	182	91.0	60.6	30.3	15.2	8.58	6.06
4.48	2.240	1.120	0.896	0.448	180	90.1	60.1	30.0	15.0	8.51	6.01
4.50	2.250	1.125	0.900	0.450	179	89.3	59.5	29.8	14.9	7.44	5.95
4.52	2.260	1.130	0.904	0.452	177	88.4	59.0	29.5	14.7	7.37	5.90
4.54	2.270	1.135	0.908	0.454	175	87.6	58.4	29.2	14.6	7.30	5.84
4.56	2.280	1.140	0.912	0.456	174	86.8	57.9	28.9	14.5	7.23	5.79
4.58	2.290	1.145	0.916	0.458	172	86.0	57.3	28.7	14.3	7.17	5.73
4.60	2.300	1.150	0.920	0.460	170	85.2	56.8	28.4	14.2	7.10	5.68
4.62	2.310	1.155	0.924	0.462	169	84.4	55.3	28.1	14.1	7.03	5.63
4.64	2.320	1.160	0.928	0.464	167	83.6	55.8	27.9	13.9	6.97	5.58
4.66	2.330	1.165	0.932	0.466	166	82.9	55.3	27.6	13.8	6.91	5.53
4.68	2.340	1.170	0.936	0.468	164	82.1	54.8	27.4	13.7	6.84	5.48

（续）

球直径 D/mm					$\frac{F}{D^2}$/(kgf·mm^{-2})						
					30	15	10	5	2.5	1.25	1
					试验载荷 F/kgf						
10					3000	1500	1000	500	250	125	100
	5				750	—	250	125	62.5	31.25	25
		2.5			187.5	—	62.5	31.25	15.625	7.813	6.25
			2		120	—	40	20	10	5	4
				1	30	—	10	5	2.5	1.25	1
压痕直径 d/mm					布氏硬度 HBW						
4.70	2.350	1.175	0.940	0.470	163	81.4	54.3	27.1	13.6	6.78	5.43
4.72	2.360	1.180	0.944	0.472	161	80.7	53.8	26.9	13.4	6.72	5.38
4.74	2.370	1.185	0.948	0.747	160	79.9	53.3	26.6	13.3	6.66	5.33
4.76	2.380	1.190	0.952	0.476	158	79.2	52.8	26.4	13.2	6.60	5.28
4.78	2.390	1.195	0.956	0.478	157	78.5	52.3	26.2	13.1	6.54	5.23
4.80	2.400	1.200	0.960	0.480	156	77.8	51.9	25.9	13.0	6.48	5.19
4.82	2.410	1.205	0.964	0.482	154	77.1	51.4	25.7	12.9	6.43	5.14
4.84	2.420	1.210	0.968	0.484	153	76.4	51.0	25.5	12.7	6.37	5.10
4.86	2.430	1.215	0.972	0.486	152	75.8	50.5	25.3	12.6	6.31	5.05
4.88	2.440	1.220	0.976	0.488	150	75.1	50.1	25.0	12.5	6.26	5.01
4.90	2.450	1.225	0.980	0.490	149	74.4	49.6	24.8	12.4	6.20	4.96
4.92	2.460	1.230	0.984	0.492	148	73.8	49.2	24.6	12.3	6.15	4.92
4.94	2.470	1.235	0.988	0.494	146	73.2	48.8	24.4	12.2	6.10	4.88
4.96	2.480	1.240	0.992	0.496	145	72.5	48.3	24.2	12.1	6.04	4.83
4.98	2.490	1.245	0.996	0.498	144	71.9	47.9	24.0	12.0	5.99	4.79
5.00	2.500	1.250	1.000	0.500	143	71.3	47.5	23.8	11.9	5.94	4.75
5.02	2.510	1.255	1.004	0.502	141	70.7	47.1	23.6	11.8	5.89	4.71
5.04	2.520	1.260	1.008	0.504	140	70.1	46.7	23.4	11.7	5.84	4.67
5.06	2.530	1.265	1.012	0.506	139	69.5	46.2	23.2	11.6	5.80	4.60
5.08	2.540	1.270	1.016	0.508	138	68.9	45.9	23.0	11.5	5.74	4.59
5.10	2.550	1.275	1.020	0.510	137	68.3	45.5	22.8	11.4	5.69	4.55
5.12	2.560	1.280	1.024	0.512	135	67.7	45.1	22.6	11.3	5.64	4.51
5.14	2.570	1.285	1.028	0.514	134	67.1	44.8	22.4	11.2	5.60	4.48
5.16	2.580	1.290	1.032	0.516	133	66.6	44.4	22.2	11.1	5.55	4.44
5.18	2.590	1.295	1.036	0.518	132	66.0	44.0	22.0	11.0	5.50	4.40
5.20	2.600	1.300	1.040	0.520	131	65.5	43.7	21.8	10.9	5.45	4.37
5.22	2.610	1.305	1.044	0.522	130	64.9	43.3	21.6	10.8	5.41	4.33
5.24	2.620	1.310	1.048	0.524	129	64.4	42.9	21.5	10.7	5.37	4.29
5.26	2.630	1.315	1.052	0.526	128	63.9	43.6	21.3	10.6	5.32	4.26
5.28	2.640	1.320	1.056	0.528	127	63.3	42.2	21.1	10.6	5.28	4.22

（续）

球直径 D/mm					$\frac{F}{D^2}$/(kgf · mm^{-2})						
					30	15	10	5	2.5	1.25	1
					试验载荷 F/kgf						
10					3000	1500	1000	500	250	125	100
	5				750	—	250	125	62.5	31.25	25
		2.5			187.5	—	62.5	31.25	15.625	7.813	6.25
			2		120	—	40	20	10	5	4
				1	30	—	10	5	2.5	1.25	1
压痕直径 d/mm					布氏硬度 HBW						
5.30	2.650	1.325	1.060	0.530	126	62.8	41.9	20.9	10.5	5.24	4.19
5.32	2.660	1.330	1.064	0.532	125	62.3	41.5	20.8	10.4	5.19	4.15
5.34	2.670	1.335	1.068	0.534	124	61.8	41.2	20.6	10.3	5.15	4.12
5.36	2.680	1.340	1.072	0.536	123	61.3	40.9	20.4	10.2	5.11	4.09
5.38	2.690	1.345	1.076	0.538	122	60.8	40.5	20.3	10.1	5.07	4.05
5.40	2.700	1.350	1.080	0.540	121	60.3	40.2	20.1	10.1	5.03	4.02
5.42	2.710	1.355	1.084	0.542	120	59.8	39.9	19.9	9.97	4.99	3.99
5.44	2.720	1.360	1.088	0.544	119	59.3	39.6	19.8	9.89	4.95	3.96
5.46	2.730	1.365	1.092	0.546	118	58.9	39.2	19.6	9.81	4.91	3.92
5.48	2.740	1.370	1.096	0.548	117	58.4	38.9	19.5	9.73	4.87	3.89
5.50	2.750	1.375	1.100	0.550	116	57.9	38.6	19.3	9.66	4.83	3.86
5.52	2.760	1.380	1.104	0.552	115	57.7	38.3	19.2	9.58	4.79	3.83
5.54	2.770	1.385	1.108	0.554	114	57.0	38.0	19.0	9.50	4.75	3.80
5.56	2.780	1.390	1.112	0.556	113	56.6	37.7	18.9	9.43	4.71	3.77
5.58	2.790	1.395	1.116	0.568	112	56.1	37.4	18.7	9.35	4.68	3.74
5.60	2.800	1.400	1.120	0.560	111	55.7	37.1	18.6	9.28	4.64	3.71
5.62	2.810	1.405	1.124	0.562	110	55.2	36.8	18.4	9.21	4.60	3.68
5.64	2.820	1.410	1.128	0.564	110	54.8	36.5	18.3	9.14	4.57	3.65
5.66	2.830	1.415	1.132	0.566	109	54.4	36.3	18.1	9.06	4.53	3.63
5.68	2.840	1.420	1.136	0.568	108	54.0	36.0	18.0	8.99	4.50	3.60
5.70	2.850	1.425	1.140	0.570	107	53.5	35.7	17.8	8.92	4.46	3.57
5.72	2.860	1.430	1.144	0.572	106	53.1	35.4	17.7	8.85	4.43	3.54
5.74	2.870	1.435	1.148	0.574	105	52.7	35.1	17.6	8.79	4.39	3.51
5.76	2.880	1.440	1.152	0.576	105	52.3	34.9	17.4	8.72	4.36	3.49
5.78	2.890	1.445	1.156	0.578	104	51.9	34.6	17.3	8.65	4.33	3.46
5.80	2.900	1.450	1.160	0.580	103	51.5	34.3	17.2	8.59	4.29	3.43
5.82	2.910	1.455	1.164	0.582	102	51.1	34.1	17.0	8.52	4.26	3.41
5.84	2.920	1.460	1.168	0.584	101	50.7	33.8	16.9	8.45	4.23	3.38
5.86	2.930	1.465	1.172	0.586	101	50.3	33.6	16.8	8.39	4.20	3.36
5.88	2.940	1.470	1.176	0.588	99.9	50.0	33.3	16.7	8.33	4.16	3.33

（续）

球直径 D/mm					$\frac{F}{D^2}$/(kgf·mm^{-2})						
					30	15	10	5	2.5	1.25	1
					试验载荷 F/kgf						
10					3000	1500	1000	500	250	125	100
	5				750	—	250	125	62.5	31.25	25
		2.5			187.5	—	62.5	31.25	15.625	7.813	6.25
			2		120	—	40	20	10	5	4
				1	30	—	10	5	2.5	1.25	1
压痕直径 d/mm					布氏硬度 HBW						
5.90	2.950	1.475	1.180	0.590	99.2	49.6	33.1	16.5	8.26	4.13	3.31
5.92	2.960	1.480	1.184	0.592	98.4	49.2	32.8	16.4	8.20	410	3.28
5.94	2.970	1.485	1.188	0.594	97.7	48.8	32.6	16.3	8.14	4.07	3.26
5.96	2.980	1.490	1.192	0.596	96.9	48.5	32.3	16.2	8.08	4.04	3.23
5.98	2.990	1.495	1.196	0.598	96.2	48.1	32.1	16.0	8.02	4.01	3.21
6.00	3.000	1.500	1.200	0.600	95.5	47.7	31.8	15.9	7.96	3.98	3.18

参 考 文 献

[1] 王英杰. 金属工艺学［M］. 北京：高等教育出版社，2001.
[2] 李炜新. 金属材料与热加工［M］. 北京：中国计量出版社，2006.
[3] 王雅然. 金属工艺学［M］. 2版. 北京：机械工业出版社，1999.
[4] 盛善权. 机械制造［M］. 北京：机械工业出版社，1999.
[5] 陈海魁. 机械制造工艺基础［M］. 北京：中国劳动社会保障出版社，2000.
[6] 英若采. 金属熔化焊基础［M］. 北京：机械工业出版社，2002.
[7] 沈剑标. 金工实习［M］. 北京：机械工业出版社，1999.
[8] 张万昌. 热加工工艺基础［M］. 北京：高等教育出版社，1998.
[9] 李隆盛. 铸钢及其熔炼［M］. 北京：机械工业出版社，1981.
[10] 陆文华. 铸铁及其熔炼［M］. 北京：机械工业出版社，1981.
[11] 李魁胜. 铸造工艺设计基础［M］. 北京：机械工业出版社，1980.
[12] 沈宁福. 新编金属材料手册［M］. 北京：科学出版社，2003.
[13] 彭福泉. 机械工程材料手册（非金属材料）［M］. 北京：机械工业出版社，1990.
[14] 朱张校. 工程材料［M］. 北京：清华大学出版社，2001.
[15] 丁德全. 金属工艺学［M］. 北京：机械工业出版社，1997.